建筑师的家园

金磊 编

生活·讀書·新知 三联书店

图书在版编目（CIP）数据

建筑师的家园 / 金磊编. —北京：生活 · 读书 · 新知三联书店，2022.9
ISBN 978－7－108－07408－9

Ⅰ. ①建… Ⅱ. ①金… Ⅲ. ①建筑－文集
Ⅳ. ① TU-53

中国版本图书馆 CIP 数据核字（2022）第 068302 号

责任编辑 柯琳芳 唐明星
装帧设计 康 健
责任印制 宋 家
出版发行 生活 · 讀書 · 新知 三联书店
（北京市东城区美术馆东街 22 号 100010）
网 址 www.sdxjpc.com
经 销 新华书店
印 刷 三河市天润建兴印务有限公司
版 次 2022 年 9 月北京第 1 版
2022 年 9 月北京第 1 次印刷
开 本 635 毫米 × 965 毫米 1/16 印张 29.5
字 数 419 千字 图 138 幅
印 数 0,001－4,000 册
定 价 79.00 元
（印装查询：01064002715；邮购查询：01084010542）

序

2020年，中国建筑界与全球一样经历了疫情考验下的太多艰难，建筑师与医护人员一道为保卫城市安康而竭力付出。如果说医生是患者的守护神，那么建筑师就是为城市营造安心、安全、健康之所默默奉献的人。面对历次灾情疫情，建筑人不仅不是旁观者，还用遍及大地的小汤山医院模式与方舱医院诠释了建筑当为民安康的至高境界。

2020年10月，收到《建筑评论》金磊主编策划编辑的《建筑师的家园》部分书稿及目录，他邀我为该书作序，我欣然同意。其缘由有二：第一，我发现他策划的《建筑师的家园》一书有丰富的内涵，与中国建筑学会近年来倡导推动的工作主题十分一致。如2020年4月住建部和国家发展改革委联合发布《关于进一步加强城市与建筑风貌管理的通知》，其中就强调要利用多种建筑文化形式宣传中国建筑师的作为。《建筑师的家园》正是通过汇集各年龄段建筑师的心语，传达出建筑师对“家园”不同层面的理解，从而展示建筑文化的实践与思考。第二，金主编是位执着的建筑文化与建筑评论的耕耘者。近20年来，他除了为与新中国同龄的北京建院编辑“史书”外，还应邀为国内多家设计单位编书“写史”，更为国内一批建筑前辈编纂文集。近年来先后完成了《建筑师的童年》(2014年)、《建筑师的自白》(2016年)、《建筑师的大学》(2017年)“建筑师文化三部曲”；2009年在马国馨院士、杨永生总编的指导下，完成了《建筑中国六十年》(七卷本)；

2019 年 8 月，在中国建筑学会、中国文物学会支持下推出纪念改革开放 40 周年的《中国建筑历程（1978—2018）》等。《建筑师的家园》是借用建筑师的家园思考与回望，致敬新中国建筑 70 年，以呈现一个有启发意义的建筑群体“文化样本”。尽管时代在发展，但我相信该书收录的“建筑师·建筑人”可串连起新中国建筑的人和事，读者从中不仅可品读百味人生何以化归出丰富的建筑人物志，还可体察到建筑师的责任与情怀，从而找到建筑设计作品发展的脉络及因果，更让业界与全社会从中认识并读懂中国建筑师群体的力量之所在。

吴良镛院士曾在《论城市文化》（1995 年）一文中论述了建筑师要关注城市文化与建筑文化的多元性，强调城市文化的播散，提出要补社会文化基础设施的课。1999 年国际建筑师协会第 20 届大会通过的《北京宪章》表示，由于建筑形式的精神意义根植于文化传统，建筑师的创作要适应地方传统与外来文化，尤应发扬文化自尊，重视文化建设。由吴院士对建筑文化的断言，我想业界更应理解并学习他一直倡导和实践的“全社会的建筑学”。有鉴于此，希望建筑师拓展自身的职业视野，提升自身的修养，履行社会责任，也希望《建筑师的家园》一书能为此目标的实现起到传播助推的作用。在此，感谢金磊主编及其团队记录了当代建筑师的成长历程，为后人留下宝贵的史料，祝愿中国建筑师百花园更加欣欣向荣。

特此为序。

修　龙
中国建筑学会理事长
2021 年 12 月

目　录

从“小汤山”到“火神山”

——我的抗疫“家园”

黄锡璆：1941 年生，全国工程勘察设计大师，中国中元国际工程有限公司医疗首席总建筑师。在 2003 年“非典”时期，曾设计北京小汤山医院；2020 年担任武汉火神山医院技术专家组组长。主编《应急医疗设施工程建设指南》一书。

任何人都会徘徊在记忆与遗忘之间。我时常想，忠实的记忆揭开了遗忘所难以医治的创伤，也许记忆的真实根本没有抚慰。时光留影，当代空间有被时光封锁的时候，也离不开浮现脑海的建筑职业者的家园往事。

2020 年 5 月，我收到来自《建筑评论》编辑部金磊主编的约稿函，邀我为他正在策划编撰的新书《建筑师的家园》撰文，谈谈自己的“家园”故事，我欣然应允。一方面，金主编是我的老朋友了，早在十多年前，时任《建筑创作》杂志主编的他便与我就医疗建筑设计的话题做过深入采访交流，多次在中元国际召开建筑师茶座；另一方面，作为一名 1957 年便从印度尼西亚回到祖国怀抱的华侨子弟，从儿时起我就对家国情怀有着不同的感悟与体会。参加工作后 50 余年的建筑设计工作，无论是 2003 年“非典”肆虐中的小汤山医院，还是2020年新冠肺炎疫情暴发时的火神山医院，令我一次次体悟着临危受命时建筑师的责任与担当。建筑师勾勒的每一张图纸，以及四川汶川地震时援建四川石邡医院，青海玉树地震时援建青海玉树人民医院……也确实蕴含着建筑从业者保护人民家园的质朴情感。

祖国的需要是我的第一志愿

我们这代人的成长经历与祖国的发展历程息息相关。1941年，我出生在印度尼西亚的华侨家庭。父辈漂流海外谋生，那时旧中国贫穷落后，海外华侨被称为"海外孤儿"。新中国成立，百废待兴，华侨无不欢欣鼓舞，渴望祖国强大。我们在华侨学校就读，关心祖国变化，关注祖国建设。随着年龄的增长，"回祖国去，学习本领，参加祖国建设"的念头越发强烈。1955年在印尼万隆召开了亚非会议，敬爱的周总理率领中国代表团出席会议并发表讲话，掀起亚非人民团结，反对帝国主义殖民，争取民族独立解放的新浪潮。华侨深受鼓舞，热血沸腾。1957年，16岁的我告别父母，随同学亲友乘船北上。航行五天五夜，从印尼回到祖国的怀抱。

与很多从小就立志做建筑师的同人不同，我回国后对专业了解不多，只是单纯地认为，一定要学好本领，为祖国建设作贡献。在南京念高中时老师认为我英文基础不错，建议我报考外语专业，但那时年轻人普遍选择理工科，我又了解到建筑学专业是南京工学院（现东南大学）的强项，于是便报考了建筑专业。当时刘敦桢、杨廷宝、童寯三位老师还健在，刘敦桢先生任建筑系主任。建筑历史分别由郭湖生、胡思永授课，童寯先生则曾讲授博物馆设计，辅导过医院设计。在我们1959年入学时的专业教育课上，他曾为我们讲解什么是建筑。那时杨廷宝先生很忙，我只在他从古巴、墨西哥考察回国开讲座时听他讲过古巴吉隆滩纪念碑国际设计竞赛与古巴、墨西哥的建筑。尤其值得一提的是，早在20世纪50年代，杨廷宝先生就敏锐地捕捉到医疗建筑设计的重要性，由南京工学院与华东土建公司合办公共建筑研究室，克服重重困难，带领研究人员收集资料，调研、考察、编写、出版了《综合医院建筑设计》专著。这为新中国早期医疗事业的发展起到重要的指导作用。当时老师们告诉我们，公共建筑类型中医院、博物馆、剧场是比较有特点的：医院是因为功能特殊，建筑流程比较复杂，博物馆的采光、照明要考虑文物保护与文物观赏，剧场则要满足视线与声响效果要求。这些都是国家发展建设中不可缺少的项目类型。我们在校做过 200 床规模的医院设计，我们小组由刘光华教授指导，我对于医院设计的初步认知就是在这个时期建立起来的。

毕业后，我被分配到机械工业部设计研究院（即中元国际工程设计研究院前身）工作。那时学校对毕业生的动员口号是“祖国的需要，就是我们的第一志愿”，所以那时大家根本没想过要挑选单位，只是希望自己所学可以在相应的领域得以应用。但当时国家发展仍然在起步阶段，工作岗位有限，学生就业面临困难，有些同学被分配到了非所学专业的单位，而相比之下我还是很幸运的。进入设计院后，我便投入到工业建筑的设计工作中，还曾出差到四川的泸州、自贡参加“三线建设”。我的第一个医疗建筑设计项目就是在泸州落地。那是一家工厂的附属医院，规模很小，只有两层楼，医疗设施要求也十分简易。现在想来，在学校所学的一些专业知识只是基础，也只是粗浅的皮毛，而深入到第一线可以积累宝贵的实践经验。我在现场设计、工地配合中一点点积累，如饥似渴地向老同志学习，向同行学习，也找书本资料汲取养料，这为此后我从事的工程设计工作打下了扎实的基础。记得那时，因国情所限，单位图书馆的外文书籍刊物也以苏联的为主，欧美等发达国家的参考资料很少。记得单位有北京图书馆集体借书证，北图馆藏丰富，有一年，单位让我脱产搞土建情报，我也借机会看了一些书，培养了兴趣，扩大了知识面。

不久迎来改革开放，1982 年，我被委派到研究院的深圳分院工作，参与特区建设一年。那时国家启动公派出国留学计划，1983 年部里有了外派名额，公开招考。出国留学是我梦寐以求的，我抱着试一试的心态参加考试，幸运地被录取。外派过程也有点小波折，有一段时间，上级对于公派出国存在不同观点，但好在那时邓小平对公派出国给予了肯定，最终也让我们出国学习得以成行。出国前，我曾就出国学习的选题方向征求单位领导的意见，领导让我自选。我想，无论时局、体制如何变化，医疗设施始终是和人民群众生活密切相关的，便选择了医疗设计专题。1984 年，我们一行公派赴比利时人员十多人，在春节前夕出发。我到比利时卢汶大学工学院人居研究中心，选择医院建筑规划设计专题，开始了为期四载的海外求学生涯。当初我考取的公派进修为期二年，并没有攻读学位的任务，但是我想，出国学习是很不容易的，机会难得，应该学习更多的知识，于是在学习上毫不懈怠，还想争取取得学位。在留学期间，我在留比学生会工作，协助中国驻比利时大使馆教育参赞许老师为留学生集体做事。在他的帮助下，我获得了延期学习支持。而那时我的导师戴尔路教授兼任工学院院长，他也很支持我，让我打报告，将头一年的学分转换成博士资格考试成绩，并提交读学位的申请报告，还为我提供了奖学金的支持。最后，我也得到原单位的批准。由此，将进修期延长两年，并在后三年里完成了学位论文，通过答辩。终于在 1987 年底，我完成学业并获得建筑学（医院建筑规划设计）博士学位，于 1988 年初返回祖国。

20 世纪末 21 世纪初，中国已经在改革开放的大潮中逐步崛起，各行各业的发展都进入了快车道，解决民生中的健康问题的迫切性越发突出。作为关乎民生的重要分支，医疗建筑设施的需求量也越来越大。我所在的单位也重视医疗建筑设计，并将它作为重要的业务板块加以扶持。30 多年来，我们先后完成了大大小小几百家不同层次的医院工程设计，其中包括多项国家重要的医疗建筑设计任务。回想在开展工作之初，过程并不是一帆风顺的。初期一些业主认为我们单位属于机械工业部，本能的反应是认为我们的长项是工业厂房设计，而非医疗建筑设计，对我们的设计能力有质疑。于是，设计团队就从规模不大的项目做起，例如只有 3300 平方米的金华第二医院（康复医院）、一万多平方米的浙江金华中医院、江西九江人民医院、陕西宝鸡人民医院等。我们都不怕麻烦，多次到现场实地考察，并做多方案的比较。设计团队一步一步地慢慢积累，逐步赢得了业主的信任。从中我也体会到，人这一辈子，一定要不断学习，努力提升，踏实奋斗，在工作中务必做到一丝不苟，唯有如此时代才会给你机遇。正是这一项项工程的实践，为我们以后承接工作奠定了基础。20 世纪 90 年代初，我们得到了佛山市五大班子医院筹建办公室各位领导的信任，他们将该院易地搬迁的任务交给我们。项目设计以及任务落实历尽艰辛，但我们脚踏实地、反复推敲，终于在 1998 年，佛山市第一人民医院正式竣工。这是当时设计团队完成的规模最大的综合性医疗建筑。此后 20 多年间，我们先后完成一期工程门诊医技病房楼、二期工程感染病科住院楼和三期工程肿瘤中心。这个 1260 床规模的项目得到了从医院方到政府领导以及社会公众的认可和赞誉，有媒体赞誉它为一座“崛起于珠江三角洲的现代化医院”。

临危受命主持北京小汤山“非典”医院设计

作为一名从事医疗设施设计的建筑师，我最简单的想法是通过尽可能合理的专业设计，为医疗工作者和患者提供优良的工作与治疗环境，为患者尽快康复提供有力保障，让患者就医少走冤枉路、医生护士不做无用功是我的医疗工程设计信条。近期，随着社会经济的高速发展，城镇化进程不断加快，人口聚集，环境恶化，生态破坏，自然灾害时有发生，公共卫生突发事件屡屡令人措手不及，需要积极应对。面对突发传染性疾病疫情建立应急救治设施便是例子，任务紧迫，需要建筑师在最短的时间内完成看似不可能的设计任务。2003 年北京小汤山医院便是在非常情况下完成的一项工程。

2003 年 4 月，“非典”开始在北京等城市暴发，那时我因视网膜脱落动过手术，在家处于半休养状态。我清楚地记得，4 月 22 日，我们单位接到北京市决定建立小汤山“非典”定点医院的指示。任务紧急，当晚 10 点，我被同事接到单位，在五楼会议室和团队一同紧张讨论设计工作一直到下半夜。23 日一早，我们赶到小汤山，现场勘察项目用地，参加指挥部召开的现场会，向市领导汇报初步方案并获批，接着马不停蹄急速用车从院里将计算机、打印机、纸张文具一一搬至现场，投入紧张的工作。我们和施工单位一道进入了边设计、边施工的非常工期。设计团队驻扎在施工第一线，几乎连轴转地工作了七天七夜，边设计边施工。这次除设计周期紧迫外，还要求设计团队与各施工单位紧密衔接，要求及时完成各环节的调度协调。当时六排病房是由六家不同的施工单位承担建设任务，由于情况紧急，各单位按各自渠道，采用了不同的建筑构配件，有的是混凝土盒子结构，更多的是不同规格的成品复合板材，所以每一排病房都不一样。印象比较深刻的设计要点包括：因为建设速度要快，当时小汤山医院采用的是模数化、标准化、体系化模式组建，而且对防止交叉感染，对洁污分区要求非常严格。不能因为是应急工程，就放松生物安全要求。新建成的病区是控制区，医护人员的居住区域是缓冲区，行政和后勤的办公区域是清洁区。各个区域的人员分区活动，防止病毒的扩散。病区内则采取了更为严格的隔离防护措施。病人和医护人员的通道各不相同，病人是通过病房门前半开放式的走廊通道进出病房，而医护人员则是从专用的工作通道进出。从清洁区到病房污染区，相关人员要经过两道卫生通过间，佩戴穿上防护装备才进入工作区。污物污水处理也在设计中得到充分的重视，当时因为施工周期太短，建设现浇钢筋的污水处理池并不现实，因此因地制宜将原钓鱼池（游泳池）改造加盖作为污水处理站。病人使用过的衣物、医务人员防护服等被污染物品一律收集后，先通过环氧乙烷消毒，再由专门的垃圾处理装置对废弃物进行焚烧处理。小汤山医院是在极特殊的情况下完成的设计特例，在设计与施工过程中需要建筑师当即决定的事例不计其数。设计团队集思广益，认真地与院感专家、管理人员以及施工人员多方讨论果断决策，在有限的条件下尽可能选择最优的处理方式。但在关键原则上我们还是要坚持，即便当时发生剧烈争论。例如改造混凝土盒子结构，要拓宽门洞，主通道消防分区，隔间防火门要保证最低限度门宽等。

“非典”疫情的发生引发了国内对传染病医院设计专题的广泛关注与研究，受住建部、卫生部委托，2014 年中国中元国际工程有限公司主编《传染病医院建筑设计规范》。编制中结合了国内多家传染病医院、卫生管理部门的意见，汲取了疾控中心、传染病医院方专家以及设计同业各专业人员的意见。在“非典”之后，各地相继建设了一批传染病专科医院，以应对突发公共卫生事件。但这些医院在疫情平和时期的利用率与综合性医院相比明显偏低，这就出现了如何拿捏传染病医院和综合性医院在“平时”与“战时”的平衡关系问题，医疗建筑如何实施“平战结合”“平疫结合”值得研究。当今西方国家很少有传染病专科医院，多在综合医院中设立传染病区；而中国仍是发展中国家，面对的是两条战线，居民的疾病谱兼有发展中国家与发达国家的特征，需要我们积极研讨。医院能耗高、现代医疗装备仪器高端昂贵、生物安全要求高等因素，使现代医院不仅一次投资高，日常运行维护费也很高，因此建设中要确定合理化的路径。在保障人民群众基础医疗的前提下，不应盲目地追求医疗建筑在形式上的“高大上”，而应以适用为设计原则。现在有些医院项目不考虑本地实际情况，动辄建设数千张床位的医院，给后续的运营管理带来极大负担。如前所述，建筑师在设计时应注意品质，实践是检验真理的唯一标准，设计作品的优劣要在使用中评价，要充分重视建筑的“后评估机制”，不要太随意。科技工作者更应该平和，踏踏实实做事。所以医疗建筑设计的未来走向是，结合我国的国情，踏实地开展研究，展开分析，走向科学求真、务实发展之路。

义不容辞为武汉火神山医院建设贡献智慧

岁月不居，时节如流，转眼间进入了 2020 年 1 月。我从未想到这个庚子年春节会过得如此不平凡，更没想到时隔 17 年后小汤山医院设计图纸还会派上用场。

1 月 21 日，我参加了公司的老同志座谈会，会上我提出了关于建筑设计质量要求的一些想法：医疗建筑设计不能只追求外形华丽，而不注意医院内部使用流程和设计细节；建筑设计应表里如一，外观要与实际使用需求相结合，二者应协调统一。1 月 23 日，农历腊月二十九，我看到当时武汉新冠肺炎疫情愈发严重，党中央高度关注，想到自己的医疗建筑设计经验也许对疫情控制会有帮助，于是手写了一封“请战书”递交给院领导，表达了自己愿意随时听从组织安排赶赴一线，参加抗击疫情工作的决心。而就在我递交“请战书”的当天中午，中元便收到了一封加急的求助函。函件来自武汉市城乡建设局，请求对武汉市建设新冠肺炎应急医院进行支持。也是在当天，公司领导编制了应急行动计划，成立了指挥组与技术组。技术组组长由我担任，当日中午，我们召开了支援武汉应急医院建设协调会。下午两点左右，我们就将整理完成的小汤山医院图纸及相关资料发送给武汉市城乡建设局，同时我们还与承担火神山医院设计任务的中信设计院建立了微信交流平台，24 小时提供技术支持，各专业人员都随时响应。

23 日晚上回到家，我还是不放心，结合小汤山医院的设计建设经验，以及火神山医院的具体情况，想到 17 年前由于当时条件的限制，小汤山医院的设计中有一些不到位，火神山医院应有改进，建得更好。我想了几个要点，动手写成补充设计建议，24 日一早赶到单位发给了中信设计院，其中包括：在总平面中的医院入口处设置急救车洗消点，病人与医务人员活动区域进行管控设置，污水处理池要及早动手制造或采用成品，医技部位置中医学影像设备安装、互联网系统的布线以及废物焚烧炉的要求等。当年北京小汤山医院因场地有限，每个护理单元之间的距离仅有 12 米，我们建议武汉把距离扩大到 18 至 20 米。这样可以进一步降低感染风险，以确保安全。还特别提到北京气候干燥，武汉比较闷热潮湿，当地气候条件可能利于病毒的生存和传播，因此对医院的防水工作提出了更高的要求。病区场地会有高差，要防止积水。患者通道也不能露天，最好能加个遮雨棚。若考虑用电空调采暖，室内温度升高可能会滋生细菌、病毒，还要增加通风量。我们还建议要充分使用 IT 技术：从院外转运病人时，设远程会诊系统；可利用网络

2020 年 1 月 31 日施工中的火神山医院局部场景（中建三局提供）

传输病人数据资料，因纸质病历有可能传播病毒；病人可能有多种并发症，可以和其他医院专家开展远程联网会诊，提高救治效果。这些措施在当年小汤山医院就已经部分采用了，是有效的。

与火神山医院设计团队快速配合并主动关心项目建设情况，使我们对于武汉中信设计院与建设团队所面临的困难感同身受。经过武汉建设单位的拼搏努力，应急设施快速完成，而事实证明，火神山医院（以及随后建设的雷神山医院）的设计工作还是成功的。但应急设施建设过程中出现的一些现象，也引发了我的思考，比如建筑师及相关设计单位应该好好总结突发事件下应急性的医疗设施的设计建设经验，平时要进行系统研究，使建设过程模数化、标准化水平更高。例如，火神山医院院区使用集装箱搭建，这是一种便捷的方式，但也存在许多必须研究的问题：集装箱骨骼框架有高差，很难实现无障碍设计；成品集装箱规格受限，也与医疗功能尺寸形成矛盾，包括大型检查设备的安置空间受到限制，等等。这些都需要我们继续探讨，以便提升改进。

国家应支持“安全医院”的建筑设计专项研究

我始终认为，关于医疗建筑的科研工作是十分重要且必须超前的，设计单位应该与相关大学组建专题研究小组，开展课题研究。我曾与东南大学、北京工业大学、北京建筑大学有过这方面的交流，但很遗憾，因设计任务的压力，因缺少科研经费，以及不同单位各自的原因，并没有实现。我曾设想，我国应成立专门的医疗设计乃至医疗体系的整体研究机构。英国北伦敦大学的 MARU，配合国民医疗体系 NHS 的体制改革，探索模数化、标准化，编制完成了大量的研究报告并建立起数据库。20 世纪 90 年代末，我国卫生部曾与对方接洽，希望引进这套数据系统，但因种种原因未能达成。美国得克萨斯农工大学设有健康卫生研究中心，开展医疗体制的系统研究，包括循证设计、医疗流程、医疗建筑的科学化设计等。此外，日本成立了病院管理研究所，开展了涉及医院管理、医院建筑规划设计的研究。当然，中外国情不同，不能照搬照抄，例如，一些研究报告认为，依据循证设计，为控制交叉感染，最好医院都按单床间设计，而中国目前还不富裕，医院床位都很紧张，全设单床间是不现实的。

多年前，我曾向卫生部提出过建议，希望组建一个医疗设施研究小组，做一些符合中国本土医疗体系的设计基础应用研究，但因小组成员需从外单位借调，很难做到长时间的系统研究，部里成员各司其职，一直很忙，所以议题一再被搁置。当然，这几年国内也有一些高校教师对医疗体制研究有兴趣，也组织一些研究生做科研，但研究的内容过于分散，缺少系统性。而且医疗体制的改革绝不只与建筑设计相关，它跟公共卫生、疾控管理、信息统计、卫生经济、城市规划都有直接关系，这就要求多学科交叉与联合，需要多专业形成综合研究合力。回想起来，国机集团中国中元的领导对于我们的科研工作还是很支持的，我们曾完成“安全医院”的研究课题，部分研究成果编在《建筑设计资料集》第六分册的“医疗建筑”一章中，在设计项目中也应用了一些有益的概念。

2020 年 5 月下旬，非常时期召开的全国两会中，无论是《民法典》中的“公民安康”，还是两会政府工作报告中的新冠肺炎疫情的“中国应对”，都是关键词。据国际社会的评价，新冠肺炎疫情是二战后最严重的全球公共卫生突发事件，中国积极应对，加强建设完善自身公共卫生体系。要认真总结研究以补足短板，这是营造公众安康家园的根本。面对 2020 年“十三五”收官及“十四五”规划运行，公共卫生安全的国家应急治理必然会得到更多的重视、更多的投入、更强有力的建设与增强。

通过小汤山医院和火神山医院的工程实践工作，我联想到城市防灾在城市规划中应占有重要的位置。城市规划中除了城市必要设施之外，实际上应包含大量的城市防控体系的规划设计，其中卫生防控应急体系应该包含在内，应合理地分布医疗资源。在有些城市的规划设计中，也可以在预设承担重大防治任务的定点医院内外适当预留空间，以便需要投入应急使用时可以实现快速扩容。否则，卫生突发事件暴发，临时改造很可能贻误战机。同时，要充分发挥城市公共设施在疫情防治中的作用，利用广场、空地提前做好应对突发事件的预案。现在国家倡导健康城市、健康社区、健康医院、健康学校等，在大数据的帮助下，规划师、建筑师应积极与互联网、物联网相融合，利用现代科技手段分析城市人口数量、人口分布、行业分布、人员流动，以及医疗资源的匹配和必要的医疗物资、应急用品储备与调度，建立应急专业人员信息库等。

武汉是一座工商业繁荣、交通发达、居住人口密集、流动人口也很大的大城市，所以疫情暴发后，传染得比较厉害。假如下一波疫情再袭击大城市，我们应有快速反应，应有更完备的应对。对单个医院工程来说，由于诊疗技术、医疗设备发展，医疗模式创新，服务规模扩大，医院不断地在改扩建，这是医院“生长性”的特点，建筑设计如何适应这种变化并融入应急设计内容也很重要。各国在高科技研发上的投入都比较大，我常想，高科技应用第一是在军事武器研发，第二位的可能是在医学、生命科学，包括医疗设备装备和药品开发。因此，医疗行业的发展极为迅猛，医疗手段不断推陈出新，服务模式不断创新，新的设备、新的诊疗方式、新的药品疫苗、新的医疗环境要求，都不断地对医疗建筑设计提出挑战。

我虽已退休十余年，但仍然对医疗设施很有兴趣。人的一生经历生老病死，都离不开医疗设施的服务。从事这一事业是有意义的，总希望再多做一些设计研究工作。我时常和年轻建筑师讲，医疗建筑设计的优劣关乎生命，国家有难，匹夫有责，遇到重大事件，我们每个公民都会义不容辞、奋勇向前。作为与新中国一起成长起来的建筑师，我愿意与同行们一道履行责任，贡献力量，去营造更完善、更安全的医疗工作者与患者的“家园”，凝聚集体智慧、尽我们所能为城镇百姓的“健康家园”添砖加瓦。

我的姥姥聂兰生和她的家人

陈学：1983 年生，天津市建筑设计院设计四院（医疗设计院）方案创作中心副所长，副主任建筑师，高级工程师。从事医疗、康养、公共卫生机构建筑咨询及设计工作。

我的姥姥，确切地说，是我爱人的姥姥聂兰生[①]，是天津大学建筑系（现建筑学院）的退休教授，2020 年已经 90 岁了。她曾经兼任过很多重要的学术职务，也获得过很多荣誉，但她总说，她最爱的身份就是老师，她最喜欢的事儿就是站在讲台上给学生上课。

我们每次跟她聊天，三五句之后，她一定会开始夸她的某个学生，或是聊她当老师时的趣事。年事已高的她从不记得油、盐、酱、醋放在哪儿，但

---

① 聂兰生，1930 年生，1954—2003 年在天津大学建筑系任教（其间曾在设计单位工作 14 年），获第二届中国建筑学会建筑教育特别奖。曾兼《建筑学报》编委及建设部住宅产业化专家组专家。著有《建筑创作漫步》《聂兰生文集》等。

说起曾经做过的项目，她却清晰地记得哪个学生画过什么图；她有时候会忘记我跟我爱人是哪一年结婚的，但她总能准确地从一摞书里抽出一张照片，告诉我们照片里这个孩子是哪个学生家的，现在应该几岁了……很多时候，我们甚至觉得，她反反复复提及的学生们才是她真正的家人，她心心念念的讲堂才是她的家。

但当我开始做姥姥的公众号[①]，写姥姥生活中的故事，从她对往事的回忆中，我才慢慢了解到，眼前这个老人，原来经历过这么多的事情，她这么爱学生、这么爱讲堂，都是有原因的。

姥姥的父亲

姥姥的父亲聂恒锐是我国著名的煤化工专家，对煤的预热和快速分解进行了长期而深入的研究，为我国褐煤和油页岩的快速焦化、气化新工艺做出了重要贡献。他 1903 年生，1929 年毕业于北京师范大学化学系。百度百科上说聂恒锐 1930 年在德国、法国考察。实际上，他是在 1929 年毕业后便自费到德国留学了。法国并不是他的求学地，实在是因为德国通货膨胀太过严重，一开始他与太太于闺彦[②]在德国省吃俭用还能坚持一段，时间长了花销太大，他们就想了个节流的办法，只要学校放假，他们就去生活成本相对较低的法国生活。但即便是这样，两人还是无法应付生活开销。不得已，他便将陪读的太太安置在法国，节假日他再从德国赶去法国与太太团聚。

在我的认知里，那时候好像没几个中国人会想要走出国门的，更别提留学。我很好奇，想了解这到底是一个什么样的家庭，就一直追着问。

我还记得，当时跟她聊到这些，她突然坐起来[③]，面带微笑地看着我

① 微信公众号：聂兰生，TJDX-nls。

② 于闺彦（1907—1990），满族，辽宁省新民县人。聂兰生的母亲。

③ 聂兰生 2005 年突发急性肾炎，后确诊为肾衰竭，一直采用肾透析治疗。常年透析，加上年事已高，近年行动不便已卧床。

说：“你肯定觉得我们家是大地主对不对？要不然哪里来的钱让我爸爸出国？”问完，她又躺了下去，始终面带微笑。她说道：“其实我们家，也就是我祖父家，并不富裕，只有祖上留下来的几亩田地而已。但是我的祖父，他进过私塾，是个思想非常先进的人，他认为孩子受教育才是家里的头等大事。我父亲兄弟两个，我还有个叔叔[①]，学习比我爸爸还好！”她提高了声调，“我父亲后来去了德国，叔叔去了日本，我祖父同时供养两个孩子留学，省吃俭用也不够啊。怎么办呢？后来就卖房子卖地。那个时候我祖父就是这样的，他就认为，一定要学知识，一定要有文化！”

因为时局动荡，聂恒锐被迫中断学业，于 1931 年偕家人回到国内。他曾在多家公司做过化学工程师，新中国成立后在东北工学院[②]任教，1952 年院系调整后至大连工学院[③]任教授、化工系系主任。他还兼任过国务院学位委员会工学学科评审组成员，国家科委煤炭气化、液化专业组成员和中国煤炭加工利用协会顾问。他在煤化工和煤加工利用方面，进行了开创性的科学研究，为国家“七五”重点工业性试验项目的开展打下了基础。

姥姥说：“我父亲在我对于家庭的记忆里大部分时间是空缺的，他总是跟他的学生在一起搞研究，一直不回家，我们得到的关于他的消息都是听学生们说来的。我父亲对教学和科研总是痴迷的状态。”她说，“我祖父后来把家都快卖干净了，才把我父亲和我叔叔供出来。他们后来有了些成就，也算是对得起老家的田地和房子吧。”说完，她哈哈笑起来。

作为那个年代著名专家的父亲，在姥姥眼里，就只是有点成就的老师而已，就像她评价自己：“学生们总叫我聂先生，其实只不过我活得久了些。比起那些真正的先生来，我也就是一个普通的老师而已。”

---

① 聂恒斌（1907—1967），满族，辽宁省新民县人。聂恒锐的弟弟，聂兰生的叔叔。

② 东北工学院源于东北大学。东北大学始建于 1923 年 4 月 26 日。1928 年 8 月至 1937 年 1 月，著名爱国将领张学良将军兼任校长。1949 年 3 月，在东北大学工学院和理学院（部分）的基础上成立沈阳工学院。1950 年 8 月，定名为东北工学院。1993 年 3 月，复名为东北大学。本文会根据相应时间段出现东北工学院、东北大学等名称。

③ 大连工学院，大连理工大学前身。

她就是这样的，她只是想好好教书、踏实用心地搞科研做项目，就像她父亲一样。

家中的女性榜样

姥姥说，她年轻的时候，流行一部电影，叫《青春之歌》，里面有个林道静，是那个年代的美丽姑娘的代表。

姥姥还任教的时候，有一次拿着她妈妈于闺彦的照片给天津大学建筑系照相室的徐老师，让他帮忙给放大几张。取照片的时候，徐老师问她："聂老师，这照片里的人是您什么人哪？长得比林道静还林道静！"姥姥说到这一段的时候，非常开心，捂嘴大笑。她说："我妈年轻时，白里透红的皮肤，大眼睛，小嘴，墨黑墨黑的头发还有点自来卷，别提多好看了。可不林道静似的！"

相对于父亲，姥姥对于她的母亲，总有说不完的故事，称呼也更亲切。在她的记忆里，母亲总是光彩照人的，不单单是长得漂亮，脑子也聪明，学习还特别好。

于闺彦中学毕业后就跟随聂恒锐出国陪读了，1931 年他们回国后，聂恒锐有段时间在东北大学执教，而她在家操持家务。但她总感觉无所事事，生活得没有意义，就决定重新读书，于是去念了东北大学预科。稳定的学习生活没过多久，九一八事变发生了，聂恒锐和于闺彦两人跟随东北大学迁往北平。

姥姥说："到了北京我妈妈还是想继续读书，就去考了大学。这一考，了不得啊，一下就考进了北京大学数学系。"她又激动地坐了起来，拉住我的手说，"你大舅[①]就是学数学的，你问问他，哎呀，数学很难的！"

据说北京大学数学系那一届的学生只有 14 人，而这 14 人中只有 3 个女同学。我们家这太姥姥学了一年多就考上了。我听到这里除了惊叹还是

① 指汤雁，天津大学理学院数学系副教授，聂兰生的儿子。

惊叹，那个年代女性考个学岂是那么容易的事儿？这背后要付出多少努力啊……

从北京大学毕业后，于闺彦进入东北工学院教书。有一年北京大学蒋梦麟校长到东北工学院作学术报告，当时于闺彦在数学教研室教书，就作为北大校友去听报告。蒋校长看到她，说："我记得你，东北逃难来的姑娘，长得漂亮，学习好！"

姥姥一说起这位让北大校长都记忆深刻的学霸母亲来，言语间全都是崇拜，她说："我妈是我们家中的女性榜样，各方面都很优秀。长得好吧，学习还好，做家务也很拿手。她的女红做得也很好，我和弟弟妹妹们小时候穿的鞋子，大部分都是我妈妈自己做的……"

姥姥的母亲于闺彦，在官方的文字记载中几乎查不到，但在姥姥的叙述中，她的母亲却是比父亲还值得尊敬的老师。在抗日战争时期，聂恒锐和于闺彦经历过一段拖家带口流亡逃难的日子。就是在这样动荡的年代，于闺彦还一路坚持执教。一开始他们跟随东北大学和东北中学从北平转至上海，又从上海去了武汉。在这期间，于闺彦一直在东北中学教数学。后来他们因为带着孩子无法再跟随学校徒步转移，便由武汉至重庆投靠朋友童寯[①]。之后又从重庆辗转至昆明路南，于闺彦又进入路南中学执教。后昆明遭受轰炸，他们转移到贵阳，于闺彦又进入花溪清华中学执教。那期间，戴复东、梅绍武都曾是于闺彦的学生。

我问姥姥："命都要没了，太姥（于闺彦）为什么还要出门教书？有太爷（聂恒锐）赚钱不就行了？"姥姥缓缓说道："其实他俩都不必赚钱，那时候是变卖了家当去逃难的，手里还有些积蓄，过得不好，但还是活得下去"，沉默了很久她又说道，"可能我们家的人都是这样的：我父亲当老师天天不回家；我母亲当老师可以命都不要；我都肾炎发烧了还在外地参加学术

① 童寯，聂恒锐的中学同学，中国当代杰出的建筑师、建筑教育家，与吕彦直、刘敦桢、梁思成、杨廷宝合称"建筑五宗师"。

会议，回到天津就肾衰竭了…… ”

我的姥姥聂兰生

我进天津大学上研究生那会儿，聂先生早已退休了。我还记得第一次见到她的情景。2009 年刚过完年，我拿着毕业论文来找她。她从书房走出来，招呼我坐下，并不着急去翻看我的论文，而是跟我聊起天。如果不是因为我爱人的关系，请她看论文，是我不敢想的事儿。我坐在沙发上，身体僵直，有点紧张。她微笑地看着我，侧身拉住我的手轻轻拍了拍，说："你以后不要叫我聂先生，就叫姥姥。我跟姥爷都退休了，也不忙，以后常来玩。"我这才细细打量面前这位老人，她头发蓬蓬的，面带微笑，眼神明亮而温柔。

聂兰生 1930 年 12 月出生在法国，1931 年跟随父母回到故乡辽宁。刚安顿下来不久，九一八事变爆发，东北沦陷。父亲聂恒锐是留洋回来的学生，不想被日本胁迫做汉奸，思前想后决定跟随学校迁往北平。那时候聂兰生尚不满周岁，不得已，父母只能将她留在了东北老家，由祖父母照顾。幸好，祖父母非常疼爱她，直到她 5 岁多，祖父才不舍地将她送往北平与父母团聚，并叮嘱聂恒锐一定要送她上学读书。1936 年，聂兰生进入北平师范大学第二附属小学上学。

姥姥说："我啊，上个学可不容易了。学着学着就打仗了，一打仗我就上不了学了……"

小学刚上了一年不到，七七事变后北平沦陷，学上不了了。当时聂兰生的大弟弟聂桂生[①]尚在襁褓中，父母要南迁，无法兼顾两个孩子，不得已，聂兰生再次被送回老家。祖父是注重教育的人，孩子不能辍学，但在那种环境

---

① 聂兰生有三个弟弟妹妹，大弟弟聂桂生，妹妹聂梅生，小弟弟聂捷。聂桂生毕业于清华大学土木工程系，北京市环境保护科学研究院技术顾问，研究员，硕士生导师。聂梅生毕业于清华大学土木工程系给排水专业，曾在建设部任职，为全国工商联房地产商会创会会长，清华大学校友会房地产协会会长，博士生导师。聂捷毕业于大连理工大学无线电专业，目前在美国定居。

下只能去伪满政府办的小学，于是祖父把聂兰生送到了惠工小学重新上学。

姥姥说，那是她求学经历中最痛苦的日子，因为每次上课前都要起立并且用日文背诵《即位诏书》。她不会日语，也不想学日语，但是想要继续上学就必须学日文。虽然很抗拒，但她还是学完了6年的功课，并且顺利考入同泽女中继续初中课程。到了初中二年级的时候，抗战胜利，日本人投降，学校停课了，等次年开学的时候已经变成国民政府的教育体制了。聂兰生选择直接报考高中部，120个考生只通过了8个人，她是其中一员。

本以为日本人走了，终于可以顺利读书了，但到1948年辽沈战役时，学校又停课了。

从南方辗转回来的东北大学，开始酝酿着第二次迁校。当时聂恒锐已经是化工系的主任了，在内部会议上，他坚持不迁校，但当时学校迁校的声浪更大，而且当时的国民政府教育部也下令迁校。不走不行了。

姥姥说，她当时正在读高中二年级，马上要升级了，刚刚稳定的学业不得已又中断了。她说到这里，叹了口气，看向我，伸出手来轻轻拍了拍我的脸，接着说："我读个书太难了——不像你们。我想读书，可我没得读啊！"

之后她跟随父母与东北大学一起搬到了北平西城区，为了继续求学，她又努力复习，以第3名的成绩考入了北京女三中。但还没等开学，家中又因故搬到了东城区，最后女三中也没上成……一直到1950年她直接考入了东北大学建筑系（当时为东北工学院建筑系），才开始了稳定的学习。

从1936年5岁多开始求学，到1954年大学毕业，她经历了国共对峙、日本入侵、伪满统治、解放战争、新中国建国，用18年的时间才艰难地走完了求学的道路。

她认为，现在能赶上和平年代，还能做一名教师，是件无比幸运的事儿。

她总是不停地读书，不停地吸收更多的知识，她总想把所有自己知道的东西都告诉她的学生们。为了更好地教学，她在1983年52岁时还去日本做学术访问。她在日本神户大学进行学术访问期间，重拾40多年前学习的日文，还在日本学术杂志上发表了专业文章。回国后，又积极组织并促成了天津大学与神户大学两校学生的作品展，还推荐了很多优秀的学生去日本留学……

前些年她还能坐的时候，每次我们去她家，她都是在书房看书。每次我们都是走进去要坐下了，她才从书房走出来，跟我们打招呼。一次，我跟我爱人聊天，我说姥姥都已经透析这么多年了，还整天画图、看书、写东西，身体吃得消吗？我爱人当时正在刷碗，他停下来严肃地看着我，想说些什么，但最终又咽了回去："你下次跟她多聊聊就知道了。"说完，他又转过身去刷起碗来。

我想知道，一个一周要做三次肾透析的老人天天看书的动力来源于哪里？我就真的去问了姥姥，她看着我："我上学挺难的，所以能有看书的机会我都用来看书学习，可能养成习惯了吧。"她不好意思地笑了，"我也怕学生问我问题时我不知道，当老师还是要自己多学一点。"

她自己求学的道路走得异常艰难，于是她就尽一切可能为她的学生们保驾护航，她总想让她的学生们获取知识容易一些，顺畅一些。在执教期间，只要没课，她总是待在教研室以方便给学生们解答问题。后来退休了，她家的大门也是长年不锁的，总有络绎不绝的学生来拜访，有时是请她点评一下项目，有时就只是单纯地跟她聊聊天。即便是现在，因为长年肾透析而卧床，无法与学生们常常见面，但只要有学生的电话打来，她也还是打起精神聊上半天。

每年教师节的时候，她家的客厅总是会多出一束束的鲜花；每年中秋的时候，她都会喊我们去吃月饼，各地的特色月饼，来自她遍布全国的学生；她还常常会收到各种信和礼物，餐厅的墙上，还挂着远在法国的学生给她和姥爷画的油画……我一开始并不了解，为什么她的学生这么喜欢她，直到我开始做微信公众号，很多她的学生来留言，他们真挚地感谢她、真诚地祝福她……从那些饱含真情的留言中，我恍然大悟：她像对待家人一样对待她的学生，所以回报她的，才是那么多像家人一样爱她的学生！

太爷 100 岁诞辰的时候，很多他的学生写文章悼念他；太姥满头白发的

聂兰生全家合影。后排由左至右：聂兰生、汤绍模（夫）、聂桂生（大弟）、聂梅生（妹）、聂捷（小弟）。前排由左至右：汤鹰（女）、于闺彦（母）、汤雁（子）、聂恒锐（父）（聂兰生提供）

时候，还收到戴复东院士和梅葆玖大师的问候；姥姥现在虽然卧床，却还是有很多学生常来探望……

教书育人，他们用尽全力；桃李满园，他们收获敬仰。

这就是我的姥姥和她的家人，他们像许多优秀的人民教师一样，恪尽职守，做着他们认为理所当然的，平凡却不普通、温暖而又真实的事情。

我的精神家园

——建筑、情感、思维、语言

顾孟潮：1939年生，曾任住建部《建设》杂志社副社长、副总编，中国建筑学会编辑工作委员会副主任，教授级高级建筑师。著有《钱学森论建筑科学》《建筑哲学概论》等。

心灵是自己的地方，在那里，你可以把天堂变成地狱，也可以把地狱变成天堂。

每当我经过长期的冥思苦想、百思不得其解之后，忽然获得建筑思维灵感和相应的语言时，我“回到家园”的温馨感便油然而生，感觉精神振奋，无比地快乐与舒畅。

从家园的角度看，我80多年的生命历程可以分为四个阶段：懵懂家园阶段（1939—1945）、学生家园阶段（1945—1962）、军旅家园阶段（1962—1979）、建筑师家园阶段（1979年后至今）。而“精神家园”则贯穿整个人生四个阶段，最能体现我的家园观——我曾说过：“我似乎是为思考而生的，思考时才是我最快乐的时刻。”

中学时代的建筑印象

北京八中的校门设计成不对称的斜式，入口旁边伸出一堵墙正对着按院胡同口。路过的行人老远就可以看到那堵墙，上面郭沫若先生题写的“北京八中”四个大字极为醒目。

从初中到高中6年，我曾无数次地进出这个斜校门，可直到我真正成为一名建筑师时，才体会到这个校门设计的高明之处。它仿佛是学校伸出来的一只手，在向我们打招呼：欢迎您的光临！

多么亲切呀，这是校门对学校主人——学生们的热情召唤，它吸引着学生与建筑对话。建筑物可以像人类的朋友一样，有生命，也有情感。

我有幸从中学到大学都遇见顶尖的外语老师。教过我们6年中学外语的老师，是曾经在苏联领事馆工作多年的高级俄语翻译；大学5年教我们俄语的老师更不一般，是大学俄语通用教材的主编张国良教授；教我们第二外语的老师还是精通多门外语的德国教授，他通过俄语教我们英语，用的是这位老师自己编写的、油印的俄、英、中三种语言的教材。所有这些学习外语的经历，使我们颇有尚未毕业就开始“留洋”了的感受。

我的大学

我上大学时，正赶上1959—1961年三年困难时期，不仅生活比较艰苦，而且学习建筑理论没有教材。好的是苏联建筑科学院编写的俄文版《建筑构图概论》1960年出版了，我们几个同学省吃俭用各买了一册，就组成了一个翻译小组，边研究、边交流翻译成果，弥补缺乏建筑构图理论教材的问题。

通过翻译原版建筑理论书籍，我们在建筑构图理论知识方面有了较大进步，如同精神会餐，乐在其中，受益一生。这大大提高了我学习理论书刊和写学术论文的勇气。后来，因为有了理论基础，我无论做设计还是写文章时，常常会生发出连自己都感到意外的有意义的研究题目或有趣味的灵感。

更难忘的是，我们的译著刚刚完成，徐中教授便亲自写信给中国建筑工业出版社楚云总编辑，联系译著的出版事宜，而且很快出版社便刊登了该书即将出版的新书预告。这对于我们这些大学尚未毕业的学生来说，真是莫大的鼓励。

总之，学习和运用外语的经历让我感到，一个人学习一到两种外国语，对于思维和语言水平的提高与发展太有益了。尽管我的外语是在环境封闭的年代学的，属于“哑巴外语”，但是前后两次翻译实践，不仅仅是出了两部译著——《建筑构图概论》（1960 年译，1983 年出版，俄译汉）和《世界建筑艺术史》（1989 年版，俄译汉），这也是我思维 / 语言和建筑历史 / 理论方面的两次“留洋”。这一经历使我能较早了解世界建筑学科和建筑行业的发展水平与趋势，知道建筑学科历史中巨人的肩膀在哪里，知道自己应当从哪里起步。

押韵顺口编教材

说来话长，1962 年我大学毕业时，正赶上中印边境自卫反击战。当时，听了陈毅副总理的“为知识分子摘帽子，向知识分子鞠躬”的报告，我心情十分激动，很快就主动报名，要求分配到祖国最需要的地方去！最终，我被分配到中印边境自卫反击战的南疆军区，庆幸的是一直从事专业工作。

原本要大展建筑设计宏图的我，万万没有想到，此后遇到想象不到的一个接一个的困难。在那里，你如果只会建筑设计就会处处碰壁，必须成为无师自通的“万金油”似的干部，要设计、施工、组织、管理，甚至手把手地教战士怎么拿瓦刀、拿砖，怎么砌墙，怎么抹砂浆……

可这些我在学校一点也没有学过呀！只好到工地从零学起。我 1964—1966 年前后三年，负责主持三个军工自建工程，从设计到施工一抓到底，而且我要教会所有战士识图、测量高差、找平、放线、砌墙、抹灰等具体操作。三个工程的情况还十分不同，一个在沙漠地带的皮山县，一个在戈壁滩上，另一个处于昆仑山的高寒缺氧地区，施工期只有 7、8、9 三个月，困难重重。万般无奈下，我只好走提前进行“军工培训”的路子，在开工前的冬季抽调有关团队的年轻干部或有点儿文化基础的战士参加施工员培训班。1972 年形成的 21 篇培训教材，是在 60 年代已见成效的工地教材基础上编制的，明显有着当时的时代烙印。

如识图篇的顺口溜是：“要学识图并不难，主席教导记心间。理论实践紧相连，活学活用能过关。要把实物看全面，前后左右都要看。还要切开看里面，所以就有平、剖面……”图文并茂，文字通俗易懂，押韵顺口特别容易记住。

最短的“砌墙篇”只有 60 个字，最受战士欢迎，也最容易学：“要想砌好砖，用好七分头。七分调个头，面砖跟它走。丁墙用七分，两墙能错口。临边三七分，面墙能收头。七分两头担，中间加半砖。同层缝要通，二层缝错全。”

这 60 个字的口诀强调七分头砖的重要性，引起施工团队领导人的重视，因此决定，在缺少黏土和水资源的皮山县，烧制砖时专门烧一定比例的七分砖，以节约用水量和减少黏土资源的浪费。解放军总后勤部营房部领导很重视这一举措，还专门派人到各地施工现场与烧砖现场进行调查研究，证明其节约效果果然明显。

建筑观念里程碑

建筑的本质是什么？什么样的建筑是好建筑？什么样的建筑师是好建筑师？

我从在学校学建筑开始，就试着回答这三个问题，虽然获得了一个又一个与之前不同的答案，但至今还没有找到令我满意的答案。这种困惑伴随了我一生。

直到1985年，中青年建筑师座谈会时，不知哪来的灵感，在这次会上，我竟然斗胆提出了“人类建筑学观念的五个里程碑”——实用建筑观念、艺术建筑学观念、机器建筑学观念、空间建筑学观念、环境建筑学观念。

我刚刚发言完，竟然就得到陈志华教授的鼓励，他邀请我去清华大学给他们教研室的老师们作报告，真叫我受宠若惊。但此事也使我明白，人生有限，知识无涯，没有能够永远立于不败之地的绝对正确答案，必须不断地探索同一个问题，不断完善答案。

我这“五个里程碑”的答案，实际上是受1981年国际建筑师“华沙宣言”的启发，是沿着前辈的思路，既逆向思索又向前延伸，从而生发出来的，并无什么神秘可言：这完全是依靠与历史巨人对话，向他们学习，接过历史的接力棒，继续说下去的结果。

足迹心迹能成事

建筑大师们从哪里开始设计思考呢？

1955年格罗皮乌斯（Walter Gropius）做迪士尼乐园路线设计的故事，对我很有启发。

当格罗皮乌斯将园内47.6公顷的主体建筑完成后，却在设计连接各个景点的路径时卡了壳。前前后后，他苦思冥想做了50多种路线设计方案，却没有一种能让他感到满意。迪士尼乐园为了早日赚钱，天天打电话催格罗皮乌斯，让他尽快拿出路线设计方案来。

心烦意乱多日的格罗皮乌斯，正好被邀请参加在法国举行的一个庆典活动。他就顺便到郊外散心，进了一位老妇人的葡萄园后，他看到游客们踩踏出来的路径时来了灵感：路不就是供人走的吗？！人们最喜欢最经常走的，应该就是最佳路线。

于是，格罗皮乌斯赶回国内，很快就把最新的路径设计方案交给施工部。他的方案就是：在乐园空地上撒下草种，待整个乐园被绿草盖满时，再提前开放乐园。提前开放的日子里，草地被游客们踩出许多条小路径，格罗皮乌斯让施工人员按照这些踩出的路径铺成有宽有窄、自然天成、优美流畅、深受游客喜爱的路径。

1971 年，在伦敦国际园林建筑艺术研讨会上，格罗皮乌斯的迪士尼乐园路径设计被评为世界最佳设计。

与格罗皮乌斯同时代的后现代主义建筑大师菲利普·约翰逊（Philip Johnson）对“您的设计从哪里开始”这个问题的回答，与格氏有着异曲同工之妙。他明确指出，设计要从足迹（footprint）开始。即要从体验使用者（人）进入建筑的足迹，从他们的生理需求和心理需求（心迹）开始思考，设身处地地满足使用者的需要，这样才可能有好的建筑艺术作品诞生。

其实，放眼中外古今杰出的建筑师、园林设计师，他们都是十分重视脚底板的感觉的。如中国 400 余年前明代的学者文震亨就提出做设计的“三忘”标准，即让“居之者忘老，寓之者忘归，游之者忘倦”，这不正是从足迹开始设计的“诗意栖居”的境界吗？

中国工程院院士、清华大学教授关肇邺先生也是这样开始设计构思的。20 世纪 90 年代，他设计清华新图书馆时，念念不忘的是清华师生们在老图书馆北面草地上留下的那些足迹。他特意在新馆设置了北入口，为满足师生迫不及待、捷足先登入馆的心理需求创造条件。

环境艺术在崛起

《建成环境的意义——非言语表达方法》一书堪称环境建筑学理论的奠基之作。

该书英文版出版于 1982 年，即国际建筑师“华沙宣言”之后一年，10 年后中文版问世。

该书是作者阿摩斯·拉普卜特多年调查、研究、思考的理论结晶。正如该书序言所说，“环境的意义”这个主题在长期被忽略后才开始受到了相当的重视。

难能可贵的是，作者以普通使用者视角（相对于建筑师或建筑评论家的身份而言）和日常环境（相对于人们往往更重视著名地标建筑而言）为思考和讨论的重点，对建成环境进行了多角度的分析研究。

作者早在1977年（40多年前）即开始关注人与环境联系机理的研究。研究人们用什么方式以及在什么基础上对环境做出反应，论证环境—行为交互作用机理的模型……这些研究论证有助于理解我们如何看待环境，感觉如何，喜欢什么，不喜欢什么，从而明确我们的规划设计应当从哪里开始，向何处努力，争取达到什么标准和境界，其对指引建筑思维的正确走向的重要意义是不言而喻的。

作者对"建成环境"的定义不断加以拓展，认为建成环境是物质文化的一个子集（subset），包括半固定的因素和人，并应包括作为场面体系的表现的文化景观，以及于其间产生的行动体系。它包括各种类型的环境、所有的文化和整个时间跨度。这大大拓展了我们感受、思考和处理城乡建筑环境规划设计、遗产保护等有关建成环境问题时的思维空间和视野。

在研究建成环境的意义方面，作者强调必须明确区分三种不同层次上表达意义的类型：

（1）"高层次"意义，是指有关宇宙论、文化图式、世界观、哲学体系和信仰等方面的。

（2）"中层次"意义，是指有关表达身份、地位、财富、权力等，即指活动、行为和场面中潜在的而不是效用性的方面。

（3）"低层次"的意义，是指日常的、效用性意义：识别有意布置的场面之用途的记忆线索和因之而生的社会情境、期望行为等；私密性，可近性；升（堂）入（室）等；座位排列；行动和道路指向；等等。这些令使用者行为恰当，举止适度，协同动作。

遗憾的是，作者也承认此书主要关注的是（2）（3）层次的意义（或价值），而且对此二层次的界定也尚不明确。这大概也是更多人认识不清，所以采取实用主义态度把许多珍贵的建筑文化遗产一扫而光的原因吧？

鉴于此，作者在书中特别介绍了吉布森（Gibson，1968）的从实在客体到使用客体，从价值客体到象征客体的不同客体等级之间的联系，以及宾福德（Binford，1962）的功能三层次——实用技艺（效用性或技术性用途）、社会技艺和思维技艺——之间的联系，从而补充了该书三层次分类方式的不足之处。

为了正确运用建成环境理论的图式或框架，作者有三点说明：

（1）在人类心目中，对个体实物的结构，有一种逻辑或秩序，它们便是“图式”或“框架”。

（2）人类的记忆是联想的——每一种图式都指向和提到许多相关的别的事物，图式也帮助限定各种成分或“网络”。

（3）人类大部分推理思维能力来自用一种图式的信息去推断另一种图式的特征。

总之，该书对我们加深对建筑环境的认知和理解运用有着无与伦比的理论和实践价值，值得认真研读。

“六字真言”解《园冶》

虽然研读《园冶》多时，但这部奇书使我至今仍觉得需要继续下功夫去探寻它的宝藏。我总有一种深山探宝的感觉，几乎每一次读它都会有新的发现。《园冶》作者计成在“兴造论”开篇中的“因”“借”“体”“宜”“主”“费”六字，被我视为“六字真言”。

这六个字中的每一个字，不仅本身内涵十分丰富，可以一当十、以一当百，而且，计成在这里把每一个字都当作动词看待，督促我们去“因”、去“借”、去“体”、去“宜”、去“主”、去“费”！因此，如果只把这六字当作名词，当作手法，那将与《园冶》作者的原意擦肩而过。

可以看出，此六字本身十分丰富，其含义不是加一个注释或者译成白话文就可以说清楚的。它们都有其经典的层次，只有通过该字上下文的语境来解读、体会，方能把握该字此时此处的准确含义。

在《园冶》的设计思维中计成对“六字真言”有进一步的解读：

因：要“精而合宜”。“探奇”，“寻源”，“因借无由，触景俱是”。

借：要“巧而得体”。“借景有因”，“借景，林园之最要”，“远借，邻借，仰借，俯借，应时而借”。

体：要“构园得体”。“地偏为胜”，“景到随机”，“虽由人作，宛自天开”。

宜：要“随宜合用”。“大观不足，小筑允宜”，“得景随形”，“相地合宜”，“相间得宜”，“格式随宜”，“低方宜挖”，“构合时宜”，“宜亭斯亭，宜榭斯榭”，“方向随宜”。

主：要“能主之人”。要“传于世”，“三分匠、七分主人”，“第园筑之主，犹须什九，而用匠什一”。

费：要“节用”，不要“惜费”。

“六字真言”的思维特征在于：

（1）言简意赅——以一当十。所以解读翻译要特别认真，必须把一和十分析清楚。

（2）因果链系统——字字在“开源发流”，关键在探寻源在哪里，才能“因”之、“借”之。

（3）点到为止——《园冶》是“启发式读本”，目的在授人以渔，没有标准答案。供人们学习作者的思路，这是大师的教学法：“师父领进门，修行在个人。”

（4）诱人入境——用现场感极强的文学描述相地、立基、屋宇、装折、借景的全过程，目的在于帮人们学会入境体验、自谋经验，启发人们对风景园林设计建造的理解和想象。

“因”“借”“体”三字是指“入境”（进入物境、画境、悟境）的过程，到“宜”字时已开始立意和拍板，认定“随宜合用”（从适用出发），“因境而成”“裁出旧套”“小筑允宜”则是“除旧”和“小筑”。

而“借景”为“林园之最要”，是因为“景”为“园魂”。借景要做到“精而合宜”是难度极大的事情。

在《园冶》一书中，出现频率最高的字是“宜”字，在“宜”字上体现“能主之人”的艺术眼光、品位和设计建造水平。

《园冶》对中国园林有着承前启后、继往开来的贡献。正如夏昌世先生指出的：“当日的条件问题，盖园林规划全由主人决定，却不通诀窍，而实际操作则为匠工，虽胸有丘壑，惜不识一丁点儿，难为文以传。若非计成、李渔等人精通其技，能诗善画，又富有实际经验，著书立说，则悠久的园林造诣将失传，而无从谈发扬了！”

《园冶》一书充分体现了汉语的优势：它仅仅用六个字表达了如此丰富和高深的内涵，充分体现了汉语的优势；此 14500 余字，绝不亚于那些洋洋数十万言的所谓“巨著”和高堂讲章。汉语是智慧的语言。

从“六字真言”可以看出，《园冶》作者计成已经隐隐地感觉到风景园林（计成是“造园”这一术语的创始人）作为环境艺术的特征——中介性、生态性、场所性和磨合性。

亚历山大“中国粉”

不要忘记了建筑的社会性、历史性、公民性，不能把建筑看成仅仅属于建筑专业人员的事情。建筑要想健康成长，并结出丰硕的果实，必须深深植根于地理、地质、气候、宗教、社会、历史的土壤之中。我们把建筑看成像互联网那样联系着方方面面，这无疑是正确的。

《建筑模式语言》，是以亚历山大为首的专家群，经十年调查研究城市与建筑现状后形成的科研成果。这不正是建筑工作中运用互联网思维的体现吗？它启示我们，从事建筑事业特别需要互联网思维。请看 253 个建筑模式语言相互关联组成的网状图，这里的每一个语言模式都与其他语言模式紧密相连，它们共同体现了由城镇到建筑再到构造细节的思考—设计—建造全过程。

克里斯托弗·亚历山大（Christopher Alexander）教授十年间全力以赴完成了一套三本的系列丛书，即《建筑的永恒之道》（*The Timeless Way of Building*）、《建筑模式语言》（*A Pattern Language: Towns, Buildings, Construction*）、《俄勒冈实验》（*The Oregon Experiment*）。第一本是他对理论的阐述，第二本是模式语言的条文，第三本是在俄勒冈大学校园运用他的理论加以实践的总结。

三本书的组合很有意思，本身就构成一个系统，即形成实践总结—技术知识—科学理论三个层次。由此也可以看出作者的伟大和朴实之处。他所走过的道路正是勤于实践、勤于思考提炼，从而形成自己独特的理论体系的道路。因此这些书内容丰富、充实，能有效地解决读者设计思路与建造实践中遇到的问题。

《建筑模式语言》的高明之处，在于它不是提供对问题的简单的解答，而是为人们提供思考建筑问题的253个思路——建筑模式语言单元，并且将这些建筑模式语言形成的背景和历史交代得清清楚楚，供你思考后选择采用。

如何使用这些建筑模式语言？作者在前言部分专门提示了以下8个步骤：（1）复制一份模式语言的总目录；（2）大略地浏览这份总目录，并将你设计时可能需要的模式标上小记号，选出你中意的模式；（3）读一下有关的模式；（4）在目录表上做记号；（5）剔除你怀疑的某个模式；（6）把所需要的模式标定；（7）加上你自己的语言材料（构想）；（8）将拟改动的模式加以调整，使之成为自己的一套语言。

作者在前言部分不无自豪又充满信心地说，这是一些既可以用于写散文，也可以用于写诗的诗意盎然的模式语言。一旦你学会使用本语言，并尽可能地压缩到一起进行设计，它会使你的建筑造价尽量降低，同时又富有诗意。

基于以上的认识，我觉得《建筑模式语言》一书堪称互联网思维的杰作。它认为，绝不能将城市规划、建筑形式设计看作平面构图游戏的语言，其特点乃是：（1）由浅入深，引人入门入胜境的生动立体的建筑语言；（2）经历了人居活动检验的有生命力的建筑语言；（3）见人见物见事件，有生活基础的语言；（4）能启发规划师、建筑设计师、建造师、园林设计师和室内设计师设计思路的建筑语言种子；（5）超前的、有互联网思维特点的建筑模式语言。

从事建筑事业特别需要互联网思维。

我赞赏恩格斯的观点，他认为，所谓精神是“思维的精神”，他称思维是地球上“最美丽的花朵”。

我崇拜思维，思维是人最本质的特征。相对于学历（铜牌）、能力（银牌）、人缘（金牌）而言，思维是王牌。有正确的思路才能引导你走上正确的起点，才有成功的可能。

思维闯入互联网

期刊上和网上在热议互联网思维，值得学术期刊的编者、作者、读者关注。

我赞同“互联网思维既是世界观又是方法论”的提法。有人总结互联网思维的特点和优势为：（1）是相对于工业化思维而言的思维；（2）民主化思维；（3）用户至上的思维；（4）产品和服务一站式思维；（5）带有媒体性质的思维；（6）扁平化的思维。

需要说明的是，以上几条虽然讲到了互联网的属性和特征，但是也出现了误区，似乎是有了互联网后才有互联网思维，误认为互联网思维是互联网人的专利，互联网可以“包打天下”，那显然是不对的。其实，恰恰是思维闯入了互联网，才有了互联网思维。

所谓互联网思维，不过是已经存在多时的分散性思维、分析性思维等借助互联网这个新思路和新工具，更加显示出它们的思维方略的优势而已。

每个人都有一个死角，自己走不出去，别人也闯不进来……

每个人都有一道伤口，或深或浅，盖上布，以为不存在……

我要说，互联网能使人走出死角，互联网能让人伤口愈合，这乃是互联网思维最大的启示和思想功能。它是能让我们走出死角、治疗伤口、去除孤独的灵丹妙药。

互联网让我们进入更精彩的世界，走近另类思维；互联网让我们找到失散的老朋友，结交许多新朋友；互联网一下使人年轻几十岁，而且明白了“年轻”只是心灵中的一种状态，头脑中的一种意志；互联网真实地实现了“一天等于20年”的预言；人如果有了互联网这个“心中的无线电台”，可以达到生活几百年的境界。

建筑科学大部门

杰出的科学家钱学森先生1996年6月4日会见我时，提出建立建筑科学大部门的建议。

钱学森先生在这次会见时主要谈了三个问题。首先是强调，要坚定不移地用马克思主义哲学指导我们的工作；随后，就正式提出是否可以建立一个大科学部门——建筑科学。他说：“现在建筑科学里面认为是基础理论的东西，实际上是我说的第二个层次的学问，属技术科学层次，就是怎么把基础理论应用到实际中去，即之间的过渡层次。现在建筑系的学生学的，重在技术和艺术技巧的运用，这是第三层次，实际上是工程技术层次了。”

“真正的建筑哲学应该研究建筑与人、建筑与社会的关系。”

“各位考虑，我们是不是可以建立一门科学，就是真正的建筑科学。它要包括的第一层次是真正的建筑学；第二层次是建筑技术性理论，包括城市学；然后第三层次是工程技术，包括城市规划。三个层次，最后是哲学的概括。这一大部门学问是把艺术和科学糅在一起，建筑是科学的艺术，也是艺术的科学，所以搞建筑是了不起的，这是伟大的任务。我们中国人要把这个搞清楚了，也是对人类的贡献。”

1996年6月4日，钱学森会见《城市学与山水城市》主编鲍世行、顾孟潮，责任编辑吴小亚，谈论哲学、建筑科学、学术民主等问题

这里，他对建筑科学作为大科学的性质和特征做出全面准确的论断。随后，他在同年6月23日、7月14日、7月28日的信中，连续多次强调，要迅速建立建筑科学大部门。他说："要迅速建立'建筑科学'这一现代科学技术大部门，并以马克思主义哲学为指导，以求达到豁然开朗的境地。我想这是社会主义中国建筑界、城市科学界不可推卸的责任。请考虑。"（见《钱学森论建筑科学》，中国建筑工业出版社2014年第2版，第175—178页）

溯源灵感破神秘

如今北京天安门观礼台已有70多年历史了，它与新中国同日生，是不朽的建筑杰作。设计和建造它的人当然是幸运的，甚至是永垂史册的。不少人竟然以为它是几百年前与明代的天安门同时修建起来的呢！

天安门观礼台既能满足现代国庆盛典观礼、休息、如厕、存储物品等实用需求，在艺术美学上，它又能起"站脚助威"的作用——它大大加强和扩大了天安门的威严壮丽。

我们设想，如果没有观礼台，只有天安门这个故宫入口的大门楼，将会是什么情景呢？可能天安门会让人感到"落落寡合"，气魄和气氛要差多了。

观礼台是天安门城楼名副其实的“最佳配角”。初看起来它体量庞大，比天安门不知大多少倍，但是，广场建筑中的它“似有若无”。它像金字塔的底部，坚实有力地拥簇着制高点——天安门，而且观礼台也成为共和国形象的一部分。难怪观礼台的设计者张开济大师不无自豪地说：“这是我一生中最得意的作品。”

天安门观礼台设计的灵感从哪里来？

最近，我看到亲历者的回忆，得到了一方面的答案。1949 年任中央人民政府办公厅交际科科长兼国家典礼局秘书的郭英回忆（见《炎黄春秋》2009 年第 10 期郭英的文章《目睹新中国开国大典》），当时的国庆观礼台并没有今天那样坚固和壮丽，它只是为了贵宾观礼，在天安门前由北平的能工巧匠搭起来的由杉木、竹子和铁丝构成的多级平台。负责这一工程的是华北军区政治部副主任兼宣传部部长张致祥同志。他当时担心这个观礼台不结实，还调来军区警卫营的人上去，一齐喊“一、二”，一同跺脚“实验”。结果证明“万无一失”才交付使用。事后张致祥风趣地说：“开国大典的观礼台要是‘垮了台’，那还得了！”

无独有偶，1917 年 11 月 7 日，当时苏联在莫斯科红场举行开国大典的观礼台，也是由木材临时搭制成的，后来由苏联著名建筑设计大师舒舍夫设计成大理石和花岗石的不朽建筑——列宁墓。1924 年才竣工，安放了列宁的遗体向世人开放，先后接待了 7000 多万名世界各地的来访者。1994 年，列宁墓被联合国教科文组织确认为“世界文化遗产”。可想而知，舒舍夫的设计灵感（包括位置、尺度、规模等方面）显然是受到原有木结构临时建筑的观礼台的启发。

北京和莫斯科两处观礼台由简易的木构平台演化成“世界文化遗产”的过程给了我们什么启示呢？

北京和莫斯科最初的木构观礼台告诉我们：老祖宗的水平是有限的，不要迷信他们，但又要尊重他们的原创性。作为临时应急的构筑物，它不可能十分完美，它颇像绘画作品的草图，开始可能粗陋不堪、漏洞百出，然而可贵之处在于原创性，属于原创性思维与实践。在这么重要的地方——北京天安门前和莫斯科红场搭架子、扎大篷，本身就需要有想象力和开拓魄力的。因此，这些临时建筑都成为后来不朽的建筑构思和发展的灵感基础。

后继者（设计者、施工者、管理者）正是在此基础上获得灵感。他们的贡献是将比较原始、粗放的临时建筑精心加工、提升，使其成为能满足国庆典礼需要的大气磅礴的经典作品，这乃是“点石成金”的杰出贡献。重视原生态文化（如临时性建筑、民歌、民居等），但又不满足于其原生态水平，应当取其精华、去其糟粕，像天安门观礼台一样使其升华！

五盏灯下憧憬我的自在家园

——自在生成建筑哲理的审美故事

布正伟：1939 年生，现任中房集团建筑设计院资深总建筑师，曾任中国建筑学会建筑师分会建筑创作与理论委员会主任委员。代表作品：重庆白市驿机场航站楼和江北机场航站楼、烟台莱山机场一期与二期航站楼等。著有《结构构思论》《自在生成论》《建筑美学思维与创作智谋》等。

在邹德侬先生收藏的“自在和尚”拓片上有四句话：“行也布袋，坐也布袋，放下布袋，多少自在。”欣喜读后顿然开悟：“自在”的实质，就是“放下包袱”！我想，作为建筑师，在处理建筑复杂性、实现自己追求目标的过程中，放下“玩弄设计”的这个大包袱，就能远离“过度设计”乃至“肆意抓狂表达”之类的弊病，使建筑作品接受贞洁的洗礼，展示出来自建筑各层面可感知的自在之美的状态和境界——而这正是我心中无比憧憬的自在家园……

第一盏灯

源于建筑本体论的自在之美：品格高于风格，精神超越流派

20 多年前青年学者李世芬在《建筑学报》（1996 年第 11 期）上发表了

《创作呼唤流派》一文，将新时期中国建筑创作划分为八种倾向（尚未成熟的流派），并把“自在生成论”列为其中之一。她约我做专访时说：“您好像不太主张流派，然而，我认为‘自在生成论’在某种程度上已具备了流派的某些特征，如思想的一贯性、手法的独特性、风格的相对游离性等。”我告诉她，没有至高无上的风格，也没有万般灵验的流派，一切都归结于现实条件下，由建筑观念、生活体验、设计智慧、表现技能乃至统领全局的才干等，最终所导致的建筑及其环境整体的动人创造（见《品格·风格·流派——李世芬与布正伟的对话》，载《建筑师》第98期）。

国内老一代建筑师，曾经在“适用、经济、在可能条件下注意美观”建筑方针的指引下，创作了不少依附建筑本体、远离奢华、不搞花架子的优秀作品，仅以宾馆、饭店为例，就有北京和平宾馆、北京饭店东楼、上海龙柏饭店、广州白天鹅宾馆、曲阜阙里宾舍、杭州黄龙饭店等这些作品。它们并没有因为有显著的风格差异或流派区分（如京派、海派、广派）而有品位优劣之分，一个重要原因就在于，主创人都是在遵从建筑本体物质属性与精神属性的规定性前提下，在理性与感性的双向互动与契合中，通过设计信息筛选、设计创意确立以及设计表达完善，让这些作品体现出了因地制宜、各施其巧的自在品格与自在精神。我考察过贝聿铭设计的华盛顿国家美术馆东馆和文丘里设计的伦敦国家美术陈列馆新馆，这两个相互对立的现代主义与后现代主义的经典实例，尽管在风格上大相径庭，但它们均以自身的空间形态与老馆形成了相得益彰的大格局。同时，两者又由表及里地展现出了截然不同的文化情调与艺术魅力——我们从前者“洒脱奔放”后者“精微细收”不同抒情意向的对照中，可以体验到“自在精神”的奥妙就在“应变自如”之中。

值得注意的是，建筑创作主持人的情感释放，如果背离了理性底线而走向偏执癫狂的话，势必会导致事与愿违的后果，盖瑞（Frank Gehry）和哈迪德（Zaha Hadid）在创作实践中未取得成功的那些作品便可以作为例证。事实上，在成功的建筑创作中没有无理性渗透的情感，即使是情感激越的勒·柯布西耶（Le Corbusier），他在设计朗香教堂的时候，也考虑到了山上缺水，特意利用翻卷屋面、落水管和水池做了收集雨水的设施；他还想到了往山上运输石材的困难，采取了就地取材的办法。同样，在成功的建筑创作中也没有无情感影响的理性。就拿一辈子醉心于钢框架玻璃盒子的密斯·凡·德·罗（Mies van der Rohe）来说，他在设计巴塞罗那展览馆时，如果对展览馆紧邻的马德里皇宫无情冷对的话，就根本不可能把这个展览馆当作是小配角，使其谦恭地依附于皇宫脚下，让观众还能在馆内外尽享长长宫墙和带有凉亭的皇宫屋顶之美。1996 年和 2018 年我参观时就流连忘返，不忍离去……

第二盏灯

源于建筑艺术论的自在之美：以全境界环境艺术创造取胜

记得金磊先生在北京建筑设计研究院主持《建筑创作》刊物时，曾就“电影与建筑”专题做过交流。当时，我得意地发觉，电影艺术不以演员漂亮与否论高低，而是以演员扮演角色的入戏程度论本事。这恰恰可以用来说明我的建筑艺术观：建筑是包括建筑形态及其内外环境的全境界艺术，建筑作品的优劣不是指肤浅的漂亮不漂亮，而在于建筑扮演的角色是否能在场所空域全境界环境艺术的创造中恰如其分地出场。

我忘不了 2000 年 3 月，在昆明世博园看到以色列馆时的激动心情。它只利用了一处有限的坡地，通过三部分极富情调的环境艺术设计，营造了以色列特有的自然景观与人文意象：首先是养育了国民的七种植物镶嵌的图案；接着是一个灌溉系统和绿洲般的农耕区；最后是高处象征以色列国家的亭阁，在亭中陈列着由瓷砖装饰的犹太教大烛台。我去以色列旅游时感受过那里的生活气息，看到过那里缺水、种植困难的自然环境，所以当我来到这个馆区时，一下子就沉醉在眼前深邃的意境中了。以色列馆“以亭寓国”的构思，正是由于抓住了“以全境界环境艺术创造为魂”的创作理念，才收获了以一当十和“难得自在”等非同寻常的艺术审美效果。

说到这儿，自然会让人想到北京中轴线向北延伸，起端于亚运会主场馆区的国家奥林匹克中心和奥林匹克森林公园的规划设计、环境设计与建筑设计的宏伟蓝图。其中，亚运会主场馆和奥运会主场馆扮演着不同历史时期的主角，在反映材料、结构、技术和功能诸方面构成的物质文化内涵的同时，又以不同形态特征与建筑个性的历史印记，融入到了北京该区域的生态景观带之中。国外借环境艺术创造展示现代建筑自在之美的实践成效斐然。巴黎德方斯新区建设初期，超大跨三角拱壳工业展览馆刚建成的时候，孤零零的，让人感到唐突，可到了1995年我第二次去考察时，新区建筑群、地面环境优化和地下交通设施都已趋近完成，那座别扭的巨型三角拱壳建筑，则已汇合到新区总体环境艺术氛围中了。同年，我在考察伦敦道克兰城市开发区中的堪纳瑞码头工程时，看到建筑完工后，外部环境的配置也同时齐全就位，这就使得新环境中人与建筑之间的“亲和力”和“自在感”油然而生……

第三盏灯

源于建筑文化论的自在之美：突显建筑表情中的文化气质

从2010年开始，我一直参与畅言网每年一届的全国丑陋建筑网络评选专家审定工作。这十年让我无比感慨的是，建筑审美最难缠的是建筑文化问题。“建筑是文化的载体”，承载不好就会变成凝固的垃圾——丑陋建筑。我在自在生成建筑哲理的研究中，解开了建筑文化之困的两个问题：一是究竟有哪些文化因素可以渗透到建筑创作的“物化”过程中来？二是这些参与进来的文化因素，又是怎样从“物化”了的建筑作品中显露出来的？

人类整合建筑与文化，是从同构的三个文化层面——物质文化基层、精神文化高层，及介于其间的艺术文化——来看具体建筑工程中各文化因素如何按不同建筑的性质特点、比重分量，及相互关联方式等参与到“物化”过程中来，从而形成建筑作品的文化内涵的。与这些文化内涵相对应的外显系统，是建筑的艺术气氛、文化气质与时代气息。这三个外显系统依次回答了：这是做什么用的建筑？是处在什么自然环境和人文环境中创作的？又是哪个时代的建筑作品？这些反映出建筑作品文化内涵的外显特征的总和，便是英文中的“architectural expressing”，即“建筑表现”或“建筑表情”。

不难发现，我们现在不是缺少在建筑艺术气氛上的极力渲染，也不是缺少在建筑时代气息上大做文章，我们忽视甚至完全丢掉的是建筑表情之魂——建筑文化气质，这正是由自然环境与人文环境因素等渗透于建筑作品之后，综合生成的一种特有气质。俗话说，“一方山水一方屋”，如果建筑表情脱离了与自然、人文的关联，失去了其应有的文化气质，只剩下艺术气氛与时代气息，岂不让各地的建筑陷入千篇一律的泥潭里?！关肇邺先生在文章中说，文如其人，建筑也如此，他举例时也提到了我。由此，我的认识更进了一步：文化修养深厚的建筑师，都十分看重自然因素与人文因素对建筑文化气质的深微影响。从其作品中，我们不仅可以体验到自然因素与人文因素彼此融合衍生而成的自在意境，而且可以感受到主创建筑师自身流露出来的气质特征，如我印象深刻的敦煌莫高窟游客中心、宁波博物馆、浙江美术馆、重庆云阳市民活动中心等，又如国外位于多哈的卡塔尔石油综合体、乌拉圭的圣·约恩中心、印度斋浦尔博物馆……

第四盏灯

源于建筑方法论的自在之美：取陌生与熟悉两极并存共享

没想到，《自在生成论》的书还没有出版，我 1997 年发表在《新建筑》上的《自在生成的方法论》，于 1998 年被美国柯尔比科学文化信息中心评为“优秀科学技术论文”，并获选进入全球信息网。我想，这恐怕是由于把方法论从思想层面落实到了可操作的技法层面上，突破习惯思维，提出了在“常规变化”与“异常变化”两极之间走钢丝的创新策略与运作技能的缘故吧。这其中，异常变化是不同凡响且有扎实细节跟进的张力展示；常规变化则是对异常变化的衬托，是为建构整体新秩序做铺垫的定力所在。这两种变化的具体组织乃至在总体构成中的比重，完全由主创人依据建筑创意和相关设计考量去进行调节和敲定。

为个性至上而走极端的做法，大都会事与愿违。与此相反，能展示出两极并存共享的建筑章法，则让大多数受众既能在“熟悉”中欣赏到创新信息的“陌生”，又能在“陌生”中回味起传承信息的“熟悉”，这样发自内心的愉悦是自然而温馨的。芬兰建筑师阿尔瓦·阿尔托（Alvar Aalto）为了打破现代建筑中千篇一律的方盒子模式，在直线、直角和曲线、曲面这两极之间巧做建筑空间形体的变化，利用建筑实体某一段外墙上的弧形衔接或自由曲面产生的形式感，表达了整体趋于规矩、局部插入轻松情趣的艺术意图。贝聿铭的两极并存共享之绝唱，是巴黎卢浮宫的扩建工程。我曾先后三次身临其境，在学习中体察作品“自在之美”形成的缘由。我的第一印象是，这种美首先来自作为卢浮宫视觉中心的东方金字塔构形符号，与其西方古典建筑风格的大背景强烈对峙，极具令人遐想的引爆力；其次，视觉中心运用现代科技手段建造成通体玻璃金字塔，似有东西方文化在此交汇之隐喻，这也与卢浮宫特有的世界级珍藏相吻合；最后，当我们进入玻璃金字塔地下的广厅后，竟然还可以仰视地面上环抱金字塔的古典建筑群，这种从地下向地上仰望的体验是十分奇妙而令人难以忘怀的。

两极并存共享的创作技法，还可见于扩建工程中新老建筑紧相毗邻的整合设计中。2015 年，我曾赞美过通体玻璃运用得合宜得体的北京天文馆新馆，其自在品格与自在精神，来自新馆轻盈舒展的现代感与北侧老馆中式新古典的历史感相互辉映、并存共享，来自新、老天文馆整合后形成的水平向以虚衬实的合成建筑景观，并由此给该地段带来的“既陌生又熟悉”的场所感。新天文馆玻璃工程新技术运用的难得之处，还体现在长方盒子里外关键部位所做的高难度变异的曲面体处理上。这不仅增强了新馆特有的文化气质，同时也让观众在参观时隐约地感受到了宇宙迷幻的气息。

第五盏灯

源于建筑归宿论的自在之美：以低成本普及趋高品位营造

1990年秋，我在印度新德里参加第四届亚洲建筑师大会并将宣读论文时吴良镛先生对我讲的那番话，让我至今记忆犹新："现在很多人都只把眼睛盯着西方的建筑大师，多半是出于盲目崇拜。我希望你不是这样，要把多一点的目光转移到发展中国家的那些建筑明星身上。要知道，发展中国家也有自己的建筑明星，像埃及、印度，多注意一下他们是怎么想的，怎么做的，这样，你就一定可以从他们身上学到在西方建筑大师那里学不到的东西。"（见拙著《建筑美学思维与创作智谋》第33—37页，天津大学出版社2017年版）听到吴先生这些亲切教导，再加上这次会议期间的所闻所见，了解到印度知名建筑师柯里亚、多西、里沃等为本土现代建筑做出的非凡贡献，我受到的触动很大，以致影响到后来我在《自在生成论》第五章"归宿论"的思考与研究中，做出了应以学习东方哲学、走向东方之道为己任的判断。

《自在生成论》出版前后，我读到了彭一刚、邹德侬、马国馨、张钦楠、陈志华等先生的相关评论，很受鼓舞，但始终诚惶诚恐、不敢停步，一直以建筑创作实践为准绳，对自在生成理论不断地进行检验、调整和充实。但在2020年全球悲壮的疫情风暴中，亿万群众对拥有一处安全健康的生存之地的渴望是多么急切啊！面对如此困境，我如梦初醒，意识到自己原来认识的建筑归宿的重大缺失：立足中国、回归东方、走向世界的战略眼光，不能没有长远而坚实的着力点！无须讳言，进入后疫情时代，建筑的归宿应落脚到改变城乡量大面广、陈旧落后的居住、医疗、教育和日常生活服务设施等基层建筑的现状上来！

如何来实现建筑归宿这一宏愿呢？智谋来自前人的实践。我到过国内不少地方，也去过五大洲 47 个国家，确实看到过名不见经传，但却经济实惠、朴素大方的基层建筑面貌。回想起来，我最初实践“自在生成”设计想法时，也都是在低造价、低材料、低技术的困苦中闯过来的。王澍认为，农村是他的用武之地，他已把人文意向和绿色理念扎根于农村设计实践。崔愷在深入乡村建筑调研的基础上，完成了“微介入改造”的若干范例，既保存了原有乡村建筑的精华实体，又在改造中注入了新生活的气息。我坚信，包括利旧改造在内的“以低成本普及趋高品位营造”，是消除量大面广、陈旧落后的基层建筑各种弊端的行之有效的根本策略。可以看到，自然界生长在石头缝里或贫瘠土地上的野花野草，总会流露出一种具有天然意趣的自在之美；在低成本条件下，那些崇尚简约与节俭统一、朴实与真情融合的基层建筑作品，必然会展现出返璞归真的自在品格与自在精神。

结语

三问三答的再思辨：坚守自在家园的情与理

从多少层面看建筑就可能发现多少美，具象美和抽象美都会集中体现在哪里呢？在建筑的自在状态和境界中。建筑的自在品格与自在精神，该如何去感受和认知呢？该如何洞察和评判由建筑诸层面生成的自在之美？唯有“合度而非过度的设计”，其创作自由才能彰显出如此精当的自在，并使回归本真的普适性建筑，可持续地惠及民众。

读书写作乃我的精神家园

单霁翔：1954年生，历任北京市规划委员会主任、国家文物局局长（2002—2012）、故宫博物院院长（2012—2018）等。现任中央文史馆特约研究员、中国文物学会会长、故宫博物院学术委员会主任。2005年3月，获美国规划协会“规划事业杰出人物奖”。2014年9月，获国际文物修护学会“福布斯奖”。出版《从“功能城市”走向“文化城市”》《万里走单骑：老单日记》等著作50余部。

每年在世界读书日这一天我都有机会参加一些相关的活动。其中记忆犹新的是2012年4月23日的第十七个“世界读书日”。那天在北京房山区石楼镇二站村的贾公祠内，百余名中小学生齐声诵读经典诗词：“闲居少邻并，草径入荒园。鸟宿池边树，僧敲月下门……”朗朗诗书声，既是献给“世界读书日”的礼物，也是祝贺贾岛图书馆开馆。

回想贾岛图书馆的设立，有一段令人难忘的故事。1999年深秋，我的父亲因病去世。父亲毕业于前中央大学——南京大学的前身——文学系，但是为生活所迫，一生没有能够从事文学研究。父亲一生热爱中国古典文学，敬佩学者、诗人，阅览群书，通过诗词以明志。父亲也是藏书爱好者，所居住的房间里和走廊上，摆满书架、书柜。晚年退休以后又订阅各高等院校校刊等学术资料，希望写一部研究古典诗词的专著，然而最终未能实现，留下了大量书稿。父亲在生命的最后时刻写下了“于今卜兹一抔土，幸近唐僧推敲眠”的诗句，开始我并不解其意。直到父亲在病危时向我说出两个愿望，一是把一生所藏图书捐赠给图书馆，二是将骨灰埋葬在房山区石楼镇二站村的贾岛墓旁一段时间，我才理解父亲所说的“唐僧”是贾岛，将骨灰埋葬在贾岛墓旁一段时间，竟然是希望追随贾岛学习诗歌。

据史料记载，贾公祠始建于清康熙三十七年（1698），为纪念唐代著名诗人贾岛而建，但是早年已经被拆毁。1999 年我寻访贾岛遗迹时，只在村庄南侧的荒坡上找到了两座石碑，一座立着，一座躺倒在那里，显得那样无助。访问当地乡亲们，他们似乎对于诗人贾岛，以及贾岛与村庄的地缘关系不甚了解。我满足了父亲的遗愿，父亲在贾岛墓旁停留了 10 年，直到 2009 年母亲去世以后，才把父亲的骨灰再次请出来，在北京昌平选择陵园与母亲合葬。这一过程引起当地人对贾公祠的关注。全国劳动模范田雄先生筹措资金 3200 万元，对贾公祠进行了修复，并建成贾岛公园。

2009 年，我再次来到贾岛公园时，注意到贾公祠内不少建筑闲置在那里。联想到 2007 年，我访问云南腾冲时，被一座建设于乡村的图书馆所吸引。1928 年，在艾思奇先生的故乡，由一些有识之士捐建了一座图书馆，即和顺图书馆，经过 80 年发展，拥有藏书 8 万余册。这座小小的图书馆迎接着来自十里八乡的读者，成为一处难得的文化天地，特别是孩子们在图书馆里汲取知识、阅读人生，日后很多人成长为社会栋梁之材。于是，我决定发起在贾公祠筹建一座乡村图书馆，让附近的孩子们能享受到阅读的乐趣。

几十年来，读书、写书，日积月累，在我家里存放的图书就变得“堆积如山”，堆在地上的“书山”达到 2 米多高，已经难以想起藏在“山”里的是什么书籍，甚至开始担心楼板的承重问题。这一状态使我开始思考一个根本性的问题，收藏书籍究竟为什么？书籍是为社会和社会发展服务的文化资源。大量看过的书籍，或根本没有时间看的图书，堆积在那里，事实上有损书籍的尊严，物尽其用才是最好。于是在2012年春节，我和夫人花了7天时间，整理出7000多册图书，作为第一批书籍捐赠给贾岛图书馆。故宫博物院的两位老院长——张忠培先生和郑欣淼先生也是第一批图书捐赠者。

贾岛写诗，以刻苦认真著称，在众星璀璨的唐代诗坛拥有独特地位，为后世留下许多佳作，其中“鸟宿池边树，僧敲月下门”是人们最熟悉的“推敲”的典故。人人皆知贾岛作诗下苦功夫，希望今日的青年人在贾岛图书馆潜心读书，远离浮躁，善于因借，多下苦功，成为明日祖国建设的栋梁之材。郑欣淼先生是中华诗词学会会长，他发扬贾岛的“推敲”精神，在诗人浩如烟海的诗词中，选择诗句“朝来重汲引，依旧得清冷。书赠同怀人，词中多苦辛”中“汲引”两字，作为贾岛图书馆内的图书室名称。“汲”是“从井里打水”的意思，“引”是“招来”的意思，“汲引”一词对于图书馆来说颇具深意。这座“汲引室”，以收藏文物、博物馆类的图书为主，希望能够帮助青少年更多地认知历史、认知祖先、认知祖国，弘扬光大中华五千年文明。

当年，我到香港看望国学大师饶宗颐教授时，谈到贾岛图书馆的筹建。他老人家十分高兴，认为在农村地区建设图书馆很有意义，于是挥毫题写了“汲引室”三字，并将他的著作捐赠给贾岛图书馆。2013年7月我再次赴香港访问时，向饶宗颐教授呈上了捐赠证书。随后一些专家学者、文化名人、媒体记者、房山游子加入到捐赠的行列，我也多次捐赠图书。大家只有一个心愿，就是使这些历史、文化、文物、博物馆等方面的书籍，与农村的孩子们更加亲近。阿根廷著名作家博尔赫斯曾自问：“天堂是什么样？”自答：“天堂是一座图书馆。”应该说贾岛图书馆就是一片文化绿洲，是给今天的，也是给未来的。

在2020年“世界读书日”，我出版了新书《我是故宫“看门人”》，有的朋友向我表示祝贺，还说我近年来是高产的作者，不仅出版了很多专业著作，而且也有作品面向大众读者。其实“读书加写作”是我多年以来的生活习惯，每天必须读上两三个小时的书，写下一些东西，几十年下来，自然而

2017 年 11 月 26 日，单霁翔等向贾岛纪念馆、图书馆捐赠图书

然就写作出版了几十本书。每天吃过晚饭，沏上一杯茶，摊开喜爱的书籍，打开电脑，这是我每日最美好的个人时光。如果是出差在外，我会选择不住套间，除了考虑节约之外，还有一个私人原因，就是减少不必要的应酬，避免接送的人员在房间内坐下来聊天，会占用彼此不少时间，还不如索性房间内没有地方坐下，大家各干各的事。在生活中这样节约时间的“窍门”还有很多。

长期以来，我面对的工作任务一直比较复杂和繁重，每天都在忙忙碌碌，因此保证读书时间就成为非常不容易的事情。但是我慢慢地掌握了一套应对的办法。一是密切结合正在进行的工作来读书和写作，形成“把工作当学问做，把问题当课题解”的习惯，也就是带着研究的意识来推动工作，带着课题的意识来破解难题，相互促进，收获很大。二是想方设法挤出时间用于读书和写作。例如我基本不在外面吃饭，因为在家里和单位用餐 20 分钟就可以解决；我的家里长年没有客人，争取所有事情在单位解决。总之，大量时间是可以“挤”出来的。三是锻炼出“特异功能”。有的人喜欢在路上看风景或思考问题，我喜欢在路上打字。一般只要车轱辘一动，有10分钟以上的车程，我都会打开电脑开始写东西。每天上班、下班来回的路上，总能写上几百字吧；出差一次，无论是坐飞机，还是坐火车，总能写上上千字吧。日积月累，收获大量时间。因此可以说，我写作的内容大部分是在路途上完成的。那么为什么说我有“特异功能”呢？因为有一次从西藏的江孜到贡嘎机场要翻过5000多米高的雪山，4小时车程，我只休息了20分钟，其余时间一直在打电脑，而其他同事在盘山路上则处于晕车状态。还有一次乘船去西沙群岛调研，船上也只有我在写东西。这些被同人看在眼里，于是我就被他们说成有“特异功能”。其实每个人都有连自己都不知道的潜能，关键是如何用意志把自己拥有的潜能给激发出来。

“把工作当学问做，把问题当课题解”支撑着我面对繁杂的工作状态，一路前行走到今天。不断出现的问题、不断凸显的矛盾和不断涌现的挑战，将时间撕裂成块块“碎片”，甚至一天之内需要几次“脑筋急转弯”。如果不能针对闪过的想法，及时停下来深入思考，如果不能面对发现的问题，及时静下来深刻反思，就必然会陷入疲于应付、不堪重负的境地。因此读书、思考、写作、归纳，成为每一天的必修功课。将考察的感想、调研的体会、阅读的心得及时记录下来，这是一次次思绪的梳理，也是一次次认识的深化。持之以恒，长久坚守，居然积攒下上千万字的记录，包括论文、报告、访谈、提案，林林总总，其中既有“一吐为快”的真实感受，也有“深思熟虑”的肺腑之言，还有“临阵磨枪”的即席表达，汇集起来，不但是一个时期实践经验的点滴记载，而且是一个时代事业发展的综合纪实。

实际上，“把工作当学问做，把问题当课题解”，作为一种有效的读书和研究方法，来源于吴良镛教授所倡导的“融贯的综合研究”理论指导，就是以正在做的事情为中心，着重研究实践中最紧迫的理论问题，着眼于对实际问题的思考，着眼于新的实践和新的发展，力图从更广阔的视野、更深入的角度，分析和梳理事物之间的内在联系，探索新的有效策略和可行路径，使制约发展的重点、难点和瓶颈问题不断得以解决。事实上，无论拥有多么宏伟的发展战略、多么辉煌的前景设计，都需要落实在持续的行动和具体的细节上。只有把每一项工作都与精细化管理挂起钩来，把桩桩件件事情都做得细而又细，才能获得持续发展，这是我在故宫博物院工作期间获得的体会。

今天，我们处在影像和电脑时代，习惯于读图和敲击键盘，按动手机接收信息，但是对于阅读能力，只能加强，不应削弱。今天阅读的内容早已从无所不读的泛读时期，进入有所挑剔的选择时期，更加注重理性阅读。目前我对于读书的范围有所选择和约束，在专业方面，主要阅读城市规划和建筑设计方面的图书；在事业方面，主要阅读文物和博物馆方面的图书；在趣味方面，主要阅读文学和文化艺术方面的图书。带着需求和问题意识读书，可以启发思考角度，完善知识结构，更能从阅读中得到帮助。

面对这些海量且繁杂的“原生态”记录，我早已萌生出系统归纳的愿望，离开一线工作岗位，使我获得了最为珍视的时间，大量希望能写出来的题目也就纷纷涌来。虽然是个人体会与观点的汇集，但是来自团队智慧与经验的集合，把这些内容生动地整理揭示出来，是我应尽的责任。坚持阅读与思考统一、读书与运用结合，根据不同内容进行分类归纳，才能把零散的东西变为系统的，把孤立的东西变为关联的，把粗浅的东西变为精深的，把感性的东西变为理性的。

我们的前辈学人，把写作出版的事看得很重，无论写诗还是著书，反复琢磨，反复斟酌，讲究“板凳要坐十年冷，文章不著一字空”，努力达到最佳。这也是当年父亲赞美贾岛的“推敲”精神，而对自己的著作迟迟不愿出手的原因。实际上，文物系统的一些老专家学者尽管著述宏富，但是对于自己的论文和专著，总是反复“推敲”，希望自己的观点经得住历史检验，而不能误导后人。在这方面我自愧不如，建筑师、规划师出身的我，总认为无论建筑还是规划，都被称作“遗憾的艺术”，随着时代进步而落伍，无论观点还是评论都具有时效性，用于解决当下的问题，于是想说就说，想写就写，因此不免降低标准，往往留下遗憾。

事实上，任何理论问题都源于现实问题，任何现实问题都蕴含着理论问题。以理论的方式面向现实，揭示出内在规律，就总会有读不完的书、想不完的道理、写不完的体会。乐此不疲、欲罢不能，成为我长期以来生活的真实写照。长期保持读书的习惯，可以感受到对于生命的滋养和呵护。本来对于事物探究的兴趣是读书的基础，如果没有探究的兴趣，也就不会有真正的读书生活。反之，只要读书生活形成趣味，就必然能够从中享受快乐，读书的爱好也就具有坚实的基础。因此，我始终认为阅读是一种精神活动，是一种特殊的精神享受，能够帮助我们全方位地认识人生，了解社会，探索未来。

肖复兴老师说："像我们那一代人，每一个喜欢读书的人都会有自己关于读书的故事。"上世纪 70 年代初，16 岁的我从农村回到城市，成为北京远郊一座工厂的工人。精力最旺盛、求知欲最强的 8 年时光，却无学可上，渴望读书的心情，恐怕今天年轻的朋友们难以感受得到。但是，我始终感恩 2 年农村生活、8 年工厂经历带给我终身受益的生存智慧，没有荒度。上世纪 70 年代末，对于 25 岁才进入大学校园的我来说，"把失去的时间夺回来"成为读书的动力；上世纪 80 年代初，作为改革开放以后第一批本科留学生，"为中华民族崛起而读书"成为我读书的动力；进入新的世纪，将近 50 岁还能和年轻同学在同一教室读博士研究生课程，"人生能有几回搏"成为我读书的动力。

读书是一辈子的事，应伴随终身，既不能着急，也不能松懈。丰富的书籍，就像一双巨大的手，始终推动我快乐地面对新的一天，满怀信心地走向明天。人生永远有如此强大的后援力量，多么幸福！中国文化历来崇尚读书。读书和美好生活本来就紧密联系在一起，因为读书是通向内心宁静的一条捷径，滋养精神生命，让人们真正感到幸福。

生命有限，读书需要动力，需要目标。人生关键节点往往只有几步，感恩祖国，感恩时代，感谢恩师，感谢同人，使我遇到这么多读书的机遇，使我得以如饥似渴、心无旁骛地读书，而且一发不可收拾，一路走了下来，不断满足永不知足的“读书瘾”。“身体靠锻炼，心灵靠读书”，阅读是一种享受，更是读者和作者之间的心灵交流。

《我是故宫“看门人”》记录了我在故宫博物院任职期间的真实感受和体会。在紫禁城建成600周年之际，与大家分享，应该说也是一种积极的交流方式。在此，我要特别感谢谢辰生、耿宝昌、吴良镛三位即将百岁的老人。三位先生不但同龄，更是同样为保护和弘扬中华文化而奋斗一生。几十年来，他们是我前行道路上的灯塔，指引我坚定前行。此次三位先生又为我的新书写了寄语，鼓励我继续努力。

附：

吴良镛教授在《良镛求索》一书中对我的学习生活有一段描述，他写道：“在这里我想谈谈我接触较多的文化遗产领域的专家单霁翔同志。单霁翔早年是从日本归国的留学生，最初在北京市城市规划管理局工作，后来又去北京市文物局，此后相继在北京市规划委员会、国家文物局等担任领导工作，在城市规划和文化遗产保护两方面都有颇深的造诣。在文物局期间，他经常根据自己的学术观点推动文化遗产保护的一些重要的大事，我认为这是他的一个重要特点，例如大遗址保护，便是其中意义重大的一项。我自1950年代初即与文物界人士交往，也参加了一些重要的会议，对文物事业一直很关心，这也是源于我本人热爱传统文化的个人情感，因此，我与单霁翔有很多共同语言。因此，我邀请他做我的研究生，2008年他获得了博士学位，论文题目是《文化遗产保护与城市文化建设》。当时我在论文评语中写道：‘本论文特点在于作者撰述上述观点时，从中国历史与现状出发，针砭时弊，畅所欲言，提出一系列带有开创性的建议。论文作者视野开阔，立论严谨，逻辑清晰，文章铿锵有力，有独立思考、甘苦自得之论……当前有关我国文化遗产保护、城市文化的论述并不少，侧重点不一，学术思想立足点不一，但将各方面的问题加以联系，指出明确发展方向之论述并不多见。论文是作者在长期从事政府城市建设与文物管理两方面工作的过程中，不断积累实际经验，长时期思考求索而成的’。在他担任了10年文物局局长之后，调任故宫博物院院长，上任之后推行‘平安故宫’、建设故宫北院、成立故宫研究院，等等，故宫的文物活了，人也活了。我非常欣赏他这种学术视野和推进文化事业的魅力。除此之外，他笔耕不辍，每年都有不少重要的文章发表，他曾撰文阐述‘有机更新’理论、广义建筑学、人居环境科学、‘积极保护、整体创造’理论对文化遗产保护事业的贡献。他至今已出版39部著作，并在全国各地举行数百次演讲，孜孜不倦，宣传文化遗产保护的理念与思想。他的思想和工作，对于我所从事的事业也有重要的启发和推动。”

我的“一亩三分地”

马国馨：1942年生，中国工程院院士、第二届“梁思成建筑奖”获得者，全国工程勘察设计大师，现任北京市建筑设计研究院有限公司顾问总建筑师。主要作品：毛主席纪念堂（1976年）、国家奥林匹克体育中心（1990年）、首都国际机场新航站楼（1999年）、北京宛平中国人民抗日战争纪念碑和雕塑园（2000年）等。出版《丹下健三》《日本建筑论稿》《体育建筑论稿——从亚运到奥运》《建筑求索论稿》《环境城市论稿》《南礼士路62号》等30余部作品。

金磊总编经常会策划一些命题作文，诸如“建筑师的自白”“建筑师的童年”“建筑师的大学”等，他又新命了一个题目——“建筑师的家园”。我迟迟没有动笔，因为这个题目比较难写，内容和范围不好界定，有的内容又与以前的命题作文有所重复。查了一下《辞海》，对“家园”的定义有二解：一、私人的田园。潘岳的《橘赋》：“故成都美其家园，江陵重其千树”；二、家乡。元好问《九日读书山》：“山腰抱佛刹，十里望家园。”思来想去都找不到合适的切入点，老觉得“家园”二字前面如果再加上个定语，如物质、文化、精神……似乎就更容易下笔了。最后我把命题加以通俗解，

书似叠嶂常乱置

“建筑师的家园”可否理解为“建筑师的一亩三分地”？我那一亩三分地是什么？就是单位的办公室和家里的斗室书房。在这个书的“家园”中多年来自己精心栽培种植，何不就此展开一下呢？

我的办公室和书房的书是有名地“乱”，凡来过我办公室的同志都有这个印象。记得 2004 年时中国青年报社的两位记者来访，见我室内的乱状，一位记者随口吟出“书似青山常乱叠，灯如红豆最相思”之句。后来我依此内容稍加修改，自撰了一联：“书似叠嶂常乱置，诗学打油偶成章。”这里并不是想把自己的藏书一一罗列，自己所从事专业的内容也不多涉及，只回忆一下从实用和兴趣角度最常使用和翻阅的书籍。我想这也是在自己的知识家园和书的家园中精心收藏的“花草”和“树木”吧，也可视为自己最常使用的工具书！

辞书

随着年龄的增长，人的记性越来越差，在写字、作文、讲话时十分不自信，所以使用频率最高的书是辞书，尤其是《现代汉语词典》和《新华字典》，办公室和家中各备一本，它们是商务印书馆的金牌产品。这两本词典纠正了我许多读音上的错误和用词上的不当，尤其现在许多人在公众场合的“出丑”也使自己更为小心谨慎。当然，仅靠这两本词典还无法满足全部的需要，于是又有了上海辞书出版社1999年版的缩印本《辞海》。这是一本以字带词的大型综合性辞书，2700页的巨著集中了1979年、1989年和1999年的编者千人以上，其中主编、副主编、编委就有各界的专家332人，分科主编222人。主编夏征农先生（1904—2008），江西人，1926年入党。新中国成立后曾在我老家山东任宣传部长，所以知道此人，他后去上海工作。本书的权威性和丰富性可想而知，基本可以满足查找各种疑难问题的需要。唯一不便的是这本书的词条是按部首来排列的，比较下来不如拼音查找更为快捷，所以常常要在后面附录中的汉语拼音索引中查到词条的页码。另外，我还有一套珍藏的三册商务印书馆的《辞源》，这对查找辞章和典故的出处十分方便。在书前有陆尔奎先生的序言“辞源说略”，除论及编撰的缘起和经历外，还专门讲了辞书与字书、类书、专门辞书的区别。这套书出版于1931年12月，但商务印书馆1933年1月29日即遭日寇轰炸，“三十五载之经营隳于一旦”，我收存的这一套印于1933年5月，已是第12版了。更重要的是，这书也蕴含着我对父亲的怀念。他于1935年10月购置这套书，在我们这些孩子小时就教我们利用这套书来查阅生字，包括后来的孙辈都是如此。当时王云五先生发明了四角号码查阅法，但我始终没有学会，一直利用部首查阅法。老父亲在1983年去世后，我回家料理完丧事，对弟弟妹妹们说，我只要把这三册《辞源》带走，作为对父亲的纪念，所以此书中还包含着这样一番思念。

按说有关汉语的工具书已够齐全了，但后来看到广告推荐宁夏人民出版社的《新编成语大词典》，号称收入四字成语45000多条，当当网还可以打折，于是购置了一册。全书有1600页。但在使用之后发觉有点名不副实，号称45000多条，但其中不少只是词序字序不同就算两条，如“影单形只”和“形单影只”，“改弦易辙”和“易辙改弦”都算两条，有的只差一字，如

“驿使梅花”“驿寄梅花”“驿路梅花”就算三条，这一来辞典中的水分就比较多了。加上有一次我想查一下成语“心无旁骛”中的“骛”字下面是鸟字还是马字，发觉大词典中竟没有收入这一条。后来类似的情况还发生过几次，这一来此词典在我心中的价值就打了不少折扣。

再说涉及外文的辞书，我最早买的是时代出版社的《俄华辞典》，是袖珍本，因为那时中学和大学都是学的俄文，小词典也可以应付，现在已经找不到了。直到1983年，当时的经济条件比较宽裕了，才买了一本商务印书馆出版的初版于1963年的《俄汉大辞典》，刘泽荣先生主编，收词条10.5万条。将近1400页的辞典，当时售价12元，现在也是不可想象的了。这本辞典基本疑难的单词都可以查到，但版本太大，纸张又不好，携带很不方便，所以在2007年又买了一本外研社出版的《现代俄汉词典》，收词9万条。这本1300页的词典，因为是用字典纸印刷，所以比上面那本精巧多了，价格是49.9元，和上一册是不可同日而语了。虽然俄语现在用得不多，但多次访俄获赠和收集了不少俄文书籍和资料，也还是有用武之地。

在大学的后期学校安排了选修课，当时建筑系有雕塑和英文两门可选，我毫不犹豫选修了英文。当时除了大学自编理工科的英文教材（当时都是原子能和半导体的内容）外，还有建筑系的专业英语，内容是阅读英文原著《20世纪建筑的形式与功能》中的“均衡”一章。那时从家里长辈那里找到一本《英汉模范字典》，是由张世鎏等四位先生编写，由商务香港印刷厂于1929年11月出版。我这一册是1938年5月第3次印刷，收单词4万条以上，但缺点是注音用韦氏音标，总不如国际音标用着方便。到1963年还是经济困难时期，我节衣缩食，咬紧牙关，花5.20元买了时代出版社郑易里主编的《英华大词典》。这本辞书我使用了很长时间，直到后来为了几处都能使用，才于1976年又买了上海人民出版社的《新英汉词典》，共收词条8万条。因为英语后来应用的机会较多，有时要写英文书信，所以又买了《汉英词典》《英语常用语用法词典》等多本词典。北京市建筑设计研究院曾编译了一本《汉英建筑工程词典》，张人琦主编，由中国建筑工业出版社出版，收词条 3.3 万条，图 800 幅，但使用起来不如上海科学技术出版社根据英国《牛津 - 杜登图解英文词典》翻译而成的《英汉图文对照词典》方便。后者由于是图文对照，十分直观，虽然是 2.1 万条词语，也是时常翻用的，而且在 1986 年购买时还不到 6 元，真是物有所值。

我于 1981—1984 年间去日本研修，于是工具书中又增加了许多涉及日文的辞书。在去日本时，我并没有带辞典，心想，日本出版业十分发达，到日本以后可以在当地买一本更实用的。但等到了日本以后大失所望，因为日本只有为日本人准备的汉和字典，而没有为中国人准备的和汉字典或日汉字典，最后寻找了半天买了一本燎原出版社出版、由陈涛主编的《日汉辞典》。它实际上还是国内商务印书馆的原版，在日本加以缩印，体积小便于携带。另外，日本的纸张好，1850 页用了字典纸，厚度不到 5 厘米，2800 日元，所以一直使用到现在。此外，学习日语必购外来语辞典，因为日语当中外来语太多，由中国传入的汉字先不讲，其他外来语源自与西方经济文化的接触，尤其二战之后更甚。据统计，日语中常见的 3 万个词语中，和语占 36.7%，汉语占 47.5%，外来语占 9.8%，三种语言混合占 6%。而在外来语中英语占比最高，为 80.8%，所以如掌握英语对学习外来语十分有利，其余法语占 3.3%，德语占 1.5%，意大利语占 1.3%，荷兰语占 0.8%，等等。当时曾买过一册日东书院出版的《外来语词典》，但很快就发觉很不够用，后来回国又买了商务版的《新编日语外来语词典》，收词 6.2 万条，才觉得好用一些，但新外来语也是层出不穷。另外还想选购一本像中国《辞海》《辞源》那样的权威辞书，犹豫很久，最后还是下决心花 4800 日元买了一本岩波书店的《广辞苑》，是 1976 年的第 2 版修订版，由新村出主编。他在与近 80 位学者合力之下完成，但新村出并未见到最后成果，他在修订中因病于 1967 年以 91 岁高龄去世。全书 2500 页，收入词条 20 万条，购回后使用次数不多，但是荒僻困难的辞字基本都可以在这里找到。

日本的辞书编译十分发达，尤其许多袖珍本、便携本都十分小巧精致，也诱得我买了不少，如《袖珍日用语字典》《必携惯用句辞典》等。尤其是三省堂出版的《简明英和·和英词典》非常实用，其中英和部 5.3 万辞，和英部 6.2 万辞。全书 600 页，长 15.5 厘米，宽 8 厘米，厚度 2.5 厘米，皮面还配有封套，3000 日元。后来国内商务印书馆也陆续和英国牛津大学出版社合作，先后出版了相同规格的中英、中俄、中日等双语辞典，为我们的外语学习带来很大方便。

过去学习日文常觉得其中有不少汉字可能对国人来说很好学，但在深入学习后就发现全然不是如此。因为日文中的汉字有音读、训读，还有日本人的姓名、地名，读音也十分复杂。所以，要弄清楚这些读音，还要借助许多相关的辅助书籍。为此我回国以后又陆续买了一些手册，当时买价钱都不贵，如商务印书馆的《日本汉字读音词典》，计字条 8 万多条，1992 年版，8.8 元；还有《日本姓名词典》（拉丁字母序），收姓氏和名字 10 万条，1979 年版，2.0 元；以及《日本地名词典》，收地名 2.6 万条，1996 年版，价格就要 34.5 元了。

百科全书

除去辞书以外，我平时使用较多的还有百科全书。1978 年后，我国决定编辑出版《中国大百科全书》，准备出版 80 卷，按学科分卷出版，但当时还不能马上看到。1981 年到日本学习以后，我开始接触到真正意义上的现代百科全书。

日本东京的神保町是有名的书店街，街面上书店一家连着一家，据说有近 200 家。除大的书店外，古旧书店也各有特色和专门的方向，尤其是每年 11 月的图书节，店家都把许多特价的书堆到人行道上供读者挑选，这也变成了爱书人的节日。我就利用这个机会先后买了两套百科全书，其中一套是小学馆 1964 年出版的《日本百科大事典》，全套 14 卷，3000 日元，平均 200 多日元一册，都是精装带封套。虽然出版的年代稍早，但其中有关日本历史、风物以及许多其他人文方面的内容还是很有用的。后来天津大学邹德依教授在翻译国外的建筑史和艺术史的著作时，有许多日本人的英文名不清楚对应什么汉字，发信向我询问，我就利用这套百科全书一一化解。还有一套英文百科全书（*Encyclopedia in English*），全套十册，售价2000元，也被我伺机买下。记得当年都是手提捆好的厚重书册上了地铁，下来后又走了很长的路，几乎要提不动了，但最后还是被我带回国来。那一套日文百科全书应用十分频繁，而英文那一套因内容比较一般，加上后来又有其他的百科全书，所以就不常用了。

回国以后，国内的大百科全书也陆续出版，根据自己当时工作所需，我先后购置了《建筑、园林、城市规划》卷和《体育》卷，对工作和学习还是有很大帮助的。此后根据自己的兴趣和需要又先后购置过《外国文学》（上下卷）、《音乐》卷、《戏曲·曲艺》卷、《天文学》卷等，内容都是很丰富的，但不可能都买全。各卷体现了当时国内的最高水准，同时不可避免也带着时代印记。

在百科全书中我最高兴的还是买了一套《不列颠百科全书》，全书20册。有一天，我院已退休的老结构工程师刘元和到我办公室来，代出版社向我推销这套书。该书定价2200元，他说可以2000元卖给我，很快一箱子书就送来了。看了内容以后，我很满意。18册正文中收录词条81600条，地图250幅，总计4300万字，名字叫“不列颠”，实际上这是中美建交以后文化交流合作的重要成果。双方成立了顾问委员会和编审委员会，顾问委员会的中方委员是钱伟长、周有光和梅益。其中除涉及中国的4000条以外，涉及欧美历史人文的条目很多，文字规范准确，使用起来十分方便。最后的两册索引为检索创造了便利条件。

另外还有一种自然大百科，科学普及出版社在2018年出版的《DK博物大百科》，其副标题为“自然界的视觉盛宴”。该书最早于2010年出版，原名《自然历史》，由英国DK（Dorling Kindersley）公司在大卫·伯尼（David Burnie）主编下，邀请诸多博物学专家编辑而成，并经过著名的史密森学会（Smithsonian Institution）认证。史密森学会成立于1846年，是世界上最大的集博物馆和研究所于一体的综合机构，在其所属机构中有 1.37 亿件标本、人工制品和艺术品。这本百科全书中包括了 5000 多个物种的彩色特写，介绍了植物、动物、菌类、微生物、岩石、矿物和化石，表现了我们这个星球上的丰富物种。全书 620 页，彩色精印，是认识自然界的最好教材。但就是书太厚重了，读起来不太方便。

地图

在我的家园中，还有一个特殊的门类，那就是地图。我和老伴都有观赏和研究地图的爱好和兴趣，所以十分注意好版本的地图的收集。经过多版本比较淘汰之后，我首先选定了中国地图出版社 2005 年出版的《中国地图集》和《世界地图集》。两本地图集共 700 页，印刷精美，体例相同，除了省份或国家的全图之外，还有简要的城市简图。世界地图中除了中文地名外，下面还附有外文。图集最后还有地名索引，查找方便，实用性很强。2018 年又收集到最新版的《世界地图集》，在原有基础上更详尽、更精美了。其实在这以前，在国外或国内旅行时，我就曾有意识地收集过各地的地图，但这些大多是旅游用的地图，从内容和表现深度上都还不尽如人意，也不能满足自己的研究兴趣。由此，我逐渐扩大视野，收集比例尺更大，更为清晰、具体的城市详图。如 2010 年中国地图出版社和奇志通联合出版的《北京全图》，全书 330 页，分区分片表现了北京市区以及郊区的详图。图名、单位、地名甚至楼号都清晰可见，而且书后附有公交线路、地名索引、单位索引等内容，不失为精确度高，信息量大，集实用性、观赏性、收藏性于一体的好工具书。只是可惜北京的城市建设发展太快，地图内容也在时时变化之中，有点出版跟不上变化之感。另外不知出于什么原因，没有注明比例尺也是一个小缺憾。

与此同时，我也收集了一些国外大城市的较大比例尺的图集，有利于对国外名城的研究和学习。早在 1961 年上大学时我就买过一本《莫斯科建筑指南》，里面有分区、分段地图而无全图。改革开放后，俄罗斯建筑师来访，见我收藏这样早的地图都大为吃惊。此后，如《莫斯科现代城市地图》，全书近300页，有全市各区大比例尺的详图和中央区更大比例尺的详图。图中建筑体形、布置方式清晰，用各种符号标明剧场、博物馆、影院、图书馆、餐厅、酒吧、地铁站、医院、公园、纪念碑、喷泉、教堂等不同类型建筑的位置。这本地图是城市学和规划学研究的重要资料，但未注明比例尺。后来在圣彼得堡也找到一本《圣彼得堡和近郊地图》，页数较少，一般是1：20000到1：34000的简要全图，但在中心区是1：14000的放大图，因此也还十分实用。在日本东京我买了一册昭文社出版的《东京都道路地图》，全书30页。编者考虑得比较细致，把银座、新宿、涩谷、池袋几个中心区域采用了1：3500或1：4000的比例尺，东京都的主要部分为1：30000比例尺，而东京都的周边则是1：100000的比例尺，这样主次分明，利用也还方便。在伦敦和香港收集的城市地图，其一大特点是清楚地注明地图的出版时间，如伦敦地图是2004年版。全书300页，虽然没有比例尺，但注明了中心区的格网是250米，其他地区的格网是500米，也表现出主次分明的特色，仅道路和地名的索引就占据了100页。《香港街道图》是2010年版，全书350页，还附有光盘，另外每页地图均附有比例尺，看起来十分严谨。国外其他许多名城，因为没有时间去细寻地图，就只能用一些导游图来代替了。纽约市我找了一册《纽约建筑学指南》，是美国建筑师学会审定的2000年出版的第4版。全书1056页，有130幅分区地图，介绍了5000栋建筑，有3000幅照片。在洛杉矶也买过一次《洛杉矶建筑指南》，1994年版，全书486页。《柏林：开放的城市》是2001年版，全书288页，把全市分成9个大区分别介绍，分区图都有明确的比例尺。书中有11张折叠的地图，250张照片，介绍了600栋建筑，是我2002年去德国参加世界建筑师大会时花15欧元购置的。2005年访俄时，曾获作者阿尼西莫夫赠送他所著的《莫斯科建筑指南》，介绍了200栋该城有名的建筑物，只有两张地图表示建筑在城市中的位置，但每栋建筑物都附有平面图。

1990年亚运会召开之前，测绘处一位高工来找我，为印制亚运会场馆宣传材料要我给她提供资料。事后她突然问我："你对《中国历史地图集》感兴趣吗？"我知道这是著名历史地理学家谭其骧先生主编的。她说可以帮我买一套，当时我大喜过望。很快她就把地图集送来了，包括从原始社会到战国时期、秦汉、三国西晋、东晋十六国南北朝、隋唐五代、宋辽金、元明、清朝等8个历史时期的分册，由中国地图出版社出版。地图集的编纂工作从1954年始，1959年在上海成立历史地理研究室，1973年完稿，1974年试印行，1982年正式出版，1987年出齐，前后历时33年。全书549页，有地图304幅。这套历史地图集不但让我们了解了中国各朝代疆域的边界，看到各民族如何有分有合，最后凝聚在一个疆域稳定、领土完整的实体之内，而且可以看出学者们在工作过程中查找、考证的艰辛，力求真实。尤其是在地图上有古代和当下地名的对照，古墨今朱，为今人当下的使用提供了许多方便。这套图集是我时时翻阅的手边之物。最近为了对首都北京的历史沿革有进一步的了解，在网上订购了岳升阳主编的《侯仁之与北京地图》一书，由北京科学技术出版社2011年出版，是因侯先生主编的《北京历史地图集》太贵也太重，退而求其次。书中收入侯先生所藏有代表性的地图147幅，当然最让人关心的还是元、明、清北京城图。近代北京城图、民国初年、民国二十四年（1935）、民国二十六年（1937），还有颐和园、圆明园遗址图等，都是与当今城市发展对照的宝贵资料，可以看出北京城近百年的巨大变化，十分难得。

除专门的地图以外，我还曾在美国买了一本英文版的《世界地图态势》，由企鹅出版社1999年出版，是从经济、政治、社会诸方面进行世界性的对比和分析。全书分六章：人口、全球经济、工作、政治、社会、持续的地球。全书均是用图片、色彩、表格对各大洲甚至各国的情况进行宏观比较，如全球经济一章即包括世界市场、贸易和工业、旅游、投资、债务、国民收入等几部分。社会一章就包括民族、文化程度、男女平等、宗教、性自由、生育权利、吸烟、通讯和媒体等内容。虽然由于政治和意识形态原因，对一些国家的介绍有不准确之处，但许多数据还是有较大参考价值的。此后，2017 年收到星球地图出版社原社长兼总编辑苏刚先生赠我的《世界综合地图集》，是由中科院地理研究所刘伉先生编著的。全书 430 页，由 20 个单元组成，包括世界总图、世界海洋、世界国民、世界国家和地区、世界地理位置、世界国家建制、世界首都、世界人口、世界民族和宗教、世界语言文字、世界城市、世界金融、世界建筑、世界环保、世界交通运输、世界新闻传媒、世界体育运动、世界信息、世界国际关系、世界极地。全书主要是文字、表格，有少量地图，其内容框架与我在美国购买的那本相近，可惜全书是黑白印刷，缺少更简明易懂的图解（我想可能是由于设计的工作量太大），但仍不失为一本内容丰富翔实的地理文献资料。由于印数有限，估计知道这本书的读者不会太多，有点可惜了。另外，这类书籍还需要不断更新数据和内容，也是一项十分复杂困难的工作，没有专门的团队长期跟踪也恐难胜任。

历史书

书的家园的建设自然离不开本人的职业，但更重要的因素还是兴趣。我兴趣较广泛，许多领域都是浅尝辄止，蜻蜓点水，但一直关注历史的家园。这个部分的内容太多，无法一一列举，只重点介绍有关中国历史的部分。

先介绍一本我学习历史的入门书，也是最常使用的工具书，那就是中华书局 1958 年初版，1985 年再印的《中外历史年表（公元前 4500 年—公元 1918 年）》，这是由翦伯赞先生主编，齐思和、刘启戈、聂崇岐三位合编的。全书 883 页，在当时的售价为 5.8 元。这是一本中国和外国的编年历史年表，就是把时间上并行发生的或相继发生的中国和外国的历史事件加以排列。中国部分的以公元时间为主，下列干支纪年、各朝帝王年号，及在这一年中相继发生的王朝更替、农民起义或起事、天象异常、大灾大疫等。同时外国部分由东而西，按各国名单独标出，如 1369 年为乙酉、明洪武二年，并分别列出了高丽、日本、大越、占城、暹罗、帖木儿帝国、奥斯曼土耳其、拜占庭、法兰西、英格兰各国在该年发生的大事。从这些事件的发生、发展、演变、关联和对照中，寻找历史发展的线索，了解历史发展的规律。年表的制作在中国一直有传统，但可惜本书只编到 1918 年为止，还未见有后续的年表出版。

中国古代史方面，大学时在旧书店买的《史记菁华录》，是我最早的历史启蒙。后来就是蔡东藩的《历朝通俗演义》，没有买全，虽然不是正史，但对普及历史知识还是很有用处的。至于正史，最早的是在“文革”时期买的《中国通史简编》，范文澜主编，人民出版社出版，共 4 本 3 卷，还是竖排本，价格 4.40 元，现在看起来不贵。范老去过延安，《简编》被认为是第一部用马克思主义观点系统地叙述中国历史的著作。但范老只写到唐和五代，1969 年即去世，后来又由中国社会科学院近代史研究所蔡美彪等人陆续写了 5—7 卷，从宋辽一直写到金元，版本也改成了横排本。这 3 卷比前面的 3 卷厚多了，但定价也才 5.40 元，其中有两册是在中国书店买到的，又便宜了 0.7 元。这是上世纪 70 年代末到 80 年代初的事，至于后来是否还出了明清卷，就没有太去关心了。到本世纪初手头稍微宽裕以后，买了一套中华书局的编年史《资治通鉴》，共 20 册 294 卷。原也考虑过二十四史，但是一来册数太多，一次不易买齐，加上司马光编的《资治通鉴》也被称为“史家绝作”，所以下决心买了。我买的是 2005 年版，总价 332 元，现在看来也不算昂贵。偶尔翻阅，很为其文笔所折服。说来惭愧，此书购置以后只用过两次，就是看到有文章提到毛主席引用《资治通鉴》中的故事而去查找的，还未通读过一次，这个愿望不知何时能实现？！

中国近代史仍是从野史入手。最早是陶菊隐先生所著《北洋军阀统治时期史话》，三联书店 1977 年版。全书共 8 册，130 余万字，总计 3.72 元。书店在重印说明中说“作者基本是站在资产阶级客观主义的立场上来评述和分析问题……缺乏科学的、阶级的分析……没有揭示问题的实质和历史发展的客观规律”，但同时也承认作者“对这一时期的社会政治情况比较熟悉。他写的这本书材料较为丰富”。陶菊隐（1898—1989），长沙人，长期从事报业工作。史学界认为此书“极具史料严谨性”，可以称得上一部真正的“史学巨著”。按傅斯年先生的观点：“史学便是史料学”，“历史这个东西，不是空谈……历史的对象是史料”。史料掌握得多了，也就比较容易对历史做出判断了。此外，范文澜先生在1958年曾写过一本《中国近代史》，1962年人民出版社出版，但是只买到上册，刚刚写到光绪年间的义和团运动。

学习中国近代史最常用的书是我在地坛书市上买到的《旧中国大博览（1900—1949）》，两大册共1500页，400万字。程栋、刘树勇、张卫编著，科学普及出版社于1996年出版，书前有李岚清和宋平的题词。原价540元，购买时的价格不记得了，但肯定比较便宜，因为其封面已翻得比较烂了，但书内的品相还是很好。这本大书的特点是以编年纪事体逐年逐月记录了1900—1949年间发生的事件。全书图文并茂，有许多珍贵的文献资料和老照片，老照片有6000幅，极具文献资料性，是一部难得的历史工具书。同时在出版说明中也注明在出版前经过中共中央党校、中共中央文献研究室、中国社科院近代史研究所和北京大学历史系有关专家的审定，因此除了可读性，也具有可信性。

也正是在这两卷书的启发下，后来我又在书市上淘到了一本《新中国大博览》，广东旅游出版社1993年出版，规格与《旧中国大博览（1900—1949）》相同，体例版面也完全相同。出版时间还在前面那套书之前，由李默主编，记录了1949—1992年间所发生的事件。全书1300页，同样是图文并茂，近6000张老照片也十分珍贵，可称为是“新中国的百科全书”“新中国的历史长卷”。有关中国现代史的书就比较多了，记得购入过一本《中华人民共和国大事记（1949—2009）》，是中共中央党史研究室编的，人民出版社出版，但看后觉得编得还不十分理想。另外也收集过《周恩来年谱》《邓小平年谱》，它们都是中共中央文献研究室编的“中国文库”史学类专著，由中央文献出版社在2007年出版。年谱按年月日顺序记事，有些事件采用纪事本末方式撰写，可以和通史类书籍互为补充，同时对人物的了解也可以更为深入。有关现代史部分不再详述。

当前讲究学科交叉，因此也出现了跨学科的研究成果，有友人赠我一套三册《地图上的中国史》，由中国地图出版社2019年出版，包括从远古时期一直到中华民国，用地图来读懂中国历史，是地理与历史两学科的结合。全书有8000条古今地名，90多万字知识解读，2000多张图片，900多位历史人物，1000多条历史专业名词，3000多条中外历史大事件对照表。全书1062页，由葛剑雄和王子今分任总顾问和学术顾问，李兰芝撰文，可以说是前面提到过的《中国历史地图集》和《中国通史》的普及本。全书彩色精印，很有收藏价值。

城市、建筑与艺术

其他专业的历史书收集了很多，也从中获益良多，因篇幅关系只列一下。城市和建筑专业的书有:《中国建筑史》、《华夏意匠》(李允鉌著)、《中国人居史》(吴良镛著)、《中国古典园林史》(周维权著)、《中国古代建筑技术史》(中科院自然科学史研究所)、《中国科学技术史》(通史卷、人物卷，卢嘉锡总主编)、《中国古代园林史》(上下卷，汪菊渊著)、《中国现代建筑史》(邹德侬著)、《中国近代建筑史》(赖德霖、伍江、徐苏斌主编)、《上海百年建筑史(1840—1949)》(伍江著)、《北京近代建筑史》(张复合著)、《中国城市发展史》(傅崇兰等三人著)、《建筑中国六十年》，等等。

有关艺术的书有《新中国美术史(1949—2000)》《新中国音乐史(1949—2000)》《新中国电影史(1949—2000)》《新中国舞蹈史(1949—2000)》《新中国戏剧史(1949—2000)》《中国油画文献》《中国版画史》《中国漫画史》《中国工艺美术史》《中国绘画通史》《中国古代书法史》《中国现代书法史》《中国摄影史》，等等。另外还有许多各界的口述史。这部分内容更为生动精彩，因篇幅所限就不展开了。

书林学海

晒出了一大堆书名，并非炫耀卖弄。许多人也认为现在知识传递方式多样化、计算机化、电子书化，还有谷歌、百度，网上查阅十分方便，加上这些书籍又占地方，寻找检索起来又麻烦，实在不用买书藏书，已有多人劝过我。但多年苦心收藏，营造自己一亩三分地的书籍家园实属不易，难以割舍。另外，在闲暇之时独自翻阅纸质书也觉别有情趣，自得其乐。2019 年年底，北京市建筑设计研究院的礼士书房筹备多日后开业，邀我题词。我就撰句题了“书林漫步通中外，学海遨游晤古今”，意犹未尽，又抄录清代张潮《幽梦影》中的句子：“少年读书，如隙中窥月；中年读书，如庭中望月；老年读书，如台上望月。皆以阅历之浅深为所得之浅深耳。”所以这是我最看重的家园。另有一首打油诗也可以表达我的心情，那是在 2008 年 4 月 22 日凌晨写的：

春深夜半对孤灯，书林报海任驰骋。
鉴往识今寻独趣，心会偶得忘残更。

原点的回望

李拱辰：1936年生，现任河北建筑设计研究院有限责任公司资深总建筑师，教授级高级建筑师。主要作品：唐山抗震纪念碑、河北艺术中心、泥河湾博物馆、上海黄浦新苑小区等。出版《时光筑梦：六十载从业建筑札记》等著作。

我出生在塞外的一座小城里。听父辈讲，那时父母和姐姐已经离开农村，到北京安家了。之后，我也随之来到北京。父母常常忆起那座小城：一股甘洌的清泉，从城边流过，浸润着小城人们的心田，带给小城人们甜美的希望。城南几里的地方，一条洋河自西北向东南奔涌而去，涤荡着小城的污浊，换来小城的祥和。小城周边地势开阔平坦，四面环山，像是大地母亲怀抱中心爱的婴儿，尽情地享受着大地母亲的哺育与恩惠。小城拥有一个好听的名字——沙城。这就是我此生走向社会的起点，也是我一生成长、奔波中的坐标原点。

生活在老北京

在北京的生活，由朦胧渐渐清晰起来，我在这里受教育完成学业，从初涉世事到逐步成长经历了漫长的 25 年。北京是一座文化古都，25 个春秋学习与生活的耳濡目染与熏陶，丰富了我的生活阅历，赋予了我从事建筑专业工作的信心与力量。我的身心已经完全融入了北京这座城市中。当人们问起我的籍贯时，我会自豪地说："我是北京人。"

生活在北京的 25 年，前一半处于旧中国时期，后一半则处于新中国成立初期。新中国成立前十几年时间的北京，我们姑且称之为"旧日的北京"，令我印象深刻，难以忘怀。以我国传统文化精髓为主导，结合民间不断创造的丰富多彩的民俗文化，以及追求完美、和谐而形成的"京味"十足的，极具特点的社会风情，是感染人、令人惊羡的北京文化的主体，是使我爱上这座城市的主因。

北京深厚的文化根基，渗透在京城社会的方方面面。以此为基础形成的得天独厚的社会环境，是我成长的沃土。北京重教育，讲礼仪，讲修为，其潜在的影响无处不在。它赋予我成长的知识和力量，成为我的精神家园。

古都北京的生活中更不乏传统文化中的礼教，这成为我们精神的启蒙与开端。我们居住的四合院，充满浓浓的情义与祥和的氛围。房东是一位操南方口音的长者，大家都尊称她为外婆。清晨，一抹金色阳光刚刚洒向屋檐，外婆就开始打扫庭院了，邻居们也都行动起来，问候"外婆早"。相互间看不出房东与房客的距离感，却像是亲密无间的一家人。外婆喜欢做些南方风味小吃，逢年过节都会送一些给我们这些租客尝尝，大家也将心仪的食品回赠外婆。夏日的夜晚，小院里会很热闹。忙碌一天的人们为了乘凉，解除一天的劳累，会在自家门前摆上地桌，支起躺椅，一家人共进晚餐。饭后还会沏壶酽茶或切开西瓜，边吃边聊地消暑。聊的内容山南海北，遇到新奇或感兴趣的谈资，大家会自发地聚拢在一起高谈阔论，直到困倦了才肯散去。平日里小院静悄悄的，大家都各自忙碌着，家中无人也不必担心，有外婆在时刻守护着。小院祥和惬意，人们尊老爱幼，团结友爱，相互照应，让我幼小的心灵知道了尊重人，认识了人与人之间应该怎样正常交往，以及相亲相帮的必要性与方法。

中国传统文化中对于美好生活与幸福的企盼表达甚多，表达的方式也极为广泛，且无处不在，京城的胡同里也几乎随处可见。胡同里不少住户的街门就是例证。两侧的门枕石上，那精美的雕刻常常被赋予象征吉祥的内容，而门簪上常雕刻有“吉祥如意”“四季平安”等寄托美好愿望的词句，迎门的影壁上大多镶有砖雕“迎祥”“鸿禧”等纳福迎祥的字句。最为醒目的当属门扇上朱漆的对联了，对联将文学、书法、装饰融为一体，思想性、艺术性高度统一，内容多为教育人修身养性的哲理表述，按今天的说法就是教人如何树立正确的人生观。常见的有“忠厚传家久，诗书继世长”，“修身如执玉，积德胜遗金”，“芝兰君子性，松柏古人心”等。它提醒并教育着门里进进出出的人们，成为他们行动的座右铭，同时也教育了千千万万从门前走过的人，潜移默化，影响深远。

这些都是少年时代家园环境在我脑海里留下的印记。初中时上下学要走在东四、灯市口一带，书法家们书写的店铺牌匾使我常常驻足欣赏，暗中模仿。店铺五光十色、形态各异而又主题突出的幌子，也时常令我流连忘返。民间文化的蕴藏无比丰富，父亲常带我走过的北海、故宫沿线更是美不胜收。京城的大环境陶冶了我的心灵，给予我的启迪很多很多，这座家园的缤纷色彩使我终生享用不尽。

初访沙城

乡愁，体现在对故土的情感与思念，它深深地牵动着人的心灵，令人念念不忘。而思念的内容，大体是儿时印象最深的，深藏于脑海中的闪光点。引人深思的这些内容，未必有多么壮美，却是敝帚自珍，极难忘怀的。从山山水水到身边琐事，从乡里屋舍到童年游戏，从民间习俗到地方乡音，从市井百态到风味特产，总之，包罗万象，无处不在。随着时间的推移，愈是消失的或即将消失的，愈易成为人们怀念的热点。

我虽然没有在故乡长期居住过，但那里是我家先人世代居住的地方。我与他们血脉相连，那里有祖先生活的印记，有世代相传的祖坟。那里是我们的根。

我久已心仪的沙城是由三个不大的城堡连缀起来的小镇。它与我们久居的气势宏伟、城楼巍峨的北京城相比较，就是一座袖珍的小城，东西不足 500 米，南北不足 200 米，显得十分精致。青砖青瓦的房子装饰精美，我喜欢这座小城。奶奶租住的院子是个标准的四合院，前院是一家酒坊。走近它，迎面会飘来醉人的酒香。进了院子，到处晾晒着酒糟，发酵的釉香弥漫在院子里，十分诱人。到了做饭的时候，炒菜时特有的胡麻油的浓浓香味，在我的嗅觉记忆中留下很深的印象。孩童时期对美味饮食具有超强的记忆力。小镇沿街有不少卖石头饼的，饼铛里散落着一层小的卵石，饼被摊放在起伏不平的石子上炙烤着。卖饼人用浓重的乡音吆喝着："酥大饼子！"饼薄而均匀，酥脆可口，深受人们喜爱，也是我童年时的最爱。镇上也有几家糕点铺，最具特色的是一种叫"锅盔"的点心，用面粉、鸡蛋、胡麻油制作，碗口大小，中间略鼓些，棕红色，拿在手里就有一股诱人的香气，也是一种味道令人终生难忘的食品。当然，它和外观朴素的大饼子比较起来要奢侈了许多。我初到老家，父亲管教不让乱走，小镇周边的景点只去过近处的老龙潭。那是在西堡外一处树丛环绕的地方，中间一股清泉从水潭上雕刻的蛟龙口中喷涌而出。泉水清澈，入口甘甜。这一地下水脉至今仍是沙城酿酒的主要水源。除此之外，游玩的去处就是离家不远的沙城火车站了。我会看着站台上出售的红红绿绿的瓶子，里面装的是小镇知名的特产青梅煮酒。车站上来来往往的旅客匆匆走过，这成了当年浓缩的小镇繁华的画面，深深地烙在我的记忆当中。小镇生活的生动画面和我所迷恋的历久弥新的味道，构成了我乡愁的初始记忆，永生难忘。

回望沙城

2019 年 5 月，一次偶然的机会使我重访沙城。这些年来小城有了很大的发展，道路宽阔，高楼林立，市井繁华。工作之余，我习惯性地又去探寻那曾经魂牵梦萦的古镇——沙城的三座城堡。沿着熟悉的老路走去，残存的城墙、城门斑斑驳驳，失去了往日的威严。一座座民居宅院依然如故，只是愈发显得苍老。沿街的商店还保留着原有的格局，却失去了往日的繁华。遗憾的是快速发展的城市已经步步逼近，新建的高层住宅已经吞没了老街北侧的旧宅，贯通东西的老街北侧已被拆除殆尽。如此的现状该如何面对呢？出于建筑师的本能，从改变家乡面貌的心愿出发，我深深地思考着，想为老街寻求一条出路。

从城市的历史文脉来考虑。据文献记载，沙城于明景泰二年（1451）始建城墙，至今已有 570 余年了。从现存民居来看，还有不少是清末民初所建，其形制有别于北京四合院，而与晋中一带民居有诸多相似之处。沙城虽近北京，但由于有大山及长城阻隔，且商业贸易往来中与西部、西北部联系较多，从而形成了饮食特点、生活习惯更近似西部的文化特征。另一方面，京张铁路的开通，使外部文化与之有了交流融合的机会。存在两种文化交织的小镇，在文脉延续和历史传承方面都具有研究的价值，做好保护利用势在必行。

从城市发展的脉络与进程加以考虑。首先，旧城的构成肌理还在，自古代到新中国成立，城市肌理变化不大，主路、小巷、院落的通达关系，从业分布等可供研究。其次，怀来县城是一座新兴的城，县城的发展主要在新中国成立后，城市发展历史的可追溯性强。县城发展到今天的规模，其间经历的促进城市发展的因素历历可数。1909 年京张铁路的通车给沙城镇带来了发展的活力。1951 年动工修建官厅水库，怀来县治设在沙城，县政府及所属单位迁来沙城，给沙城带来了发展的良机。改革开放以来沙城紧跟大好形势，依靠毗邻北京的地理优势，取得了长足的进步。近年来又有京藏、京新两条高速公路从这里经过，高铁已经开通，交通条件优越。怀来的城市发展历史虽短，但脉络清晰，给研究分析提供了极大的方便。

从“让城市留下记忆，让人们记住乡愁”的高度加以审视。这些年来党中央、习总书记十分重视城市文化，明确提出：城市规划和建设要高度重视历史文化的保护；要突出地方特色，注重人居环境的改善；注重文化传承，文脉延续。城市是文化的容器，是洋溢着生命力的有机体，城市的生命力，在于文化的传承。建筑是凝固的历史与文化，建筑是历史文化的见证，也是历史文化的说明书。饱经沧桑的建筑，古朴的老街老巷，不仅为城市营造了浓重的历史氛围和文化气息，更滋养着城市人民的精神生命。抢救、保护、利用正逢其时，刻不容缓。

我反复思忖，决心把这项工作向有关领导大胆提出来。很快，得到了他们的积极支持。2019年初秋季节，这项工作开始进行。当然仅仅是开始，它涉及深入调研，多专业、多学科的配合。我们将不遗余力地做好这一老街区的抢救、保护、利用工作，去粗取精，去伪存真，使其更为接近历史的真实，提升城市品质，让怀来县城展现一个全新的风貌！

建筑师的一生，注定是操劳的一生，当我们停下脚步时，不觉已步入垂暮之年。庆幸的是体力尚可，生活的热情未减。老年人惯于思乡怀旧，而我则希望借回忆成长历程之机，以感恩的心情为我的家园奉献微薄的力量。沙城是生育我的家园，北京是哺育我成长的家园。这两处家园多少年来都是我魂牵梦萦的地方。她们的点滴发展，都曾给予我无尽的欣喜。如今北京已发展成为国际大都市，而生育我的家园——沙城，还需要更大的发展，我愿为她添砖加瓦，栽种更多似锦的繁花！

半生的家园建设与守护之路

刘景樑：1941 年生，全国工程勘察设计大师，天津市建筑设计研究院有限公司名誉院长。曾任中国建筑学会副理事长。代表作品：天津市体育中心、天津华苑居华里小区、平津战役纪念馆和周恩来、邓颖超纪念馆等。著作有《天津建筑图说》《天津・国家海洋博物馆》等。

如今回想起来，我的从业生涯不知不觉已经跨越了半个世纪。从天真活泼的街坊顽童，到考入天津大学建筑学殿堂的大学生；从奔波忙碌于设计、图纸、工地之间的建筑师，到受命于各级领导的委派，在多项市级重点工程指挥部负责技术协调把关工作。一座座新建筑拔地而起，一个个设计理念被创新突破，伴随着城市日新月异的发展，作为城市的建设者，我时常会默默地在心里感到欣慰和自豪。

金主编的“建筑师的家园”约稿函，将我这种朴素的欣慰感引向建筑师与家园情愫的思考。我感悟到：一个建筑师的成长，离不开其生长环境的熏陶和滋养；一个建筑师的作为，是其浓厚家国情怀的体现和回报。

记得多年前，大家特别崇尚“本土设计”这个理念，当时我认为那是属于地域设计范畴的概念，很少联系到个人，如今才感受到自己身上本土设计的意识和情结：我自己就是一个天津生天津长，天津求学就职，天津拼搏创业，天津成就梦想的本土建筑师。这几年，人们又热议起“乡愁”的话题，把一个人的所作所为与家乡建设、家园情怀联系起来。受以上两个热点启发，我愿将自己的职业生涯中与家园建设相关的若干片段做个回顾。

天津小洋楼的童年记忆

我的童年主要在天津五大道中大理道东段的一个胡同里度过。那时候，还没有“五大道”的称谓，在天津人眼中，这里集中了风格各异的小洋楼，有围墙有院落，属于一种优雅静谧的居住区。后来到了 20 世纪 80 年代初，在李瑞环市长的领导下，天津开始进行市容市貌修整工程，而其中最有代表性的小洋楼建筑区，就划定在这 1.4 平方公里的五条道路之间，而后“五大道”固化为此片区的代名词，也确立了对“五大道”整体保护的定位。如今 40 年过去，它仍是天津历史风貌保护片区的重中之重，进而成为国内外知名的天津文化名片。

我家住的是五大道的一个联排式三层小楼，总体面积虽不大，但空间设计丰富紧凑，很有情趣。底层是满铺的半地下室，上面是一、二、三层，长短跑楼梯作为交通枢纽串连了三层住房，并以错层方式连接着厨卫附属用房，跌落式空间的天井布局又让大进深住宅的每一个房间都可以直接采光通风。我曾经在《建筑师的童年》一文中，手绘了那栋房子楼梯间顶层平台的草图，那就是我当年读书学习的空间。那条街尽管建筑姿态万千，但随处都充满邻里友善、老幼和睦、礼貌相待的氛围。即使在“文革”非常时期，人们也都彼此呵护有加、温暖如常。在这种祥和的人文环境下，胡同里同龄的孩子们放学后，会三五成群地一起摆个门踢足球，拉根绳打“球胆排球”；也会时常聚在一起写作业，彼此互帮互学，见贤思齐，后来大都考上了理想的大学。

在这栋小楼度过的时光中，让我最难忘的是人生道路的定向。1955年，我在高中一年级时，有一门制图学课。课上严嘉琛老师教学有方，启发我对制图学产生了浓厚的兴趣。我认真完成好每一张制图作业，写好每一页仿宋字并取得满分五分的好成绩。课下严老师的启蒙指点，打开了我对建筑学从喜爱到初步认知的大门，而建筑设计也从此在我懵懂的心中深深地埋下了种子。进而，在高考时我如愿考入天津大学建筑系。在课堂上第一次听到“北京四合院，天津小洋楼”的建筑风貌论点时，我才知道自己儿时住的里弄住宅不仅是典型的小洋楼建筑，而且颇具设计特色，从此我便开始体味和琢磨房屋结构以及空间布局的奥妙之所在。这对我日后的专业学习有着潜移默化的影响，乃至后来在住宅设计的多方案比选时，胡同建筑在空间上的布局以及那种安居乐业的舒适和谐的居住环境，一直是我设计思路的源泉。记得在做毕业设计时，我恰好被分到住宅组，方案中也借鉴过一些联排住宅空间整合的做法。这是我第一次尝试将自己的家园毗邻式空间架构融入住宅小区设计中，也是首次将自己的居住体验由感性认识上升到建筑设计的理论高度，同时也为以后的职业生涯打下了良好的基础。

在品味“五大道”的历史文化价值的过程中，我认识到，不仅要学习借鉴小洋楼形态各异的外在之美，更要关注在“五大道”整个片区中，城市街廓与建筑体量的互动关系、道路围墙建筑之间的尺度感、建筑材料的选择和色彩的整合等诸多方面的实践经验。它们为这座城市的发展留下了宝贵的文化遗产。

城市家园发展变迁中的亲历者

1964年我毕业后分配到天津市建筑设计院，先是被分到工业室，但很快又被调到住宅标准室。我也是后来才知道，是天津大学我的毕业设计指导老师童鹤龄先生得知我被分到工业室后，主动找到院领导，希望能发挥我在住宅设计方面的潜能，这才将我重新调到住宅标准室。我真正接触到住宅设计要从两次抗震救灾建设新家园说起。

第一次是 1966 年 3 月邢台大地震，河北省多地成为重灾区，天津组织抗震救灾工作队赴现场救援。在院里我和一些年轻的同志积极报名，我有幸被批准作为院抗震救灾设计工作组的一员，随队深入到破坏最严重的地区之一束鹿县（今辛集市）北张光村。进到村里我不由一愣，眼前是一片土坯堆，大地裂缝在冒出黑水白沙。村民生活在木杆搭的三角形席棚子里，大地的余震还时有发生，老乡喊："忽悠来了，快跑！"按照上级的工作安排，我跟着院里的一位老工程师在村干部的帮助下，进行现场调研和测绘。按照《河北省新农村建设规划》的要求，我趴在床板上绘制了规划布置图以及样板房设计图。图纸完成后，村里挑灯夜战，组织召开全体村民会听我汇报建设新家园的规划。那时候我既紧张又兴奋，还要不时地回答村民的各种提问。全体村民会开了两次，最后设计方案经上级审核通过。村民以极大的积极性投入到震后建设新家园的施工中，我们直至样板房建成后，才依依不舍地离开坚守三个多月的家园建设。那次从无到有的建设体验不仅将"建设社会主义新农村"的思想深深地烙在我心中，而且村民在极度困难的条件下，对我们工作的有力支持和对我们生活的体贴关照，也让我对"家园设计"产生了一种更为浓厚的感情。

第二次是 1976 年唐山大地震波及到天津，对城市造成严重的破坏，在震后恢复建设家园时期，我院挑起了天津震后住宅设计的重担。当年，我主持了天津市第一套抗震住宅标准图"77 住 -1"的设计工作。这一标准图还被选用到当年震后恢复的十大片区，如天拖南居住区、长江道居住区等。五六十年代住宅项目是限额设计，有"两个 50"的上限标准，即单元面积 50 平方米，每平方米造价 50 元，颇具时代特征。随之涌现出一些被当年认定为技术革新的做法，比如空斗砖墙、密肋空心砖楼顶板、菱苦土门窗等，这些在低标准的住宅设计中也发挥了一定作用。地震后，确定了设计按抗震 8 级设防，建筑安全标准打破了延续多年的结构体系、构造做法和选材要求，让住宅在适用、经济、美观的前提下注入更多的安全保障元素。1977

年农业部环保所在我主持的天拖南居住区开发的一个小区组团，要加装户用太阳能热水器系统。当时我们和北京建院住宅组、北京航空学院（现北京航空航天大学）后勤部合作，第一次在天津实现了太阳能热水系统在震后重建住宅中的应用。这也是 70 年代提升住宅功能的一个好案例。

居住建筑是城市建设中比重最大的建筑类型，是构成城市系统的重要元素之一。我国从 20 世纪 80 年代开始实施住宅小区示范工程，80 年代强调提高单体住宅的配套功能，90 年代提出住宅小区综合配套建设，90 年代末又推出国家康居示范工程。天津的居住区建设也从 80 年代的体院北居住区、天拖南居住区的建设，到 90 年代的华苑居住区、梅江居住区的建设，不断更新。近年来，随着各种新技术、新材料在住宅设计中的应用，我们又创造出新八大里居住区的优秀品牌，不断推出践行“四节一环保”和可持续发展理念的绿色住宅设计，始终将“以人为本”的居住体验作为设计理念的原点。

做好义不容辞的家园守护者

城市建设经历了时代的变迁，凸现了社会的发展和进步，在各种建筑思潮的洗礼下日新月异。随着城市的发展和新陈代谢，一边是日新月异大踏步的开发建设，一边也出现盲目乱建和违规拆除，而如何承继与创新，则是建筑师永恒的话题。

2005 年，我有幸被聘为天津市历史风貌建筑保护专家组成员，以一个建设者的身份加入到保护建筑者的行列，和其他专家一起在城市保护方面不断学习和努力工作。从 2005 年《天津市历史风貌建筑保护条例》的制定开始，到保护工作的系统管理和全面实施，至今天津历史风貌建筑保护工作，已逐渐形成了一个覆盖全市，点、线、面相结合的完整的保护架构。2011 年，天津的历史风貌保护工作也得到了中宣部领导“天津的风貌保护不是走在国内前列，而是全国第一”的高度认可。2008 年，作为天津市第十五届

天津国家海洋博物馆方案讨论，前右三为刘景樑

人大代表，我提交的第一份议案，就是根据当年社会上出现的破坏历史风貌建筑的不良现象，建议天津市人大对天津市历史风貌建筑保护工作立法，对干扰保护工作、破坏历史风貌建筑的人和事要立案处理，力争使我市的历史风貌及建筑保护工作再上一个台阶，走向法制治理的轨道。

根据这十几年参与历史风貌建筑保护工作的实践和感受，对于城市家园建设与保护，我从以下三点谈谈自己的认知：

首先是城市发展建设中，国家和地方财政投资的规模化的城市建设，是城市更新和发展的主线。如 20 世纪 90 年代，天津以五大场馆为代表的文化体育建筑，当年都承接过国内外的顶级赛事和高层次的来访者；21 世纪之初海河沿岸津湾广场、渤海银行等超高层建筑群的建设，延续并创新了地域历史风貌区的城市记忆；近年来的天津文化中心、滨海文化中心、国家海洋博物馆等，已经成为天津的新地标，为广大人民群众营造出更加和谐舒适的生活和文化娱乐环境，具有重大的社会影响力。

其次是对既有建筑的提升改造。这是对建筑和环境“欠账”的一次“还账”，主要是对20世纪六七十年代建筑在节能、水电气热、绿植、停车、多层住宅的电梯交通等方面进行全面提升。居住建筑是既有建筑提升改造的主群体，有些大型公共建筑也因此获得新生，如天津民园体育场的改造和建设，是赋予我儿时所熟悉的经典竞技场所全新的生命。改造后的民园体育场成功转型为一座富于天津城市文化记忆的体育公园和体育历史纪念馆，成为深受广大市民欢迎和喜爱的全时段的健身娱乐场所。

最后也是最为重要的一个方面，即是对提升城市文化品质和国内外影响力的历史风貌建筑的保护和利用，夯实了城市发展的文化底蕴。15年来的保护实践，让天津对保护工作积累了宝贵的经验。2019年，在“五大道”管理委员会策划开发以洋楼经济为特色的保护和发展工作的战略发展规划中，“五大道”成为天津市文旅融合发展的排头兵，彰显在保护中发展的全面提升。为此，我们对2020年5月起步的《天津历史文化名城的保护规划（2020—2035）》的全面实施，对天津下一个15年的保护和发展充满信心和期待。

每座城市的风貌和底蕴都清晰地镶嵌在城市建筑的一砖一瓦之中，构成一部部耐人寻味的“家园史”，承载着每个人心中的家园印象，形成城市文化的博物馆。有传承、有创新、有改进、有体验，作为一名生于斯长于斯的本土建筑师，不仅要恪尽职守建设好我们的家园，更要义不容辞地肩负起守护好家园的责任。

陈世民的设计舞台

刘元举：1954 年生，曾任《鸭绿江》文学月刊社主编兼社长、辽宁省作家协会副主席。现为中国作家协会会员、国家一级作家、编审。著有《追逐建筑》《大建筑师》等。

深圳是个年轻的城市，是专为中国改革开放而诞生的城市，让一批有识之士找到了实现梦想的乐园。而建筑师则是这个城市的首选人才。陈世民[①]从香港一脚踩回深圳，便如鱼得水。他要在深圳开创出新天地，将他的建筑梦想提升到一个新的台阶。

陈世民早年毕业于重庆建筑工程学院，然后在建设部建筑设计院工作，参与了一些国家重点项目设计，奠定了设计的思想与技术知识基础。他是新

① 陈世民（1930—2015），全国建筑设计大师，1986—2001 年香港华艺设计顾问有限公司副董事长、总经理、总建筑师，1996—2015 年深圳市陈世民建筑设计事务所有限公司董事长、总建筑师。代表作有深圳南海酒店、深圳火车站、深圳赛格广场、深圳发展银行大厦、中国建筑文化中心、TCL 工业研究院大厦等。著作有《时代空间》《立意空间》《写忆空间》等。

中国培养的第一代建筑师。1980 年他被委派到香港创业，先后成立了华森和华艺建筑设计公司，从此扎根于香港和深圳，大展宏图。由他设计并主持建造和装潢的蛇口南海酒店，一炮打响，受到各界热捧。

深圳那时候有一个口号："杀出一条血路。"喊得人们血脉偾张，浑身是劲。

深圳这座城市在等待他期盼他，而他更是在等待与期盼着这座城市。他们不谋而合，他们相知已久！陈世民丰富的建筑人生，既是新中国的一部建筑发展史，也是深圳城市的建筑史。

没有慢板的演奏

陈世民能在深圳干出一番事业，跟他遇到了梁湘、袁庚、罗昌仁、李传芳、王炬等领导人有直接关系。这些人赏识他，需要他，为他提供机会。这是他的缘分，也是深圳的缘分。

他在深圳最紧张地画图的时候，就是深圳建筑速度最快的时候。常常是这边正在画，那边就已经拿去施工了，边画图边盖。城市建设快速发展，城市的激情，带来了建筑师的激情，深圳市的重要建筑项目，都要经过他。

这是因为南海酒店让深圳折服。罗昌仁副市长抓住这个成功案例，大会小会宣讲他，推销他。他经常会在下午接到秘书的电话："陈总，你在哪里啊？市长找你。"

印象最深的一次，罗副市长找到他说："陈世民，我们明天要开常委会，要搞一个园岭小区，你有什么想法啊？"当时就在饭桌上，陈世民说："你们先吃饭吧，我来做。"结果，他创造了奇迹，就在饭桌旁边画出了草图。他画了八条路，像八条龙，分别把住宅弄到这八条路间摆放。

罗副市长看了非常高兴，连说可以。这顿饭他才吃出了味道。第二天，他就把草图拿到常委会上，后来就盖起来了，就是现在的园岭小区。

陈世民是深圳城市规划委员会委员和顾问，起到了智囊的作用。他的建筑，是不同市长们在不同阶段的政绩标识，南海酒店是罗昌仁时代，深圳火车站是李传芳时代，麒麟山庄是王炬时代……

只要你进入这个城市，你就躲不开陈世民。在那条百里长的东西走向的深南大道上，陈世民的作品像国际象棋子一样排列成串。如果你将深南大道当作一个五线谱的话，那么，在谱线上的建筑，就如同排列开来的音符，按节拍错落，诸如国际科技大厦、赛格广场、和邦大酒店、金融中心、蔡屋围商住大厦、深圳发展银行大厦、对外经济贸易中心、艺丰广场、金田大厦、海丰苑、天安国际大厦、商隆大厦，等等。你怎么能想象，短短几年间，平地上雨后春笋般冒出了这么多鲜嫩光亮的“巨笋”。这是一个驮在轮子上的城市，没有慢板。

如果你是乘火车来到这个城市，那么你第一眼感受到的深圳火车站舒畅的空间，就是陈世民成功地将香港的航空港空间理念，引入了深圳的车站。

他在火车站的总体布局、交通处理、空间组织、环境设施、内部装饰等诸方面，综合体现了“时间与效率”，这才是现代化的主要标识。让南来北往的人提高效率，省时间，方便快捷，才是一个现代化的车站。而大厅的豪华装修、设备和设施的自动化程度，仅仅构成了建筑的因素，却不是现代化的含义。

时势造英雄，陈世民为深圳留下了许多精彩之笔。在这个城市的核心地段，那片带尖的高楼群中，有个曾经最直接解读深圳的建筑——深圳发展银行，它也是出自陈世民之手。

深圳发展银行高度为 182.8 米，像天梯一样，最直观地体现出“发展”的寓意。这不仅是一家取名为“发展”的银行，也是这个城市发展的意义体现。

为了真正体现建筑的个性，他决定采用梯形砌块基本形态。为了体现科技性，他除了沿用统一柱网组合简洁的体量和内部空间外，还用了一组倾斜向上的外表为不锈钢的巨型构架，传递出 21 世纪高科技的审美观。在时代性方面，让空间说话：营业大厅设计为五层高的空间，非常敞亮，以此强化开放性和群众性的时代特征，还在西端竖向分台错列出三个玻璃天庭，内中设置树木花草，结合开敞式的办公楼层，构成共享空间，使传统的单间分隔的办公环境转化为现代的，讲求舒适、自然、有效率的空间，并富有南国特色。在建筑立面处理上，将银行通常使用的花岗岩柱廊的传统语言作为基身，并与不锈钢、玻璃墙等现代建筑语言搭配，形成一种对现代银行的建筑学陈述。

陈世民他们华艺公司做出的这个方案，经过激烈竞争，结果全票中标。评委们的评语是："该方案造型新颖、简洁大方，具有时代感，平面设计符合功能要求。"

赛格广场是深圳的地标性建筑，是深圳市继 20 世纪 80 年代的国贸大厦、90 年代的地王大厦后的第三个超高层建筑。五家投标竞争，陈世民中标。

赛格广场主楼 72 层，在拥挤的城市空间，赛格塔楼以轻松的白杨树般的俊秀身段，摆脱了地心的沉重引力，为天际线带来了舒缓而飘逸的旋律。

华强北人多拥挤，陈世民把赛格大厦二楼与对面过街天桥接通。这个灰空间，非常敞亮，增加了艺术美感，体现了文化的内涵。

可惜这个灰空间现在看不到了，被封起来，变成电子市场。

深圳的高度

1994 年，在深圳华侨城大礼堂，《建筑师》杂志举办学术活动，就是在那时，我认识了建筑大师陈世民。

那是深圳建筑的黄金季节，也是陈世民人生最忙碌的季节。那一年，正好是他们华艺公司成立八周年。他们在深圳科学馆举办了建筑设计作品展览。有 300 多人参加了展览的剪彩，其中有建设部、中建总公司、深圳市政府各部门的领导，及港深两地的房地产开发商，还有我们这些前来参加"建筑师杯"的建筑师和艺术家。庆祝晚会够隆重热闹了，而陈世民也大出风头。他有那么多作品参展，那些效果图陈列在大厅里，光彩夺目，像水彩画家的作品。许多人对这些效果图流露出惊讶与赞叹之色。

晚上的庆功会更热闹，刘尔立董事长在会上宣读了建设部授予陈世民“中国建筑设计大师”荣誉的决定，赢得一片热烈掌声。华艺公司还依照文件精神给他颁发了奖金。这个日子还有一层意义：陈世民从事建筑设计生涯40年。

那次我们同来深圳，是《建筑师》杂志组织的一次学术活动。当时有几十位来自全国各地的著名建筑师，其中就有马国馨、张锦秋、刘开济等人。刘开济当时在深圳也搞过一个讲座，他口才极好，英文也好。他是边放幻灯片边讲，讲到巴西利亚的建筑，讲到了白色派，也讲到巴西的议会大厦。灯影斑驳，将他的一头卷发，高挺的鼻梁，略有些下陷的眼睛，勾勒出一个犹太神父的形象，有那么一种穿越时空的神圣感。

张锦秋那时早已是建筑大师了，这位女大师有着朴实而平和的笑容。她是梁思成的弟子，也深受梁先生的影响，在西安她做的“三唐”建筑，当时产生过很大影响。

一个人做出了这么多建筑方案？前来观看的大多是计划经济体制中培养出的建筑师，他们与从市场经济中打拼出来的建筑师有着悬殊差异。我清楚地看到了两者间的巨大差异。他们那震惊的表情，那疑惑的神情，还有他们的议论，都表明他们很难相信这些作品是出自陈世民一个人之手。

会不会像有些画家那样，一旦成名后，让别人代他画而签上自己的名字？在国外建筑师中，也有以建筑师名义出现却并非其亲自所为的设计作品，比如，波特曼在世界各地的建筑作品中，就有他的事务所其他建筑师做的，而他只是终审时签署上自己的名字而已。当时，我也不能不去这样揣测和怀疑陈世民。及至20年后，面对已然苍老的陈大师，我小心翼翼地述说了当年的想法，他坦陈道：“是的，一直有人不相信我一个人会做出这么多的建筑。这个不奇怪，他们不会知道我是怎么工作的。”

那些年，陈世民不断地绕地球飞翔，从东到西，由中国建筑市场做到了世界建筑市场。他非常会利用时间，在起飞时的颠簸之中，他是无法摆开纸张画图的，所以他赶快闭目睡觉。等飞机飞到高空平稳了，他就会立刻睁开眼睛，放下小桌板，开始工作。去国外飞行时间要十几个小时，正好是他安心工作的时间。等到飞机降落时，他的方案已经做好。步出机场，呼吸到异国空气时，他就将做好的方案寄回国内。这种方式的邮寄，他已经习以为常。那时候还没有电脑，假如有的话，传递起来就会更加方便。

他是个工作狂，是拼命三郎，他带着华艺的一帮年轻人没日没夜地做方案。在做奈良中国文化村的同时，他也在做大量的其他项目。从深圳辐射到上海、南京、广州、大连、哈尔滨、长沙、天津、北海等地。其中属于他直接设计草图和主持设计的就有十多个作品，就是说，又有一批大作从他的手中诞生：深圳宝发大厦、深圳蔡屋围商住酒店、深圳和邦大酒店、南京千帆大厦、广州国际大酒店的商贸广场等。十个大作品等待着他去完成，这就相当于一个作家已经开始了十部长篇小说的创作，而且，出版人正在那里急等着交稿。在这样的情况下，他怎么能不玩命呢！

他的速度、他的干劲肯定是超常的，而对其评头品足的建筑师们，当时都没有陈世民这样的机会，都不会这么"火"。

陈世民已经进入了他建筑创造的高峰期。他在深圳如鱼得水，甚至可以呼风唤雨。用他的话说，这是他"设计事业上最为重要，思维最为敏捷，设计思想最为成熟，作品最多，也是最激动人心、实现梦想的年代"。

他把一个城市托在肩上，他的脚步有多快，城市往上长的速度就有多快。看他的走路速度，就能看出深圳的速度。

这一切辉煌的由来，便是他从香港迈向蛇口的第一步走得好，就是南海酒店的成功带来的机会。其实，从南海酒店建成的那一刻起，他就成了深圳建筑界的核心人物。当时他还在香港办公，深圳主管建筑的副市长罗昌仁就赶到香港，去邀请陈世民做项目。深圳当时的建筑市场很乱，鱼龙混杂，政府相信陈世民的水平与能力。

陈世民记得清楚："当时到规划局办事，我们坐马车进来后，是走着去规划局的。普通的四五层小楼，想不到会在这里规划出这么大的一座城市。

刘元举（左三）与陈世民大师（左二）在南海酒店前合影

规划局长当时蹲在地上用炉子烧饭吃。炉子很简单，上面烧的饭也很简单。艰苦创业嘛。局长把我安置在酒店住下。那是一个大车店，不仅简陋而且满院子都是牲口，像在农村，牲口刨蹄，打响鼾，夜里影响睡眠。”

等到深圳负责建筑的副市长找到他时，他就告别了“马车时代”，开创了华森和华艺的大时代，也进入了他实现建筑梦想的人生最佳时光。

那时，他人到中年，看上去非常忙碌。他肤色黝黑，脸膛黑里透红，见到同行们，总是以微笑相对。他的微笑有两种内容：一种是他是东道主，欢迎各路朋友；其二呢，便是他在忙碌的闪动中，那不变的微笑沉积着一个成功者的自信与得意。

中国建筑文化中心

1993 年，中国没有争取到奥运会的举办权，却争取到世界建筑师大会的举办权，这是件令国人尤其令中国建筑界重视的大事情。而中国建筑文化中心这个项目，就是专门为第20届世界建筑师大会量身打造的。

提起这个设计，陈大师情绪激昂："没有想到，我有幸受邀为在北京新建的中国建筑文化中心提供设计方案，更没有料到由我主持投标的方案于1995年11月7日在北京召开的评标会上，获得在座知名专家的一致推荐而中标。"

每每忆起当时的情景，他都显出少有的亢奋：他跟他的团队是在宾馆里等候消息，那个下午显得十分漫长，仿佛时针停止摆动。他一次次看表，确定着时间。终于，电话来了，他得到了中标的消息！激动的心情无以言表。为了参加这个投标，他经历了一个多月的苦挣苦熬，他有太多的煎熬，太多的挣扎。尤其是像他这样的"双料"人才，建筑创作与经营管理双肩挑，与单纯的建筑师不同，他需要更多更艰辛的付出。

那一次，他在风光旖旎的西班牙海滨浴场度假。天蓝得出奇，水蓝得透彻，处在这样一个诗画般的环境中，真像梦境一样。对于一直得不到闲适的人而言，这种海滨度假，无异于一种奢侈，他简直有点不适应了。他居然半躺在浴场的躺椅上画图，成了当地一道奇特的风景。

而偏巧这时，邀他参加投标的电报跨越国境传到他的手中。他马上起身奔向宾馆，拨通了国际长途，对华艺在香港和深圳两地的建筑师下达指令。而他次日在由西班牙飞回香港的航班上，战胜了旅途的劳累，一路冥思苦想，完成了草图。

他最初的构思源于中国传统的门阙形式。整个建筑外形，从大轮廓看去像一个大门。这个大门是能够吸纳的大门，也是开放敞亮的大门。有一段时间，中国建筑界流行"门"的概念与造型，比如上海证券大厦，在设计上采用隐喻手法，由东西塔及中央天桥组成巨型"门"式对称形体。建筑评论家对此的评价为："一方面满足功能要求，另一方面在外形上预示着中国大门向全世界开放。"这个建筑坐落在上海浦东新区陆家嘴金融贸易区，1997年建成使用。而陈世民的设计方案是1995年，他不可能模仿这个"门"。但是，这个上海的“南门”与陈世民的“北门”，也从某个方面道出了中国建筑师不约而同的构想：向世界敞开大门！

这个建筑确实体现了中国的文化特色。陈世民认为：“建筑既是一种工程技术的文化，同时也是一种社会历史文化。没有文化的建筑是不存在的，缺乏文化内涵的建筑是没有特色的。文化在建筑中体现为一种科学技术与艺术的结合，单纯讲美观、风格，涵盖不了建筑应有的文化气质。”

品味这段话，再看看这座建筑：它就坐落在北京西二环与西三环之间的甘家口地区，距建设部那座龚德顺设计的大楼仅一箭之遥。这座建筑体现了陈大师的古典文化底蕴，及古今中西结合的张力。白色椅形现代建筑，沿用了中国建筑始于门阙、渐渐演进成为有规律的建筑群组合这一传统脉络，结合建筑文化中心的功能布局，将体量按中轴对称组合成两翼高、中间低的架构，有如现代的“门阙”。“阙”其实就是最早的“宫门”，是从数千年前的部落时代聚居地入口两侧所设的防守性岗楼演变而成。至汉代陵墓建筑中，风行石阙，尤以他的家乡四川雅安高颐阙的形制和雕刻最为精美，被认为是汉代墓阙的典型作品。之后，发展成门阙，见敦煌莫高窟北朝壁画。中国建筑文化中心的造型继续发展门阙的传统特征，可展示此建筑与悠久的中国历史文化之间的血脉联系。他还沿用中国建筑具有的台阶、柱廊和屋面三段式组合的传统特点，结合建筑文化中心的平面布局，构成壮观的台基层。

没有结束的尾声

陈世民从华艺退休了。某天傍晚，他支撑着爬起来与老伴到海边散步。香港的海边无论什么时候，都弥漫着温馨。这么多年了，他们夫妇离多聚少，但他每每到了人生的关键时刻，拿不定主意或者情绪低落的时候，只有老伴守候着他，陪伴着他，不离不弃，与他相依为命。他们是同行、同学，共同走过了半个多世纪的风雨人生，他们对彼此有着更多的理解。

对于突然宣布的退休，连应有的尊重都得不到，老伴也感觉憋气，但她还是劝陈世民退下算了，别那么拼命了，该好好享受人生了。她希望陈世民就此罢休，回家安心养老，好好陪陪她。

陈世民只能苦笑。要知道华艺在最艰苦的创业初期，中国银行打算在香港办一个房地产公司，连房间都装修好了，以年薪两百万聘他去做房地产公司的老总，但他没有接受。还有他在蒙特利尔枫华苑假日酒店时，加拿大方面也有人希望他留下来，条件也很诱人，但是他不为所动。他不是不想赚钱，而是因为改换门庭会离他的建筑梦更远。他绝不会因为钱的诱惑而舍弃这个贯穿终生的梦想。而在实现梦想的过程中，无论吃多少苦，经受多大的委屈，他都不放弃。

著名建筑评论家曾昭奋先生说："如果我们把陈世民的十年奋斗做一简单的追踪和透视，就会发现：他所选择的道路和奋斗方式，跟大设计院的院长、老总不同，他要比后者经历更多的艰苦，付出更大的代价；他又与许多年轻的建筑师不同，因为他必须抛开已经存在和似乎习惯了的老关系、老靠山、老经验，以至原来的生活方式和工作方式，面对新的市场和新的世界，差不多到了 50 岁的时候，才又一切从头开始。"

杨鸿勋《江南园林论》的家园意识与归真园

崔勇：1962 年生，中国艺术研究院研究员，《中国建筑文化遗产》副主编。曾任中国建筑工业出版社编辑、中国文化遗产研究院研究员。著有《中国营造学社研究》《建筑文化与审美论集》等。

杨鸿勋[①] 教授是享誉海内外的著名建筑园林学与建筑史学大学者、大专家。我有幸与杨鸿勋教授结识，是在 1999 年浙江省龙游县召开的中国建筑史学年会上。当时我以同济大学建筑历史与理论博士生的身份提交了长篇论文《中国建筑考古二十年（1979—1999）》，旨在续未曾谋面的杨鸿勋教授《建筑考古三十年综述（1949—1979）》之后貂，因此主办方还免除了我一介

---

① 杨鸿勋（1931—2016），中国社会科学院考古研究所研究员，著名建筑史学家、建筑考古学家、建筑遗产保护学家、园林建筑学家。曾任中国建筑学会建筑史学会会长、中国科学技术史学会建筑史专业委员会主任委员、俄罗斯国家建筑遗产科学院院士、联合国教科文组织顾问。著有《建筑考古学论文集》《宫殿考古通论》《大明宫》《中国古代居住图典》《江南园林论》等奠定建筑史学学科基础的作品。

2001 年 10 月崔勇博士论文答辩会。左起：常青、路秉杰、罗小未、崔勇、罗哲文、杨鸿勋等

穷学生参会的会务费。自此，我就与杨鸿勋教授结下了难解之缘。2001 年 10 月，杨鸿勋教授专程由北京到同济大学以中国建筑史学会会长的身份参加我的博士论文《中国营造学社研究》答辩会。我的博士论文答辩会在当时的建筑史学界是最高级别的。我的博士生导师常青院士邀请国家文物局古建筑组组长、中国文物研究所教授级高工罗哲文先生为答辩主席，答辩委员有中国社会科学院考古研究所杨鸿勋教授及同济大学建筑与城市规划学院教授罗小未、路秉杰、莫天伟（四位教授均已故）先生。我的博士论文被诸位教授一致通过，并被他们举荐为当年同济大学优秀博士毕业论文，后又被校方推举为上海市优秀博士论文。同济大学博士毕业后，我被分配到原建设部中国建筑工业出版社《建筑师》杂志编辑部工作。出版社地址与杨鸿勋教授的寓所紫竹苑昌运宫近在咫尺。于是乎我便有了经常出入杨鸿勋教授寓所品茶饮酒、谈天说地、论书问学、教学相长的机遇。在这期间，杨鸿勋教授博大精深的学术见解及研究思维与方法给予我启智明心的教益。同时也让我意识

到，杨鸿勋教授不仅是建筑历史与理论及建筑考古学的学问家，他还是讲究学以致用的建筑园林设计与创作及建筑文化遗产保护与研究的实践家。他曾跟我说过，真正的建筑学家不仅要有建筑理论知识，还要有建筑实践的经验与体会。杨鸿勋教授设计与创作的代表性建筑作品有桂林七星岩竹林酒店和河南安阳文字博物馆。设计一个建筑园林场所是他的夙愿，他期望建构一处可望、可游、可观、可居的诗意家园。这样亦师亦友的日子延续至 2006 年我离开出版社调任中国文物研究所（现中国文化遗产研究院）才暂告一段落。

在建筑学术圈里，众所周知杨鸿勋教授毕生致力于中国建筑历史与理论及建筑考古学研究，卓有成效，著有《宫殿考古通论》《中国古代居住图典》等中国建筑史学学科中的扛鼎之作。有关杨鸿勋教授在建筑历史与理论及建筑考古学领域所取得的辉煌成就及其学术观点与独特的研究方法，我在《建筑考古学的观念与方法及价值意义——兼评建筑考古学家杨鸿勋新著〈大明宫〉》(《中国建筑图书评介报告》第 1 卷，天津大学出版社 2017 年版）一文有详细的论述，在此不赘述。殊不知，除此之外，杨鸿勋教授还著有享誉海内外的《江南园林论》，还创作有归真园，其返璞归真的家园意识与理念及家园营造的园林建筑实践精神尽显其中。

中国现当代建筑园林学家为中国古典园林著书立说的不乏其人。比如，刘敦桢撰有《苏州古典园林》（中国建筑工业出版社 2007 年版），在总论苏州园林布局、叠山、理水、花木、园林建筑空间匠学哲理与文化审美意识基础上，概述拙政园、留园、狮子林、沧浪亭、网师园、怡园、耦园、艺圃、环秀山庄、拥翠山庄、鹤园、畅园、壶园、残粒园及王洗马巷七号某宅书房庭院等设计与建构的特征。童寯著有《江南园林志》（中国建筑工业出版社 1996 年版），包括江南园林造园原理、假山与理水、历史沿革、江南园林现状、杂识等五篇，对苏州、扬州、常熟、无锡、南翔、太仓、嘉定、南京、昆山、杭州、南浔、吴兴、嘉兴等处的园林历史遗构予以翔实的论述。陈从周作有《说园》（同济大学出版社 1983 年版），对园林营造过程中的动与静、法与式、寻景与引景及泄景、园史钩沉、有我与无我生命之园，园林虚与实、质感与色彩、诗情画意、画境文心等园林美学思想予以情理相融的阐述。彭一刚著有《中国古典园林分析》(中国建筑工业出版社 1997 年版)，对园林建筑历史沿革及南北园林的审美风格、园林建构的内向与外向、看与被看、主从与重点、空间对比与序列、藏与露、引导与暗示、疏与密、起伏与层次、高低与错落、仰视与俯视、堆山叠石、庭园理水、花木配置等各个方面予以辩证统一的论述。潘谷西著有《江南理景艺术》(东南大学出版社 2003 年版)，在梳理庭景、园林、风景点、风景名胜区异同的基础上，对庭院理景、园林理景、村落理景、邑郊理景、沿江理景、名山理景、景观建筑等予以既宏阔又细致入微的阐释。张家骥撰有《中国造园论》(山西人民出版社 1991 年版)，对中国园林征服与顺应自然(东西方不同的造园观念论)、无往不复与往复无尽(造园空间概念)、景以情合与情以景生(造园情景论)、实以形见与虚以思进(造园虚实论)、因借无由与巧于因借(造园借景论)、得意忘象与思与境谐(造园意境论)、开户发牖与撮奇搜胜(造园价值论)、得心应手与胸有丘壑(造园品德论)等造园理论予以有条不紊的解析。冯钟平编著《中国园林建筑》(清华大学出版社 2000 年版)，对园林建筑与环境、园林建筑的布局、园林建筑的空间意识、园林建筑类型、园林建筑的装修与家具及陈设以及中国园林建筑的"巧""宜""精""雅"特色予以阐述。

杨鸿勋教授著的《江南园林论》(上海人民出版社 1994 年第 1 版、中国建筑工业出版社 2011 年修订版)则不同于以上著作，别具一格地系统阐述中国古典园林人为环境与自然环境融合的基本理论，以及园林意匠哲理论，园林时空艺术论，园林景象构成与意境生成的创作论，城市园林、城郊园林、山地园林、江湖河海园林的园林风格与类型论，园林接受与实用的品评论等园林系统理论。在杨鸿勋教授看来，中国园林不同于西方以花草为主的花园(garden)、以树木花卉为主的园艺树木园(park)，是一种综合地表形势塑造、叠山理水、植物配置、动物点缀以及建筑经营而进行的自然景观的创作。它是一种人为与自然融合的建筑空间艺术，是人与自然相结合的人居空间的环境设计。

杨鸿勋教授认为，中国园林是多重要素组成的空间艺术，而不同于景观绿化和园艺的科学栽培。中国的山水画是用绘画艺术的手段再现三度空间的自然风景于二度的平面画幅上，是在平面上经营空间。中国的诗文则是用语言、文字描写空间。相形之下，被西方称为“自然式”“风景式”的中国古典园林，不但是空间的现实，更是空间的艺术描写，是一种空间艺术。中国古典园林在有限的空间里，以自然界的沙、石、水、土、植物、动物等为材料，创造出幻化无穷的自然风景的艺术景象。中国古典园林所描绘的是自然风景，即使是建筑密集的小园也常常不失其自然的趣味。占地条件再差的园林也往往可借助几株花木、一块湖石而装点出建筑所处的自然境界，是以中国古典园林有城市山林的美誉。在城市坊里空隙地以景象空间描写自然空间的私家园林，犹如绘画之缩千里江山于尺素，也必须是大自然的概括和典型化。因此城市山林必然是咫尺山林，正如戏曲舞台小人生一样，古典园林是小自然——虽由人作而宛自天开。中国古典园林的创作也如京剧的写意一般，运用艺术概括乃至必要的程式化。京剧脸谱借抽象图案传达角色性格，给观众以强烈的艺术感受；京剧借助一条马鞭或一支船桨的表演，可以表现特定的情境和情节。中国古典园林中几块山石、一泓清水，则给人以深山瀑瀑的印象。中国古典园林或模拟山水画，或借鉴田园诗，或以天然风景名山为蓝本，无论是林泉幽壑、旷野湖山，还是山村曲径、曲院风荷，其艺术景象都是按照一定思想主题而创作的。园林景象不是客观自然界，而是人的本质力量对象化的产物。大自然更广阔、更生动、更丰富，而园林艺术则是更概括、更理想、更富于情趣。

作为建筑园林家的杨鸿勋教授所著的《江南园林论》在学术界众所周知，而建构一处可安顿身心的建筑园林场所是使他抑郁而不得安宁的心事与梦想。杨鸿勋教授不满于局促的紫竹苑昌运宫不到百平方米的寓所。2001年12月4日，一个大雪纷飞的日子，这一天是杨鸿勋教授70岁生日，他终于在北京大兴区兴涛园170平方米的新居所前院构筑了一个不足一平方米的小园子作为自己生日的礼物，实现一小梦。为区别于南京的古典园林“粒园”，名之曰“勺园”。“勺园”仅有一脸盘大的一泓清水，数枝修竹倚小院墙垣，数块青石板叠成一微型的山脉，一株蜡梅庭中玉立，一棵芭蕉树靠窗而就。小梦想终于成真，看着勺园，杨鸿勋教授心满意足地笑了。杨鸿勋教授的家园意识使他玉成勺园之后，还要实现构筑一处大园林的大梦，这就是后来山东潍坊的归真园。

汤显祖《牡丹亭》有言：“不到园林，怎知春色如许！”“良辰美景奈何天，赏心乐事谁家院？”美学家叶朗在《中国美学史纲》中谈到明清园林美学时说：“中国古典美学的意境说，在园林艺术、园林美学中得到了独特的体现。在一定意义上，意境的内涵在园林艺术中的显现，比较在其他艺术门类中的显现，要更为清晰，从而也更容易把握。”现在就让我们走进归真园，回到建筑园林的家园，具体感受一下归真园情景交融、立体诗画的园林建筑艺术之美吧！

2005年是国际环境保护年，山东潍坊市为加强园林景观建设而计划在人民公园内建设一中一西的两处园中园。中式园特邀古典建筑园林家杨鸿勋教授领衔设计与创作，园名为“归真园”。归真园占地约一公顷，是兼具南北园林建构营造手法与技艺的中国古典式山水园林。

曹雪芹《红楼梦》第十七回《大观园试才题对额　荣国府归省庆元宵》有言：“偌大景致，若干亭榭，无字标题，也觉寥落无趣，任有花柳山水，也断不能生色。”杨鸿勋教授设计并建成的潍坊归真园亦然。归真园大门楹联直抒胸臆曰：“南北文化交融地，古今往来永续情。”进得园林，迎面粉墙上镶嵌着一块“返璞归真”匾额，提示了园名“归真”的本意。

地处北方潍坊的归真园，却在整体规划布局上强调以山水胜。入园伊始，便见三面白粉墙围合的整形庭院。脚下一片装饰性地毯般的砾石马赛克拼花场地，衬托着一个长方金鱼池。池上靠墙突出一个大盘景——精致的石雕花台上配置三棵百年以上的对节白蜡盆景，与山石组成山林画卷。金鱼池两侧有东西两个对称的月洞门，东门曰循诗门，西门曰入画门。进循诗门左转，跨过溪流上的自然石梁，便到达主体厅堂东侧，依稀可见主体湖山景象。进入画门右转，穿过犹如喀斯特地貌的隧洞即到主体厅堂。若进西洞门经面壁轩顺游廊北折，则可以进入开阔的湖山景象空间。无论东、西洞门入园，至主体厅堂都是既曲折又便利。这正是归真园主体厅堂接近园门的传统园林布局的入境方式。

2016 年 4 月 16 日，杨鸿勋教授因肠癌医治无效而驾鹤西去，留下《江南园林论》及其园林佳构归真园，令人咀嚼不已，意犹未尽。唐代诗人崔护《题都城南庄》曰："去年今日此门中，人面桃花相映红。人面不知何处去，桃花依旧笑春风。"徜徉在归真园画境文心中，读着《江南园林论》，品着归真园山水、花木及亭台楼阁之意趣，物是人非，不禁怅然若失。游罢归真园，不觉想起陶渊明的诗句："此中有真意，欲辨已忘言。"杨鸿勋教授的家园意识及返璞归真之念尽在园林山水之中了。

建筑家们的家园情结

殷力欣：1962 年生，中国艺术研究院研究员，《中国建筑文化遗产》副主编。著有《中国传统民居》《吕彦直集传》等。

接到《建筑评论》编辑部关于《建筑师的家园》的约稿函，马上觉得本人并不是建筑师，应该谢绝编辑部的好意。但编辑部的朋友说，这里的“建筑师”是个泛指，除了建筑师，也包括建筑学家或建筑史家，而且也不一定要写自己，可以写他人，并具体要求我介绍一下我所熟悉的建筑史学家陈明达先生和刘叙杰先生等。这样一来，也就无从推辞了。

但接下来又有一个不解决就无从下笔的疑问：“家园”究竟指的是什么？

狭义的“家园”指的是“有庭园的家”——没有园子的家怎么能称为“家园”呢？按这个定义去套，陈明达、刘叙杰等人虽然出生时的家是有园子的，但后来很长一段时间的家却是没有园子的单元楼。几乎可以肯定，这些没有园子的单元楼，并不是作为建筑学人的陈明达、刘叙杰等人的理想家园。

广义的家园则可泛指家乡——不管那里有没有专属自家的园子。而这个广义的家园，却又有“现实中的家园”与“想象中的家园”之别——有些人会把自己实际的出生地视为“客居”，而把父辈祖辈的家乡视为自己真正的家园，尽管这个家园可能本人连去都没有去过。比如我就一向把湖南省祁阳县下马渡镇藕塘冲视为自己的家园，但真正踏上那块土地的时候，我已在四十开外了。相比于笔者“客居”过的天津开封道 5 号院（已毁，原袁世凯在天津的私宅之一），北京西城区刚家大院胡同 12 号、高碑胡同 8 号，内蒙古通辽市通让线铁路工地，云南富源县 2208 线铁路工地，上海富民路 11 弄 11 号，河北张家口铁四局家属基地，安徽宣城皖赣铁路工地，河北沧州津浦复线铁路工地，北京沙滩北街乙二号老灰楼（梁思成设计，曾是北大女生宿舍）等，以及如今寄居的这个终于有了足够大的书房的复式住宅，我还是更认可实际上与自己没有任何产权关系的、一生仅仅逗留二日的湖南乡村老宅为我的家园。

我觉得，我的这个非现实性的家园观，或者可赶时髦称之为“家园情结”。我所认识的刘叙杰、陈明达等前辈，好像也具有这样的“家园情结”。

一、刘叙杰先生的家园情结

建筑史家刘叙杰先生长我 29 周岁，我是他的世交晚辈，也算是很谈得来的忘年交。大概是十五六年前的一天，我谈起我从六岁起开始离开京津故家，随从事铁路建设的父母四海为家，到如今有五六个省市的七八个市县都可算是“第二故乡”。刘先生听罢大笑，说照这个逻辑，他的“第二故乡”大概不少于此数，具体是：出生地南京，一周岁到六周岁的北京（那时叫北平）的三处居所，湖南长沙寿星街 27 号，云南昆明的城里兴国街和城外的麦地村、棕皮营，四川宜宾南溪李庄，重庆中央大学，以及最后定居的南京工学院住宅区。

我便问道："南京是您的出生地，是不是该把第二故乡的'第二'去掉？"

他说，照常理好像是该去掉，但总还是觉得湖南新宁才是故乡，虽然他实际上只是 1937 年底营造学社南迁途中在那里小住不到半年。

这番对话的几年之后，我有机会见识了一下老先生对他的"第二故乡"们的眷恋。2009 年初，我受命做他散文集《脚印 履痕 足音》的责任编辑。在这个集子里的回忆录性质长文《足音回荡》中，刘先生不仅用满怀深情的笔调记录了他 1931 年至 1949 年的经历，还以其建筑专业的职业素养，信手勾画了十个居住过的房屋或社区的平面草图：北京小绒线胡同张宅平面示意图（1933—1935 年）、顶银胡同 × 号平面示意图（1935 年）、史家胡同 8 号平面示意图（1936—1937 年），湖南新宁县城区刘宅平面图，昆明兴国街张宅平面示意图（1938 年），四川李庄羊街 8 号平面示意图（1942 年）、李庄月亮田村中国营造学社旧址平面示意图（1941 年）、李庄镇同济大学等旧址平面示意图（1941—1943 年），重庆沙坪镇梁家院子平面示意图（1944 年），南京三牌楼小区总平面示意图（1947 年）。

在这十张草图中，其故乡新宁县城区刘宅平面图有刘敦桢先生生前留下的蓝本，可以另当别论，其余九张则全为刘先生凭借自己的记忆所勾画出的。至于这些图的准确性及价值，有近期一事作旁证：宜宾市文化旅游部门的专家看到刘先生画的与李庄相关的这三张草图，如获至宝——总算解决了多年未决的若干历史悬案。对我而言，很令我惊异的则是其中北京城内三座老宅的草图：第三张史家胡同 8 号平面示意图，记录的是作者五六岁时的印象，这已经很难得了，而第一张小绒线胡同张宅平面示意图竟然是四周岁之前的印象！我想，尽管有建筑专业的画图功底，但能把一个人四周岁之前的记忆世界呈现在纸面上，也着实证明了他四岁时的记忆是何等深刻了。于是我一时兴起，也试着默写一下自己以前居住过的地方，其结果是四周岁及其之前的记忆都很片段，某一间房子的门窗、家具陈设等，或者可以勉强成图，而完整记忆是很难成形的；六岁之后的大多记忆完整，但自己不怎么喜欢的地方也会“自然屏蔽”出去。可见能够完整勾画出四周岁之前的居所平面，其印象之深怕是称之为“刻骨铭心”也不为过。

由此，我萌生了一个小小的疑问：刘先生对第二故乡已然如此，对第一故乡又会怎样呢？每年都有机会拜访，但每次拜访都忘了当面向他请教，直到他自己主动说出了答案。

约从 2009 年起，刘先生开始了他的故乡新宁的古民居考察系列行动。他时年 78 周岁，已从教学科研岗位退休有年了，故纯粹是个人行为。当地政府虽很支持，但并无专项经费资助。

2012 年 11 月 11—14 日，刘先生又一次回乡考察，笔者有幸以杂志社采访的名义，联合了《潇湘晨报》“湖湘地理”专栏的同行们一同前往追随。这一次考察的第一天，有一个小插曲。笔者从北京飞抵长沙后，乘坐潇湘晨报社派遣的记者专车转赴新宁，傍晚抵达新宁。在一家出差公干人员常住的酒店办理住宿后，却发现先期抵达的刘先生并没有在这家酒店与我们会合，而是入住了另一家更廉价的快捷酒店。当地文物部门的工作人员告诉我们，刘先生每次回乡考察，除了接受文物局派员陪同外，路费与住宿费都坚持自理——用刘先生自己的话说：“一同下现场考察是正常的业务交流，除此之外，没有理由再给家乡添加额外负担。”

接下来的几日实地考察，如小西村古村落、一渡水镇石牌坊、白沙古街、放生阁、回龙桥、太平桥、柳山村洞庭庙与郑氏宗祠等，其建筑遗产之瑰丽、刘先生观察之细致，当另撰文详述，这里不再赘言，倒是有两件小事不可遗漏。

在小西村一处宅院里，摆放着一张通向屋顶的木梯子，我为了拍几张建筑细部的照片和临街鸟瞰就攀爬上去了。没想到我下来后，刘先生不顾旁人的劝阻，也兴致勃勃地跟着攀援登临，中途还故意虚晃了个一脚蹬空的假动作，实实在在地惊出观望者一身冷汗——这时 81 周岁的老汉可真是老当益壮而不失童趣啊！

在另一个略显破旧而随处可见精美雕饰的老宅院内，老先生驻足品赏木窗棂、石柱础之余，要我为他与房主人可爱的小女儿多拍几张合影，并嘱咐我一定要洗出相片送给他。我按下快门的瞬间，似乎听到了他的喃喃自语："到家了！回到家乡了！"

从新宁返回途中，刘叙杰先生顺便在长沙岳麓书院小会议室与湖南大学建筑学院的师生们做了一次交流互动。他说了一句很朴实的话："每一位建筑界人士，都应该时常回到自己的家乡看一看，想一想自己究竟能为建设家园做点什么实实在在的事来。"

二、陈明达先生心目中的客居与家园

陈明达先生是我的大舅父，属虎，听力不好，长我48周岁，有时候会对亲友们颇为得意地说起我也属虎，也听力差："我是老老虎，大聋子，这孩子是小老虎，小聋子——都说'外甥像舅舅'，可也没有这么个像法呀！"

上文提到我因父母从事流动性很强的铁路建设工作，自幼游走于京津两地，陈明达当时居住的北京高碑胡同8号，也算是我的第二或第三个家了。不过，这个家有个由大变小的过程：1968年之前，大舅家占据着这个标准四合院的三间东厢房，外加搭建出来的厨房、卫生间。卫生间里面抽水马桶、浴缸等都齐全，算是民国时代对传统四合院的改进痕迹。小时我常住的是北侧的房间，里面除一张床、一张小桌子外，就是靠墙摆放的两个高大的红木书橱和一个略矮一点的柴木书架。1968年我随父母赴云南工地了，不久大舅、舅妈也下放湖北咸宁五七干校了。我再一次回到这里，是大舅结束了干校生涯，恢复工作后的1972年的暑假。我看到的变化是：那个北侧的房间已移交给别人了——按那时的政策，大舅的住房待遇降低了。虽说原来的三间住房减去了一间，但大舅泰然处之，照样埋头做自己的研究，但也设法让变得局促了的室内空间尽可能地扩大一点。他请来一位泥瓦匠，指导那位老师傅把原来堂屋的隔扇窗门平移到外檐柱，两侧加砌砖墙，算是把堂屋扩大出半间。于是这个不大的室内空间不仅摆放下一个书橱、三个书架、一张双面书桌、一张餐桌，还居然容得下我们兄弟俩寒暑假专用的床铺。记得经常往来的莫宗江叔叔对这个改造工程做了这样的点评："经这么一折腾，这房子虽然比不得当年你们在永州会馆的那间书房宽敞，但好像另有一番一家人其乐融融的趣味——变'济济一堂'为'挤挤一堂'，也还是书香门第啊！"

大概在 1985 年或 1986 年，大舅所在单位总算是重新调整了他的住房待遇：分配给他一套三室一厅的单元楼居室，当然，高碑胡同 8 号的住房要上交回去。搬家之际，我曾对大舅说："还真有点舍不得这儿呢。"

大舅的回答是："没什么舍不得的，连当年贾家胡同的永州会馆都算不得咱们真正的家。咬文嚼字地说，永州会馆也好，高碑胡同 8 号也罢，都是'客居'而已。"

说高碑胡同是客居，倒也好理解，因为这是陈明达 1953 年回到阔别 16 年之久的北京，在文化部文物局任职时单位分配给他的公产房，但上文莫宗江先生提到的贾家胡同永州会馆却是实实在在的自家房产，怎么也算在"客居"之列了呢？这是我当时所不理解的，但忙于搬家琐事，也顾不得细问，事后很长一段时间也忘了再问。

大概在 1993 年前后，我终于想起了这个话题，而大舅预感到自己已渐渐地脑力衰退、记忆力下降了，也希望把一些往事交代给我。他告诉我，所谓北京南城贾家胡同的那个永州会馆，最初是先祖陈大受乾隆年间在京城做军机大臣时置办的私宅（那时的北京，汉族人即使官居一品，也只能在外城建宅院）。到了光绪年间，曾祖陈文騄官场还算顺利的时候，将这四进院落扩大出了一个跨院，称为永州会馆，除留够了自家用的房间外，其余均免费给永州进京赶考或从事其他生计的同乡们客居。也就是说，虽然房产是陈家的，但早已自愿将私宅的大部分移作公用了。抗战期间，大舅只身一人随营造学社南迁，而滞留北平的家人却多半死于贫病，幸存的弟弟妹妹寄养在亲戚家，宅院被一些素不相识的人占据。这个他八九岁起就生活于此的宅院，实际上已成为他睹物伤神的伤心之地。故 1953 年回京后得知永州会馆已按无主房产划为公产房时，他也就没有去做争取说明——反正公家已另作分配，自己有房子住，有书读，有愿意投身的事业，也就可以了，其余皆是身外之物，大可以超然物外。

我忍不住询问：“既然先祖置办的房产都可以视作客居，那么哪里才不算客居呢？”

“咱们是湖南人，在湖南不算客居，哪怕那里已没有自己的只砖片瓦了，也还是自己的家园。”大舅如是回答。

的确，大舅自 1923 年从长沙迁居北京，在北京生活的时间远远超过了在湖南的时间，但终其一生，他也还是以湖南人自居的。至于家乡早已没有了他的只砖片瓦，倒也是事实。而且，那里原本属于自己的“只砖片瓦”也可能算是他自愿放弃的。

上文提到陈明达的远祖（八世祖）系清乾隆时期的名臣陈大受，曾祖是晚清爱国诗人陈文騄（光绪年间曾任台湾省兵备道兼提督学政），在故乡祁阳县留有可观的家业：县城里的陈氏宗祠、素园（人称“陈老府”）、陈二府、延福寺，乡下藕塘冲老宅院、田产。不过，在曾祖陈文騄这一代，这一支基本上居住在长沙四堆子街区的私宅，而北京南城的永州会馆则是长年空闲，直到 1923 年将长沙私宅变卖后举家北上。据大舅回忆，1923 年之前，故乡祁阳也仅仅是每年回去消暑或年关祭祖，也不过是在藕塘冲老宅和城内陈氏宗祠里的客房各小住几日。

提到这个自己真正认可的故乡，大舅告诉我，祁阳城外的藕塘冲老宅坐落于一道宽阔山谷的缓坡，建筑面貌质朴无华，基本上看不出是一处有二三百年历史的一品大员的宅院，但选址很巧妙地将背后的远山与脚下的谷地融为一体，不落言筌地展示出耕读人家的本色。至于县城里的陈氏宗祠，除了供奉祖宗牌位、家族议事等功能外，它是远方游子回乡时的临时住处，并常设不收学费的家塾，灾荒年则承担赈灾救济任务。辛亥革命后，这个宗族议事机构倒也跟上时代进步的步伐，变过去的家族私塾为现代中小学的董事会，并在抗战前就有了一个创办重华学堂的动议。这是一个陈姓子弟免费

陈明达设计并监理施工的重华学堂大礼堂立面侧影

入学，外姓青少年缴纳低廉学费也可入学的公共教育机构。

然而，抗战后期，地处湘南的祁阳县城也遭到了日军入侵。日军于1944年9月攻陷祁阳城，陈氏家业之陈老府、陈二府、延福寺等均遭不同程度的损毁。当时，主持家族事务的族长（名字失记待查）不肯出任伪维持会长，连夜逃亡，日军报复性地洗劫了有二百余年历史的陈氏宗祠，又将原本选作重华学堂校址的延福寺夷为平地。这位陈氏族长辗转奔赴陪都重庆，向陈明达等宗亲痛诉日军暴行，于是陈明达等当即萌发了战后重修宗祠的决心。

抗战胜利后，陈明达会同堂兄陈明泰（字平阶，生卒年不详。抗战期间任中国驻英副武官）于1946年回乡省亲，商议重修祠堂事宜。然而，面对满目疮痍、百废待兴的劫后祁阳，陈氏族人一致决议：暂缓修复自家宗祠，当务之急是重建重华中学，并将其规划为日后包括中学部和大学部的重华学堂。鉴于原祠堂虽损毁严重，但梁、柱、砖、瓦及各类石材等尚可利用，毅然决定将这批有二百余年历史的珍贵物资迁运至延寿寺作为新校建材使用。

据陈明达回忆，当时为实现这一计划，他返回重庆不久就向重庆陪都建设委员会告长假，于1947年再度回乡，一面在衡阳铁路部门任职谋生，一面义务为重华学堂做设计规划（规划预留了大学部日后发展的建设项目）。他的堂妹陈元明亦为此捐出两个月的薪水。大致在1948年初，重华学堂筹委会采纳陈明达的设计方案，请他一并监理施工。至1949年初，重华学堂大礼堂、图书馆、教学楼和宿舍等五六处单体建筑基本竣工并投入使用。遗憾的是，陈明达于一期工程告竣之际，即匆匆返回重庆，从此与家乡失去联系达48年之久。这个重华学堂中学部，即今之祁阳县第二中学。当年的教学楼、办公楼等均已无存，只有重华学堂大礼堂幸运地保存至今，并于2019年入选中国20世纪建筑遗产名录。

结语

据说大部分文学家对文学的爱好萌生于孩提时代，大部分建筑师或建筑学家对建筑的喜爱也是自幼已然。许多文学家都会写下至少一部或一篇自传性质的作品，为故家、故园、故乡留下一份或苦或甜的回忆，也往往借机畅想家园的未来；相比之下，建筑师们能够亲手为自己设计建造家园者，是寥若晨星的。据我所知，即使不能亲手设计一个实体的家园，精神层面的家园依旧会在许多建筑师或建筑学家的心灵深处萦绕终生。

忆斯坦福·安德森教授和他的建筑家园

李翔宁：1973 年生，同济大学建筑与城市规划学院院长、教授。中国建筑学会建筑评论委员会副理事长兼秘书长，国际建筑评论家委员会委员，国际建筑杂志《建筑中国》（*Architecture China*）主编和亚洲建筑师协会会刊《建筑亚洲》（*Architecture Asia*）执行主编。曾担任米兰三年展中国建筑师展、哈佛大学中国建筑展、深圳双年展、西岸双年展等重大展览的策展人。

2015 年底，哈佛大学设计研究生院聘请我担任客座教授，于 2016 年春季教授一门当代中国建筑和城市文化的课程。我早早收拾好行囊，订好 2016 年 1 月中旬去波士顿的机票。除了课程准备工作，我盼望尽快去医院探望我在麻省理工学院（MIT）的老师——著名建筑史学家斯坦福·安德森（Stanford Anderson）教授。他当时已病重，我非常惦念他。然而命运常常捉弄人，在启程前一周，我接到教授的夫人南希·罗亚尔（Nancy Royal）的邮件，她告诉我教授于 1 月 5 日去世的噩耗。到达美国一周后，我和太太、女儿一起陪南希去火葬场取回教授的骨灰。回到他的家中，看着那些我熟悉的堆满书的书架，我才真正意识到由他这些书籍所环绕着的关于建筑知识和话语的家园因为他的离开而显得如此落寞。

安德森教授在哥伦比亚大学获得艺术史博士学位，曾短期在伦敦建筑联盟学院（Architectural Association School of Architecture）教书。他从1963年开始在麻省理工学院教书，直到2016年去世，并于1974—1991年和1995—1996年两次担任麻省理工学院建筑系主任，前后近20年。他的研究和写作涵盖了建筑理论、认识论、史学史、欧美现代建筑研究、城市研究等领域。他对麻省理工学院建筑系最大的贡献，是在1974年和建筑史家亨利·米伦（Henry Millon）、艺术史家韦恩·安德森（Wayne Andersen）和罗沙林德·克劳斯（Rosalind Krauss）共同创建了声名卓著的横跨建筑和艺术学科的历史理论和批评方向。这是今天美国建筑院校公认的全美最好的建筑历史理论和评论的高地。尤其是它的博士课程，培养出了美国著名建筑理论家迈克尔·海斯（Michael Hays）、哈佛大学建筑设计学院现任院长萨拉·怀廷（Sarah Whiting）等，他们在麻省理工学院的博士生导师都是安德森教授。

和安德森教授的交集得益于罗小未教授的引荐。罗先生20世纪80年代曾在麻省理工学院做访问学者，她比安德森教授年长几岁，安德森是她在麻省理工学院的联系导师，也是她一辈子的挚交。2004年我刚刚毕业任教，伍江教授将我安排在他和卢永毅教授领导的外国建筑史团队任教。安德森教授和太太南希访问同济，为瑞安资助的MIT/同济联合设计教学——上海里弄与城市密度研究进行先期调研。罗先生安排我负责陪同安德森教授夫妇，不仅在上海考察里弄和城市历史，我们还一起去了南京、苏州、杭州等地。也是由于这样的机缘，我能够在两年后前往麻省理工学院担任访问学者，并参加联合课程的教学。我毕业留校任教不久，主要讲授西方建筑史的课程，或许是和在麻省理工学院的访学有关。我在麻省理工学院研究的课题被指定为“展览建筑”（Exhibiting Architecture），当时我还感觉非常诧异，而在麻省理工学院一年也只是做建筑历史和当代中国建筑研究，似乎和展览没有丝毫关系。直到现在，我才意识到几年以后我开始涉猎的建筑策展工作或许和这次访学有着神秘而直接的联系。

那次访学临行前接到安德森教授的邮件，他邀请我到美国的第二天晚上在他家参加一个小型的欢迎聚会。2006 年是我第一次赴美，在此之前我只有一次作为学生去欧洲参加联合设计的经历，自然对于美国大牌教授的生活充满了好奇：像安德森教授这样的历史学家的家会是怎样的气象？里面又会有怎样一个书本的世界呢？

今天我们熟知的上海新天地参照的范本是波士顿的昆西市场。昆西市场位于波士顿市中心的地段，离海边也只隔着几个地块。在昆西市场和大海之间有许多老的码头区，码头区有不少仓库经过加层改建为居住建筑，其中有一些由仓库改建的住宅像是直接插到海面中，比如安德森教授居住的商业码头（Commercial Wharf）就是其中最典型的一组。整座建筑由于伸入海面，所以居住单元的两面都有海景，其中面向城市的一侧更是正对着不远处波士顿的 CBD，以及人气爆棚的水族馆和海上看鲸鱼的游船码头，天气好的时候周围人山人海。卢永毅教授曾经给我讲过，同济建筑系的老系主任莫天伟教授访问波士顿到了这里，在海湾游艇和如织的人流之间兴叹："不知住在这里的是什么阶层的人。"结果晚上受邀去安德森教授家，才发现安德森教授家就在白天他看到的这栋楼里。

我竟能享受同样的待遇！而且安德森教授还邀请了几位教授来家中介绍给我认识。当晚还有安德森夫妇的老朋友，刚刚在波士顿音乐厅举办了独奏音乐会的韩国女钢琴家为大家演奏助兴。只可惜原本是我到波士顿后的第二晚相聚，但由于天气原因，我到波士顿比原定行程晚了大半天，是聚会那天下午刚到波士顿。在经历了 40 多个小时的长途飞行之后无法休息，就来到教授家中，和建筑历史理论组的历史学家们一起欣赏钢琴演奏，我几乎是强迫自己的双眼不闭上，勉强支撑着。即便如此，这到达美国的第一晚仍然成为我在麻省理工学院一年学习期间最难忘的一晚，也是我第一次亲身接触教授在商业码头的老公寓。

后来我才知道，在这个寸土寸金的地段他们幸运地拥有两套公寓，一套两层，一套三层。他们在整个地区还未经过再开发的 60 年代就搬来这里，当时这里还是一片破败的码头区，夜晚更是漆黑一片。那时他们还没有结婚，所以各自买了一套。这两套公寓的室内改造都是安德森教授亲自设计的，他还保存着草图纸和硫酸纸的手绘图纸。室内是典型的现代主义风格，和来自北欧的人性化的传统相结合，用了大量的木材作为主要界面，如同安德森教授研究过的阿尔托作品中的室内一样舒适、温暖。

室内最多的还是书，一书架一书架的书。主要的墙面被书架占满了，甚至 Loft 里用作楼梯和隔断的建筑构件也都被设计成书架。安德森教授的图书收藏除了一小部分哲学及其他学科的书籍，大约五分之四和建筑、艺术有关，当然主要是专题的收藏，而非图书馆式的应收尽收。后来我曾去过瑞士联邦理工学院（Swiss Federal Institute of Technology Zurich）的沃纳·奥克斯林（Werner Oechslin）教授著名的建筑图书馆，以及意大利建筑历史学家弗朗切斯科·达尔科（Francesco Dal Co）在威尼斯一座老府邸中的私人建筑图书收藏，但我还是更喜欢安德森那种小型的专题式的收藏。这些藏书多和他常年的研究兴趣有关，比如上百本关于柯布西耶的书籍，以及路斯（Adolf Loos）、阿尔托、路易斯·康（Louis Kahn）等人的系列书籍。卧室的小书架上放着的多是哲学和方法论的书籍，或许对他而言，这就是放下建筑专业阅读之后轻松的睡前读物了。和安德森教授多年的交往让我切身感受到他血脉中的哲学根基：美国建筑圈有学者称他为“建筑界的卡尔·波普尔”，实证主义和批判理性可以视作他的哲学方法论体系。

安德森教授是北欧裔美国人，有典型北欧人的高大身躯和一头银发。他不像那种常见的美国人，和你很快熟络却无法深交。在理论家中，他并不属于善于言谈的，和人交往慢热，甚至有一些害羞。他敢于批评和质疑，却往往不会轻易表达不同意见。我在麻省理工学院的一年，除了和他一起教授研究生关于上海城市空间的设计研究课程之外，还旁听了他给建筑历史理论的博士生们开设的讨论课，主题是现当代的建筑史学家、理论家和他们的主要学术观点。和我们国内学习西方建筑史理论大家时膜拜的视角不同，麻省理工学院的博士生们对肯尼斯·弗兰姆普敦（Kenneth Frampton）和约瑟夫·里克沃特（Joseph Rykwert）这样的大家却充满了批评，讨论中更是直截了当历数他们理论和研究的缺陷。这样两学期下来，密集的阅读和讨论帮助我对当代建筑历史理论的现状建立了一个初步的、比较全面和辩证的认识。当然最大的收获或许是来自许许多多的夜晚，在商业码头和安德森教授一起从红酒、啤酒到阿夸维特、威士忌的几轮畅饮后，他把平时在课堂上不太发表的对当代建筑历史理论研究中人和事的尖锐而中肯的评价倾倒出来。我们也时常和一同来他家中聚会的学者讨论关于当代美国建筑和中国建筑实践的比较，其中包括他之后的几任麻省理工学院建筑系主任：张永和、现任库伯联盟建筑学院院长的纳德尔·特拉尼（Nader Tehrani）和现任康奈尔大学建筑艺术规划学院院长的尹美珍（Meejin Yoon）。

一年的时间远不像想象中那么漫长，到快要回国时才突然感觉我是多么不愿离开已经熟悉的安德森教授和他充满智性魅力的建筑思想家园。在机场送我回国时，我和教授夫妇三人抱头痛哭。幸运的是，和教授、和麻省理工学院的交情能够在我离开后继续延续。在我之后，同济的多位中青年教师徐甘、袁烽、王一、王桢栋等陆续到麻省理工学院和安德森教授这里访问学习；教授夫妇几乎每一两年都会来上海，来同济大学和东南大学、中国美术学院等讲学和交流；同济大学的常青教授、黄一如教授也受邀赴麻省理工学院讲学和举办展览。而我也多次全家在波士顿度过夏天，每次也都会住在安德森教授家中，让我可以阅读他的建筑藏书，和他继续关于建筑的讨论。

除了波士顿的家，我还参与、见证了安德森教授设计、建造他在缅因州的新家。靠近加拿大的缅因州因其绝美的海岸线和宜人的气候成为新英格兰地区居民夏季度假的首选之地。安德森教授因为年事已高，也开始考虑退休生活，而波士顿的公寓因为是老厂房改造而没有电梯，爬上爬下对于他来说也日渐困难。其实教授和他的老同事、老朋友亨利·米伦早就一起在离风景秀美的阿卡迪亚国家公园（Arcadia National Park）不远的鹿岛（Deer Isle）上买了两块相邻的海滩地，相约两家共同养老。地块在岛上最西边的日落角（Sunset Point），有极佳的观看海上瑰丽落日的视角。米伦夫妇早就在那儿建造了自己的住宅并已居住多年，而安德森教授的地一直空着。2006 年夏天，我和太太随教授夫妇去缅因州度夏并现场构思他的设计，借住在米伦夫妇家中。

亨利·米伦是一位建筑史和艺术史的重要学者，也是美国知识分子中一位杰出的人物。他通过许多书籍、文章和展览，以及他在麻省理工学院和其他地方数十年的教学，对文艺复兴、巴洛克艺术和建筑的研究做出了非常重要的贡献。他还曾担任美国罗马学院的院长和华盛顿国家美术馆视觉艺术高级研究中心的主任。他的藏书让我度过了一个愉快的暑假，当然还有和安德森夫妇，以及米伦夫妇的爱犬蹦极（Bungee）一同度过的许多闲适的下午。我们漫步在缅因州的海滩，在安德鲁·怀斯（Andrew Wyeth）画笔下那些泛着红色的湿地和海边野餐，许多个傍晚在客厅里观看从绚烂的落日到转为暗黑的持续数个小时的天色变化。在那个缅因的夏季，我在和安德森教授的讨论中完成了人生中第一篇用英文发表的学术文章。

2011 年夏天，我们一家人再次和安德森夫妇来到缅因。安德森教授的住宅正在施工，围绕着一块巨大的长满青苔的岩石，建筑的基础缓缓伸开，向着不远的海滩张开怀抱。我清楚地记得我们两家人站在这块大石头上，听安德森教授解释建筑构思的场景，摊在地上的几张图纸上洒满树林间投射的斑驳阳光。2015 年夏天，得知安德森教授的缅因住宅终于完工，我和袁烽老师两家人赶到缅因一起度了两周的假期。作为建筑史学家，安德森教授的设计并不当代，也没有所谓的革命性。这是一座结合地形、景观和当地建筑样式的建筑，坡屋顶，有一点点 Shingle Style 的隐喻，在建筑类型上似乎就是一座乡间农舍，有一个高大的“谷仓”（barn）和一层低矮的长条形小体量。最大的特点是围绕中间的岩石，并向海的方向敞开。长条形的体量沿着地形渐次跌落，而每个标高上都有一个面向海景的小平台。我们可以在一天的任何时候，选择一个最惬意的姿势，在一个小平台上坐下，望向海面。两层高的“谷仓”是安德森教授阅读和写作的工作场所，他生命的最后大半年时间都在这里度过，完成了他的最后一本书，是研究贝伦斯（Peter Behrens）的助手让·克雷默（Jean Kramer）的。安德森教授认为，贝伦斯的许多作品实际上主要由这位助手完成。安德森教授早年的成名作是贝伦斯

2011 年安德森夫妇和李翔宁一家人的合影

研究，现在他尝试延续原来的研究，发掘一段久被遗忘、几近湮灭的历史。

从 2006 年我第一次去麻省理工学院，到 2016 年去哈佛执教并告别安德森教授，10 年间我的学术成长从他那儿受益良多。记得正是我在麻省理工学院建筑系网站上参加安德森教授的上海研究课程教学内容的信息，让我后来收到去加州大学洛杉矶分校教学和加拿大建筑中心（CCA）演讲的邀请。安德森教授帮我打开了国际学术研究的一扇窗。他生活、工作的几处堆满书籍的建筑也曾是我在美国短暂居住的家园。

根据安德森教授生前意愿，2018 年他的大部分图书收藏来到同济大学，我们特设了斯坦福·安德森藏书阅览室。此后经过多方努力，2019 年年底他的老朋友米伦的 5500 册有关文艺复兴的藏书也运到同济大学建筑与城市规划学院，其中包括 20 多本 15—19 世纪的珍本，使得我们学院关于西方建筑和艺术的文献收藏跃升了一个档次。我们也会以米伦教授的藏书为基础，创建一个小型的文艺复兴文献研究中心。现在，我终于又有机会时常翻阅安德森和米伦两位建筑史学家的藏书，其中有许多本是我熟悉和曾经阅读过的。抚摸着这些珍贵书籍的封面，我眼前总会浮现安德森教授的两处家园。

（谨以此文献给斯坦福·安德森教授、罗小未教授和亨利·米伦教授。）

建院寻常人

玉珮珩：1938年生，曾任北京市建筑设计研究院有限公司主任建筑师、教授级高级建筑师。著有《国外旅馆设计资料》及《城与园》《城与年》《城与人》"城市三部曲"等。

一

马国馨大师在北京市建筑设计研究院（以下简称"建院"）建院70周年前夕，出版了讲建院历史的《南礼士路62号》一书。原来建院门牌号就是南礼士路62号，工作和生活在这所大院半个多世纪的几代人伴随着共和国的发展，也与首都的城市建设同步成长。作者用生动翔实的笔触记述了他们的足迹和汗水，描绘了知名建筑前辈的音容笑貌，更有鲜为人知的掌故与逸事。每个在这里工作和生活过的人，一定也会有自己心目中的大院情结、记忆。

我是20世纪60年代中期参加工作走进南礼士路的，先在北京市城市规划管理局上班，后调至北京市建筑设计院（当年全名）。这时的南礼士路经过十多年的规划建设已成规模。1958年“大跃进”，设计院日夜加班，人们叫我们办公楼“水晶宫”。从办公室向南望，隔着复兴门外大街，就是当年的北京电视台。建筑组组长张德沛先生说，刚建成时，人们叫它“小白楼”。它是这一地带最高的建筑，在一大片灰蒙蒙老旧民居中突起的这座建筑太显眼了，给人一种高高在上的不舒服的感觉。差不多前后时间，西直门外建成了苏联展览馆（今北京展览馆）。大人和小孩儿都争相参观这一北京首座大型博览建筑。我印象最深的是画家列宾和音乐家格林卡的展览。

说来话长，我对于礼士路并不陌生。20世纪50年代到60年代，每年有“五一”和“十一”两次天安门游行。队伍出复兴门前，还吹吹打打，就近把纸花扔给夹道的孩子们，到南礼士路就泄气一样，每次都在设计院对面的政法干校礼堂休息。那会儿也真愚，学了建筑还不知道，对面就是一个大设计院，更没有想到居然分配到这儿，干了一辈子。

这条街我入住的时候，当然和如今的繁华不可同日而语。记得早我毕业的何明兄——当时为团小组组长——晚饭后约我谈心，就在人行道上散步，几乎没有什么行人。白天车马稀少，院里小孩子上学横穿马路到对面的学校，都不用大人接送。这条街从路口往西望去都觉着有点荒凉。但我要说，这出复兴门后第一条大街，虽然仅30米，却是新中国成立后城外建成的最好的一条街市。由华揽洪领衔主持设计的京城首座儿童医院就建在这条街的东侧，非常醒目的一组建筑群。其中更有一个标志性很强的水塔，可惜因扩建工程被拆除了。后来的小组长朱宗彦——一位住久了单身宿舍的上海同志——说，当年八一电影制片厂拍《战上海》电影，入城式取景，就在建院单身宿舍屋顶平台上搭建城市天际线布景，下边即借用这条街景。这就指马路对面几幢新建的大楼，它们的装饰和细部因限于当年的经济条件和工艺水平，手法简洁，但建筑立面构图和比例还是很讲究，尤其是采用完整的西洋古典建筑三段式格局。

二

设计院这个“大院”，真的不大，比起那些部委大院、军队大院、工厂大院不算什么。它们唯一相同的是规划的格局，上班和吃住在一起，为社会交通减少了不少麻烦。有的大院跑马占地，然内部布局混乱、没章法。最不该犯的错误就是工作区与生活区不分，我觉得我们院在这点上真的不错。大院格局大致分为两个院落，南办公，北居住。办公区与复兴门外大街之间还预留一块空地，早年是年轻人的足球场，“文革”后战备时期成了院基干民兵演兵场，还修了防空洞。

先说办公区。除了“水晶宫”办公楼之外，研究所、实验室、供应室、档案室、情报组均各得其所。再就是后勤，如食堂、车库、维修等，院子挤得满满当当，二三十年也几乎没什么变化。临街的办公楼，就是咱院的门面。砌体结构盖不高，那个时候已够气派了。晚上荧光灯开足了，太显眼了，想想当时多少家庭晚上孩子做作业只吊一个八瓦的荧光棒。更少见的是每扇窗上是一整块大玻璃，没有分格窗棂，从内或从外看，特别明亮、大气。大楼主入口面对礼士路，前有大花坛、回车道。

改革开放以来，办公楼洋名叫“写字楼”，还有什么“开敞办公”，也就是大伙在一个大屋子上班，既节约了建筑空间，又便于老板管理。其实我们院办公楼里早就有多个12米乘12米见方的大屋子。因为建筑是砌体结构，只好中间加一根混凝土柱子，但三面外墙采光，十分敞亮，可容纳四五十人办公。回想起来真像车间，一排排整齐的绘图桌。据说，办公楼的平面布局模式是当年老院长沈勃带队访苏，参观莫斯科某建筑设计院后学习来的，于20世纪50年代建成。设计机构称作“院”，似乎也是从苏联来的。

它可以说是座经典的建筑了吧，但已永远消失了。20世纪90年代建设建威大厦时，有人建议保留老建筑，嵌进新建大楼中。这早有成功的先例，近如东华门儿童剧院、香港半岛酒店等，建威大厦却不大可能这么做。建院出土地，投资方出钱，一定要盖一个高大上的写字楼，不会考虑什么建筑遗产保护。再说了，保留这座老建筑也只是老建院人的一种念想，一厢情愿吧！但我还想说一件事，唐山地震后，京津一带对70年代之前不符合新颁建筑抗震标准的建筑分批进行加固。建院办公楼加固设计由二所李国胜所长负责，建筑专业由我配合。我向李国胜所长提出尽量保持原建筑立面的风格，他都认真考虑，在满足抗震要求下尽量配合。此时，我想起张德沛老师说过，郁彦、程懋堃"是建筑的结构"，张锡虎是"建筑的设备"。意思是，他们在自己专业方面都是能者，但他们并不以此自居，仅仅考虑本专业的合理、优秀，而是以自己专业所能，让整个建筑更合理、更优秀。我想李国胜先生也是这样的人。

三

记得1964年秋天，天气已凉快，我作为分配到北京市城建口的对口专业大学生住进了北京市人事局指定的前门外小旅馆。等待的日子里，阴雨天睡觉，好天出去转转，找地方吃饭。终于有一天，人事局来人了。我们十几名建筑学专业的学生，有人分配到规划管理局，有人分配到北京市建筑设计院。人事局同志还特别提醒分到设计院的同学说，分到基层单位，条件可能会艰苦些。我被分配到规划管理局，一年多即"下放"到设计院。学建筑学的，一般都希望专业对口，干点实际业务工作。同时下放到设计院的朱家相就特别兴奋，他毕竟在规划局已工作八年了。

到设计院上班，才知道自己对建筑工程设计流程的无知，决心好好跟前辈学习。 我上学并不晚，但因战乱和疾病，小学和中学各多上了一年，大学六年加劳动一年，这样比起当年大学上四年的学长们，我晚了五年。这也是我对老同事很尊敬的原因之一。

我上班接触的第一项工作，是在侯秀兰的领导下，参加一幢小学教学楼设计的绘图工作。由于是在原有校园内扩建，受用地限制，不能采用标准设计图，所以需要重新绘图。侯秀兰是50年代天津大学毕业的学姐，人很好，

北京建院业余建筑进修班结业合影，二排左一为作者（1988 年）

也肯教，尤其放手。跟着她我一步步弄清并掌握了一个工程的步骤和节奏。

侯秀兰在那个时代，算是新潮和特立独行的一族。也许她看出我对她名字的疑惑：怎么起了这么俗的名字？一天，她说她本名叫岫岚，奶奶带她上学报名，老师听音就写成现在的名字了。我听她这么一说，果然不俗。

工程设计进行到半截，发生了邢台地震，院里要派考察组，侯秀兰在列。主持人走了，这时我要感谢正在组里蹲点的科技处朱蕴珍前辈的指导和帮助。她教我去图档组借来两三本与此规模相当的小学教室设计施工图做参考。我心里有底了，比如许多详图、大样表现的深度，看前辈的图纸哪个可取，取其佳者。通过参与一个小工程的全过程，我学到的东西远不止一个具体项目的知识。

我还记得两位老于我的同事（实际人并不老，是说他们的工作经验老到）的热情帮助。结构专业的何明见我手忙脚乱，帮我把发专业的基本图填全了轴线号。设备专业的张人利帮我抄写图纸目录。说实在的，这两位的仿宋字，写得比我漂亮多了。

从三室到一室，再到二所，一路下来，工作中我接触最多，也是受影响、受教很多的，应是秦济民和张德沛两位先生了。两位老师均已作古，他们的音容笑貌却一直留在我的记忆中，多年前我也曾撰小文回忆两位的往事。

秦济民先生是老室主任，他既是行政领导，也是技术领导，既掌管工程设计计划，又把握设计质量。先生自己手头过硬，据说铅笔图十分漂亮。自己对设计认真细致，对手下要求严格，才有底气。我首次接触秦先生，是参加他主持的阿尔及尔展览馆工程施工图设计中的一小部分工作，后来又跟随先生一道参加了河北邢台某汽车厂工程规划设计工作。记得规划之前，住在现场临时搭建的棚子里。棚子无门无窗，四面透风，蚊虫很多，我们可谓是同甘共苦。之后，又随先生参加较早的一个外资饭店西苑饭店设计的中方顾问工作。那时大家都直呼“老秦”，没人叫官衔，先生也叫我小玉。多少年后，我们都退休了，又有机会坐在一个办公室里。工作上虽没有交接，但不时见面，我称先生为秦老，而先生叫我玉总。我真的不敢接受，也不忍接受。

张德沛先生一直是室或所的技术领军人物，曾任所主任建筑师，直至进入院专家组。张先生声望极高，一直是口碑十分好的务实的建筑大家。前阵子我院建筑杂志曾全面深入地介绍了先生生平及建筑职业的成就。我调入建院不久，先生即调往首都体育馆工程设计组任组长。所以，我受教于先生已是“文革”之后了。先生知识全面。建筑设计本应涵盖之领域，许多建筑师自以为清高，不屑甚至鄙视之，如测绘、土方工程、日照乃至透视画法，他都手到擒来，并谆谆教导青年人也掌握。表现图亲自动手不用说，在夜大还办过渲染图培训班，示范教学。因为建国门外国贸一期设计项目，他赴美与 SOM 建筑设计事务所有过一段合作。回来之后他把获赠或购买的有关艺术史类、建筑艺术论的书画送给了刘开济先生，他觉得刘先生对此更感兴趣。张先生还说过，SOM 建筑设计事务所的建筑师大多是“低能儿”。他可能是在说，我们应当自信，或曰，他们的成功主要在于机制或合作方式。张德沛先生虽重视机制，但他的性格直来直去，且不喜欢设计工作中必有的行政事务。首都宾馆工程进入初步设计阶段，他请来了从院长位置回归设计的吴观张先生任第二主持人，似乎也与此不无关系。我还注意到，张先生的徒弟中，有几位很出众，他们都非科班出身，但都热爱建筑这行当，所以才得先生之青睐。苏纹年纪最大，已作古，虽说是自学，但设计和绘图都很老到。我国加入联合国之后，对外交流活跃，外交使馆设计增多，这在当年应属较高装修标准的民用建筑。为加快设计进度和保证设计水准，张先生主编一套院内设计资料，包括门窗贴脸、门套、窗帘盒、挂镜线等详图和大样，都是一般国内项目不大用的构配件。其中许多图即出自苏先生之手。另一位张关福，也已作古，绘制建筑草图和施工图都堪称快手。王惠德也是一位快手，多产，主持过太多工程项目，尤其擅长体育建筑，他本身就喜欢体育运动，人称“白话旦”。他几乎成了当时女首富陈丽华的御用设计师，如长安俱乐部和陈丽华的私宅都出自其手。张德沛老师说，你别看王惠德表面大大咧咧，心可细了。有这样一个故事，为了考证张先生这句话，哥儿几个看他送审的图纸尺寸找不出错来，就故意刮改一个数字，退到他手上。他坚称自己不会错，并指出是哥儿几个做了手脚。

我因为与他们几位也共事多年，留下了愉快的印象。也许与我对上述几位建筑师的观察不无关系，我会格外关注非科班出身的建筑师，关注他们的心路历程和亮点，比如我喜欢安藤忠雄（Tadao Ando）先生。

与兴建小型使馆同时期，外交部拟建国宾馆，供招待外国元首用。甲方组织全国几个大设计院和院校进行征稿。南京工学院杨廷宝先生，清华大学吴良镛先生，下放至湖南、河南的原北京工业学院的未回京人士，如林乐义、杨芸等都参与了。建院除了秦济民、张德沛两位，老一辈还有傅义通先生、许振畅先生等人参与。张德沛和傅义通二位是我们团队方案主导的领军人物或称发言人。他们两位在方案构思上，一个感性，一个理性。这么说吧，张先生重视自己的“第一意图”，认定后只做些许修正；傅先生则往往是比较多种方案后，选出最优者。比如国宾馆方案，傅先生先从总图位置、平面构成和个体造型等列出图表，分出优劣，最后推出最佳者。傅义通退休后一次与我偶遇，他告诉我说，他正带学生做一个研究项目，就是剧场建筑方案竞赛中客观评比条件研究。这正是傅老师对建筑方案创作和竞赛中主客观评价的再思考。国宾馆工程设计方案在外交部公寓（历史上叫“六国饭店”）折腾几轮后，被交给北京建院综合，进一步优化。各方参与人士散了，只留下北京工业学院李宗浩借调我们院。不久，国宾馆工程止于方案，下马了。秦济民、张德沛考虑国宾馆方案设计所积累的资料不能散失，决定编写旅馆设计资料，这便是由一室和情报组合作编写、内部出版的一套共四册的《旅馆设计资料》。记得还请来马丽帮忙，她有一手隽秀的好字。

我一直在一室建二组工作，在东大屋转悠。那是20世纪70年代与80年代相交的日子，似乎东大屋特别活跃，参加设计竞赛、投标屡屡得中。

还有两件小事，也属于那个年代。过节前在办公室聚餐现做现吃，自己动手，是物质不再稀缺，但又不太丰富的状态下的娱乐。有一回，我喝多了，等我醒过来人都散了，走出办公室时天已大黑。这是我一生中唯一一次出丑。

再一件事是，北京建可口可乐生产厂房，院里承接这项土建设计任务。可口可乐投产后首批产品，送一些给设计单位尝鲜。我们是第一次喝，但知道可口可乐是看过话剧《霓虹灯下的哨兵》之后，它象征了美国的腐朽文化。

四

办公区紧挨着的北侧就是家属区，上班走几步就到了。家属打饭可以随便进出办公区，双职工的孩子放学回来，就奔办公室，在爸妈边上的小桌上写作业。自行车也大都存在办公区车棚内。大院就是一个小社会、小循环。托儿所、小商店（大家习惯叫小合作社）、澡堂、理发室一应俱全，无大事可以不出大门。小合作社有两位和善的中年售货员，轮流上班。公家的买卖，日常用品、烟酒等，新进什么货，会在门上贴一彩色纸条，如“新添肉馅”。那时一家三口，比如吃焖扁豆，买三毛钱肉馅就够了。如果要买更多样的百货、副食类，就去附近的大合作社。那是一套标准设计（含商场、餐厅的一个组合体）。就我所知，这样的大合作社还有其他几处，如五道口、百万庄、木樨园等处的合作社。所谓“合作社”，是新中国成立后公家单位职工集资建成的，全称叫“供销合作社”，没几年就还本了。有一阵煤炭供应紧张，还老停电，澡堂和理发室关门，大家才感到不方便。住在这里的人们只好去附近唯一的三里河澡堂子和理发馆，一去就小半天没了。

别看院子不大，住户也挤得满满当当的，没什么活动空地。幸好北侧有一块街心花园，在当年也是少有的绿地。再说住所，可以说花样齐全。单身宿舍，年轻人结婚，就划出一部分，就地变成了家属筒子楼。话说到这里，想到一个问题。一个长走道的办公楼或宿舍楼，建筑两端设有底层出入口和垂直交通（楼梯）是常用的模式，如果两边为不同功能，中间加了隔断，真不是小问题。

建院单身宿舍很宽敞，室内还为大家配置了书桌、书架，真够可以了。我刚工作的规划局宿舍是一排排没有暖气的平房，还不严实。记得有两个南方分配来的哥们儿，懒得自己生炉子，领了采暖费后各自买一双好一点的棉靴和一个汤婆子，天一黑就钻被窝。筒子楼住的人都很年轻，没那么多是非，所以既和谐也热热闹闹。我们正赶上蜂窝煤变为煤气罐的过程。生煤炉时，为了取暖，大家把炉子挪到室内。还发生过一次煤气中毒，开始是孩子哭个不停，我们醒了，也觉得难受，下意识扑向房门。是孩子救了全家的性命。筒子楼居住模式，现在少见了。那种门对门、脸对脸的日子，回想起来，比四合院、大杂院似乎更亲近，也更无隐私。那个年代人与人、家与家之间的融洽，好像再也回不去了。在建院单身宿舍和筒子楼住过的人，一定会想起晨起和入夜时，窗下 15 路、19 路公交车售票员清脆的声音：“15 路汽车开往动物园，请先下后上。”还有那连带的刹车声、关门声、起动声。街市热闹了，曾经的温馨的声音已成往事。

如果说筒子楼属于过渡性住所的话，大院还有正儿八经的住宅。一是工厂大院常见的联排平房，一是机关大院多见的单元住宅，50 年代初所建，模仿苏联模式。住在这些正规住宅的人，有一般职工、工人师傅、解放前事务所营造厂有经验的工程师、北上干部（指从冀中老区进城的，一般任中级领导），还有随之进城的家属。借用当年研究室主任赵晏民同志说的，都属于社会主义大家庭。大家虽属不同阶层，但都能和谐相处。

建院当年大约还有一半人，因各种原因，住在院外，除了成片的两三处院属房产以外，散居各处。有时说起来，他们还挺享受上下班换换环境的乐趣，可以观赏路上风景的变幻，一上班往往带来最新鲜的见闻。话说回来，那会儿交通通畅，骑自行车挺方便、安全。傅义通先生上班时就骑一辆“凤头”牌自行车，自己动手刷成墨绿色。一次，我见从西单北一胡同突然钻出一个人，骑自行车，车座抬得挺高。离近了一瞧，正是老傅，活脱脱一个小伙子。不记得为什么事，我造访过傅义通先生在王府井的住所，小楼的木窗已经很老了，但阳光照进去，暖洋洋的，一个闹中取静的地方。王昌宁先生早先的住地，是一个四合院，不同于传统格局，好像空间流动，也给我留下很好的印象。住得远与住得近也有不一样的状况和故事。在院外居住的，尤其岁数较大的，都来得早。我印象最深的是田民强，上班铃一响，他已开始工作，早早地把办公室的地拖一遍，一手两把暖水壶，把开水打好了……往往踏着上班铃声进入办公室的是年轻的爸爸和妈妈。他们把孩子送到托儿所，再去食堂买个烧饼边吃边走。

大院如小城，故事多，人情世故，回味多。从 20 世纪 70 年代末到 80 年代以降，家属院才有大变化。动静最大的是拆了大片平房，修建起一幢多层住宅楼。为了赶工程进度，夜间施工影响了周边住户。这时一称“热心人”一称“好事者”的姜云海半夜叫起了同住院内的院长叶如棠，叶如棠对着站在院当中一堆被吵醒睡不着的人说：“明天上午院务会就研究此事。大家辛苦了，明天上午可以休息半天。”

说起姜先生，是院里的名人。先说他的出身，毕业于苏南工专，一所颇有名气的老学校，建筑科最有名。我们院还有唐诵墨、顾铭春、马欣、潘辛声、陶驯骥等多人毕业于这个学校，都是专业才俊。1958 年天安门广场和长安街规划中，路灯征稿，姜云海的方案被选中，就是大家后来在十里长街上看到的玉兰花和“黄天霸帽子”式的球灯。但姜云海被划为“右派”下放劳动了，施工图是由其他人完成的。进入新世纪，长安街改造升级，有人提出几十年前灯具照明设计落后（指光源照天不照路），需要重新设计。姜云海为此事上书给市政府万里同志说，现天安门广场和长安街路灯方案系由周总理生前亲自审定批准的，不应变动。最后果然未动，只在原灯杆上增加了指向路面的照明。

毕业于苏南工专的几位，有的南归了，有的已故了，只有顾铭春还在京。这位苏州才女，对于工作的热心、敬业、努力不用我多说了，水彩画画得不错，近年又热衷于彩墨画，也颇有可观之处。她人很正。“文革”中，我们出差上海，先住进南京路一家知名老饭店。木地板油光发亮，身穿白卡其制服的老员工细细擦拭明设的铜消防水喉，早餐都送到客房。太奢侈了！顾铭春上街溜达，在金陵东路找到一家很平民化的长沙旅馆，大家没有意见，马上搬过去了。新冠肺炎疫情期间，她创作了歌颂白衣战士的画作，尽显正能量。

马国馨在《南礼士路 62 号》一书中回忆了他居住多年的筒子楼的生活，读后也勾起了我相似的回忆。凡是曾经在四合院或大杂院中居住过的人，总会念叨当年那里的温情生活，由此对当下单元住宅的户与户之隔膜、人与人之冷漠的状况愈加反感。筒子楼里的户与户、人与人之间的关系比平房杂院更为亲切，那才真叫“门当户对”。尤其到了热天，只要人在家，为了能让屋子凉快些，户门大都整天不关。门上扯半截门帘，门帘由一块面袋或半幅旧床单做成。窄窄的走道两边门侧依次排列着各家的火炉和蜂窝煤。谁家炸辣椒了，谁家煎鱼了，谁家煳锅了，清清楚楚。互相生炉子借个火，炒菜要棵葱也是常事儿。

也许是大家年岁相近，命运相同，刚好是同一批幸运者（分到房子），所以才那么熟悉，互不设防。从不觉得自己有什么隐私，也不觉得别人有什么隐私。在自己屋里就能凭脚步的轻重缓急，听出谁家的大人或孩子在门前走过。

住在走道深处的韩家大姐，先生在大学教书，平日带两个孩子。热天家家都是先给孩子洗澡，家家都有一个钢精或塑料大盆。孩子睡下了，大人再忙一阵，最后休息。走道里响起了沉重的脚步声，那是端着最后一大盆水去卫生间了。这时在屋顶平台上闲聊的哥儿几个也该回窝了。这样一天才算完了，楼道里安静下来，已是子夜了。

大院的生活啊，真让人回味无穷。

设计定额

——另一种价值度量

陈轸：1951 年生，现任中国勘察设计协会建筑设计分会副会长兼秘书长，曾任福建省建筑设计院院长，高级经济师。

1976 年 7 月，我从福建建筑工程学校毕业，分配到福建省建筑设计院工作。当时，省院因承担研究课题，成立了地基基础研究组，正缺人手，组织上让我去研究组报到。我由此成了研究人员，一干就是 7 年。1982 年还担任院团委书记。后调到经营管理部门，开始接触市场，接触设计所和各专业的技术人员，也就开始接触建筑设计工时（工日）定额。从此，我和定额结下了不解之缘，参加了多版本设计定稿的研究修编，直至 27 年后的 2011 年 8 月，我从福建省院院长的岗位上退休。

在设计院和协会工作期间，我先后参加了 1985 年、1993 年、2000 年和 2014 年四部全国建筑设计工日定额的编制，2001 年和 2014 年的全国建筑设计周期定额的编制工作，其中四次担任主编。我的体会是，建筑设计属创造性劳动，我们需要站在一个综合的、新的视角上，最终应用量化方法予以描述，目的是使这种创造性劳动价值予以呈现。此外，为什么设计劳动定额很重要呢？因为它是一个衡量设计工时的标尺。现实中，不仅科学需要标准答案，凡是创造性劳动，尤其是设计这种创意行为，也有一个标准化衡量的问题，其最终目的是实现设计价值的转化与提升。从这些意义上讲，设计定额既是设计管理的科学，更是一种重要的文化艺术创意积淀。

一、改革引领设计体制变化

1979 年，国家计划委员会根据国务院关于勘察设计单位企业化改革的总体目标，开始酝酿勘察设计单位的事业单位企业化经营的改革问题。今天看来，这次改革是设计行业发展史上里程碑式的革命。1979 年 7 月 1 日起，18 家试点单位均停止核拨事业经费，开始自主经营、自收自支、自负盈亏的“釜底抽薪”式探索实践。到 1979 年年底，18 家试点单位的营业收入均大大超过了同期财政拨款的数额。重要的是，设计单位和员工的活力与创造性发生了巨大的变化。

值得注意的是，1979 年年底，一个促使工程勘察设计行业持续高速健康发展的重大因素——奖金机制，在试点单位落地了。工程技术人员及辅助生产人员的劳动收入由近 30 年的单一工资收入变为“工资收入＋奖金收入”。这个变化也是历史性的，无疑大大激发了设计师的创造性与倾情投入。奖金收入在当时的试点初期是“象征性发放”，随着改革开放的深入和设计市场的不断发展，奖金收入不断增加权重而成为智力服务和技术服务岗位的主要收入来源，依据定额进行奖金分配几乎成为主要的收入分配手段和方法。今天，绩效挂钩考核已是工程勘察设计行业的主要分配模式，由此劳动工时定额成为绩效考核的重要科学度量衡。

二、设计定额因时代而变

1984 年，在 18 家设计单位试点的基础上，国家计委、体改委总结经验，在全国工程勘察设计行业全部推行事业单位企业化管理。同年，国家出台了新中国成立以来第一部“勘察设计收费标准”。那时，行业协会尚未成立，建筑设计行业因改革和发展的迫切需要，着手酝酿并成立全国建筑设计管理研究会。

根据那时全国建筑设计管理研究会的部署，六大区分会在 1985 年上半年之前，均要完成大区建筑设计工日（劳动）定额的编制工作，争取在 1985 年汇编出全国统一的建筑设计工日定额，以指导并评价设计行业的创造性劳动。事实上，自 18 家设计单位 1979 年起试点后，福建省院、中建西北院开始研究设计创作中带有规律性的特征。设计作为一种脑力劳动，它和建筑施工等体力劳动的区别是什么？体力劳动的计量往往是劳动产品的数量，比较客观，不会出现争议。然而设计劳动的创造性，该如何去量化呢？我坚信，我们解读建筑，除了要看表面事实，还要读懂情感在建筑中的表达方式，因为丰富的情感表达符号蕴藏在创作思维中。也许这是量化设计定额最难把控的模糊要素。面对突出佳绩、聚焦价值、回归本质的行业发展需求，设计定额编研势在必行。

福建省院副总工程师顾建荣先生成为“第一个吃螃蟹”的人。在调阅和统计大量归档图纸和资料后，他力排众议，认为设计劳动是有规律可循的，通过收集分析已完成项目的施工图纸数量，可以对完成大致类型和规模的工程的方案设计、初步设计和施工图设计所需的工作量进行工作日的量化，也可以对各专业、各工序的工作量进行工作日的量化。这样就可以通过数理统计的模式，计算出各设计阶段、各专业和各工序的劳动量分解（分配）比例。当然，这种比例的精度是建立在“大致合理、大致公平”的基础之上的，但无论如何这是个突破。此时，建筑设计管理研究会华东分会已决定编制《华东地区建筑设计工日定额》。1985 年 5 月 3 日至 16 日，华东院、上海院、安徽省院、江西省院、浙江省院、山东省院、江苏省院的经营部门负责人集中于武夷山九曲宾馆开始编制工作，福建省院由顾建荣和我参加。由于编制思路和方法基本统一，加之各院都事先准备了大量实测数据，所以编研工作进展顺利。在当时的条件下，连计算器都没有，大量的数据汇总就靠算盘和手算来完成。初夏气温渐高，好在武夷山早晚凉爽，加班加点都放在早晚。一周后，当《华东地区建筑设计工日定额》初稿印发到各位专家手中时，大家真是感慨万千。这是我第一次介入定额的实质研究并全过程地参与定额的编制，许多往事十分难忘，收获也很大。

1985 年 6 月，全国六个大区的统一设计定额都已编制完成。建设部设计局和全国建筑设计管理研究会便正式开始布置《全国城乡建筑设计统一工日定额》的编制工作。这是新中国成立以来第一部由政府和行业协会组织编制的全国性定额，自然引起全国各设计院的关注。同年 6 月，全国定额编制组经建设部设计局批准成立，华东地区陈轸（福建省院）、西北地区周显祥（中建西北院）、东北地区郝玉生（吉林省院）、中南地区李农（中南院）、西南地区丘立创（四川省院）、华北地区王厚和（天津市院）、西北地区胡传本（新疆院）组成编制组，中建西北院和福建省院为正副组长单位。7 月 18 日至 8 月 7 日，参编单位和专家十多人集中于黄山屯溪开始编制全国定额。建设部设计局全程参与指导编制工作。

全国定额编制的难度和复杂程度远远高于大区定额，它不仅要在六大区定额的基础上汇编，更要找到全国有代表性的均衡量值，确是一个挑战。于是，大区定额的项目分类名称、规模划分、定额参数、编制方法的差异使汇编工作陷入困境。加之当年屯溪古镇酷暑难耐，宾馆里没有空调，吹着电风扇，拿着大蒲扇，一个上午的会议，大家衬衫都湿透了。晚上大家忙着计算汇总，经常算盘拨到凌晨，大量的文字工作和计算工作搞得我们筋疲力尽。在经费非常困难的情况下（每位专家的伙食费为每日五角钱），由于芜湖市院周院长、铜陵市院徐院长的大力支持，编制工作才得以圆满完成。1986 年 5 月，建设部设计局批准了《全国城乡建筑设计统一工日定额》（报批稿）

并在全国试行。

从1979年18家单位企业化试点到1984年全国全面推行企业化管理，直到1986年版的全国定额的颁布试行，这些成果全面提升了全国建筑设计单位的管理水平，调动了建筑师、工程师的创作积极性，对推动建筑设计单位的跨越式发展起到了重要作用。直至今天，分配手段再现代化，按设计劳动量进行分配仍是建筑设计企业的主要分配原则与基础。

三、设计定额“日志”版本的春华秋实

工程勘察设计行业的改革始于1979年，仅用了5年时间，就从当初18家单位由事业进行企业化试点推向全国近万家勘察设计单位。改革的力度之大，涉及范围之广都是前所未有的。设计定额不断修编完善的版本，体现了行业的发展与变迁。

（一）

1993年，大多数建筑设计院从1984年的技术经济责任制转为技术经济承包责任制。虽然仅仅多了“承包”两个字，却彻底改变了设计院“吃大锅饭”的旧格局，有效地支撑了设计机构的管理。

1993年3月初，时任中国建筑设计协会（中国勘察设计协会建筑设计分会前身）副理事长兼秘书长的赵俊生找我谈话，布置对1986年版《全国城乡建筑设计统一工日定额》的修编工作，提议由我任组长。经过半个多月的调研和酝酿，我和中建西北院的周显祥、北京市建筑设计院的文瑜、浙江省院的俞祖荫、济南市院（山东同圆设计集团前身）的毕安宁和河南省院的李保平等6人组成定额编制组。1993年3月，协会领导布置全国设计单位收集资料，确定编制方法、数理统计模型以及“初施比”等参数，还要解决1986年版定额的欠缺问题。主要的问题有两个：一是原始资料（例如归档的施工图数量统计）的收集（采样）明显不足，另一个是计算和统计手段的

落后造成数据精度的缺陷。福建省院作为组长单位高度重视这次修编工作，提供了修编工作全部的保障条件。

同年9月7日至26日，第二阶段集中修编工作在济南展开。这一阶段的主要工作是计算机汇总，计算、分析大量数据资料，代入参数试算，专家分析调整异常数据，形成初稿及编制报告。建设部设计司领导强调："定额要不断修编下去，要编出水平，要做好定额的科技成果申报。"11月20日，1993年版定额及定额软件通过评审，12月完成报批稿。

1993年版定额由建设部行文，于1994年在全国试行。这部定额第一次提出了"使用单位可根据定额的数据，结合本单位具体实际，采用微调的办法对数值进行修正"。这样就解决了全国定额作为全国平均耗工水平与各地各院的水平差异问题。特别是还配有定额使用的软件，该软件由福建省院计算机中心的张月燕工程师主持研发。1993年版定额一共使用了7年，这7年也是建筑设计行业快速发展的时期。设计院的绩效考核的分配模式在7年中逐渐成熟，成为全国主要的分配依据，支撑着设计行业的改革。

（二）

1999年，在中国建筑设计协会第四届会议上，再次布置定额修编工作。组成由胡兆洪任组长（主编）、我任副组长（副主编）的定额编制组，新编定额命名为《全国建筑设计劳动工日定额》（2000年版）。时任贵州省院副院长、定额编制组组长及主编的胡兆洪先生，调阅了大量1986年版、1993年版的资料，对新编定额的编制方法、模式、参数都提出了新的思路。2000年版定额修编从资料收集到报批稿通过，用了约一年的时间，于2001年5月经建设部批准正式印发全国施行。

（三）

建筑设计工日定额主要用于设计院内部组织生产和分配，属于内部管理工具，而对外则有一部《全国建筑设计周期定额》（1983年版）。这部定额主要用于设计院与建设单位确定项目不同阶段的设计时限，是签订合同的重要文件与依据，延伸看是设计质量的必要保证。可见，早在近40年前，建设部就开始抓设计质量的落实，通过保证设计时间来创造有科学基础的设计质量与创作水准。

无论是成功的建筑设计运作之道，还是项目建成后的设计后评价，都绝不能仅仅考虑项目的功能与美观，更要考虑经济性。近年来，建筑设计与管理界越来越懂得了建筑应与城市相协调，应遵循自然法则，但总以为市场经济下建筑设计的经济规律似乎可以不用遵循，这是从根本上有悖于国家建筑设计方针的。早在1954年第一届全国人民代表大会上，周恩来总理的政府工作报告中就批评了太原热电建设工程中的浪费现象。要看到，近20年来全国建筑设计市场任意压缩设计周期、任意压低设计费等不利于设计质量的现象大行其道。这对保障设计水平的影响是巨大的，它的反作用也是深远的，亟待政府主管部门意识到这种危害性，着手整治市场乱象，使设计定额得以遵循。

2000年11月，中国建筑设计协会印发文件，再次成立编制组，由我任组长。编制工作从400家设计院收集资料进行调研分析入手，半年后的5月中旬，编制组集中在吉林省长春市工作，吉林省院焦洪军院长抽调两台微机驻场工作。由于数据分析量巨大，编制组专家每天均工作12—14个小时，而两台计算机则24小时不停地计算和统计，终于在2001年5月18日全部完成编制说明、汇报提纲及工作稿内容。

（四）

2014年3月，修编《全国建筑设计劳动工日定额》（2000年版）和《全国建筑设计周期定额》（2001年版）的工作纳入住房和城乡建设部2014年定额标准编制计划。4月，住建部质量安全司领导详细布置了修编任务并要求11月底完成送审稿。

这次修编工作是采用课题的形式下达任务。由于有前几版的编制与修编经验，编制过程较为顺畅便捷。2014年3月13日，编制组向全国印发调查表，收集原始资料。8 月 20 日中间评审完成，10 月 31 日定额定稿。11 月 26 日，全国 26 位专家集中在南昌，对《全国建筑设计劳动工日定额》和《全国建筑设计周期定额》进行评审，获得通过。12 月 5 日，将两本定额的编制说明、报批稿、数据文件全部移交，编制工作圆满结束。需要说明的是，用当代眼光看这一定额，它在某些方面体现了现代化城市建设蕴含的“全周期管理”模式。当年的编制无法将设计过程全链条、全流程、全要素、全时空引入建筑领域并释放出中国城市与建筑现代化治理与发展的信号，但这份设计定额也达到了对建筑设计创作从点面到闭环、从供给到需求的设计经济管理的目的。

结语

工程勘察设计行业的体制改革至今已 40 多年。在发展改革委、住建部等部门的指导下，设计行业发生了翻天覆地的变化，创新、创作、创优越来越成为行业发展的主旋律，“中国设计”逐步走向世界前列，全行业从数量到质量都发生了巨变。截至 2018 年，工程勘察设计行业的企业数达 3 万多家，从业人员 427 万，营业收入 5.3 万亿元，涵盖第一、第二和第三产业的各个门类。设计行业面临着高质量发展的重大转变，恰恰要通过管理实现高质量发展。无论是“适用、经济、绿色、美观”的八字建筑方针，还是精细化设计，建筑师设计的工时管理都是不可或缺的量化手段。

时隔多年，回忆设计定额的编制过程，用朴素的语言讲述曾经的“故事”，之所以让我心起波澜，就是因为在这历史之舟上有太多的人和事。写自己的参与，是为了写各设计机构不同团队为此付出的汗水与心血，旨在用光阴之梭，织出时代锦缎。愿本人追溯设计定额的回忆，能串起我国建筑设计行业的一段历史，哪怕它们并不全面也欠分析，但也是有价值的。建筑设计行业的改革与发展，与国家共命运，所有的编研过程不仅仅是繁杂的工作，也是建筑设计经济思想史的发现历程。希望这些探索，对智慧型设计的今天与未来都有所启发，因为美好的设计“家园”与建筑师耕耘离不开它。

建筑师家园漫谈

崔愷：1957年生，中国工程院院士，全国工程勘察设计大师。中国建筑学会副理事长，《建筑学报》主编。现为中国建筑设计研究院有限公司名誉院长、总建筑师，本土设计研究中心创始人及主持建筑师。代表作品：北京外语教学与研究出版社办公楼、现代城高层公寓、水关长城三号别墅、首都博物馆、敦煌市博物馆、拉萨火车站、中国驻南非大使馆 、重庆市国泰艺术中心等。出版《本土设计》《本土设计Ⅱ》等著作。

一般来说，家园泛指人们居住的环境。而建筑师的职业就是为人们设计宜人的工作和生活环境，当然也就是设计家园了。所以说建筑师更多的机会或更大的兴趣是给别人设计家园而并非自己。

家园是用来生活的，要设计家园自然要知道谁来住，如何住，有什么要求，有什么希望，这似乎是很自然的事。但对建筑师来说要做到这点并不容易，除非是为朋友设计别墅或是装修家，一般来说这些要求都是抽象的，或来自经验抑或某种共性，也就是说建筑师面对的是观念上的人，间接的人，或者是自己想象中的人。

人是抽象的，家园是具体的，建筑师的设计在市场销售的导引下艰难地前行，其结果往往既不算建筑师自己心中的构想，也未必完全符合那些未知客户的需求。

当建筑师为自己设计生活或工作的环境时，就可以跨越那种无奈而尴尬的中间状态，为自己的理想而设计。建筑师还年轻时，由于经济条件和生活状态所限，往往从一个小单元的内装修做起，在满足自家基本的生活需求之外展示一点儿专业的品位。随着年龄的增长，家庭状态的改变，以及经济条件的积累，不少建筑师都开始购置房产，精心打造自己的小家。但大多在城里的房子都是商品房，单元结构动不了，只是在内部空间分隔和利用上动脑筋，追求一点个人的风格和生活的喜好。但说实在的，那种有情调的状态往往坚持不了多久，成天忙碌地工作，早出晚归，家也就成了睡觉的地方，匆忙中也不那么讲究了。真正比较早成就自己家园的人应该说是艺术界的人士，他们自由的创作和生活状态使之可以脱离繁忙的都市，在近郊的村庄里或城边的工厂区找一处旧房或小院做一番改造，既花钱不多因陋就简，又彰显个性，粗犷散淡。还有地产老板，在城里生财，到乡下寻幽，借一片山景林木，请一位设计精英，营造出一种儒雅的生活方式，只是这份清雅佛性的代价还是城里的水泥森林。但无论如何，为之营造的建筑师实现了家园的理想，作品也达到了国际水平，还是好事。但其实绝大多数建筑师自己的家园之梦还是难以真正实现的，他们日复一日地上班、加班，住得不能离单位太远，所以只能将就商品房的通用格局，充其量装修一个极简的风格，让来客能看到设计师的品位，而忙碌的日常生活中都没空自我欣赏一番。当然我偶尔也听说有同行于郊野村落购置小院改造一番，或周末小住，或赋闲隐居，或扎根田园，做些喜欢的小工程慢工作，享受生活，走另外的路。说实话我挺羡慕他们的选择和那种超凡脱俗的决心的，但往往过些日子又听说忙起来了，又搬回了城里生活，小院慢慢撂荒，抑或退租了。在这个时代，这个地方，想闲下来也不易，都在历史的车轮上跟着转。

建筑师们的家园理想除了个人对生活的追求和对空间的讲究之外，大约也是受了国外名家们的影响。我就在出国考察中拜访过几处大师的家园，印象颇深。首先还得说赖特（Frank Lloyd Wright）的住宅和他设计的那些著名的别墅，砖、石、木的搭配技巧，空间的流动感和丰富性都令人目不暇接，但更突出的共性是层高的低矮。这让我改变了对他照片上的高大形象的认识，也体会到他对日本文化的喜爱。密斯的玻璃盒子以及菲利普·约翰逊类似的私宅，一览无余的通透总让我怀疑其实用性，它们抑或只是用来会客的地方？当我跑到约翰逊的私宅大门外想去看一看那玻璃盒子的时候（维修中），才发现密密的树林将它围合起来，“墙”在房子之外。至于杰弗里·巴瓦（Geoffrey Bawa）的庄园，我有幸前几年去住了一晚，硕大的领地林木茂盛，花草漫坡。听说他在晚年多隐居于此，常常坐在庄园各个角落精心设计的椅子上看他理想的桃花源，如有需要，他会摇响不同的铃声，让侍者知道他的所在，送上精美的茶点。于是我对景观中座椅的设计有了新的感触。我也去过芬兰名师阿尔托的工作室和住宅，也到过瑞士名师卒姆托（Peter Zumthor）在小村里的院子，也应邀在西班牙名师波菲尔（Ricardo Bofill）家中做客，还有墨西哥路易斯·巴拉干（Luis Barragan）、维也纳阿道夫·路斯的故居。这些建筑名家的住宅都是生活和工作结合起来，也展示了他们各自设计的趣味和技巧，但总的来讲是实用的、简朴的、细腻而耐人品味的，更是真实的、不张扬的，让后人瞻仰后对前辈更加深了理解与尊重。另外，我几年前还在书店发现了一本小书，是保罗·安德鲁（Paul Andreu）回忆自己童年时的家，他对房间探索式的细腻描述把我也带回到儿童的心境去看房子。房子里大大小小的空间、角落，房子里的父母和那一幕幕的家庭生活场景，一切都似乎平淡无奇，像黑白电影，但这在多大程度上影响到那幼小的心灵，最终使其成为在遥远的中国设计了国家大剧院的法国名师！我看到那本书时，安德鲁先生还时常到中国各地做项目，也有朋友说以后时间凑巧的话，约大师一起吃顿饭。我还想见面时一定要问问他儿时是否有了做建筑师的理想，他的理想家园是什么样的。没想到他突然离世，让我永远失去了追寻答案的机会，但他一系列杰出的建筑作品似乎已经回答了这些问题。

我妈妈 90 岁了，但精神仍然很好，记忆清晰。回家看望她时，她兴奋地翻出一张我小时候的照片，讲起 60 多年前机关大院里的人和事，唤起了我儿时的家园记忆。我在上大学之前，一直住在北京景山东街 45 号原来京师大学堂的院子里。自 1949 年后，教育部下属的人民教育出版社就在这个大院。大院南边是办公区，有中式的大门、花园、大礼堂和西式的办公楼；北边和西边是宿舍区，都是由四合院改成的一组组平房院，小时候我就是在这个院子里玩。小院是同院小朋友活动的地方，干什么家里大人都看得见，不到吃饭睡觉不进屋；大院是机关下班后各院小朋友出来玩的地方，大家踢球，骑自行车，捉迷藏。虽然不在家长眼皮底下，但机关的叔叔阿姨都差不多认识，谁家的孩子出点事儿马上就有人告诉家长，常有家长跑出来训斥孩子的事情。我算乖孩子，胆小，但爱凑热闹，总是跟在胆儿大的后面跑。再大一点儿上学了，就出大院去大马路对面胡同里的景山学校。那时活动范围就大了，南到东华门，北到什刹海，东到隆福寺，西到北海，都是我们小伙伴约好去玩的地方。这里有故宫（小时候故宫总关着）、筒子河，有景山、北海大公园，有胡同、小街，也有电影院、美术馆，构成了丰富的生活圈。直到 1975 年下乡插队，我才结束了在这个圈子的生活状态。1978 年去了天津上大学，毕业后又去了深圳工作四年多，后来单位分了房，我就住在西边了，只是周末回家一趟。再后来父母买房搬出了那个大院子，我就很少回去了。偶尔路过，也是物变人非，过去的影子慢慢淡了。年初时给兴钢的书写序，他书稿中提到第一次登景山俯瞰故宫的顿悟，忽然也引起我的共鸣。小时候周末无数次地爬到景山顶上的万春亭去看北京，是不是对我的建筑生涯是种机缘呢？于是我写道，不知道还有多少有心的少年在景山上立下了学习建筑的志向！我儿时对大院、对京城的种种记忆，对我今天思考建筑和城市问题还是很有帮助的；反过来我们今天面对北京城市中的种种问题，似乎也总有一种希望把自己的家园保护好、更新好的潜在责任感。

而说到自己的小家园，其实还是 20 年前院里分给我的福利房，不大也

崔愷在天津大学时的照片（右三为作者）

不小，关键离单位近，走路10分钟，生活也方便。内部家装当年设计了一下，还上过杂志，但20年住下来，也没工夫再做什么改善，只是偶尔修修补补。看看院里的年轻人都住上更新更大的商品房，也总想有所改善。前些年在四环外买了小House，带小院，有车库，但装修了一下也没真正去住。主要还是远了点儿，不方便，更因为自己工作忙，出差多，夫人打理不过来，自己也帮不上忙，只好一等再等，放了好几年，难圆家园梦。

新冠肺炎疫情暴发，原本以为就影响一下春节，谁想到直到夏天还没有要结束的样子，大家都被迫宅在家里，减少外出。好在手机在手，视野还是很大，身居小家，心系世界。过着如此特别的日子，作为建筑师，借此沉下心来，想想我们能为抗疫做些什么。在与瘟疫长久为伴的情况下，我们的城市和建筑会变成什么样？在我们有空再审视自己家园的时候，想想我们共同的家园。尽管危机四伏，前景迷茫，我们还是应保持乐观的心态，因为这个世界需要理想主义者们去推动，而建筑师就是理想家园的营造者。

以平实之心营造本原家园

孟建民：1958年生，中国工程院院士，全国工程勘察设计大师。中国建筑学会副理事长，深圳市建筑设计研究总院总建筑师。代表作：合肥渡江战役纪念馆、玉树地震遗址纪念馆、深圳基督教堂、香港大学深圳医院、合肥政务中心办公楼等。著有《本原设计》《新医疗建筑的创作与实践》等。

寻觅建筑之道或许是每位建筑师的求索，这里需要文化的修养与自觉，需要设计的良知与叩问，但尽心尽意应是根本。我时常勉励自己：有思考才能使自己的创作不盲动，有创意才能审视自己的思想。

作为一名出生于20世纪50年代的建筑师，我对于“家园”一词格外有感触。我们伴随着国家一同成长，经历了新中国成立后的风雨兼程，也得益于祖国日益强大的阳光雨露。家园是安全私密的个人休憩空间，我们在其中学习、思考，享受自我的生活。家园也是开阔的命题，凡与学习、生活、社交相关的场所都可称为家园，因它们都或多或少地安放了人们的职业理想乃至精神世界。对于建筑师而言，更为幸运的是可用手中的笔绘就属于大众的一个个的安居家园，而由此带来的责任也在时刻督促并引发我们的思考，发出设计的诘问。

一、成为“杂家”是建筑师的职业必修课

对于立志成为优秀建筑师的从业者而言，学习是伴其一生的功课，追索“建筑意”更是一种自觉。建筑设计是创意型且紧跟时代发展的行业，先进的设计理念、不断发展的建筑技术、推陈出新的建筑材料都在倒逼建筑师学习。这比其他行业更具紧迫性，不紧跟时代发展就意味着落伍被淘汰。可以说，不断学习也是很多建筑大师从一般设计人员逐步成长并获得成功的必备技能。

建筑师与其他专业讲求专精不同，其学术视野要讲究一个“杂”字。建筑学看似是一门专业，但本质上涉及的知识领域十分广泛，包括科学、技术、艺术、人文 、心理、生理等，多方面的知识营养都要去汲取，千万不能因“偏食”而成为“瘸腿”的建筑师，而要培养自己成为“杂家”，以面对丰富的设计。由此，结合多年的建筑创作实践，我提出了建筑设计中的“全要素”概念，即建筑师在创作中不能局限于建筑设计专业范畴，而要具备把控全局的能力，要拥有结构、水、暖、电、造价、运维等各领域的相关知识储备。此外，对新技术、新材料、新工艺、新设备发展的了解和掌握更必不可少，否则创作中运用的语言就不可能充分，这就好比文学创作，要掌握语法和大量丰富的词汇才能写出优秀的作品。优秀的建筑师应不断汲取新理念、新思想并在实践中反复加以应用。唯有如此，才能创作出真正适用、美观而且有人文关怀的好作品。

建筑师要博采众长、广泛涉猎，但最终的目的是学会“聚焦”，成为行业专家，即形成有自身特殊能力的专长领域，如体育建筑、公共文化建筑、医疗建筑、工业建筑、商业综合体等，这样才能专注于为公众和社会贡献某一门类的家园。记得一位台湾建筑师曾提出一个理念——“要做有限的建筑师”，我对此十分认同。建筑师虽要有“广义建筑”之思与视野，且敢于担

深圳市基督教堂

负社会责任，但也要清醒地认识到，建筑师职业和能力是有局限性的，要使设计完成度高，要体现如匠人般的细致。任何人都不能包打天下。有一些项目的组织方，认为建筑师都精通所有建筑类型；所谓的评审会组织的业内专家也都以名气为标准，忽略专业特长，一贯求场面，不管效果的真实、贴切与否。这不仅助长了不好的风气，且对设计成果及建设项目都极为不利。每个领域都有其专业性，没有任何一位建筑师是万能的。作为建筑师更要有自我约束的意识，切不可盲目膨胀，头衔不能决定什么，不要认为自己任何项目都能游刃有余。我坚守的准则是：建筑师应在专属领域中打磨提升设计水平，做出新的成果，做到术业有专攻，要对自己参与的项目设计、学术活动有良知且有所把控。在这方面建筑评论、社会舆论特别需要予以质疑和批评，加强有分量、有批评的正确引导。

二、由新冠肺炎疫情想到本原设计的安康家园

医院是每个人不愿意去可又无法摆脱的场所，尤其在突发公共卫生事件时，它也成为患者重获新生的“栖息家园”。正是因为医疗建筑与社会民生

息息相关，所以我很早便选取医疗建筑作为主攻的建筑设计类型之一。2020年春突发的新冠肺炎疫情，引发了我对建筑设计如何回应疫情的反思。此间，我也曾参与一些医疗建筑项目的咨询，深圳建筑设计研究总院也开展了方舱医院的设计工作。2020年4月，我曾在《建筑学报》上发表了一篇名为《突发疫情引发的建筑思考》的文章，其中以医院建筑为切入点，提出了四个观点：其一，在建筑设计中健康要素应摆在首位，提供健康与安全的环境是医疗建筑设计的第一要务。不可盲目追求建筑形式的美学要素，而将建筑服务于人的宗旨置于次要位置。其二，医院应有更精细和更准确的设计，针对疫情中暴露出来的问题，完善和提升医院建设标准。其三，弹性设计应作为应对突发疫情的重要措施与手段。其四，应大力开展装配式医院建筑产品的研发，做到未雨绸缪。而上述观点的提出，是基于我始终坚持的本原设计观，即倡导“健康、高效、人文”三大要素。我在《本原设计》（中国建筑工业出版社2015年版）一书中论述的本原设计观，事实上是我及团队在医疗建筑创作过程中提炼出的设计理念，而它实际上适用于更多的建筑创作类型，适用于健康环境的营造、高效运营的布局。其中，健康、高效、以人为本的人文精神应是衡量建筑创作的“三把尺子”。

健康。也许2020年起席卷全球的疫情要修正我在几年前所提出的建筑“健康观”。2003年，广东深圳首先经历了“非典”，它让建筑师第一次感到不恰当的建筑设计会酿成生命空间的污染灾祸，安全健康自然成为建筑设计的根本要素。随着我们对世界卫生组织健康概念的深入理解，建造合乎人的安全福祉的建筑也有了以WELL建筑标准为代表的中外策略。国内建筑设计行业有这样的倾向：作品过分讲究空间、造型、创意，为获奖而设计，至于个体在建筑中的感受如何、建筑后的评价如何，特别是使用者在基础层面上的感受效果往往被忽略；往往从精神层面解读作品，可连最基本的“适用”建筑标准都无法达到，尤其忽略通风、采光、新风换气这些最基本的健康常识，存在室内空气污染、甲醛超标等问题，对声、光、热、温度、湿度等指标关心不够，一味追求形式上的新、奇、特，给建筑使用者带来健康隐患。建筑师在设计乃至施工中应承担“项目总监”的角色，实现设计施工的全过程把控。建筑不能只有创意，金玉其外败絮其中。由此，我想到20世纪90年代，北京还没有进行大规模的空气环境治理，对空气污染的防范意识也薄弱，有的专家、领导甚至提出做“城市美容”。我当时就持质疑态度，如果人民呼吸的空气都是污浊的，再美容也只是面子工程而已。健康是建筑的最根本指标，基础不牢，必然大厦倾覆。新冠肺炎疫情让我们要在常态下全面拓展建筑的健康属性与健康空间的营造。

高效。它是评价建筑的关键性能，要实现高效的设计，是任何建筑师都不能回避的。它不仅要求布局合理，交通流线顺畅，还要提高性价比等。有两点至关重要：其一，不要有缺项，要全方位考虑要素，比如做卫生间，就要考虑残疾人无障碍设计。停车场设计得过远或车位不足等都属空间功能欠缺，要全要素覆盖。其二，量比合理搭配。空间面积和功能分配是有合理关系的，不能浪费也不能局促，如应配四五部电梯的建筑，实际却只配两部，导致住户出入不便，降低生活效率。量比的合理关系是需要精心研究的，但现实中很多建筑的量比关系采取简单粗暴的经验值，我也因此在建筑设计过程中和业主甚至合作设计单位有过很多博弈和争论。深圳证券交易大厦是由荷兰建筑大师库哈斯，以及我和我的团队共同设计完成的，2007年，在合作过程中我们曾就大厦中电梯的设置数量产生过分歧。库哈斯团队认为，直达平台的专用电梯只要2部即可，但根据分析，我认为应做6部，否则会发生量比失衡。我们坚持各自的观点，互不相让，但后来冷静下来，双方各让一步，最终设置4部电梯。由这件事我也总结了经验，有不同的想法要和合作方提前沟通，也要避免正面冲突。我在此后的合作中有不同意见会和业主交流，请业主和库哈斯团队沟通，这也算是设计中不可缺少的沟通技巧。总之，建筑师不应因为形式而牺牲效率，更不要因为自身经验不足而屈从于没有任何建筑设计经验的业主的要求，这样的结果就是将让使用者去承担低效的、不合理的建筑设计的后果。

人文。建筑设计要立足于人的生活，要回归生活。这深入到建筑艺术的本源中，使建筑首先成为好用之物。虽然很多人认为人文就是美学问题，注重空间、标志性、表皮、风格等，但我强调的人文除设计要素外更包括全方位的人文关怀。如我们曾设计的医疗建筑，首先将医院中的人群系统划分为20多类，如医生、护士、实习生、物业管理人员、行政管理人员、探视者、维护人员、安保等，然后思考这些人群的使用需求并在设计中分类对待，尽量予以满足，这样的建筑才能好用。建筑设计的人文关怀也必须扩展到城市设计中。如在某地城市新区规划中，我曾提出要充分考虑与工薪阶层、服务人员生活配套的交通、医疗、教育、商业的规划，不能仅考虑精英阶层。因为一个城市的人群也是分层级的，城市功能、空间安排要考虑到所有群类的需求，否则就是不合格的设计，最终结果是将耗费更多的人力、财力弥补过失。可见，设计中一旦缺少了人文关怀，就会仅仅停留在体现空间特点上，就无法触及建筑乃至城市设计的本源，就不能切实回到现实的土壤中，更难做到有“真、善、美”内涵的“善意”的设计。

也许医疗建筑是最能综合实践“本原设计”理念的建筑类别。我和团队2012年完成的香港大学深圳医院项目，也得到业界和社会的肯定，被评选为“全国最美十大医院”之一。这是一个大型的医疗综合体建筑，设计之初我们就引入了绿色生态、自然采光的健康理念，将景观引入医院内部空间，并提出“多诊疗中心”的概念，将承担各种功能的建筑体量按严谨的医疗流程加以细分，因为超大规模医院不能采用单一的设计模式。试想如果门诊集中、候诊集中、检查集中，一旦投入使用，医疗工作人员和患者走的路就太长。于是，综合医院被拆分成若干中心，每一个中心里都按候诊、检查、治疗配套设计，从而化整为零，病人不需要来回穿梭于各个建筑。此外，我们还提出“院中院”的概念以及为特殊人群设置检查、康复等适宜空间，目的是方便人们的使用。我认为，当医院规模过大而形成医疗建筑群时，就要求建筑师换一种理念，而这所有的出发点都是以满足人们的需要为中心。疫情下，为了安全可以有更多发挥，但“物尽其用”不仅是美，也是方便疫情防控的关键。

三、建筑师要设计优秀的家园

在建筑设计中，我们是依据国家发布的各种行业规范来进行设计的，遵守行业规范是必需的，这是保证建筑质量的基本标准。我在东南大学读书时，有幸受到童寯先生的熏陶。他的建筑观点质朴且富有力度，令学生晚辈每每回味就无比敬仰。他特别崇尚中国的建筑观，不赞成中国建筑师盲目追求奇异的东西，他说："盖中国建筑犹若中国画，不可绳之以西洋美术体系及标准。"他熟谙中西文化，较早关注中西建筑比较。他对西方建筑不盲目贬低，努力客观论其优势，强调对建筑构成要素的把控。事实上，从业30多年来，我要求自己成为一名有追求的建筑师，要带着情感做设计，应将规范视为一条"及格线"，在此基础上通过学习、钻研、实践梳理出"优秀线"，在工作中"双线"并行。建筑师要有意识地向"优秀线"努力，建筑设计行业要敢于创造成为经典的作品。现实中，有些建筑师的作品仅仅追求及格，实际上连及格都达不到。这样的例子比比皆是：该宽的地方窄，需要适度的地方又设计得很浪费，甚至一些大型机场，旅客通道都十分狭窄；有的体育场所的公共卫生间，入口也仅仅按行业标准处理，观众在门口挤来挤去，极易发生安全事故……应该承认，很多建筑师的素质还没达到及格标准。万不可以为建筑落成，满足了规范，通过验收就万事大吉，实际上还有很多不尽如人意、不能满足使用之处，更不要谈优秀。因此，我呼吁建筑师做建筑创作，要充分满足"及格线"，但更要向优秀努力，将"及格线"远远甩在身后。

我时常讲，本原设计是以全方位人文关怀为核心观念，实现"建筑服务于人"的设计思想。这也应该成为建设健康、安全、美丽家园的衡量标准。我在东南大学的另一位恩师，是被建筑编辑家杨永生视为"建筑五宗师"之一的杨廷宝先生，其设计水准堪称一流。他之所以成为卓越的一代大师，就在于他成功实践了"一个理想的建筑师应该是从设计到完工中全部工作的总指挥”。他为人、做建筑都极为谦逊，以特有的宽广胸怀从环境整体上把握建筑的体量、造型，以实现建筑与环境的完美融合。我常想，一栋建筑中每个角色都在追求自己的利益，都有自己的诉求，作为家园的营造者，如何才能将本原设计真正落实到为人服务上？大量的实践都有力地表明，建筑的人文性必然比仅强调建筑的美学属性有更宽广的意义。我始终期望，建筑师的作品不求轰轰烈烈，但求在平淡中透出深厚的功力。

家园的守护与设计

庄惟敏： 1962年生，中国工程院院士，全国工程勘察设计大师。清华大学建筑学院教授，清华大学建筑设计研究院院长、总建筑师；中国建筑学会副理事长，国际建协理事，职业实践委员会联席主席。代表作：北京奥运会射击馆、中国美术馆改造装修工程、国家会展中心（上海）、成都金沙遗址博物馆文物陈列馆（合作设计）等。著有《建筑策划导论》《环境生态导向的建筑复合表皮设计策略》《建筑策划与设计》等。

家会在人生的不同阶段，产生不同的价值。虽然每个人都有探寻生命原点的渴望，但种种努力离不开回望的姿态、归乡的动作和书写的诉求。

一

1980年我上大学后住进了集体宿舍，这是我第一次真正离开家。我是北京本地的学生，每周都能回家，跟家人聊聊天，吃顿爸妈做的拿手好菜。这种最朴素的家庭生活成为我喘息的港湾，也让我第一次产生把家作为一个归属点的体会和概念。后来读博期间跟着导师在外地创作，又被派去日本进行博士生联合培养。虽然在日本也住了很长时间，却始终无法把那里当成家，总有种漂泊异乡的紧绷状态，我更加渴望回到那个年少成长的地方，于是我时常思考家的含义。

诺伯格－舒尔茨（Christian Noberg-Schulz）在研究场所理论及建筑现象学的时候，曾问他的儿子家代表什么。他的儿子回答说："家是一个参考点，它既是出发的原点，又是回来的原点。"后来舒尔茨将这一解释写到他的书中，并在他的演讲中不断提及。

我很喜欢他儿子给出的答案，我在讲授环境行为学的时候，也会给同学们举这个例子。家是带有感情的，它不仅指一个空间物质形态，也包括空间里承载的所有内容。我们讨论的家不是一个简单的物理形态，而是一个带有精神归属的坐标，甚至可以把它当作人生的坐标点——我们的人生既从这里出发，最终又回归到这里。所以，这个家已经不是传统意义上的家庭，而是人生的驿站。当你走向远方，承受过成长的磨砺，又拖着疲惫的身躯回到家里时，这个熟悉的环境舔舐着你的伤口，你在外面经历的一切委屈、伤害都会烟消云散。家给你的动力，会让你可以再次从家出发，奔赴更远的地方。

家，虽然通常被解释为家乡、故乡、故土等，但其通常被赋予更丰富的内涵。如《空间的诗学》（*La Poétique de l'Espa*）的作者巴什拉（Gaston Bachelard）将家形容为"一座庞大的宇宙性家屋，潜藏在一切关于家的梦想中"。家有让人安心之感，不管离家多少年，因为体内有我们阅读过的世界，甚至无须翻开书页，就能一次次回归到家的怀抱。

16 世纪瑞士有位钟表大师塔·布克，他制作的钟表日误差低于 1/100 秒。后来他因宗教迫害而入狱，被迫在这个失去自由的地方制作钟表。可在悲愤之中，他的天赋"失灵"了，无论如何都达不到巅峰状态，无法制造出日误差低于 1/10 秒的钟表。出狱后他游历埃及，看到精美而宏大的金字塔，断言这些作品不是由心情压抑、失去自由的奴隶修筑，而是由自由民和信徒在无束缚下完成的。尽管关于金字塔的修筑至今没有定论，但塔·布克的故事也再次印证了负面情绪对创作的影响。在长期、过度的压力下，人的心理会扭曲变形，只有轻松的环境才能激发创作灵感。作为建筑从业者，我们深知创作需要一种微妙的状态，汲取了家给予的平静和愉悦，创作的激情才能释放。正因为有了家和工作场所的互补，人们的生活才达到了一种平衡。

从广义上讲，能够让你休息并安静下来的地方，其实也可以称之为家。生活本身有着丰富的内涵，但都指向一种精神的归属感。在设计院这么多年，我一直是到院最早的人之一。当我全身心投入到设计工作中时，设计室已经成为家的一部分，亲切程度完全不亚于我对自己家的感受。然而，很多人并不认为自己居住的地方就是家。随着全球化的发展，人口的迁移和流动成为主流，越来越多的人由于各种原因离开家乡，到外面租房子住，但你会发现，他们中的大部分人并不愿意精心打理自己的宿舍。因为这个房间只有睡一觉的功能，他花大量的时间在实验室、办公室干活，他们的宿舍只是一个住宿的地方，成了生活中很小的一部分。所以家在这个特殊的语境下，又异化到一个更大的范围中去。

二

我个人理解，家园偏重于广义的家之概念，既有时间的跨越，又有空间的变迁。一般来说，家园比“家”的概念更大，有种共同体之感。在我国，“家园”中的“园”字和土地资源相关。我们不仅可在家园中获得某种永恒，也可从乡村与城市的变迁中，理解世界的轮廓。近年来，由于发展带来的挑战，人们理想的家园不仅是难寻的桃花源，也有被迫远离只剩怀念的原乡，这无疑是建筑师在设计中应省思的点。我的生活随着出生、学习、工作的推进，产生了居住地、工作室、创作空间、建筑工地等空间的变化。如果用精神空间形容的话，家园也必然包含喜怒哀乐和社交，所以家园是一个复合体，承载着我们建筑师的全部生活。

很多建筑设计大师，在工作室待的时间远远超过了在家的时间，无论他

庄惟敏设计的北京奥运会射击馆

们将创作空间营造成什么风格，总要予人予己一种真正的家的自由自在的氛围。比如何镜堂院士的工作室，布置得非常温馨，一看就很有生活气息，使他便于潜心设计和研究。我个人也习惯于把生活和事业融合在一起：我读书，琢磨建筑的设计思想和精神气质；看杂志，目光总停留在美丽的环境建筑空间及优美版式上；即便去旅游，主要目的不仅看建筑设计得好不好，也更瞩目其审美取向何以与众不同等。2020年疫情期间，我的家就是我的工作室，只要能静下心来工作，我身处的不同空间之间其实没有任何区别。建筑师的专业素养已经浸透了我生活的每一寸空间，这大概是我们这代人的共性。我相信随着互联网等科技的发展，及至未来的物联网与智慧时代，完全可以打破家和办公空间的界限。

因此，在家园融合了人的情感、生活、事业、社交这种广义概念下，无论是“艺术般的生活”还是“生活般的艺术”，建筑师的家园设计观都要体现人们表现自身生命力的愿望，都要肩负使命，将设计真正植入生活。谈到家园的生活与工作，建筑虽属人工造物，但它的品质取决于创造者。我很欣赏1995年获普利兹克奖的建筑大师安藤忠雄，他有对空间场所设计既深刻又优美的观点。他说：“一个建筑场地是街道和城市河流的一片池塘，它是以天空为顶棚的房屋。”这是对自然与文化何等的敬畏之语，这里包含了建筑设计的社会观念。20多年前的1998年，我曾在《建筑师》杂志上发表《关于建筑评论》一文，其中分析了对何为优秀建筑的困惑：“当今潮流中优秀建筑的标准已绝不是单纯的造型上的好看与难看问题了。没有对环境的分析与理解，没有可持续发展的意识，如此创造出来的建筑充其量只能是一个仅代表建筑师个人情感和意愿的作品。”现在重温，发现它仍是我现在的家园设计理念。

三

微信上我们有个师门群，名字叫“李先生的果园”，群里一共33人，除李道增院士和师母外，汇集了他所有的学生。李先生一般每年招收一个博士，所以这样算下来，“果园”里的学生已经跨越三十几年了。当然，真正的学位制度其实是改革开放以后才慢慢建立并发展起来的，因此这个时间还要更长一些。

2020年1月，我们师门弟子同去北京天坛医院给李先生过了90岁生日，不久他就仙逝，我们作为弟子非常痛心。其实除去导师的身份，他更像家长，不仅指导着学生的学业与学术，还把握着学生的人生方向。他事无巨细地指导着每个学生，从入学、培养计划、选题、论文写作、答辩、毕业去向甚至弟子们结婚生子，他都悉心关照，实乃“家园”里令人尊敬和爱戴的“家长”。

李先生很爽朗，做事情一旦投入进去，状态就跟在家里一样，无所忌惮而豪爽。当年国家大剧院投标的时候，我们设计组由李先生带着，胡绍学先生、朱文一、卢向东、吴耀东都跟着李先生熬大夜。李先生忘我投入的情景至今还常常浮现在眼前。他工作起来往往顾不得着装，穿着大裤衩，光脚穿皮鞋，高潮时脚往凳子上一踩，做起设计指导非常带劲。这劲头一般只在家里才有吧，可他毫不造作，性情上近乎透明。这样的“家风”“门风”也影响和传递给了弟子们。李先生的学生们看起来似乎不善言辞，甚至木讷，但无论他们以后做什么，都是那样地投入和忘我。

虽说生活上不拘小节，李先生搞学术却非常严谨，单看他批改我们论文的那些小字，就写得极其精细、认真。李先生一辈子研究剧场，在他门下研究剧场的弟子不在少数，比如北京建院的傅英杰，是中青年队伍里研究剧场方面的专家，参与了国家大剧院的合作设计；前辈王亦民先生，是我国最早研究伸出式舞台的专家，退休前任浙江省院副总建筑师；现在活跃在剧场设计领域的卢向东教授，做过中国儿童艺术剧院复原设计；还有创办三磊的张华师兄，等等。他们在师门里形成了一套完整的体系，随便抽出一张都是王牌。这完全得益于李先生全面而广博的知识传授。先生授课详尽而清晰，无论是从城市规划层面研究剧场，以戏剧发展史研究剧场，从人的环境行为研究剧场，还是剧场声学设计的每个节点、每个构造做法，比如座位底下的风口怎么设置，声反射板的角度应该怎么设计，他都会手把手地教，这使得弟子们更容易学到真知且不断做出成绩。

我在日本学的是建筑计画，当时这个概念刚刚进入中国，在国内翻译成“企划”“计划”的都有，但似乎都不能准确表达其内涵。李先生指导我写完博士论文之后，协同两位国内知名的专家，界定下“建筑策划”的概念，后来还把它定义成专业名词，编入 2014 年由费麟总主编的《建筑学名词词典》里面。这两位牛人，一位是已故住建部政策研究中心主任、我国住宅建设软科学创立者林志群先生，还有一位是仍健在的原建设部设计局局长、中国建筑学会副理事长张钦楠先生。他们都是我博士论文的答辩评审专家，也是我的恩师。我在这个大家庭里受益良多。

2018 年我获得了梁思成建筑奖，2019 年成为中国工程院院士。应该说这些头衔承载的责任要远远大于荣誉，荣誉不代表结束，而是开始。如果说获奖能证明我先前还有点成绩的话，传承这件事则更为重要。为了这些崇高的荣誉，我必须扛起相应的责任，至少别让前人的努力在我们这一辈断掉。我对已有的成绩总是心怀感激，作为晚辈我虽然没有直接聆听过梁先生的教诲，但幸运的是我的老师和学长们已通过师门的传承，把梁先生的思想灌输到我的内心，使我心中的建筑家园生生不息。

李先生如严父一般，这种严指的是学术上的威严。我印象最深的是1984年前后，流行公派出国，但名额相当少，李先生当时是建筑学院的院长，其他导师的学生纷纷出去了，他自己的学生却总没机会。我那会儿老跟李先生说，我也想出国，去美国多好。结果李先生就发飙了："你为什么非得出国？难道在国内就不能学好了吗？难道在国内就不能有成就吗？"李先生真是第一次生那么大的气，后来我才明白，李先生作为院长，就像管理着一个家风严谨的大家族的家长，他必须把自己的孩子管得很严，尤其不能利用职权让自己的学生占用太多公派名额。作为建筑学教育家，他对国内教育有着十足的信心，更希望我们在清华大学的"家园"获得足够的知识和成果后，再去面对外部世界的疾风骤雨。

李先生这种大家风范和他的家学渊源有关。李先生是李鸿章的后裔，他的家族里有许多功成名就的人，比如李道豫先生是一位学识渊博、气质高远的外交家，曾任驻美国大使和驻联合国大使。2020年3月19日李先生遗体告别的时候，李道豫大使不顾自己年事已高、行走不便，专程前来告别。还有中央戏剧学院舞台美术系的李畅教授，也是李先生的兄弟。李畅教授多次被邀请来评审师门里剧场研究类的博士论文，也给我们留下恩师般的美德与智慧。

这个家庭里边还有另外一个家长，就是我们的师母。师母在我心里并不是传统的慈母形象，她很犀利，总能一针见血地抓住问题，并加以点拨。师母虽然不是学建筑的，但是跟着李先生耳濡目染，见解颇为了得，有时看到一些好的文章，还会发给我们参考阅读。李先生过世以后，我们仍时常去看望师母，我们真切地感觉这个家还在。因为，家是一面任何过往都照得清晰的镜子。

由"家·家园·家长"的片段回忆，我想到这么多往事。它们实则鞭策我更好地为人们的未来生活进行建筑创作，因为这将升腾起从"家园"走向"花园"的美好之境。建筑设计要有种责任感，不仅要有发扬光大的传承精神，还特别需要有意识地回馈他人，回馈社会，这或许是我们这代建筑学人的信念与情怀。

音乐是我的精神家园

李秉奇：1954年生，重庆市设计院原院长、总建筑师，教授级高级建筑师。曾任中国建筑学会常务理事。代表作品：四川美术学院实验实习楼、综合教学楼，重庆市政府办公大楼，中国民主党派历史陈列馆等。组织编著《重庆建筑地域特色研究》等。

接到金磊主编关于“建筑师的家园”约稿函时，我很犹豫。从业几十年，一辈子都在和建筑打交道，虽说建筑多为家园而筑，回顾半生事业，我的建筑创作多为公共建筑，罕有住宅。要是谈及个人家乡，我祖籍北京，父母壮年迁居重庆，我在重庆长大，却在重庆除了父母没有什么亲人，要说家园之思，似乎离我比较遥远。

金主编给的题目始终围绕着建筑师，说到我的职业，不得不提及古人多用“奴、徒、工、匠、师、家、圣”来诠释七种层次的人生职业道路。建筑学专业学生初出茅庐就会被冠以“师”之称，实在是对这个行业很高的认可了。但一直以来，我自认只是个很认真的匠人。当初选择建筑学是由于家庭的影响。见贤思齐，大学四年和刚工作那些年都在认认真真做学徒，在学校跟着老师学习知识，工作后跟着建筑老总们学规矩方圆。后来和年轻建筑师们谈起自己的职业生涯，我认为自己和同辈的建筑师们相比，不擅长做理论研究，更适合做具体的创作。由此看来，我至多算个匠人。

“文革”时期学习的断层，使我的传统文化学养根本无法和父亲一辈相比，所以每每论及旧学修养，坦诚地说，我是不太自信的，总觉得自己有很多不足，有太多的课要补；要讲艺术天赋和专业扎实程度，我却又很有底气，觉得自己尚有补拙的资本。文学才华自认一般，但我却又自负有些艺术天赋，这是在我的建筑职业生涯中一直交织着的矛盾，影响着我的人生与设计观。正是因为对某些方面的不自信，我很少停下向前探索的步伐，而另一种自负却又时时鼓励着我大胆地将自己的新想法不断付诸实施。

过去很多年，我都没有注意到自己这份执着背后的原因。直到退休后，我有足够的时间回顾很多东西，尤其在疫情特殊时期偶然拾起放下很多年的小提琴，在弓弦之间重新奏响青少年时代熟悉的乐曲，才发现在那些流逝的旋律中藏着我作为一名建筑师，或作为一名匠人的精神家园，那是我最重要的力量源泉。

我出生在一个知识分子家庭，父母是北洋大学和辅仁大学毕业的大学生，这在过去是一种身份，但在特殊时期也意味着是随时可能会引爆的炸弹。从我记事以来，父母在生活中永远是谨小慎微和谦卑的样子，生怕自己所受的教育会和“文革”的主流文化产生违和。我读不懂他们和周围人与事刻意的疏离，这在我心里是未解之谜，我理解为一种具有保护性的不自信，同时也让我逐渐对外界的人与事产生了一种很淡的畏惧。或许父母从未想到过，知识分子家庭的氛围会造成我以后人生的某种不自信，这可能有点不可理喻，但我的确因此而对外界很多热闹的东西缺乏渴望和参与的热情。多年之后，成为一个坐在旁边为别人鼓掌的人反而给我更多的安全感。

“荣誉越多，责任越大”，这好像是美国电影《教父》中的一句台词，此后新兴一代也会说“担得起多少赞美就承担得起多大的诋毁”，大概是同一个意思。总之，我的家庭氛围，让我对荣誉、赞美保持着谦恭和不自信，始终觉得自己还不大担得起。从业之后，对每件作品我都要反复地推敲。与其说建筑艺术是一桩永远充满遗憾的工作，毋宁说是内心的不自信让我从来没有真正满意过自己的创作，总觉得还可以更好一些，更圆满一点。正因为如此，对于后来的专业获奖我也总觉得是自己的一种幸运，对于作品本身，我还是认为，如果可以再给我时间进行完善，我能做得更好一些。或许，这也是我作为一个匠人的不足之处吧，每一次创作都让我绷得有点紧。

不自信的建筑师是很难走远的，我却走过了几十年，这得感谢自己骨子里的另一种东西——音乐带给我的勇气和特殊的傲气，这当中最主要的力量来自我酷爱的小提琴。少年时代的朋友圈里有很多喜欢音乐的孩子，其中不乏高手，我最初开始接触小提琴就是受到这个圈子的影响。一经接触，我很快就喜欢上了这种优雅的乐器，如诗如梦的旋律在琴弓下潺潺而出，如清泉一般流淌在周围，令身边的一切都镀上一层特别的光。我深深折服于这乐器的魔力，音乐可以通过这种神奇的演奏，感染和引领周围的人，让他们感受到其中的喜怒哀乐，而且都由演奏者自己来诠释！14 岁我便已经能够很娴熟地拉上一些有难度的曲子，到大学时代，我几乎是自然而然地成为学校乐团的首席小提琴手。

都说建筑是凝固的音乐，对我来说，音乐却是拯救我内心的神祇。我是“文革”后恢复高考入学的，同学中有很多都是经过社会大学历练的人物，尤其建筑学专业，手上功夫人人各有千秋，油画、水彩、水粉、国画、素描……几乎每样画法都会有人表现出过人的专长，更不用说在文学、历史、速算等方面的大神了。面对这样高手如云的群体，内心感受到压力在所难免，但他们又对我产生了很强的推动与激励，使我渴望以一技之长找到属于年轻人的特有的自尊和骄傲。

是小提琴，是音乐，让我在优秀的同学群中能昂起自己的头。每当我将小提琴支在颌骨下，琴弓徐徐拉开，整个人就会平静下来，进入无我的境界。如水的音乐带着我在另外一个世界里驰骋，那是属于我一个人的世界，在我的胡桃壳世界里我扮演起自由空间之主，可以用坦荡而从容的眼眸俯瞰世间万物，洞悉百态。这是我的家园，我的安全港湾。音乐为我插上了翅膀，我用沉浸其中的方式，缓解自己学习过程中的压力，展现自己的个性。我喜欢在晚饭后没有人的建筑学专业教室里拉小提琴，这里较一般教室空旷，且带混响，特别适合拉琴。我经常在这里肆意拉琴，有一阵子特别喜欢拉当时大热的罗马尼亚电影《奇普里安·波隆贝斯库》主题曲《叙事曲》，这是欧洲版的《梁祝》。深沉委婉的曲调感人至深，演奏起来也有相当的难度，我持续拉琴，有时把自己都感动了。不知从何时起，晚饭后原本都出去打球的同学们习惯了聚集而来一起听琴，后来甚至有同学拿着录音机录我的琴声，保留下来做画图时的背景音乐……小提琴让我在强手如林的同学中有了别样的存在感，更重要的是，我通过音乐在创作中找到了自己的长处和特点。建筑如音乐，而音乐是可以由演奏者掌控和解读，可以引领人们的情绪的，做设计就是要掌控好这种如音乐乐感一般的关键元素，这是建筑可以引起共鸣的关键。

其实高考选择专业时我的最大愿望是成为医生，但父亲似乎更愿意我成为建筑师，而“建筑学”这个专业在单纯如我的少年眼中同样具有高深的技术含量，所以从学医到学建筑的转换，对我而言也不是太大的困难。其实我相信，以自己注重细节雕琢的匠人品性，如果选择学医，我应该也会是个踏实负责的悬壶济世者，只是可能会少了很多音乐赋予的艺术韵味。

借着音乐的滋养及其给予我的自信，我在建筑设计中一点点找到灵感，也对自己此后的建筑设计有了比较清晰的定位，一步步走过几十年建筑师职业生涯。有意思的是，当我在建筑设计中一点点找到了自信，并逐渐有了成就感之后，因为工作繁忙，小提琴反而被搁置多年，它也不再成为我的依赖与支持。虽然那些熟悉的乐章还会在闲暇时被反复聆听，只是演奏者已经不再是我，我也无须再借助小提琴为自己树立自信，心境和年轻时代有了很大的不同，但那些过耳不忘的音乐却始终能够带给我无限安慰，令我在这些年不断奔忙的工作与生活间隙中时时回望。那些和我们青年时代的衬衫一样洁白的时光，带给我很多的鼓励和继续前行的力量。

史无前例的新冠肺炎疫情似乎让所有人的生活都在2020年初按下了暂

作者在家中演奏小提琴

停键，也让太多充满焦虑和压力却又被动不停忙碌的人终于可以停下来思考。我也难得有这么一段闲暇时间，在清理以前堆积的很多东西，包括一些闲置物品、书籍之余，我突然觉得可以再次拾起小提琴了。

大学时代常拉的《叙事曲》、恩里克·托赛里的《悲叹小夜曲》，最后都成了我得心应手的曲子。而今在自己拉琴之余我更喜欢静静欣赏其他人的演奏，比如大提琴曲《殇》。青年时代喜欢的乐章皆为如歌行板，起承转合，委婉动人，正合少年心境，而《殇》却让人从容地度量命运，在叹息生命转瞬即逝的漫天忧伤中触摸悲情的力量。这份残缺而决绝的哀婉之美，令人闻之动容。在我如今这样的年龄，已经有了足够的底气去接纳和包容，所以我一度尝试用小提琴奏响《殇》。这既是在感悟生命的寂寞忧伤，更是在触摸生活的宽厚与沉重。这是和当初学小提琴时全然不同的心态。走过大半生，此时的提琴音乐不再是青年时代寻找自信的源泉，而是一种和生命的平等对话。

一直觉得自己不适合谈精神家园这样比较抽象的话题，但当小提琴琴弓在手的时候，我这才发现，原来属于我的精神家园就在这细细的弓弦中。待我重新触及，凝眸调吸，乐曲在指尖流动，过去几十年积累的情感倾泻而下，瞬间感觉似乎再回少年，犹如老来返故乡。

建筑遗产保护与人类的精神家园

路红：正高级建筑师，天津市历史风貌建筑保护专家咨询委员会第一届至第三届主任，现天津市规划和自然资源局一级巡视员。主持编著《天津历史风貌建筑》（四卷本）、“一楼一世界”系列丛书等。

2020年的初春，人类的至暗时刻，新冠病毒肆虐全球，给全世界按下了暂停键：多地多国停工停业停学，武汉首个封城，意大利封国，美国确诊病例一增再增……人们忧惧地看着每天攀升的新冠病毒感染的确诊人数，对健康生活的向往、对亲友的担心更加强烈，对人类命运共同体的认识更加深刻。我们也看到了国家的力量和人性的光辉，中国举全国之力，驰援湖北武汉，白衣天使成为最美逆行者，他们抢救生命，并在党和人民的共同努力下取得了疫情防控的阶段性胜利。

在这样的背景下，接到“建筑师的家园”的命题作文，作为一名曾多年从事住宅、居住区设计（生活家园）和建筑遗产保护（精神家园）的建筑师，我不禁思虑良久，感慨万千。

建筑师，一个温馨而令人向往的职业，住宅生活家园的设计，让我最先感受到建筑师职业的光荣，也让我在疫情下思考：住宅家园要如何守护人类生活？

20 世纪 80 年代到 90 年代，是中国住房制度由福利分房逐渐走向商品房、市场化的阶段，也是中国的住房建设飞速发展的时代。这个阶段的居住区规划和住宅设计百花齐放，设计理念越来越人性化、科学化。初入职场的我很荣幸赶上了这个变革的时代，在工作的前 15 年里，承担了很多的设计项目，见证了住宅设计的春天，收获了专业上的丰硕成果，曾连续为设计院夺得多个天津市、住建部的住宅单体设计、居住小区规划设计的竞赛奖和工程奖。我本人也从初出茅庐的助理建筑师，成长为正高级建筑师和设计院的总建筑师。1994 年至 1997 年，在邹德侬教授、张菲菲教授的指导下，我开展了对中国住宅建设历史的研究。其间我走访了全国 26 个城市，调研了 100 余个 20 世纪 20 年代至 90 年代的住宅小区。其后，我又陆续开展了小康住宅的调查和研究。这些住宅小区和住宅单体设计，见证了中国住宅建设现代化、人文化、科学化的演变过程，清晰地展现了在一代代建筑师的努力下，人们生活居住的环境不断提升和实现诗意栖居的家园建设过程。

但在疫情下反思住宅和居住区建设，会发现还有很多需要整合和完善的地方。面对突如其来的公共卫生事件，住宅家园还缺乏一些应急能力。如居住区的规模与公共设施、卫生防疫设施的配置管理尚不完善。在这次新冠肺炎疫情中，社区作为主战场，一些老旧小区由于公共设施配套不齐全，在封闭管理上增添了难度。如一些住宅中的上下水管道设计不能满足卫生防疫要求，有传播病毒的隐患。在 2003 年“非典”疫情中，香港淘大花园住宅通过下水管道传播病毒，致使 100 余人感染的事件就是一个典型。如住宅建设过程中涉及投资方、设计方、施工方、材料供应方和多个管理部门，链条长，环节多，某些环节还有碎片化的倾向，而住宅的所有者和使用者只在住宅完工后见到房子，这使得住宅在使用中可能因质量问题而埋下公共卫生应急隐患。如智能化设计已经开展了 20 多年，但真正的智慧住宅和智慧社区仍凤毛麟角，不能在应急事件中发挥智能作用。

后疫情时代，要针对人类居住场所的全链条和住宅的全生命周期，建立完善住用安全、健康环保的人居环境，整合碎片化的建设环节，引进公众参与机制。对居住区，要加大公共应急设施配置以及智慧化社区设计和管理。对住宅单体，要建立完善的预防自然灾害、疫情等体系，还要完善修缮保养机制，确保人们安全使用。同时在建筑材料、环境等方面，要建立完善的绿色环保体系，确保健康生态。

建筑师是一个充满激情而令人陶醉的职业，而建筑遗产的保护，则让我最大程度地感受到建筑师职业的责任，也让我在疫情下思考：建筑遗产应作为人类的精神家园，在困难时刻照亮我们前行的道路！

17年前，我有幸参加了《天津市历史风貌建筑保护条例》（以下简称《条例》）立法全过程，并受市政府委托，担任了第一届至第三届天津市历史风貌建筑保护专家咨询委员会主任，从事历史风貌建筑的保护工作。17年来，我亲历了天津历史风貌建筑保护的风风雨雨，见证了保护事业的丰硕成果，也感受到了建筑遗产对我精神世界的浸润和提升。

难忘保护事业中各级领导的殷切期望和鼎力支持，难忘对历史风貌建筑如数家珍的学者，难忘对损坏历史风貌建筑行为痛心疾首的专家，难忘普通百姓申报心中的风貌建筑时的热情，难忘志愿者们不计报酬的守护，难忘国内外游客对历史风貌建筑的评论，难忘工作人员在现场巡查的身影，难忘数十年来天津人对建筑遗产保护事业的薪火相传。在时光的隧道里，这一张张温暖的面孔和一幅幅感人的画面，支持我走过了不平凡的岁月。我坚信，历史文化遗产保护仍是我不能舍弃的事业和责任。

天津作为国家级历史文化名城，拥有14个历史文化街区，更拥有一批记载了城市发展、见证了历史风云的建筑遗产。千年独乐寺，展现了中国木构楼阁建筑的最高成就；一座南开，走出了共和国两位总理；原北洋大学，开启了中国近代教育史的篇章；饮冰室的灯光，映出了一代思想巨匠梁启超的身影，回荡着“少年强，则国强”的声音！静园不静，西班牙民居形式的屋顶下，20 世纪 30 年代的风云翻涌，中国的末代皇帝在此挣扎沉沦；解放北路，昔日的“东方华尔街”，最盛时有近百家银行、洋行在此经营，每天在这里流动着当时全中国 1/3 的资金。在时光的隧道里，这些历史风貌建筑为我们打开了一扇扇奇妙的大门，让我们看到了不同时代的建筑宝藏和人文历史，看到了它们的前世今生和对今天的无尽启迪。

难忘在《条例》的指导下，我们获得的宝贵经验。《条例》首创的腾迁方式，化解了建筑遗产保护与当时房屋拆迁法规的矛盾，有效保护了一大批建筑；《条例》首创的保护图则，对每一幢建筑量身定做了保护要求，在实际工作中起到重要的保护作用；《条例》确定的专家咨询委员会和整理机构，形成了天津历史风貌建筑保护事业的中坚力量。《条例》用法定形式为 877 幢历史风貌建筑打造了一张保护网，使之带着厚重的历史融进了当今的生活，使承载了历史的建筑遗产通过我们的保护再传承下去，与未来进行诗意的对话和拥抱。

在《谢谢你迟到》（*Thank You for Being Late*）一书中，作者托马斯·弗里德曼（Thomas L. Friedman）说，当你按下一台机器的暂停键，它就停止运转了；但是，当一个人让自己暂停一下的时候，他就重新开始了。在新冠肺炎疫情给世界按下暂停键的时候，作为建筑师，我们要深入思考人类居住家园的防疫设计和建设，更要深入地思考精神家园的载体——文化遗产和自然遗产的保护，开始新的征程。在与新冠肺炎疫情的决战中，期望生活重启后的光明时刻，那必将是人类和自然和谐共生、诗意栖息的美好时代。

建筑家园与灾害防控

曾坚：1957 年生，天津大学建筑学院教授，曾任天津大学建筑学院院长，中国城市规划学会第四届常务理事。现任中国城市科学研究会韧性城市专业技术委员会主任委员等职。著有《当代世界先锋建筑的设计观念》、高等学校国家“十一五”重点规划教材《建筑美学》（合著）、《天津滨海新区夏季达沃斯永久会址城市设计——2009 八校联合毕业设计作品》等。

一、乡土家园的建造与体验

在汉语中，“家园”首先是指家中的庭园，泛指家庭或家乡。“家园”在英文中所对应的单词为 homeland、hometown，也有祖国、故乡等含义。

第一次体验家园的建造，是从父亲返乡为家人盖房开始的。这是自己参与建造的第一所房屋——乡村土坯房。在上世纪，土坯房是我国农村最流行的建筑之一。当时处于“文革”后期，父亲从单位退职后返回乡下，为了给他自己与家人建造一个栖身之所，便在乡下建筑工匠及村民的参与下，利用传统的土坯砖，结合山地环境，建造了一座自己的家园。当时我正在上小学，“文革”期间除了上课外，也没有多少学习时间，便在暑假及课余参与了这一建造活动，从而了解了一些粤东北地区乡村土坯房的建造知识。

现在的广东乡村地区仍保留着一些土坯砖房屋。其设计建造及材料制作过程是：首先，按照地形、地势及朝向，并结合自身需求，参考当地的房屋式样，选择房屋的布局，这一过程大致相当于建筑师的设计过程。随后，选好做土坯砖的黏土，通过人牵着牛在黏土中反复踩踏，并在泥中加入切成20厘米左右的稻草加强黏土韧性。最后，将黏土倒入专用模具塑形，晾晒后的土坯砖作为墙体的主要材料。土坯砖房屋对地基的处理十分简单——按房屋平面挖好沟后，倒入卵石，上覆以用石灰、沙子及黄土按一定比例拌成的三合土。下部墙体由1米左右的三合土垛成，上部墙体用土坯砖砌筑。屋盖重量由砖土混合墙体承担，屋架搁置在土坯墙上，其上为檩条并施以冷摊瓦。南方多雨，为了防止雨水对土坯砖墙的冲刷，除了屋盖的出檐较大外，稍微富裕一些的村民，往往会在外墙面刷涂石灰加沙子的保护层。我们建造的乡村家园与周围环境十分协调，尽显朴实之美。

十一届三中全会后，父亲在落实政策后就复职回城了，以后又工作了近20年，现作为离休干部赋闲在家。如今半个多世纪过去了，但该房屋仍保存完好，并一直供村民使用。尽管这一房屋当时是乡村住宅，可多年后，当本人成为一名建筑教师和规划设计人员后，它就变成了一名建筑师的故居——一名建筑师的乡土家园。这一实践活动也使我后来对地域性建筑情有独钟。

二、步入建筑师知识家园的学习与奉献

建筑师广义的家园，还包括与建筑设计、建造及环境艺术塑造相关的知识体系形成的知识家园。我真正步入建筑设计的知识家园是20世纪80年代。40多年前，我在工厂工作了9年后，通过自学高中课程，考上天津大学建筑系，成为一名建筑专业的学子。当时，我怀着成为物理学家的梦想，却阴差阳错地走向了建筑学的求学与治学之路。在以后的学术生涯中，凭借

曾坚建筑作品——中国第三届绿化博览园中的茶室

天津大学建筑学院这一优秀的学术平台，我如饥似渴地汲取建筑师知识家园的丰富养料，并在后面的教学与科研工作中，跨界于建筑与规划两个学科之间，探索其中的科学与艺术奥秘。多年来，我认为只有广泛涉猎，才能更好地培养建筑人才。因此，从建筑设计到城乡规划，从探索建筑美学规律到钻研建筑性能化防火的数字模拟，从研究绿色城市设计方法到解析城市的风、热环境形成机理……多年的教学工作使我深深体会到：建筑学不仅要重视建筑的艺术属性，更要认识其科学内涵；城市规划也不仅仅是对未来城市建设的谋划，更是一门涉及广泛的公共政策学科。只有准确把握建筑规划学科的复杂科学内涵，才能不辜负时代赋予我们的光荣使命，不断尝试和挑战新的科研方法。

凭借天津大学建筑学院这一建筑学殿堂，我多次参与重大学术活动，不断拓展建筑师知识家园的学术视野。其中最值得回顾的学术活动是在

1997—1999 年间参与第 20 届世界建筑师大会的筹备工作。作为世纪之交的国际建筑师盛会，该大会除了由吴良镛先生作大会主旨报告外，还包括 8 个分题报告。在吴良镛先生的倡导下，每个分题报告分别各由一名中、外建筑师担任。我有幸接受了在“建筑与文化”分会场作分题报告这一光荣任务，并承担主持了“建筑与文化”主题展览内容的编撰工作。在此期间，我对建筑文化的地域性、民族性和国际性等问题产生了新的认识，形成了“传统与现代、国际性与地域性共存”的观点。大会期间，各国建筑师通过总结过去，展望未来，努力在纷繁的世界中认清建筑文化的主旋律，构筑 21 世纪建筑家园的发展战略。

1999—2004 年，我有幸参与了世界建筑师大会工作组的工作。在这次世界建筑师大会后的四年时间里，我进一步深化了对《北京宪章》精神的理解。它不断促使我认识和正视世纪之初的世界建筑家园中出现的现实问题，进一步思考建筑学的未来和建筑师的专业责任。

参与国家级大型建筑工具书《建筑设计资料集》(第 3 版）的撰写工作，是我在建筑师家园中值得记忆的另一项重要学术活动。从 2010 年到 2018 年的 8 年间，在有全国 2000 名著名建筑师参与编撰的资料集中，我作为第 5 分册的主编之一和第 8 分册“地域性建筑”的分题主编，除完成综合大纲撰写任务，还参与了其中具体内容的撰写工作。用编委会陆主任的话来说，我是参与编撰内容最多的主编。按照总编委会的要求，该书要达到行业“天书”的标准，同时又要成为新时代建筑的“百科全书”。它对作为建筑教师的我来说，是一个极大的挑战，特别是“地域性建筑”专题的大纲及内容的组织撰写工作。由于前两版《建筑设计资料集》中并没有这部分内容，而且表现方式与其他建筑类型不同，比如交通建筑、商业建筑等建筑类型可以按照建筑设计类工具书的形式，按功能流线、内外空间布局等方面去组织大纲结构与撰写内容，但地域性建筑所涵盖的功能类型十分广泛，无法按上述成熟的模式去组织。在业内著名专家崔恺院士等人的指导下，以及专题组其他专家的大力支持下，我们最终圆满完成了撰写的任务。如果说世界建筑师大会是拓展我的国际视野的一次机会，那么这次则是我深入接触一线的建筑师，提升自己业务水平的极好机会。通过这次编撰活动，我也为建筑师家园的知识体系添砖加瓦，奉献了自己的一份力量。

三、城乡国土家园安全保障的实践与求索

自然及人为灾害是造成建筑家园损毁与破坏最为重要的因素，因此，从规划与建筑设计角度，防控灾害对人类家园的侵害，也成为建筑与规划师最为重要的工作之一。从建筑美学、地域性建筑研究，转到建筑与城市防灾的研究，是我十多年来在建筑师知识家园的一次较大的学术拓展。这一转变始于我 2018 年带队参加汶川地震灾后重建。当我站在汶川映秀镇的台地高处，看到受地震破坏满目疮痍的大地，以及几乎全被损毁的村民住宅时，深深感到，保障建筑家园的安全是人们生存与发展的基础。特别是在气候变化、城市不良建设及人口高密度集聚等因素的复合作用下，侵害城市及建筑家园的新灾害类型不断产生，灾害链在不断延长，作用机理也日趋复杂，这些都必须作为建筑及城市规划理论研究的重要课题。十多年来，为保障城市及建筑家园的健康发展，我一直在进行城市与乡村家园安全保障的理论研究与实践探索，这一学术活动得到了多项科技部和自然科学基金委重点项目支持。多年来，在城市与建筑家园的灾害防控理论研究中，主要形成了如下研究的主线：

快速城镇化衍生灾害的风险辨识及防控理论

我结合国家科研课题，针对快速城镇化背景下的衍生灾害开展了下列相关研究：首先，基于遥感、遥测和 GIS 数字技术，研究城镇环境与灾害信息，建立典型衍生灾害信息数据库，并针对典型衍生灾害，构建城镇经济发展及空间形态变化与典型灾害耦合的数理模型，研究影响城镇安全的主要因素，解析城镇空间结构演变与衍生灾害耦合关系；同时，结合快速城镇

化影响下城镇人口迁移、社会结构和空间结构变化的时空特点，探索高强度开发、高风险产业集聚条件下的灾害防控问题。同时，分析建筑设计中“功能—空间—安全”的辩证关系，研究不同城市形态、不同空间密度与不同布局对城市安全运行效率的影响，并结合数字和实验室模拟技术，进行防灾避险行为的评估。然后运用数字化仿真模型，研究以适灾行为确定城镇防灾空间布局的参数化设计方法，科学确定建筑容积、密度等开发强度指标，探索智慧技术在典型城镇空间管控中的应用方法，建构以绿色、安全为导向的灾害防治规划设计理论体系。

滨海城市极端气候灾害防控的数字技术理论及安全网络设计

滨海城市由于其特殊的“山—城—海”地理特征，加上经济发达、人口聚集度和开发强度高，对灾害更为敏感。如何有效地提升滨海城市防洪抗洪能力，保障这些城市及建筑家园的安全，建构系统综合的防灾体系，成为当前我国城市防灾工作的热点问题。我近 10 年来依托国家课题，以滨海城市为研究对象，结合滨海高密度城市的特殊地理位置及气候特点，解析滨海城市孕灾条件和极端气候灾害的致灾机理。应用城市内涝规划防控新理论，以及多元大数据和数字模拟技术，结合不同城市的降雨情况和管网分布特点，提出了利用精细模型开展城市内涝防控的规划新思路，对内涝成因、内涝应对现状及规划防涝效能进行科学甄别，评估精细模型与规划防涝结合的科学性及可行性，为城市雨涝系统中源头控制、内涝防控效率的提升，提供了理论与技术支撑。

高密度城市及大型公共建筑的防灾疏散及避难场所设计

高密度城市及大型复合建筑群的快速建设，导致了人口高度密集的场所大量出现。它潜藏着较大的安全隐患，极大提高了自然及人为灾害出现的风险。在近 10 年的研究中，本人及研究团队分析了滨海高密度城市的灾害特征，提出了统筹规划用地布局、建构安全优先防灾网络、进行平灾结合的立体防灾空间布局等规划原则，探索了高密度城区中防灾避险规划途径与设计方法。如针对厦门高密度城区灾害避难场所选址不够精准、布局不够合理的问题，运用 GIS 技术，进行滨海城市极端气候灾害的高风险区域综合评估。在智慧识别台风、暴雨、洪涝灾害的高风险区域的基础上，提出基于韧性的城市灾害避难所规划方法，结合防灾分区、防灾轴线、避难场所的规划，进行防灾避险韧性网络的设计。

基于数字技术的国土空间及乡土家园的防灾实践

如在汶川映秀镇渔子溪村震后重建的设计中，我们提出了绿色安全的理念，并基于复杂地质条件下的防灾减灾原则，结合川西地域文化和传统村落形态，重建村落结构。采用安全集约的土地空间布局模式，巧妙地结合地形组织建筑群体与生态景观设计。充分利用自然山体及绿化体系，拓展具有活力的功能结构，并结合旅游的布局模式，将防灾设施与生态减灾及景观设计巧妙结合在一起，形成分层分级的防灾布局。同时，采用具有专利技术的建筑结构体系与抗震构造节点，落实了安全家园的设计理念。还结合住宅群体布局与户型设计，探索了文化可持续发展理念，通过形体塑造表达文化内涵，在建筑材料与外饰上体现民族特色。再如，闽三角城市群生态安全格局网络设计是本人主持的“十三五”国家重点研发计划专项的课题。针对该区域城镇快速扩张和生态安全格局破碎化加剧，以及高强度开发、人口高密度集聚的典型问题，研究团队从生态环境保护、城乡可持续发展和极端气候灾害应对等角度，进行了生态韧性和智慧防灾的海湾型城市群安全格局网络设计，取得了显著成果。在科学识别该区域生态安全格局特征和演化机制的基础上，重点解决区域生态安全保障与典型受损空间生态修复、功能提升等关键技术难题。

家园的温暖让人浮想联翩

周恺：1962年生，全国工程勘察设计大师，天津华汇工程建筑设计有限公司总建筑师，天津大学建筑学院教授，中国建筑学会常务理事。代表作品：天津大学冯骥才文学艺术研究院、松山湖凯悦酒店、北川抗震纪念园—静思园、天津大学新校区图书馆、承德博物馆、雄安市民服务中心规划与设计系列、中国驻阿联酋使馆等。著有《场所 空间 建造》《当代建筑师系列：周恺》等。

进入建筑行业后，越来越多的时间与精力花在设计上，让我对家园的体会又多了一层，舒适的工作场所相当于建筑师的"半个家"。

每次做设计时，我喜欢先在一个独立且安静的空间中自己慢慢琢磨，直到想透了，有了设计理念的雏形，才和大家一起讨论。华汇（天津华汇工程建筑设计有限公司）创业初期，我们的办公空间有限，这个过程常常是在家里完成。

创业至今已近30年，随着公司规模的扩大，人员也不断增多，到目前为止，仅天津公司就已经有近500人了。这使得喜欢清静的我越发希望能有一个安静的空间，有像过去在家中创作时那样的环境和心境来专心做设计。

于是想到了以前一位朋友委托我设计一组小房子时，将其中的一栋卖给了公司，便着手对其进行改造，使它成为我们自己的工作室。于是，就在 2015 年年底有了现在的工作室。

由于紧邻水上西路，大家不知不觉间给工作室起了一个浪漫的名字“水西”。

“水西”有 15 道大小不一、或长或方的天窗，每天不停变幻的日光在素净的白墙上投射出的轮廓，都会为我们带来不同的惊喜与感动。建筑中许多明亮和幽暗的对比使人产生不同的空间感受，人在行走时会发现建筑性的导向是假的，光的导向才是真的。

正是由于为自己设计工作室，想法才更加自由和随性，我也希望在其中多创造一些有趣的场景。不仅是光，路径也有如“捉迷藏”般的乐趣。两部楼梯的交错，让大家在找人的时候虽循声而去，却常常得到隔空相望的意外结果。绕来绕去的路径，为工作与交流的环境营造出惬意浪漫的氛围。

工作室从外面看上去方正内敛，内部却是开放生动的。即使空间有限，我们也在其中布置了一个小院子，将自然纳入进来，感受四季变化。

建筑中还有一些不太常规的尺度，也会带来意想不到的空间体验，如刻意压低的空间、超大尺度的门窗开启扇和栏杆间距等。用自己的房子做的这些试验，让我们在其他设计中对空间的把握更笃定了一些。

除了在家里陪老人之外，我大量的时间都是在工作室度过。在这里的时间远远多于在家的时间，应该说这里就是我的“半个家”。

之所以有家的感觉，除了客观的环境，更离不开轻松舒适的工作氛围。

工作室成员并不多，大多是我的学生和助手。他们都是十分出色的年轻人，有自己的理想和表达方式，虽然性格各异，但是大家在一起有共同的追求，建立起了一种很真诚的合作关系。面对不同项目时可以分成若干小组，各司其职的同时协同合作；遇到一些重大项目也可以在短时间内集中团队的强大力量，攻坚克难。这样高效的创作模式，让我可以安心地做设计，而不担心项目后续的完成度。

周恺设计的天津大学冯骥才文学艺术研究院

工作室没有严格的上下级关系，也没有强制的管理措施，大家都很努力，也很自律。年龄稍大的人会主动带年轻人，博士生会帮硕士生改论文，大家互相学习、互相帮助……在我看来，这种状态就像一个家庭，让人获得与在家一样的平静与轻松。一个主创建筑师，如果不能放松下来，有一种超然的心态，是很难做出好的设计的。我在快 60 岁的时候找到这个场所，是很欣慰也很享受的。

我虽然喜欢清静，但在熟悉的人面前，也乐于和大家交流。除了团队内的交流之外，这里也是各界朋友互通有无的聊天场所。大家坐下来沏一壶茶，往往在谈笑间能激发不少灵感，获得别样的启迪。

天津大学的老师们也经常来这里与我们坐坐，包括像我的恩师彭一刚先生这样的老先生，也会来这儿跟我们聊聊建筑、吃顿便饭，带来如家般的关怀与温暖。

工作室周边如今已相对繁华，但这个安静、自在的小天地更像是闹市中的一方净土，让人感到舒适和放松，更重要的是这里营造的和谐高效的团队工作氛围，给予了我自在设计的踏实感。

2019 年，当年的甲方朋友又找到我，希望将院子里的另外两栋小房子也卖给我们。这样一来，整个院子就都归我们所有了，为工作室后续的拓展提供了机会。想来也觉得有趣，本是给别人做的设计，多年之后又回到自己手中，相当于无意间为自己盖了房子。目前，这两座建筑也在修整改造中，我们还在这里成立了天津大学圭原设计研究所，希望可以为老师和同学们提供交流的场所，并作为天津大学建筑创作的培训基地之一，鼓励学生来这里实习，参与真实的项目。期待这里的空间变大后，为未来提供更多的可能性。

另一个家

胡越：1964年生，全国工程勘察设计大师，北京市建筑设计研究院有限公司总建筑师，《建筑创作》主编。代表作品：上海青浦体育馆、北京国际金融大厦、上海世博会UBPA办公楼、五棵松体育文化中心、北京望京科技园二期、北京建筑大学学生综合服务楼等。著有《建筑设计流程的转变：建筑方案设计方法变革的研究》等。

2009年9月，为了孩子上学我从住了四年的亦庄搬到了位于西城区南礼士路的单位附近，住进了单位的宿舍区，离办公室也就200多米吧。在这个年代，上班的距离从某种意义上来说决定了你的生活质量。可是这个租来的小屋在六楼，租之前我和太太商量了半天，觉得虽然楼层高、无电梯，但可以强迫自己锻炼身体，于是就租下来了。后来证明楼层高、无电梯还是有问题的，加上屋子很小，把我那些不舍得扔的家具塞进去后，人就只能在床上待着了。于是，办公室就成了我的家。我从早上8点多来上班，一直到孩子在办公室写完作业，大概晚上10点多才离开。甚至有几年的春节都是在办公室度过的，每次出国，离开的起点和回来的终点也都是办公室。

说句实话，我的办公室挺棒的。它位于建威大厦第16层的东南角，两面是大窗户，正好俯瞰复兴门桥。每次阅兵在这儿看飞机的角度非常好。再看看室内，一个大约 31 平方米的房间，四个沙发，两个靠墙的大书架以及一个用四个标准工位拼成的巨大的工作台。我的椅子被安排在房间的东北角，一进办公室心情就特别舒畅。每天放学后儿子都坐在我对面写作业，夫人也在下班后来这儿看书。这样我在办公室的时间自然从 8 小时延长到 14 小时，还包括节假日。为了给儿子做好表率，我下班后在办公室很少娱乐，总是看书或工作。但音乐是一直要有的，主要是古典音乐。我发现古典音乐是看书最好的背景音乐，特别是钢琴曲和室内乐。当然大部分巴洛克音乐也比较合适。巴赫、亨德尔、海顿、莫扎特、贝多芬、舒伯特、舒曼、肖邦、拉赫马尼诺夫等人的钢琴作品全集从头到尾不知听了多少遍。有人觉得把古典音乐当背景音乐有些过分，但这就是我的生活，我和家人在这间房子里度过了 9 年时光。

我是 1986 年来到北京建院的，1999 年我被任命为二所的主任工程师，有了自己的办公室。这是一间临时隔出来的房间，只能放一张桌子和两把椅子，大概 7 平方米，非常适合一个人在那里静静地思考方案。当时北京在公共场所还没有禁烟，我迷上了雪茄，一个人的房间正好适合，但雪茄呛人的气味还是让不少人感到不适。我经常能听到从门口路过的人在说，什么味？是不是哪里着火了？……

2003 年我迎来了事业上的一个重要的转折点，公司成立了名人工作室，这当时在国内设计公司中是一个创举。我有幸和几位公司的老前辈分别成立了以自己的名字命名的工作室。工作室刚成立时我还在二所，那间小屋还有和它邻近的一间办公室成了工作室的办公用房。紧接着在 2005 年，工作室独立出来成为一个有独立账号和经营自主权的团队。公司给了团队一处独立的办公空间，它位于行政楼的第 5 层。我也拥有了一间更大的办公室。我亲自选了家具。椅子选了两种，一种是伊姆斯（Eames）设计的 aluminum 椅，另一种是罗恩·阿拉德（Ron Arad）设计的 tom vac 椅（贝壳椅）。我一直认为建筑师不懂家具就相当于音乐家不认识乐器。像伊姆斯的 aluminum 椅，与之相类似的椅子比比皆是，但好和坏就差那么一点。作为一个建筑师，如

北京国际金融大厦
（胡越作品）

果不能一眼看出哪个是好的，那真该好好反省一下了。

以白色为基调的办公室配上黑色皮面的 aluminum 椅，效果真的非常棒，以致当时的公司董事长几次接受采访都在我的办公室里。我在这里奋斗了 5 年，经历过"非典"，迎接过北京奥运会，也为上海世博会做出过贡献。

2010 年，公司在建威大厦 16 层成立了创作中心。我的团队和方案创作工作室、马国馨工作室、国际工作室、王戈工作室搬到了 16 层。建筑师设计自己的办公室是一种非常特殊的实践。我一直盼着有这样的机会，可是这次没能如愿，因为设立创作中心是公司的战略举措，办公室已经按统一风格装修好了，我只能在办公室摆摆家具。我的办公室再一次扩大，空间很方正，两面临窗，景观很好。这次我在家具上还是毫不妥协。除了我自己坐的伊姆斯 aluminum 软椅外，还有他的 dar 椅，以及柯布西耶的躺椅。这次我还比较关注灯具，采购了两盏 Luceplan 的 fortebraccio 台灯。这间办公室我一直用到 2020 年，之后搬到一处新办公室去，面积少了 1/3。

我本人不太愿意在外面跑，找我的人也比较少，于是我一年大部分时间都在办公室。这个类似家的办公室对我来说尤其重要。除了大量放书的空间外还要有个屏幕很好的电脑，这样在电脑上看书和看图片，显示效果上有保证。我在这间办公室换过两台苹果台式机。还有一个保证我工作和学习效率的设备就是听音设备。只要我在办公室，音乐就会一直响着，所以听音乐对我来说很重要。超长时间的听音，音源数量必须足够多，以前主要是 CD，后来在硬盘上存了大量的音乐。之后网络电台使音源数量得到极大的提升，最近主要是通过苹果音乐 App 听音乐。入住这间办公室之前，我曾想在装修时装一套音响系统，后来由于无法自己装修只好作罢。其实在办公室装音响也有问题，主要是对周边的人影响太大，于是又萌生了购置一套 pc hifi 耳机系统的想法。2012 年我终于购置了一套，这下待在办公室里有了更多的理由和吸引力。这套系统对钢琴、室内乐以及小编制管弦乐的表现很好。耳机可以让你专注，同时又不会干扰别人，只是长期佩戴一个非常沉重的耳机对耳朵不好，同时也不是很舒服。这么多年过去了，这套系统已经不像当初使用得那么频繁了，但音乐作为办公室永恒的存在，一直伴随我的工作至今。我在年轻的时候从来没有对自己的办公室有过设想和憧憬，更没想过办公室竟然成为自己的家。我自认对空间还是挺讲究的。搬到单位宿舍区之前我住过两个地方——当然没算结婚前父母的家，那两个家我都精心布置过，第一个家还上过《缤纷》杂志。但这个办公室是我结婚以后待的时间最长的地方。这是一个融合了工作和生活的房间，里面除了我日常工作的用具和读的书，更多的是九年的记忆。它们和弥漫在这个空间中的音乐、静静待在那里的家具一起成为我生命中重要的一部分。

由于疫情，上寄宿学校的儿子不得不回到了这间他待过七年的办公室，他比原来高了好多，坐在我的对面，我们谈起了过往的许多事……

初心所系为家园

梅洪元：1958年生，中国工程院院士，全国工程勘察设计大师。哈尔滨工业大学建筑设计研究院院长、总建筑师，教授。美国建筑师协会荣誉会士，中国建筑学会寒地建筑学术委员会主任委员，寒地建筑国际协作研究协会主席，中国建筑学会副理事长。代表作品：第十三届全国冬季运动会冰上运动中心、东北亚文化艺术馆群、郑州大剧院、大连东软国际软件园（河口园区）一期等。著有《寒地建筑》、《高层建筑》（合著）、《东北严寒地区绿色村镇建设适用技术导则》（合著）等。

金磊主编关于"家园"主题的约稿信，让我的思绪一点一点被拉回到记忆深处，时间的隧道中有一些闪耀着温暖光芒的画面不断闪回，在这一幕幕场景的切换之中，潜藏着一份恒久的情愫。

家属院的无忧净土

我出生在辽宁盖县（今盖州市），因为父亲在盖县二中任教，我和我的兄弟姐妹们在二中家属院里度过了少年时光。家属院里住着的都是学校的老师及其家属，每天早晨和晚上，大家都会在水井前会集，热热闹闹地洗漱。大人们礼貌地打着招呼或热烈地交流当天见闻，小孩儿们总是快速完成既定程序后便开始追逐打闹。这种亲如一家的社区，如今很难再见。师生之间相互关爱、学生勤勉不倦，是弥漫在大院里的日常氛围和主旋律。记忆最深的是当年深夜翻身醒来时看到的仍在伏案批改作业的父亲的宽厚背影，以及桌上跳动的烛光给他的背影勾勒出的那道金边。父亲是我们兄弟姐妹的榜样，正是这种无言的力量，鞭策着我们在面对所爱之事时尽心尽力。如今父亲已经不在，但这一切早已固化在我的内心深处，成为我对“学校”这个概念的基本认知。少年时代无忧无虑的课余时间好像特别多，我参加了少年体校组建的排球队。在定期训练之余，还常常拆解半导体收音机，轻车熟路地一遍又一遍找到里面的二极管、三极管、电容、电阻……但是，“文化大革命”的到来，使很多人的命运发生了翻天覆地的变化，我也被命运的洪流裹挟着离开了这片净土。

知青点的生活锤炼

正值高中的我，学业被迫终止，响应“上山下乡”的号召，带着“接受贫下中农的再教育”的指示，和同学们一起前往被称作“广阔天地”的农村。知青点会聚了老三届的男女学生 50 多人。面对恶劣环境，我们开始了集体群居生活，度过了那段刻骨铭心的难忘岁月。在我们这些到农村去的知识青年中，我是年龄最小的一个，所以得到了很多额外的关照。即便如此，每至冬夜十几个人挤在一个炕上仍难御由破碎的窗口刮入的寒风而瑟瑟发抖无法入睡时，我对家乡的思念便更深一层，而抵达之初“大有可为”的雄心壮志，也在那日复一日的日出而作、日入而息的农耕生活中逐渐消磨殆尽。每一次劳作休息时，望着家乡的方向，只能默默忍住眼泪。正因如此艰难的生活，才使得每一个高光时刻更加闪亮。恢复高考的消息，让我们这些知识青年再次看到了希望，跌宕起伏的人生际遇中，被蹉跎的岁月终将远去。带着对改变命运的渴望，遥想着父亲的背影，我重新打起精神，昼学于田间，夜读于烛下，高考之后如愿获得哈尔滨建筑工程学院的录取通知书。回过头看，虽然知青点的农村生活异常艰苦，但它对于心智的锤炼却让我受益终生：漫天飞雪、漆黑暗夜、无人果园、广袤田地，常常一人独守。因为有此经历，再遇困顿，何忧何惧。乡野同侪敦笃真诚，劳作勤农质朴纯良，我们共同成长，故而原真文化，已浸入骨髓，刻入生命。

土木楼里求学受教

与在知青点每天想着下一顿吃什么的农村生活相比，迈入大学校门则是走入精神的圣殿，而每天穿行在巍峨、庄重的主楼中学习、生活，更加深了如入圣殿的感受。最令人珍视的，除了恍若隔世的正常秩序，更有堪称顶配的师资。从老一辈的常怀生、郑忱、张家骥、梅季魁、侯幼彬、邓林翰、唐恢一、郭恩章，到中生代的程友玲、陶友松、丁先昕等先生，带给我们1977级和1978级同学的，绝不仅仅是建筑的启蒙。他们才华过人，虽经十年“文革”，热血未凉。他们涌动在心底的热爱，他们积累在笔记里的常识，他们沉淀在头脑中的睿智，从我们迈入校园那一刻开始，便喷薄而出，为我们后辈开启门窗，让我们见识更为广阔的天地。本科四年的时间，倾囊相授的先生们不仅帮助我们打下了坚实的专业基础，更身体力行地做出学术与实践并进的表率。梅季魁先生、郭恩章先生、张耀曾先生带着学生对国内近20个省市的体育场馆进行了实地调研，在此基础上撰写了一系列深入研究体育场馆设计理论和技术性问题的文章，重点提出体育馆多功能设计的科学理念。这与当今时代追求可持续发展的理念如出一辙。在40多年前提出的这一理念不仅为中国体育建筑的设计指出明晰的方向，更奠定了哈工大体育建筑设计研究的思想基石。而梅季魁先生更以开阔的视野，与郭恩章先生于1981年牵头筹备了全国第一次体育馆设计学术会，并发表了4篇重要论文，奠定了我校在这一领域的领军地位。

我们无比珍视这难得的学习机会，求知若渴，而先生们在深厚积累之外不断求索、锐意创新的态度也激励着我们脚踏实地、不断超越。本科四年，我们经历的，不只是头脑的充实，更有思想的蜕变，以致毕业后我坚定地选择了攻读硕士学位，继续徜徉在这座精神圣殿之中。但仅有激情尚不足以支撑对专业的科学探索，当年与同学金广君一起于民用教研室一角坚守信念刻苦研读的场景至今仍历历在目。先生们在治学做事方面提供的养料，是我留校成为教师又转战设计院直至今日仍然不竭的动力源泉，而土木楼这座精神圣殿便是这不竭源泉的生发与孕养之地。

地下室里慨然创业

20 世纪 80 年代末，我从建筑系调离，走进建筑设计院的新天地。一转眼，我和设计院已经共同经历了 30 多年。那个时候的设计院，不到 30 人，却散落在各处，神龙见首不见尾。办公室塞在校机工厂旁的地下室里，整日见不到阳光，还要经由一座嘎吱作响的木楼梯才能到达。彼时的建筑系已在全国享有赫赫声名，设计院在哈尔滨当地却排不上名号。带领这样一支队伍，怎么会不难！但是凭借在土木楼里学习、从教的十余年对专业的积累和对实践的认知，我相信我们有能力扭转濒临溃散的局面，有实力获得更大的成就。回想接管设计院初时，一个十多万元设计费的水泥厂项目已是年度的大工程，整体运营也处于要钱没钱、要人没人的窘境。少年时代家属院里亲如一家的氛围便成为我从那时起致力营造的企业文化氛围，只有彼此视作一家人，才会共同担当、共克时艰。在我的倡导下，设计院完成了运营和分配机制的优化，逐渐走出困境。而在进一步整合优势资源和技术力量，陆续斩获本地几个重要高层建筑项目之后，设计院获得了更广泛的认可，开始迈入良性发展。如今，黑龙江省最高建筑——位于哈尔滨松北新区的科技大厦，由我院设计并代建，我院实现了产业链条上可承接业务的进一步拓展。每每登上这座城市之巅的最顶层，构思顶部空间的再利用方案时，我总会想起昔日创业之初的地下室，想起幽暗岁月里那些照进人生的暖阳。不是怀念那破败的场所，而是欣慰于我们在那昏暗之中用燃烧的激情照亮了走向今天的道路。

寒地楼里深耕求索

其实我们很快就搬离了最初创业的地下室，几经腾挪后，陆续在土木楼和旁边的独栋小楼里安置了不断扩大的办公区。随着哈尔滨建筑工程学院更名为哈尔滨建筑大学，后来又与哈尔滨工业大学合并，设计院在2001年整体迁入二校区教学主楼的顶部两层。直至2008年经学校批复同意设计、自建科研办公楼（寒地楼），设计院才终于将拥有独立的办公场所。我带着团队一笔一笔画出了寒地楼的图纸，描绘出其中的每一处空间，相信它将成为设计院再一次实现跃迁的起始地，成为又一代哈工大设计人内心深处的家园。如今新楼入驻十几年光阴，哈工大设计院已经由300人规模发展成千人团队，不仅业务领域涵盖工程项目建设全过程，更汇集了中国工程院院士、国家设计大师、国家千人计划专家、国家级有突出贡献专家、享受国务院政府特殊津贴专家等一大批设计领域的技术人才。除了工程项目设计屡获行业褒奖，科研攻关方面也齐头并举，获得多项国家发明专利，以及华夏奖、省长特别奖及科技进步奖等重要科技奖项。同时，以寒地楼为根据地，哈工大设计院陆续在沈阳、北京、郑州、武汉、鄂尔多斯、西安、青岛、上海、成都等地设立了分支机构，为当地提供可信赖的长期服务。2019年，在这座投入使用已有10年的建筑中，150余位来自全国各地的专家度过了5天的工作时光，完成了两年一度的中国勘察设计协会行业奖的评审。在经过严苛的专业考察和持续的使用评价后，寒地楼被评审专家一致推荐获得办公类建筑一等奖。5天里，听到很多专家对于这座建筑的评述，我深感欣慰，并不是因为收获肯定，而是通过创作、建设、使

2015 年美国建筑师协会荣誉会士获奖者合影，右三为梅洪元

用这一过程形成了最初期待的场所文化，并被工作于此或初访这里的人们真切感知到。在那一刻，你会更加坚信，建筑创作一定具有塑造人类精神 / 文化家园的内涵，但我们要做的，还有更多。

似乎人生中的每个阶段，都有一处被视作起点的场所成为家园的指代和生命历程的烙印，虽然它们中的某些已经不复存在或已然剧变，但是蕴藏其中的精神甚至文化却真实地融入我们的血脉，注入我们的基因，推动着我们不断向前。少时每每工作到深夜的校长父亲、知青点里憨厚质朴的战友、象牙塔里学富五车仍锐意进取的先生们、携手创业历经风雨同向阳光的伙伴们，他们贯穿于我的不同人生阶段，其中孜孜不倦、追求原真、锐意创新、不断超越的精神与文化内核，传承并发展至今。物质可泯，精神常存，文化永续，或许对于事业的执着、热爱和追求，方是我恒久的家园。

从山水精神中探寻山水家园

张宇：1964 年生，全国工程勘察设计大师，北京市建筑设计研究院有限公司党委副书记、副董事长、总经理、总建筑师。中国建筑学会常务理事。代表作品：北京植物园展览温室、博鳌亚洲论坛会议中心、中国电影博物馆、中国科学技术馆新馆、故宫博物院北院区等。著有《北京植物园展览温室设计》等。

“家园”是充满浪漫情怀的名词，它不仅是旅人的避风港，更是游子的温柔乡。家园里的一山一水、一砖一瓦在每个人的心中都泛着温暖的光。但建筑师的家园又有所不同，它不是一般意义上诗情画意的所在，也不仅仅给人乡愁般的回味，更赋予人责任与使命。作为一名从业 30 多年的建筑师，我始终认为，为人类创造出健康、舒适、安全的生存空间，是建筑师们的共同目标，建筑本质上是在营造家园。中国自古以来就传承着天人合一的哲学观，而受到钱学森先生倡导的“山水城市建设理论与实践”的建筑科学思想的感召与启发，结合我的成长经历与建筑创作实践，我也曾提出过“山水建筑”的理念。以下借“家园”的命题做一浅析，期望对我国建筑设计研究的健康发展有所裨益。

一、从小家变迁感受住区设计之变

新中国成立后，各项事业蓬勃发展，住宅需求量剧增，住宅建设始终居于重要地位。回想 20 世纪 60 年代时，我的家在北芦草园。我爷爷儿时常在这里玩耍，高高的前门仿佛挨着我的家，一蓬衰草，几声蛐蛐叫，伴随他度过了那灰色年华。如今，它已经成为北京的新地标——东三里河公园，拆迁走的居民会依据这里的老树，找寻自己曾经的居所。70 年代我们搬至龙潭湖边上的筒子楼；80 年代又定居东三环呼家楼居民区，居住条件上了新台阶；90 年代，北京建院最后一次分房，我有幸搬到手帕口。20 世纪末福利分房制度宣告终结，住宅商业化时代彻底到来，我的小家也见证了新中国“家园”的变迁。

我的小家演变，可以折射出新中国北京 20 世纪 60 年代以来的住区设计变革史。60 年代，人们认为住宅只是“栖息”之所，能住就行。居室、卫生间、厨房面积小，户内过道窄，卫生间门窄，室内净空低，隔墙、楼板薄，设计标准很低。新时期住区设计的萌芽应从 1978 年改革开放算起，此后全国基本建设逐渐步入正轨，人民住房问题的解决也成为经济发展的大事。在总结以往住宅区设计经验的基础上，涌现出了很多极具时代特色的经典项目，如恩济里小区，前三门、团结湖、劲松、富强西里等小区，尤其是我们北京建院宋融先生、白德懋先生任顾问，叶谋兆先生任主持人的恩济里小区，成了典型，当时北京市还提出了“全面学习恩济里小区”的口号。90 年代末，面对急剧增长的住房需求，高层住宅类型得以蓬勃发展，如宋融先生的作品方庄芳城园高层住宅群，由两组 26—28 层连塔弯曲围合，自然形成了高楼、绿地、大花园的格局。这可称为北京地区高层、高密度住宅的代表性项目，在国内尚属罕见。进入 21 世纪后，提升居住品质成为人们的追求。2003 年“非典”过后，人们对住宅的品质更不满足于一般意义的“居住场所”，由此，提升住宅的综合素质、内在品质与环保安全成为建筑师在建筑创作中的追求。2008年北京奥运会后，房地产市场竞争愈发激烈，很多新的住宅设计理念开始影响建筑师的创作，人们的居住选择也达到了空前的丰富多样，包括高层、多层、复式住宅、花园洋房、独门别墅等。居住环境、配套设施、景观规划、健康绿色等因素也极大地影响并制约着住宅设计，成为人们选择住宅的重要参考因素。此时的住宅，不再是单纯的房子，而是承载了人们对家园的多元诉求。

由我的小家与国家住宅的演变，我深感，一个人若对建筑缺乏信仰，何谈建筑的内涵。作为建筑师，我们不仅要善于体味建筑居住环境与空间，更要有能力创造公众居住的家园。大名鼎鼎的美国建筑师赖特的流水别墅是他周末度假的居所，他的设计比密斯·凡·德·罗在伊利诺伊州普莱诺为伊迪丝·范斯沃斯（Edith Farnsworth）医生设计的住宅更精致、更实用。流水别墅周到地考虑设计细节，如纱门和纱窗等。他认为流水别墅应该如山岩和瀑布的产物，让主人的生活与山林密不可分。这位伟大的建筑师一生设计了100多幢住所与别墅，其作品极富想象力与创造性，正如他所言："浪漫是不朽的。我们的建筑如果没有这颗内在跳动的心，将难以鼓动任何事物。"

二、从山水建筑到山水家园之思

中国山水文化注重人与环境的和谐关系，这给予现代环境设计有益的启示。建筑是艺术的科学，又是科学的艺术，其内涵是永掘不竭的。1981年，世界建筑师大会《华沙宣言》指出："建筑学是为人类创造生存空间的环境的科学和艺术。"这是衡量当代建筑观念的标尺，只有把建筑作为环境科学和环境艺术对待，才算是当代的建筑观念。建筑师应以追求环境科学与环境艺术的融合作为创造建筑空间的标准。"山水"与"建筑"应同属艺术的范畴，在基本精神上有其相通之处，建筑师要使二者融合，从而创造出合目的性的现实空间。在建筑和山水的关系上，一个重要的美学特征是建筑的自然化：建筑造型不能具象地模仿大自然，却能融合在山水自然之中。建筑仿佛是自然所“生成”的，而且只能“生”在此处而不能“生”在彼处。这样，建筑就投入了自然的环抱，纳入了自然的系统，与自然互为呼吸照应，结成生动和谐的艺术整体，给人们宛如天成的感觉。

山之城原本具有防御外敌入侵的优势，今日漫步山城重庆，虽有如同进入迷宫般的封闭感，但眺望到远山之美景，使人愉悦无比。中国建造在半岛形丘陵之上的直辖市重庆，宛若水墨画作，那依陡峭山坡而建的房屋，是城市的“名片”。水之城的意义，不仅代表水与城市有缘，还不断营造有特点的亲水空间，水之城构成了城市特有的肌理。山水城市不是简单的山与水之景观叠加，而要依地域进行创造，形成山水环境的空间，努力探索“城市的起居室”。

钱学森先生《论宏观建筑与微观建筑》一书中收文章和书信近200篇，其中有近100篇谈到山水城市问题。山水城市是城市的一种形态，就是具有中国特色、跟自然环境相结合、具有高度文明水准的城市。因为山水城市理论是一种思想，一种学术观点，不仅仅是政策，所以绝非千篇一律。它不强求统一，恰恰相反，它要求因地制宜，各有不同。我一直想由山水城市理论探寻山水建筑的模式，就建筑科学思想及特色理论做一番深层次的探索、研究、实践工作。我认为，山水建筑的概念，是符合时代要求，符合国家“适用、经济、绿色、美观”的新建筑方针的。“山水建筑”是中国传统文化精神的具体呈现，体现了中国的文化自信。建筑师应深刻思考，在中西方文化交融的时代背景下，中国建筑设计行业应如何选择自身的发展坐标。我结合本人的实践经验，试着总结山水精神对建筑创作的启示，希望能引发建筑师同人的共鸣。如我20多年前设计的在香山脚下的北京植物园温室，它无疑是山之建筑。该项目成为20世纪90年代北京十大建筑之一。

我对“山水建筑”有如下观点：其一，要把握设计对象的本质。要做到这一点，需要我们向对象深入，由视觉的孤立化、专一化走向视觉的知觉

张宇设计的北京植物园温室

活动与想象力结合，以把握对象不可视的内在本质（神），即将其神融入我们的想象（实即主观之神）之中。其二，要把握设计对象的真相。“山水精神”中形似与气韵之间有一些距离。形似不一定能涵气韵，但气韵则一定能涵形似。对于对象的个性，真实的情感、精神状态，未能深刻地把握，而只是从外在的形象着手，此之谓“粗善写貌”，不能得其气韵。其三，其内在的精神要通过媒材来体现。先有内在的精神修养，然后凭对山水自然美的把握，在第一自然中洞见第二自然，然后扩充内在的精神，并使自然的形象具体化、明净化。这样才可以使潜象与潜力通过媒材而发挥出来，恰如心中所追求、所把握的一样。其四，要在变化中创造。艺术必然要求变化，竹木与山水，它们的精神、生命感皆由变化而来。任何有生命感的东西，也终有变化，仅形似而不能深入把握对象的精神和性情，做出的设计便只是“浮烟障墨”。

如果说“山水建筑”是人文、绿色、科技的集中体现，“山水家园”则是“山水建筑”中的实践分支。它凭借“唯道集虚”的美学，要突破建筑本身的局囿，要超越周边有限界域，让视觉感受和审美想象获得充分发挥的自由，同时结合“必兼收并览，广议博考，以使自成一家”，从而实现在传承中的创造。再如我完成的故宫博物院北院的设计，它努力探寻大文博主题下的山水文博气质，打破了传统城市博物馆封闭内向的空间特质，将园林山水纳为展览的一部分，让参观者获得充分与环境对话的机会。建筑与山水园林相映生辉，形成别具一格的山水园林中的博物馆。

三、从构建新家园到《走向新建筑》

20 世纪建筑大师勒·柯布西耶在 1923 年出版的名著《走向新建筑》中明确提出“创造表现时代的新建筑”的主张。该书激烈否定 19 世纪以来的复古主义建筑思潮，鼓吹新时代建筑，堪称现代主义最重要的文献之一。耐人寻味的是，如此创新的大师，却一再表示“历史是我永远的导师之一，并将永远是我的引路人”。他不断用丰富的作品给建筑师提供着备忘录，他以对自然与生态的敬畏说：“建筑是一些搭配起来的体块在光线下的辉煌、正确和聪明的表演。”在《走向新建筑》中，他不但给出住宅是“居住的机器”的定义，还特别强调建筑是为人设计的：“建筑是一种艺术行为，一种情感现象，在营造问题之外，超乎营造之上。营造只是把房子造起来，建筑却是为了人。”在当今中国，“走向新建筑”却蕴含着更多的意义，“新时代，新情感，新关怀”都应成为中国建筑设计行业从业者的关键词。具体到人居环境，则应更关注城市、关注社区、关注居民。2020 年春暴发的新冠肺炎疫情，使公共卫生安全命题从建筑、城市、社区各方面得到关注。回想 2016 年国务院印发的《“健康中国 2030”规划纲要》，其中提出的 2016—2030 年中国推进“健康中国”建设的行动要求，应成为建筑师学习城市问题的要点。建筑师应充分考虑非常态下城市设计在规划体系中的地位、城市安全设计对建筑设计的影响因素与机制、城市健康设计对建筑设计水平提升的作用等，以城市设计品质提升建筑设计水平。因为一个优秀的城市设计及指导可以提升建筑设计水平，而一个拙劣的城市设计会束缚建筑设计水平。在健康城市、健康社区的建设中要充分融入安全健康的可持续设计理念。

21 世纪的新家园设计除了健康绿色，还应是智能化、智慧化的。随着现代网络通信技术和控制技术的发展，高新技术尤其是 5G 技术的成熟，及其逐步与家庭生活深度融合，家园不再仅是人们吃、住、休息的场所，它正向文化、教育、休闲、娱乐等方面的功能跨越。这是一个随着信息数字化的发展，应运而生的新兴现代家园的模式。新时代的家园设计更该瞩目新基建。建筑师们将不局限于建筑、社区的空间设计，而采用智慧赋能、数字技术置入手段，打造人与数字科技和谐共存的家园。要以人为核心，以科技为动力，创作更安全、更方便、更宜人的面向美好未来的新世纪健康家园。

云横秦岭家何在

——我心中的家园

赵元超： 1963 年生，全国工程勘察设计大师，中国建筑西北设计研究院有限公司执行总建筑师，中国建筑学会常务理事。代表作品：西安南门广场综合提升改造项目、延安大剧院、西安行政中心、西安浐灞生态区行政中心等。编著有《都市印记——中建西北院 U/A 设计研究中心作品档案（2009—2014）》《长安寻梦——张锦秋建筑作品实录》等。

我出生在秦岭北麓的西安，大学在秦岭南侧的山城重庆度过。工作初期闯过海南，又到过上海，然后才回到原点西安。作为一个建筑师总是走南闯北、东奔西走，忙碌着为别人设计家园，我没有“安得广厦千万间，大庇天下寒士俱欢颜……吾庐独破受冻死亦足”的胸怀，而常有“云横秦岭家何在”的感叹，我不知我梦想的家园在哪里。

在改革开放后突飞猛进的 40 多年里，我们没有时间，也很难有精力营造属于自己的家园，但每一个建筑师都有一个建筑师之家的梦想。这里芳草萋萋、雾气氤氲，坐能看云卷云舒，躺能闻鸟语花香，充分感受“明月松间照，清泉石上流”的意境，这里是彻底放松心情的诗意栖居，是属于自己的诺亚方舟和世外桃源。

现实中的家，大多是“驿站”，能称得上建筑师家园的少之又少。即使有，如今的工作节奏，能否安静地享受？我父亲去世时我特意给他选择了墓地和设计了墓碑，常想着在父母墓地旁也选择我自己的墓地，当作永久的家园，也算作父亲生前我未能陪伴的一种补偿。

家园是一个时空的舞台，感谢这次疫情，使我第一次有如此长的时间可以待在家中，享受着居家隔离的非常态生活。内心虽极度恐慌，好在尚能自由安排生活，被动享受着家的感觉。但这一个不确定的假期，是不能享受正常家居的一种隔离，没有安全、自由、安静的常态生活。

大概在十二三岁的时候，我第一次有了一个属于自己的独立空间。这是一个用油毛毡搭建的窝棚，只有不到五平方米，刚好放下一张床和书桌，但我还是欢天喜地，终于有了自己的天地。我亲手制作的一盏台灯，就成了照亮我奋斗人生的明灯。在这盏灯下，我度过了中学时代。

我特别怀念上个世纪的 80 年代，那是一段迸发激情和燃烧青春的岁月，充分释放着个性和自由。我如愿学了充满理想和激情的建筑学，用自己的生活体验和美好追求去给别人创造幸福家园。

上大学是我第一次离开故土。独在他乡为异客，才知道什么叫孤独，什么是失去家园的感觉，品尝着孤立无援的滋味。虽然在重庆待了八个年头，但我对它全然没有第二故乡的认同感，毕业后毅然回到西安。实际上我也并非西安的原住民，对于这里弥漫的自大风气和说不清道不明的自信看不惯，这里的文化也不是我认同的。之后我又去了海南，第一次见到大海，可我的心怎么也放飞不起来，尽管我现在还对于在海南没有买一套房子而耿耿于怀。上海我仅仅待了一年，总感觉自己是一个过客。北京是我出差最频繁和熟悉的城市，但说声爱它还是太难。虽然叶落归根在西安，但我实在说不清我的家在何方。

无论如何我还是想有一个自己的家园，因此我很在乎单位给我分的房子，对自己房子最满意的地方是有一个屋顶花园，它就像小时候伴随我度过愉快童年的自己家院子的小土堆。我感觉庭院是人与时间、与自然对话的存

西安城墙南门夜景鸟瞰图（赵元超作品）

延安大剧院（赵元超作品）

在，好的庭院能直达人的心灵深处，是体现和安放人心的灵魂之所，也是一个人放松自我，进行冥想和思考的家园。如果说房子是安身立命的物理空间，庭院则是精神升华之后天地之间的“道场”。

我在这个不大的花园里费尽周折种了几棵大树，有金桂、蜡梅、石楠，还有丁香、竹子、红枫等，摆放了一些秦岭的石头。可惜屋面荷载有限，防水不好，不敢过多栽植。但它给我带来许多乐趣，每天清晨我都会在庭院中转一圈，伸伸懒腰，吸取着清晨中自然的能量，夜晚，看看星星和月亮，特别是下雨时，坐在廊下听风声雨声。

开春时迎春花开，稍过时日，花园中弥漫着丁香的芳香；水中荷花、八月桂花、雪中蜡梅，还有紫藤上的朵朵小花，都给我忙碌的工作增添了多样的色彩。我在不大的庭院中还特意做了一个瀑布和一方水池，鱼儿在水池中懒洋洋地游。遗憾的是房子总在漏水，瀑布水池已干枯多年。

在新冠肺炎疫情期间，多亏了这座不大的花园，使我有了自己的天地。感谢它在疫情时期陪伴我度过了一段艰难、孤独的岁月。在此我看着空无一人的小区发呆，无聊地数着宽广的道路上每分钟车的数量，仔细观察丁香树发芽的过程和金桂新的树叶。偶尔还畅想规划一下花园：装一部楼梯和家用电梯，开发上层屋顶花园，把它做成立体花园，在实际项目中未能实现的理想在自己家实现。

这次疫情使我提前过起了退休的生活，不紧不慢悠闲地做方案，偶尔看一看平时来不及看的书，除此之外我也无聊地开始记日记，现择录几则：

2020 年 2 月 6 日

此时正值我国处于新冠肺炎疫情暴发的高峰期，丝毫看不见拐点，我独自隔离在书房中，在自己的“诺亚方舟”中享受着片刻的孤独。

昨天晚上，吹哨人武汉医生李文亮不幸去世，在说出真相的一个月后用生命证实了自己的“谣言”！疫情还会很长吗？恢复正常不知还要等待多久。

这晚李文亮病逝的消息充满各大微信群，他是在万众关注中离开了这个他曾喜欢的世界。他被我们这些宅在家里的所谓精英授予“英雄”的称号，实际上他如同你我一样，是芸芸众生中平凡的一员。在缺少英雄的年代我们人为地造一个“英雄”。

大家悲愤、哀怨、不满，借这个普通的事件“小题大做”，群里稍有不同意见，就会遭到围攻。我们用一种一言堂反对另一种话语专制，因此我也很少在任何群里发言。

今年的春节长假已过了20天，我们这些知识分子基本上是旁观者，像一场球赛的解说员坐而论道，少有实质的建树。普通民众在新冠肺炎疫情中的表现让我多次落泪，他们是普通的护士、普通的乘务长、转业军人，还有冒着生命危险把自己微薄的工资捐给武汉的农民工。

2020年3月15日

我一生有两个烦恼，少年时无书可读，年长时无处放书，无时间读书。人生难得忠孝两全，事事如意，用陕西话来说是有牙无锅盔，有锅盔无牙。我是一个嗜书如命的人，借我钱的人我可能忘了，但借我书的人我总能记着，家里能放书的地方全放了书。本来春节我想再订几个书架，遭到家人的一致反对。书房的二次装修，随着疫情也化作泡影。百无一用是书生，新冠肺炎疫情时期的生活其实就是未来生活的写照。

小时候我是一个大门不出二门不迈的乖乖娃，正是因为有书，才使我的心飞得更远。我出生在20世纪60年代，物质和精神都很匮乏，小学几乎无书可看。哥哥和姐姐都上山下乡了，我才有一间属于自己的只有五平方米的油毛毡房子。在这间小房的书桌旁，1977年我上初一时就抄写了一本书《英语九百句》。我同学的爷爷是易俗社的编剧，从他那里可借到许多过去的杂志，从那里我了解到许多窗外的事情。

上大学时，我记得曾买过《市镇设计》和《波特曼的建筑理论及事业》，这是我大学期间的重要投资。上研究生时，我主要的消费还是买书，有“走向未来”丛书，这些书深深影响了我的思想和价值观。

自成家以来，每次搬家都要有一个自己的书房。新婚时卧室中挤着放了一张书桌，权作多功能的房间。以后有条件了就有一个专门的书房，在西七路六平方米的书房，放下了六个书柜，所有家具放进去就拿不出来。走进书房如同走进了太空舱驾驶室，被书海包围的感觉，非常惬意，至今仍非常怀念。

新世纪我搬进了新居，有一层作为我专享的书房和茶室。书渐渐地多了起来，烦恼也接踵而至：书放不下，书也找不着，有存书的空间，无读书的时间。

书房是我与之相依为命的场所，我不信神，但我相信它有特殊的磁场。美国科学家研究发现，一个人能控制的最大空间是33平方米，我的书房在30平方米左右。每每进入书房，我都有一种安详的感觉，所有的奇思妙想和文字都在这里产生。原来书房就是我的家园。

读书人是孤独的，每到节假日我都想独自外出，带几本书在一个安静的角落里静读苦思。今年的新冠肺炎疫情让我独自在家读书默想，就像陈忠实躲在自己的祖屋里安静地写《白鹿原》。

曾经产生伟大唐诗的唐长安城，有一个个封闭的坊，在新冠肺炎疫情时期，每个小区也是一个个严防死守的封闭小区，一下子我们梦回大唐。

我有很多的遗憾，其中一大憾事就是很难读一遍我的藏书。我因此也常常定一个读书计划，但频频被一些琐事打断。今年我已57岁，想有一个老人的读书计划。我大学的老师指导我读四书五经，但我的古文基础不好；我一直向往西方文化，但我的英文也不好。尽管下了很大功夫，也没有效果，我儿子经常嘲讽我买了那么多外文书，能看懂吗。好在建筑是一门视觉艺术，主要通过形象传达思想感情。我现在也很发愁，这么多书如何处理？于是就想到把书捐给公共的图书馆，让喜欢读书的人来共享。

每到一个城市，只要有时间我都会去这个城市的书店，然而现在书店建了不少，也很有设计感，但书少了。书店不仅要有书香，更重要的是书的品质。我常用书店来判断一个城市的文化品位，我所居住的城市常常让我失望。机场候机楼常常是我流动的书店，飞机和高铁是我流动的书房，在翱翔中运动中体会阅读的快乐。

2020年3月18日

我们这一代所接受的是一种碎片化的教育，如同现代城市破碎的空间一样。我希望我能把这种破碎的知识连接起来，这就需要不断学习，需要有终生学习的精神和陪伴自己的书房。

面对新冠肺炎疫情和“非典”，我们就像小学生一样茫然不知所措。曾记否，在“非典”后我们呼吁不能白得了一次“非典”，现在又遇上比“非典”影响大得多的新冠病毒，我们能吸取教训吗？我们还会白得一次新冠肺炎吗？在现代城市面前我们何尝不是一个小学生？现代城市也像瘟疫一样传遍大江南北，我们那么真诚地纪念梁思成先生，但又从中汲取了多少教训？不能仅仅有一个梁思成奖。

大到城市，小到一个建筑，哪一个不是领导说了算，而造成的后果则推给专家？五四运动后我们只是政治启蒙，文化和科技远远没有启蒙。正是因为缺少科学和文化，才会产生这样癌症式的城市。但愿通过这次疫情，我们能吸取教训，让建筑知识的阳光洒满大地。由于知识结构老化，由于我们缺乏对现代城市的理解，当现代化来临时我们没有做好准备，如同这次瘟疫来临我们也没有准备好一样。知识分子应回到书房中，安心、静心地苦读。只有借鉴古今中外的城市经验，才能建设好我们的城市，以良苦用心、科学理性的态度建设我们的家园。

2020年4月5日

40多年前，当我受到委屈时，我的一位老师送给我一句话：不要怨恨别的，要怨就怨自己为什么还不强大。这句话一直鼓励我顽强地工作和生活。

小到个人，大到国家，都是这个简单的道理。“美国霸凌主义”的事实也说明这一点。趋利避害、欺软怕硬是人类社会的丛林法则，也是目前社会的常态。

同样的设计方案，不同建筑师做，得到的评价和结果也会不一致。所以需要我们自身的强大，需要我们自身努力。

这次新冠肺炎疫情期间，南方城市早已在考虑恢复生产，北方城市似乎慢了半拍，仅考虑如何严防死守，完全靠上级的命令。当大难临头时，太多的人只求不犯错误，用一种所谓的守规矩反对另一种担当和作为。当需要在错综复杂的现实中做出决策时，我们看到许多领导犹豫不决。我们的一些专家也是精致的利己主义者，得意时大唱颂歌，失意时则在一旁暗自唱衰。普通员工随大流，当工作需要时用小区封闭、交通不便等各种理由搪塞，消极怠工，一听到又不上班，心中窃喜，可以冠冕堂皇地继续过优哉游哉的生活。

我们只是指责湖北的省长连一个基本的数字都搞不清，也嘲笑黄石的卫健委主任一问三不知，但我们不也是同类？五十步笑百步，在这面疫情的哈哈镜前似乎也看到了自己。一次大难，我们都是逃难者，谁也不能置身事外。这段不长的旅程考验我们每一个人的世界观和价值观，乃至人性。

大是、大非、大疫、大难是考验每一个人的试金石，当南方城市的设计机构已有80%的人上班时，我们还在居家办公。疫情中不是笨鸟先飞，而是兔子先跑，很遗憾我们又输在起跑线上，未来将出现一个强城市时代，强者恒强，弱者更弱。

2020年4月25日

从武汉疫情看设计院管理，应回归到专业管理，改变行政权力高于专业权威的现象。在实际中设计院也存在行政化、官僚化的现象：只讲政治看齐，不讲具体问题；只听从行政命令，不顾专业特点；只有绝对服从，没有自己的独立见解。这不是一个创作型企业应有的调性，到了彻底改变我们设计体制的时候了。

在整个疫情中，我认真比较了南方和北方设计院的态度，明显看到从政府到企业的南北方差距。西安的设计院无条件服从上级命令，而东南省份的设计机构在市场中做出自己的判断。另一方面，本地企业为当地城市发展和疫情防护起了“子弟兵”的作用，政府本应该更关注当地企业，但在很多设计招标中当地设计单位连起码的公民待遇都没有，希望在政府投资项目中明确不能歧视本地设计院。设计是一项创意产业，全社会都应尊重建筑师，尊重设计。

我们对一系列城市规划和建筑设计问题如城市密度、开放社区、集中空调建筑、高技派建筑等问题更要有深刻反思。

今晚参加了一个合作单位的宴会，大家喝了不知多少瓶白酒，许多同志东倒西歪，不省人事。他们在最清醒的时候为了各种目的把自己喝得大醉。我则如坐针毡、如鲠在喉，资本的力量让每一个人都变了，特别是建筑师变了，设计院变了。我始终认为，设计是独立的力量，它应该以自己的实力和技术水平立足社会。

一个设计机构靠的是人才、技术、品牌。一个医院，15年能培养一个好的医生，50年才能建立一个好的专科，100年才能树立品牌。医院如此，设计机构也如此。

最近，住建部公布了设计企业和施工企业可互相延伸业务，这对施工企业是一种利好，对设计企业是又一次打击。设计企业究竟该往何处去？看来将面临一次分裂，一部分继续按总承包方式发展，另一部分则按国外设计事务所的方式发展。估计未来会完成这种转变。

2020年4月28日

都市中心是我在2009年创建的工作室，带着一批年轻设计师一直在忙碌着。疫情期间大部分同志居家办公，我情不自禁地给大家写了一封没有发出去的公开信。

都市中心成立十年来一直顺风顺水，我们共同迎来了第二个十年。未曾想到这场从来未见的瘟疫席卷全国，我们至今仍只能居家办公，看不到结束的尽头。面对突如其来的疫情，共同体会着世事无常、生命可贵、大难兴邦、磨难成人，有些话想一吐为快。

我们都习惯了快乐生活，过惯了顺风顺水的日子，有太多的优越感，把中国目前的非常态当成我们生活的常态，把当前的机遇当成永恒不变的机会。一场瘟疫让我们清醒：我们每一个人都是汪洋中一条随波逐流的小船。没有国家哪有小家？没有和平何谈建设？大家应珍视宝贵的生命和生活，也要珍惜时代给予我们的机遇。

不妨重温一下《1942》这部电影，看一个小康之家是如何走向家破人亡的。

自古英雄出少年，我们都市中心经过十年寒窗，你们该毕业了。我今年已57岁，也到了转型之年和转折之年。许多事我看得明明白白，总不能期望我陪你们到地老天荒，我衷心希望你们尽快成长，独立地把事情做好。大家应在这个漫长的冬日里把自己所负责的工程做好做细。请理解我给大家布置的寒假作业，让你们未能彻底休息，但这个寒假太长，我担心你们荒了自己的手艺。

日子总是要过的，太阳也会每天升起。对于“新冠”，我们要重视，但也不要过度重视，要相信科学。作为专业人士，如果我们失去了服务的客户，我们也就没有存在的价值。新冠肺炎疫情终将过去，设计界也将重新洗牌，横在我们面前的更大的“病毒”是无活可干。居家办公不是休假，需要我们有自我管理能力、职业素质和专业精神。这个时候考验着每位建筑师对职业的热爱。

我一直处在焦虑之中，因为我们设计的工程都在建设之中，我想请大家想一想做过的工程中还有哪些疑问，还有哪些缺憾，自己是否一心一意地投入，是否因我们的懈怠造成工程的返工。未来设计行业竞争会越来越激烈，我希望都市中心的作品不仅大气，而且精致，不仅有地域性，也很现代甚至国际化。

大疫大难是考验人的试金石，“莫斯科不相信眼泪”，社会同样不同情懦夫。只有不怕打仗，才能避免战争，敢拼才会赢。

这是疫情期间我和自己的对话。在我的家园，在我的书房，我享受着这种孤独，似乎找到了一种“采菊东篱下，悠然见南山”的慢生活。但我知道慢的节奏一定会带来报复性的快步伐。

我没有诗圣的情怀，我希望有一个安静的家，在那个不大的地方，正常地工作、思考和生活，像中国传统知识分子一样，修身齐家，在有能力和机会的时候“治国平天下”。

学习、工作40年，我就像一片云一样漂泊，哪里能安放自己平静的心灵哪里就是我的家园。

家园空间图景

——一个宁谧诗意的所在

崔彤：1962年生，全国工程勘察设计大师，中科院建筑设计研究院副院长、总建筑师。中国科学院大学建筑研究与设计中心主任。代表作品：中科院图书馆、中科院研究生院中关村园区教学楼、国家动物博物馆和中科院动物研究所、曼谷文化中心、国家开发银行等。著有《空间之间的可能》（合著）、《中国科学院图书馆》等。

悠长岁月中，曾为大地增辉的家园也许并未载入史册，但它会印刻在我们心底，成为我们摆脱不了的回忆和思念。无论家园怎样让光阴延缓或快进，它都仿佛是时光的水流汇入幽寂的山涧，奏响一种召唤。

家园，生命中的光，

黑暗中迷途的羔羊重新找到回家的路；

家园，人生的庇护所，

流离颠沛的浪迹者安居立命稳定的家；

家园，精神的寄托，

解甲归田的还乡人重归的清静之地。

时空家园

家园，源于“种子”，

雨露滋润，直到蓬勃生长，树木树人，支撑天地；

家园，始于“原点”，

在引爆奇点时，顿然膨胀，生命的绽放，伴随世界的探索弥漫至无尽；

家园，归于“时空”。

四方对应四时的家，寓于屋宇守望的花园，天地人神的宇宙和时空一体的家园在自然中孕育蓬勃的生命。

家园，一个孕育生命之所，一个蜗居安身的茅屋，一座房子，一个院子，一座园林，一个庄园，一个村庄，一座广厦千万间的城。一个赖以生存的星球，一个孕育我们星球的宇宙。

一个天地人神共同的家园。

老子悟道：“埏埴以为器，当其无，有器之用。凿户牖以为室，当其无，有室之用。”

亚里士多德描述的“场所”如容器；海德格尔认为容器是自身的“物”，具有自我支撑性、独立性。“当我们把器皿看作已经制成的实体容器，那么可以肯定的是我们能够理解它。”如此看来，家园是一个“物”，而不是一个“物体”。“物”意味着“空”“妙有”，人文精神的“时空”或“场所”。

从有巢穴之居，至广厦万间城池；自“住人的机器”诞生到星际漫游宣言，从尘埃中觉醒的DNA到来世九重天堂花园，我们会在平行时空中邂逅另一个光艳的你和镜像的家园。

在那绵延亘古的时空之河，我们从哪里来？到哪里去？那个伴我成长的家园，永续生命的故乡，那种铭刻在心、时常回顾的记忆，充满岁月的痕迹和你依恋的亲朋、慢慢变老的爱人。

生命原初与家园紧密纠缠，不离不弃，直到永远。家园，无论是欢愉还是悲伤，都是人类的栖息地，是人类精神结构中的神圣场所。

山水家园

《溪山行旅图》对自然的寻觅和赞美，其实是人类对仙居家园的一种憧憬。不向往登上巴别塔与上帝对话，也不沉溺于隐士乡间的桃花源，诗意栖居旨在“观、行、游、居”于神山圣水间——闻飞瀑倾注而泻，戏溪流宛转悠扬。在伟岸溪山的庇护下，心驰神往的家园便是自由徜徉和安详的栖居。

中国的家园在浩瀚世界与人性空间之间创造平衡，不是基督教世界充满戏剧性的哭泣哀号，而是专注于自然与人文交接点上平静与祥和的诗情。

如此这般对自然的依赖，滋养出人与自然的“互成”与“共生”，成就一种“相地”的智慧和“择居”的本领。因此，营造家园并非始于建造，而是寓于寻找和发现之中。丘壑之心，林泉高致，源于山水格局，经营理想家园。

天地上下，仰观俯察。先哲以“仰观天文，俯察地理，近取诸身，远取诸物”，向天感悟，建立了人与自然的协调关系，呈现“在地向天”的家园情怀。

憧憬屋宇飞檐架空，向往家园腾达兴旺。超越“在地”的“理想主义”是重构精神化的物质世界。“高山仰止，景行行止”转化为再造台、塔或树构巢居式的楼阁。中国智慧表现出跃然于山林的动势，在脱离地面的飞升中与天对话，“如鸟斯革，如翚斯飞”，创造出动态的飞天，完成向天的致敬。

山水意境，维系着一种独特的世界景象，犹如一个屏幕，投射出中国人的精神结构，牵引着几千年来中国人对“境界”持久的迷恋，并深刻地物化于园林化的家园中。

四季家园

《早春图》描绘瑞雪消融，大地回春，草木生发，云烟幻景，一派生机。但更重要的是以全景式的自然场所和家园空间创造出高远、平远、深远相结合的变化丰富的立体家园，表现初春时北方高山大壑的雄伟宁谧而生机勃勃的氛围。

郭熙的《林泉高致》既是画论，也是中国特有的自然哲学的代表。郭熙的《早春图》从山水形态到山水格物，在可观、可行、可游、可居中见出山水形态之上的山水景象和空间。以“三远”的不同空间维度强化自然空间的层次。而画面背后表现出中国古代文人对山水风物的畅想，包含着对农时、季节、天象的思考。

《四时山水卷》是南宋刘松年的作品，表现出临安（杭州）西湖在四季变迁中的胜景。

春图：春光含烟，氤氲弥漫；长堤蜿蜒，草木生发；山水润染，重楼叠翠。一幅生机盎然、与自然共生相融的景象。

夏图：阳光灿烂，明媚清亮，凸显“亭构单元”浮水纳凉、观景休闲的自在生活，揭示中国人建构和设计生活的智慧，呈现出一个经典的架构体系和空间建构原型。

四柱支撑的亭作为基本建构模件，左右前后水平延展，上下垂直，以预设的结构秩序形成群落。亭建构的简洁性、透明性，结构化的形式，影响或决定了传统建构。

由亭并联及围合所生成的院，作为基本的空间原型，容纳阳光、空气、水，将天、地、人、神置于其间成为小世界，成为中心结构式的边界原型。

秋图：金秋收获的盛景成为山水长卷叙事的高潮，呈现出一个全景的山水花园。建筑围着花园的中心结构，以半透明的边界形成合院逻辑及庭院深幽的诗意场所。

冬图：园林庇护下的内向型合院，悄然冬眠于寂静的山水中。可供踏雪寻梅的木拱桥，作为此岸和彼岸的连接，隐匿着“一元复始，二木相和，三木交叠，四柱亭构”的建构生成法则。

耕织家园

人类对土地的眷恋与农耕有关。

崇拜土地、师法自然，以耕织活动为本，构建家园便是从“自然造物”到“造物自然”的建造活动。

自然的“树构”和原始的“洞筑”的空间建构原型在不同地域逐渐演化为两种基本类型——架构与砌筑，并持久地影响着从远古到未来的空间建构。

在这个创新年代怀旧，是为了重新思考人类建构的智巧。

陶渊明笔下的《桃花源记》描绘了极美的乌托邦景象，指向一个“幻景现实主义”——一个简单的、纯粹的、没有战争、没有税收的祥和世界。这样的景象，伴随着文明的进程，伴随着土地的丧失，已然消失。

仇英的《独乐园》还原了建造与培育的真相：树构厅的建构逻辑是，其一，预设的种植，包括间距和环形边界；其二，顶部人为介入，以最少的干扰获得“屋顶的遮蔽”。

树作为天然的屋宇，已经被广泛认同，并被神圣化，构成某种核心或空间中心结构的范型。

这种特有的种植和培育何尝不是最有效的建构手段？如同在土地上的耕作，人工的介入只需顺应自然培育出来；如同自然的生长，甚至没有特定规划，根植于土地，与草木一同生长。“弱的营造”呈现一种轻柔的触摸环境的姿态。

当我们能“种植”房子，“编织”梦想家园时，也就能架构一个世界，制造一艘记忆与想象的方舟，重构一个驶向未来的家园。

崔彤设计的中国科学院图书馆

结语

家园，也许不再是坚不可摧的城堡，也无须是与自然抗衡、与敌人决战的壁垒，更不需要边界重叠的城池。

家园，向阳而生，在地而构；倚山水风土，载风云雨雾，赏雷鸣电闪，观四季变迁。

家园，能量的源泉。阳光、空气、水孕育着守护生命的花园、智慧的学园、爱的伊甸园。集结思想、希望、勇气，将地动山摇、风暴海啸的灾难转化为自然原力，为家园献礼。

家园珍藏着梦想，庇佑着在那里成长的梦想者安详做梦，在想象中浮游，让异想天开的幻想变成理想，再让理想变成现实。

岭南建筑的营造传承

陈雄：1962 年生，全国工程勘察设计大师。广东省建筑设计研究院有限公司副院长、总建筑师。中国建筑学会常务理事。代表作品：广州白云国际机场迁建工程及航站楼工程、广州亚运馆、广州新白云机场 T2 航站楼及配套工程、深圳机场卫星厅航站楼、珠海机场 T2 航站楼等。著有《广州新白云国际机场一期航站楼》(合著)等。

广东地处岭南，地理包括山脉、河流、山地、丘陵、台地、平原和海洋，属亚热带湿润季风气候。作为具有独特气候和文化特征的地域，长期以来其聚落及建筑都有着鲜明的地域特征。在长期的文化传统影响下，岭南建筑文化呈现广府、潮汕、客家、雷州半岛等不同的形态。这些传统建筑是民间匠人们通过不断总结前人经验，并经过长期实践而形成的产物，具有历史文化价值和鲜明的建筑特色，充满朴素而巧妙的营建智慧。岭南建筑家园的营造传承，与岭南建筑教育传统、岭南建筑实践探索，以及岭南建筑师的传承密切相关。

注重实践、全面发展的近代岭南建筑教育

岭南建筑学科始于1932年。勷勤大学建筑工程学系的成立与办学，培养了一批具有较高现代主义建筑素养的理论和实践人才，为岭南的现代建筑运动做出了不可磨灭的贡献。林克明先生在创系之初，就有明确的办学方向，采用的是现代建筑教育。他提出："作为一个新创立的系，我考虑到不能全盘采用法国那套纯建筑的教学方法，必须要结合我国当时的实际情况。不能单考虑纯美术的建筑师，要培养较全面的人才，结构方面也一定要兼学。"当然，林先生也没有完全否定学院派，而是指出要与中国实际相适应，注重实践，注重技术，全面发展。林先生的主张对岭南建筑教育的办学方向影响深远。

在华南建筑教育的历史上，留德的夏昌世教授在教学上强调实用、功能、简朴，提倡现代风格，在教学和创作上都有丰硕成果。留日的陈伯齐教授则强调基础课训练，重视建筑功能与技术，开展亚热带建筑研究。同是留日的龙庆忠教授热爱古建筑，创立了中国建筑防灾学。林克明、夏昌世、陈伯齐、龙庆忠四位先贤，是华南建筑教育体系的奠基人。

中山大学建筑系（1938—1952年）以及华南理工大学建筑学系作为勷勤大学建筑工程学系的继承者，继承和发扬了这种现代主义的学术传统和教学特色。

敢开时代风气之先的现代岭南建筑探索

在林克明、夏昌世、陈伯齐以及莫伯治、佘畯南等一批现代主义建筑思想的忠实信仰者的带领下，岭南形成了自20世纪50年代以来颇具规模的现代主义建筑运动，而60年代至70年代的岭南现代建筑创作实践，更是开全国现代建筑的风气之先。岭南建筑深受现代建筑思潮的影响，强调

功能与形式的有机联系、现代风格与岭南地域的结合，并引领全国。林克明、夏昌世、莫伯治、佘畯南等几位大师与一众年富力强的华南建筑师经过努力，完成了一批有全国影响的建筑精品。在当时中国现代主义建筑探索几乎停滞的时代背景下，涌现了像广州文化公园建筑群（1951—1952年）、白云山山庄旅社（1962年）、友谊剧院（1965年）、广州宾馆（1968年）、流花宾馆（1970年）、东方宾馆（1972年）、矿泉别墅（1974年）、白云宾馆（1976年）、白天鹅宾馆（1983年）等一大批开时代风气之先的现代主义建筑作品。

华南理工大学校园中夏昌世设计的一批教学楼，强调现代风格与实用功能，其架空拱顶和立面窗户遮阳板，适应岭南炎热气候，造型简洁大方，造价节省。佘畯南设计的友谊剧院，造价有限，空间安排有序，观演效果很好。观众厅旁边的庭院，引入自然景观，为观众休息提供了很好的环境。莫伯治设计的白云宾馆，水平线条的带形窗立面，具有现代建筑的典型风格，尤为精彩的是裙楼门厅与餐厅之间的庭院，有山有水，绿树成荫，空间立体，小中见大，别具一格。

岭南前辈建筑师创新开放，兼容并蓄，践行“适用，经济，在可能条件下注意美观”的建筑方针。正如佘畯南所总结的：在有限的经济预算下，“低材中用，中材高用，高材精用”。无论是理论研究，还是工程实践，前辈们都为我们树立了很好的榜样。

白天鹅宾馆是中国建筑和酒店历史上的一个标杆，也是广东建筑设计史上的一个里程碑。它是以我们中国人为主设计、施工和管理的第一座现代化五星级酒店。由莫伯治和佘畯南领衔设计。

为迎接1987年在广州召开的第六届全国运动会而兴建的天河体育中心，是当时国内功能最先进、设施最全面的大型综合体育中心。广州的中国大酒店（1984年）、花园酒店（1985年）、广东大厦（1987年）、西汉南越王博物馆（1989年）等都是这个时期有一定影响的作品。

广东国际大厦（63层，1990年）是继白天鹅宾馆后的又一件高层力作，是当时中国最高的钢筋混凝土结构的建筑。在高层建筑应用无黏结预应力楼板和地震区高层建筑采用钢筋混凝土结构技术方面达到国际先进水平。

而在改革开放前沿阵地的深圳，深圳体育馆（1985年）、深圳图书馆（1986年）、深圳科学馆（1987年）、深圳博物馆（1988年）等八大建筑相继落成。

多元发展的当代岭南建筑创作

90年代后期，优秀的国外设计师给我们带来竞争的同时，也促使我们本土的设计师迅速成长。这一时期的代表项目是新白云国际机场、广州体育馆、广州国际会展中心、西塔等。

继天河区之后，广州重点发展的新区是珠江新城。2000年开始建设，亚运会前后陆续建成多个标志性建筑，如广州市第二少年宫（2005年）、广州大剧院（2010年）、广东省博物馆（2010年）、广州图书馆（2013年）、超高层西塔（广州国际金融中心，2010年）与东塔（周大福中心，2016年）等重要公共服务性建筑，还有珠江南面隔水相望的广州塔（2009年）等。创建了广州市新中轴上标志性的CBD中央广场——花城广场（2010年），营造21世纪广州市的“城市客厅”。

为了2001年举办的第九届全运会，广州建设了当年国内最先进的奥林匹克体育场等体育设施。2010年广州亚运会，唯一的主场馆——广州亚运馆建筑设计的国际竞赛中，广东省院的方案凭借创新的设计理念、独特的建筑体验、标志性和可实施性的综合平衡获胜，并且成为实施方案。2002年的广州琶洲国际会展中心成为“中国第一展”广交会的最新会址。

超高层建筑一直是深圳发展的重要领域。深圳当年的摩天第一楼深圳国贸大厦（1985年），总高度160米，53层，创下了三天盖一层楼的深圳速度。20世纪90年代，电子科技大厦、中银大厦、地王大厦、赛格广场等地标建筑相继出现。地王大厦（1997年）位于罗湖区深南东路黄金三角地块，总高度383.95米。21世纪以来则有京基100（2011年封顶）、深交所新大楼（2014年）。深圳市福田区CBD核心区的深圳平安金融中心（2017年），以主体高度592.5米鹤立鸡群，由世界知名建筑事务所KPF设计，超过京基100，成为新任深圳第一高楼，也刷新了中国建筑领域的多个新纪录，创造了多项世界第一。

2018年10月习近平总书记视察广东时，要求广州努力实现“老城区新活力”。老城区的更新与复苏势在必行，城市更新与建筑改造在广州和深圳进入新阶段。广州在原有街坊里弄的城市肌理上，保留和修复西关骑楼、西关名人建筑、荔枝湾涌、粤剧艺术博物馆、金声电影院等城市乡愁记忆符号。广州和深圳两地通过旧改存量做增量。

国际化视野下的岭南建筑师传承

林克明、夏昌世、陈伯齐、龙庆忠四位先贤，是华南建筑教育体系的奠基人，他们分别留法、留德和留日，推动了现代主义建筑在岭南的传播和实践。佘畯南和莫伯治等一批岭南建筑师则将近现代岭南建筑推向了一个高峰。

20世纪80年代，随着岭南建筑在全国的影响力不断扩大，广东建筑师也逐步取得全国的设计项目。郭怡昌在北京创作了两个经典作品，包括北京钓鱼台国宾馆12号楼（1983年）、长安街上的中国工艺美术馆（1989年），对建筑传统与现代的结合进行了富有创造性的探索。

天河体育中心（1987年），是岭南建筑的又一个经典作品。为迎接1987年在广州召开的第六届全国运动会而兴建的天河体育中心，是由广东建筑师郭明卓等设计的。

2010年的上海世博会，何镜堂院士带领华南理工建筑设计院与北京、上海设计力量组成联合团队，以中国建筑师团队原创中标，并设计了核心建筑中国馆（2010 年）。在此前后，何镜堂和倪阳带领团队还在全国完成了一批重要项目。何镜堂院士提出了建筑设计的“两观三性”的创作理论，即建筑设计要树立整体观和可持续发展观，要体现地域性、文化性、时代性的和谐统一。他的理论在建筑设计界产生了广泛影响。

深圳总院的孟建民院士团队，先后完成了玉树抗震救灾纪念馆（2013 年）、香港大学深圳医院等有影响力的作品。

作为华南理工新三届杰出代表的陶郅，30 多年来他主持完成的乐山大佛博物馆（2006 年）、珠海机场航站楼（1995 年）、长沙滨江文化园（2015 年）等项目，为他赢得了包括梁思成建筑奖提名奖（2012 年）、中国建筑学会建国 60 周年建筑大奖（2009 年）、全国优秀工程设计金奖在内的各类奖项十余个。

广东省院 ADG·机场院团队（陈雄、郭胜、潘勇、周昶等）在国际化浪潮中探索了“合作—自立”的发展模式，从 1998 年的新白云机场一期航站楼开始与国际事务所深度合作，到 2008 年广州亚运馆原创中标实施，继而完成一批原创设计项目，并继续与国际团队深度合作，在“原创设计＋高端合作”的轨道上不断发展。由此实现了从合作设计到主创设计，再到原创设计的飞跃，开创了国有设计机构改革发展的新模式。最新作品包括新白云机场 T2 航站楼（2018 年）、肇庆新区体育中心（2018 年）和横琴保利中心（2018 年）等。

岭南建筑的设计同行在不同领域都在积极探索，产生了一批具有一定影响力的原创作品，如强调被动建筑与绿色节能的广州气象局突发事件预警发布中心、中山大学珠海校区体育馆、深圳建科院大楼等作品，以及北京天桥艺术中心、尚东柏悦府等富有特色的作品。

2010 年的广州亚运会，12 项新建场馆面向国际或全国公开招标，其中 11 项包括唯一的主场馆广州亚运馆，以及自行车馆、奥林匹克游泳跳水馆等，均由广东建筑师原创设计中标实施，展现了广东建筑师雄厚的原创实力。

岭南建筑创作的一些思考

建筑师和规划师、城市管理者需要考虑的问题有很多，其中主要包括：集约城市发展，人口不断增加，需要提升土地利用率；探索立体复合空间整合功能综合开发，包括 TOD（Transit-Oriented Development，以公共交通为导向）开发；在高密度、高容积率的条件下，进一步提升公共空间的品质；提倡建筑的公共性，与城市空间互动；城市与建筑更加绿色，节约土地，实现被动和主动节能。

全球化进程中的当代中国建筑应该兼具本土精神与时代特色，在当代的建筑实践中保持地方性的表达。建筑应结合气候和环境，体现地域的气质，还应具有源于功能的标志性；建筑师应考虑如何集约利用资源和复合空间，建筑创作应该积极回应城市需要，持续地追求品质，不断融入新技术，面向可持续性发展，在实践中思考建筑创作与时代的关系，致力于当代岭南建筑精髓的再诠释。

建筑的理性

孙一民：1964 年生，全国工程勘察设计大师。华南理工大学建筑学院院长，亚热带建筑科学国家重点实验室副主任。代表作品：北京奥运羽毛球馆、摔跤馆，广州亚运 3 项场馆以及 1 项深圳世界大运会体育建筑工程等。著有《精明营建：可持续的体育建筑》等。

我在呼和浩特出生，那是 1964 年，国家的三年困难时期刚刚过去。40 多年前，我离家远行，到哈尔滨学习建筑。此后毕业南下，定居岭南也接近 30 年了。家园，已经是多重而片断的模糊记忆了。无论是呼和浩特半城半乡的景象，还是祖籍山西古城大同那街巷深处的四合院，都日渐消失在拆旧建新的杂乱之中了。模糊的家园记忆，只能留存在心底。

我在三世同堂的家庭环境中长大，自幼尽享父母、祖父母的关爱。然而上世纪六七十年代，恰逢国家曲折前行时期，我儿时的许多记忆与艰苦甚至饥饿相关。小学校园旁边的住宅工地，地基土坑长年弃置，是我们玩耍的好地方。听大人说是单位没钱复工，那些坑直到我小学毕业也没有填起来。周末去绘画老师家上素描课，穿过麦田就到了。那是工厂区的职工住宅，3 层

1992 年 2 月，孙一民作为哈尔滨建筑工程学院首位建筑学博士参加答辩

楼房，没有暖气，没有厨房，共用卫生间。到了冬天，厕所里走廊上的冰厚过一尺。那时候的家园有太多的不理想，因为穷困，基本的城市功能都是残缺的。这样的生活场景、家园记忆离我们并不遥远，其实也就是 50 年前。

长大了，学建筑了，画房子了，我始终无法忘记那些空置的基坑、冬天结冰的公共卫生间。都说建筑是艺术，但是与其他艺术形式最大的不同在于，建筑师需要靠人家的巨额资金来实现自己的作品，并首先要帮出资人解决问题。

工作了，教学生了，建房子了，我觉得甲方也和我一样经历过那样的日子，今天即使有钱也是不容易的，因此，理所当然地把为业主用好投资摆在设计构思的首位。当然，这不仅是造价控制这样简单，而是充分利用各种专业知识提供更好的结果，让房子更好用，钱花得有意义。

工作后第一个独立中标并完成的工程项目是广东省财税专科学校，这是白云山下颇为局促的地块。在校园规划和建筑设计时，我想方设法利用建筑体量合理划分和围合校园空间，集规划理念与建筑设计于一体。建成后，校方基建负责人十分高兴地发现，许多习以为常的投资都节省了，比如校门，不需要高大张扬并进行装饰了，因为教学主楼与学校入口恰好浑然一体，互为因借。再比如，局促狭隘的校园里，广场尺度亲切却不需要景观美化，因为图书馆与教学楼本身就是围合广场的界面。

有机会做大型公共建筑了，还是继续尝试这样的想法。1993 年，我有机会参加中山市体育馆设计，提供了两个设计方案，把当时积累的可以降低日常运行成本的手段都尽可能用上了。被业主选中的方案中，天窗采光面积是当时华南地区最大的。而桁架结构与混凝土结构组合形成的屋盖系统，易施工，造价低，很好地满足了 90 年代初华南地区对钢结构实际施工水平的现实需要。1997 年秋回访中山体育馆，在并不知道我们是原初步设计单位的情况下，馆长满口赞誉，特别提到，体育馆日常维护不需要开灯，疏散平台下管理用房围合出的小庭院让她忘记了自己是在庞然大物中办公。时至今日，中山体育馆依然是自然光满堂而泻。今天广为讨论的主动式建筑节能措施，与我当初的想法不谋而合。

2001 年，参加华中科技大学体育馆的方案竞赛，校方提出的规划是填掉校园里面的湖建设体育馆，同时修一个校园大门。看着这样的规划，真想骂人。近乎绝望的状态下，我提出了一个保留湖的体育馆设计方案，大门也做了，路成了歪的。这样“邪门歪道”的方案只是一种抗议性的表达，无法设想结果。没想到当时的校长、后来的中国工程院院长周济院士力排众议选择了这个方案。华中科技大学之后也再没有填湖。

2004 年，北京迎来奥运会场馆的建设，我有机会主持两个场馆的方案投标。在资格预审中，我们的技术策略就建立在实事求是的技术理性基础之上，获得了资格预审组的好评，从而获得两个馆的投标资格。设计中，我们的方案并未因为是奥运场馆而恣意表达。无论是场地布局还是结构选型，都理性而慎重。在得体、内敛的总原则下，提出了羽毛球馆和摔跤馆两个外观看似大相径庭，设计理念却如出一辙的方案。经过多轮激烈竞争，两个项目都获得奥组委的确认，成为实施方案。2007 年底，据奥组委的统计资料，羽毛球馆和摔跤馆成为北京奥运新建场馆单方造价最低的两个。为此我们获得奥组委的绿色设计奖，其中摔跤馆还获得了国际奥委会的杰出设计奖。

又过了 10 年，2014 年，经过多年的建筑与城市设计实践，我和团队有机会主持广州琶洲的互联网创新集聚区城市设计优化工作，并获得了地区城市总设计师的工作机会。这是第一次获得把可持续设计的家园理想带到从规划设计到管理引导的全过程并整体付诸实施的机会。

我和团队首先将原有的控制性详细规划按照新的城市设计理念进行了彻底优化，一方面提高土地资源的利用率，同时加大公共空间与资源的配置力度，突出高效、紧凑、集约的城市特色，在国内最彻底地实施“小街区、密路网”的都市设计方案。同时，在六年中，作为总设计师，在各项目的跟踪、引导、审查中，以公共利益和环境效益最大化为原则，针对每一地块，根据每一业主的需求，进行精细化管理，引导工程顺利进行，新的中央商务区快速形成，紧凑多样的城市公共空间体系得以确保。这些年来，团队追求的是效果和性能，完全不是数据与指标。参加国际奖申报的时候，我们在中国赛区被淘汰了，因为不符合大家心目中的数据指标。后来，因为网络评选的票数高，获得了直接参加国际评选的机会，结果得到国际评委的一致认可，赢得了“国际可持续绿色城区实践大奖”。

如今，看着我们设计的一家一家企业总部落成启用，我心目中家园的理想得以部分呈现。欣喜之余，依然不能释怀。中华文化里，家园是一个和谐优美的名词，凝结着世世代代的营建理想。当今天我们获得了前所未有的建设能力时，家园却变得陌生而冰冷，其中的原因虽复杂而多变，但作为建筑师的我们依然难辞其咎。看着越来越多中国建筑辉煌而立，我丝毫没有轻松的感觉，唯愿心中的家园灿烂和谐依旧。希望未来当我们手中的家园传承给儿孙时，能得到他们的理解和认可，能给予他们幸福与发展的机会。让我们共同守护家园，为自己，为子孙，为未来。

蜻蜓飞来的地方

——现代家园之思

张杰：1963 年生，全国工程勘察设计大师。现任北京建筑大学建筑与城市规划学院院长，清华大学建筑学院教授。代表作品有景德镇陶溪川陶瓷工业文化遗产创意产业园以及景德镇城市修补系列工程等。有《中国古代空间文化溯源》《法国城市规划 40 年》《村镇社区规划与设计》等多部专著。

古希腊先哲说，人们是按照自己的观念来创造事物的。我要设计一栋住宅、一个小区，规划一片城市，画出来的方案是与我的观念和喜好分不开的。我有关家园的观念似乎都来自生活经历与亲身感受，它是由我与家园的故事塑造成的。过去不同的经历让我体会到家园不同的维度，有些可能是前后矛盾的，但有些东西却常常萦绕在心。每当生活回到最基本的状态后，它们总能激起同样的情思。

儿时的家是一个饿了就想回去的地方，受了委屈就能哭诉的地方，在那里能看到早上醒来的第一缕阳光。家是一个混乱的地方，它藏着小时候的很多秘密，一个人躲在那里，让全世界的人都找不到。同时，家又把那么多东西带进我的世界：床边的老鼠与屋檐下的燕子，屋外的风雨声与鱼缸里慢慢游动的金鱼……“快，满街都是蜻蜓，我们去逮吧！”是门外小伙伴的呼声。

跟那个年代几乎所有人一样，我的家与院子、街道、周围的邻居分不开。小孩、大人、老人都是家园不可分的一部分，他们为我童年的记忆编织了无数的故事，他们及有关他们的事，后来都成为我所接触的大千世界中最为亲切的注脚。童年有不同的伙伴，他们的家使我看到了家与家的不同。每个家给我不同的感受，有的幽暗，有的明快，有的热闹，有的沉寂；有的让我放松，有的让我紧张。只是所有家的屋内院里的鱼虫、花鸟、树木，都一样让我开心。

我们这一代人没有亲历过战争，但各种媒介将世界的动荡与悲剧乃至血腥的场面传送到我们的眼前，不朽的文学作品也为我们描述了失去家园的痛苦。“田园寥落干戈后”写尽了战乱中失去家园的苦难，“万里悲秋常作客”则表达了离开家园的那种孤独。今天的我们在平淡的生活中，慢慢体会家国兴衰与个人命运的不可分。

忽然有一天，我觉得家园很小，很单调，我要走出去看看外面的世界。因为家人身体都好，我没有牵挂，家园似乎变得那么大。五湖四海，甚至整个世界都可以成为我家园的一部分。我远渡重洋来到了异国他乡，看到不同国度、不同文化的人群都有着不同的家、不同的环境、不同的生活方式。

在富裕的国家，我既看到了宜人体面的中产阶级的家园，也看到了令人沮丧的城市脆弱人群的社区；看到了豪宅和大片的原野，也看到了露宿街头的穷人与都市的昏暗。一个人的家园到底多大才是幸福的？英格兰北部荒凉的庄园让我想到《红楼梦》贾家的衰落和曲终人散的场景。我也忘不了 20 世纪 80 年代初，在河北清西陵的密林中，那位四口之家的农户主人由衷幸福的笑容，他因在房子周围多种了十几棵小树而对未来充满希望。我不时地问自己：家园多大才算大？拥有多少能够带来幸福？一次去故宫的倦勤斋，吃惊地看到成为太上皇的乾隆老年独自一人居住、没有窗子的卧室，面积不到 9 平方米。这可是当时世界上幅员最辽阔、人口最多、军事与经济实力最强大的帝国的太上皇啊！这是这位满族皇帝对游牧生活的眷恋？还是人性的回归？

每个人心中的家园其实都是一个乌托邦。家园从来都不是真正个体意义上的，与其说是我的家园，不如说是我们的共同的家园。基督徒托马斯·莫尔幻想的充满“自由、民主、博爱”的神奇岛屿上田园般的国度，并不是乌托邦的首创。两千年前，西汉大文学家、科学家张衡，在厌倦了都邑的官场生活后，走向了田园。在那里他看到——更准确地说是他向往着这样的景象：在美好的春天里，天朗气清，山原辽阔，草木芬芳，川流鱼跃，莺歌燕舞；他流连忘返，月下弦歌，与古代圣贤对话。三百多年后，这样的情结再次在陶渊明心中复燃，他也走向了田园，过起了“采菊东篱下，悠然见南山”的日子，还借着酒劲神游了一次桃源仙境，为我们整个民族勾勒了一个桃花源式的乌托邦。

渴望走向田园非农耕社会所独有。近代工业文明一开始就将千百万家庭从土地赶到拥挤、肮脏、贪婪、烟雾弥漫的城市。霍华德再次沿着托马斯·莫尔的足迹，为西方文化背景下的工业城市描绘了一个现代版的乌托邦——花园城市，并使之成为美国式郊区化家园的理想模式。对于那个时代的精英来说，仅仅解决人与自然的关系还远远不够，建筑师们要提出一个革命性的、系统性的解决方案。现代建筑运动一开始就以住宅为重要的切入点，描绘了一个全新的乌托邦，并希望借助国家的干预将其付诸实施。《雅典宪章》以前所未有的人文关怀和魄力将现代住宅从城市其他的功能中剥离出来，并将它们置于绿野之中。

柯布西耶之住房是居住机器的概念像咒语一般控制着现代建筑教育的思维。职业化教育的目的就在于，将一个准建筑师从世俗的家园观念中解脱出去，使其修成一个专业的家园的正果，它包含技术的理性、经济的算计、形式的创新等。所有这一切都促使建筑师的家园设计成为一个试验，一个为了实现单向度目的与追求的草率的试错。可惜，建筑师并不是决策者、投资者，在绝大多数情况下也不是使用者；所以在现实中，各种纯粹、单一的观

张杰修复设计的陶溪川陶瓷文化创意园

念常使住宅与社区成为牺牲品，尤其是那些所谓为低收入者专门设计建造的可支付性住宅。1972年，美国圣路易斯市政府不得不通过高层爆破的方式来解决普鲁蒂艾戈高层低收入住宅区面临的各种社会问题。有人借题发挥说，这一事件宣布了现代建筑的死亡。接踵而至的是理论家们的鞭挞与批判，他们将现代建筑与意识形态联系在一起，认为现代建筑实际上是当代资本意志的表达。同时期系统的调查还发现：伦敦几千栋高层住宅确实出现了问题，它们难以对生活在其中的普通人的生活起到应有的支撑作用。顷刻之间，现代主义原本为低收入阶层构想的乌托邦在现实中灰飞烟灭，成为一个笑柄。敏锐的学者告诫我们，空间设计可以加强或削弱住宅及住宅区的防御能力，安全是住宅建筑与环境应该有的最基本的功能。

当日常生活被现代主义的住宅与社区模式肢解之后，一部分建筑师、规划师、社会学家、社会工作者再次把目光投向千百年来人们习惯的城市生活方式与家园理想。人们再次回归到感知的世界，向哲学、诗歌汲取灵感，诗意地栖居在大地上成为一种普遍的愿望。人们开始探求一种非纯粹的家园模式，它似乎可以让我们将现实与虚拟联系在一起。在这幅新拼贴出的家园图景中，我们看到高科技与淳朴的环境片段并置，各种“流”的现实世界与我们赖以生存的场所相结合，个人的、纯粹的自我空间与社会的多元社区共处。

20 世纪 60 年代，西方建筑师们对家园和城市就曾有过各种未来主义和超现实主义的探索。今天，我们正谨小慎微地维持着一个“可持续发展”的脆弱概念，强大的数字时代、正在被大数据重塑的现实世界、全球化的转型……或许所有这些都不得不成为我们现实抑或想象中的家园的一部分。

人类必须依赖新的技术才能够生存，但又不甘成为技术的附庸，被突破人性最后的底线像动物一样存在。或许未来在无限的、技术的可能前景中，如何管理无限膨胀的需求会成为人类生存的基本议题。现实逼迫我们去认真地思考我们的家园应是什么样的。我们的地球已经不再是海德格尔时代的地球，更不是那个每饮必醉、衔觞赋诗、不吝去留的五柳先生的时代的地球了。今天全球人口已经超过 150 亿，海平面正在上升，很多现代文明的核心城市及无数人的家园正面临被淹没的危险。建设一个韧性的城市已成为我们共同的家园的基础，或许低密度的社区，乃至田园已离我们远去。我们需要严肃对待纽约、东京、上海、新加坡、香港这些高密度的集约都市及地区带给我们的启示。

德国一位哲学家说，人性随着人的发展而改变着它的内涵。人的发展既指人类文明的久远积累，也与他所生存的变迁的环境相关。我们家园的内涵也应该随着我们自身与我们身处的环境的改变而发展，或许这才是真正具有人文关怀的家园的灵魂所在，也是我们一代代人为之上下求索和创新的不竭动力。

据说唐代王维的辋川别墅大致处于长安城与终南山中间的位置，就是说这位大诗人的理想家园处于绝佳的区位。从这里进可以去世界最繁华的长安闹市，退可以方便地隐身于终南山的松云之间。这是那个时代的士大夫在出世和入世的矛盾之间，对理想家园做出的最具平衡性的抉择。到明清，社会精英们在苏州这个人间天堂，将别墅搬到了车马喧嚣的城中，开创了大隐于市的生活模式。

今天，生活的主要矛盾似乎已经转化为如何在技术世界与自然世界、物质的过剩与精神的空缺之间找到应有的支点。就像辋川别墅的主人难以全然超脱长安的世俗，也渴望终南山的幽静与混莽一样，现代人不可能拒绝技术世界，更不能背向自然世界。从这个角度来看，中国古代贤人关于理想生活和美好家园的梦想，对今天仍有现实意义，但不是任何具体形式意义上的，而是一种深层的沉思。

在二元世界的纠结之中，形式上的理想家园的一些元素会变成符号。陶渊明《归去来兮辞》中所描述的荒径、松菊、庭柯、南窗、闲云出岫、倦鸟还巢等景物，存在于我们童年的记忆与感受中，成为一种意象，同时又与我们置身其中、不能自拔的技术世界交织在一起。其真实性就在于，它们可以时时抚平我们灵魂深处的躁动与焦虑，使我们在内心可以感受“舟遥遥以轻飏，风飘飘而吹衣”的自由，践行“善万物之得时”的感悟。

这些符号与隐喻应该是我们未来家园的构成要素，但它不应成为廉价的拼贴，否则那些符号与原则会被扭曲。我的理想家园是一个拥有社区的家园，它与千百万人共处于都市之中。那里混合了自然与田园，方便的机动交通佐以可自由行走的步道；摇滚伴随着唐诗，星河对应着小窗；在那里陌生与记忆同在，不同年龄、不同爱好的人共处。它的秩序不是在表面的空间，而是在每一个人日常生活的体验中，在每一个人一生的体验中。这里长夏的雨后，蜻蜓一定会再款款飞来。

文博建筑塑造当代公众家园

桂学文：1963年生，全国工程勘察设计大师，中南建筑设计院股份有限公司首席总建筑师。代表作品：中国革命军事博物馆（改扩建）工程、武汉天河机场T3航站楼、武汉保利文化广场、抗美援朝纪念馆改扩建工程等。著有《本色建筑》等。

中国数千年的文明基于过往特定的聚居模式与社会结构，其伴随而生的价值观念，在当代的快速发展浪潮中，遭遇了重大的冲击：如当代快速流动、“游牧式”、“候鸟式”的生活范式之于华夏民族过去长期安土重迁的传统；如国际化、标准化、工业化的规划、建造逻辑之于不同地域的自然气候、地形地貌；如快速新兴、高频迭代的知识信息及其伴生的增量逻辑之于过往的存量思维……

建筑设计领域同样面临着前所未有的挑战，高速流变的社会语境下，“百年建筑”“坚固属性”在经济、文化和信仰上的一体交融以及建筑材质的通常印象（石块的厚重、木材的温和、砖墙的沉稳、竹屋的轻灵等）都在被持续解构。物理上恒常的价值正随着文化上对传统定位的变迁而波动。

一、陌生世界中的城市之根

我们在2009年和2014年先后两次参与了盘龙城遗址博物院的方案投标竞赛，五年间项目用地周边区域的面貌发生了重大变化——由自然田园风光快速变迁为现代城市风貌，出现了林立的高楼、宽阔的道路、宏大的广场、秀丽的公园。快速的城市化，为这个城市，乃至整个中国，带来了明显的人口集聚变迁，“陌生”的熟悉成为人们对城市的普遍感觉。

演化带给人类的，不只是一往无前的好奇与探索，还有信任、合作与共同想象的能力。当我们置身于具体的城市，体会其特定的气候、格局、文化沉淀下的空间、人群及某种精神时，城市不应该是抽象的居住、工作机器，而是真实的人居空间——这里有我们个体生存的记忆，也有文明活动的痕迹。

盘龙城遗址是商代人在荆楚大地上活动的遗迹，号称“武汉城市之根”。城中宫殿形制完整，城外有若干商代墓葬，出土的随葬品以青铜礼器、玉器、兵器、工具为主。自我们接触、思考、策划盘龙城遗址博物院设计伊始，便被这个商代人类活动遗址所反映的人类社会流变所吸引。

古代先民们凝聚人心、塑造文明共同体的重要手段是祭祀和战争，城市、宫殿便是这类公共活动的重要实物载体。而在当代这种以陌生人为主的大规模城市聚居模式下，博物馆、纪念馆等文化类建筑便成了聚集和展示这些来自历史深处的慢变量的信息势能高地，成为新的居民公共生活场所和再造共识的精神家园。盘龙城遗址博物院这个项目的设计过程，既需要我们探寻、挖掘过去的城市之根，也需要我们新建当代公众的精神家园，为未来的城市精神留下根脉和养分。

二、定居模式下的宫、城意向

数千年的定居传统在中华民族的文化记忆里嵌入了安土重迁、因时而动的基因。尽管生存本能推动着中华民族在不同的时代依据其资源状况、生产力水平逐步扩展着生存边界，但历史上更常见、影响更大的，还是通过建立不同规模的城与墙，设定聚居群体的临时安全边界。这种行为模式也逐渐渗透进文化的底色，成为中华民族常见的思考范式之一。

城墙在中国历史上有着明确的划分内与外、文明与野蛮、我们与他们的边界之意。自秦汉以降，中国单核心、集中式皇权的组织特殊性，逐步强化了宫廷的神圣性和权威性，令其成为文明的实体化象征，承载着《左传》“国之大事，在祀与戎”的精神。宫殿、皇城，在历史中逐步沉淀下了其边界与核心的双重特性。

实体的墙、门、房、景中，流动着人的生、老、病、死。墙与门的高低厚薄、构成比例既是防御需求的实体化，也是精神界面封闭与开放的投射；房和景互相映衬，诉说着空间属性的私密与公共。

三、荆楚建筑里的高台形制

荆楚是两湖区域的古称，以洞庭湖为界而分湖南、湖北。此区域内水资源丰富，湖北号称“千湖之省”，武汉号称“百湖之市”。因此，荆楚建筑与水存在着密不可分的联系——既有亲水、用水的一面，也有惧水、防洪的一面。亲水性体现在逐水而居的城镇聚落与江河码头的商贸交通；防洪性体现在建筑的传统形制上。传统的荆楚建筑常见多台、高台形式，正是顺应地势，通过高低不等的场地及建筑的竖向变化来适应水的涨落起伏。湖北省的武汉、宜昌、沙市、襄阳，湖南省的长沙、岳阳等地均有类似例证。

荆楚地区的城市空间多是沿水展开，“水”是荆楚建筑重要的背景底色。在古代，江河湖泊除了是交通要道，更在战争期间成为抗击外敌的天然屏障。如今，大江大湖彰显了荆楚地区的城市特点，沿江、沿湖区域纷纷成为城市中最为宝贵的土地资源，城市空间的展开常以大型江河湖泊为中心，结合周边地理条件逐步扩展。例如，武汉便是以长江、汉江交汇处

盘龙城遗址博物馆（桂学文作品）

为核心，以商贸和交通为主要特色的“江城”，其丰富的“码头文化”也正是源自于此。当代“逐水而居”的范式中，高台与码头的元素分别回应着历史记忆中对于水的恐惧与亲近。得益于如今的科技发展与理念更新，未来荆楚地区的滨水空间或许会有更多的亲水、滨水设计。例如，可以通过竖向分层处理交通的方式将城市与江河滨水空间更好地联系起来，把人的活动空间与车行交通系统进行立体化分层，形成更丰富、更有特色的城市公共滨水空间。

在盘龙城遗址博物院的规划设计里，我们尝试结合建筑功能与场地特征，将建筑适当分解、重构成多个高台单元体块。在尽量保留原始地形、地貌的原则下，因地制宜地将这些高台单元体块分散嵌入场地的自然高差与坡地起伏中，令建筑与环境高度相容，成为长在那里的“在地建筑”。

城市是当代文明演化的主要载体。人们在城市中的喜怒哀乐、悲欢离合构成了城市的情绪；衣食住行、行走坐卧构成了城市的生态；而那些历久弥新的故事、记忆，那些心领神会的共相、价值观，则构成了城市的精神。通过盘龙城遗址博物院的规划设计，我们与文明、历史进行了一场漫长的对话，是一次十分难得的映照自身、理解自身的旅程，谨为记。

难以忘怀的家园

孙兆杰：1962 年生，北方工程设计研究院有限公司总经理、首席总建筑师。中国建筑学会工业建筑分会副理事长。代表作品：华东工程学院图书馆、石家庄铁道大厦等。著作：《综合型产业园区规划、研究与实践》《大学校园规划设计》《全过程旅游规划设计编制思考与实践》等。

因为父母工作地的变换，从出生到高中毕业，我曾在四地的五处院落居住。那时的住房和生活环境深深地镌刻在我的脑海，牵绊着我无数次地回首、回味。我一直都想走进去，把它们描画出来，找寻那一份内心深处的记忆。随着年龄的增长，这种想法越来越强烈。那时居住过的房屋、那时的人和事日渐清晰，一帧帧美丽的图画、一幕幕美好的回忆再次浮现……那是我曾经生活过的场景，是我成长的地方，是令我魂牵梦萦、难以忘怀的家园。

我祖籍是江苏东海县，父母在山东工作，我出生在山东省郯城县墨河区杨集镇的一个叫“小公社”的地方。我父母当时在这里工作。父亲 1943 年加入中国共产党，解放时是一名营级教导员，母亲 1947 年参加革命工作，他们都是当时革命队伍里的文化人。小公社是个院子，坐落在镇子最西边，一排砖瓦平房里住着三户人家。院墙是夯土墙，有一个麦秸秆作顶的大门楼。院子西边是一条县级公路，东、南、北三面都是荷花塘，每到夏天开满了荷花。由于镇子在东面，所以有一条小路穿过荷花塘与小公社东面的大门连接。

很小的时候我就有了记忆。我刚出生那年的冬天，姥姥用被子裹着我，怕我蹬被子便用一根带子把裹被扎起来。可能是由于绑得太紧不舒服，我便哭了起来。这个场景至今还留在我的脑海里。

小公社西面一公里处有一个养鱼场，中间有一条水渠，里面种着很多荷花，水渠两侧各有四个鱼塘。鱼塘之间是高起的土包，长满了树木和杂草。从家里去养鱼场要经过一条河，夏天我和小伙伴经常在河里游泳。

记忆中最有趣的是夏天，可以到荷塘里挖藕。挖藕是一个技术活，要顺着莲蓬用脚一点一点地踩下去。感觉脚触碰到藕时，潜水下去，一下就把藕抓了出来。

有一段时间，二哥养了一只羊，我们经常去割草、放羊。

后来，我们从小公社搬到了镇上。新家位于一个很大的院子里，大门楼是个老建筑，墙上还有很多小孩子的涂鸦。院子里住着近十户人家，我们住在大院子里的一个小的独院里。大院的东、西边有一两米的高差，住户都在西面高坡上。我家小院子的南、东、北三面都种着向日葵，西面是大院子的院墙。

夏天，姥姥会在东山墙，也就是我家小院子的大门口，铺上麦秸栅子，带着我们乘凉，给我们讲天河和牛郎织女的故事。经常有邻居的小朋友聚拢在姥姥身边，一起坐在麦秸栅子上听。就在那时，“文化大革命”开始了，不断传来武斗打死人的消息。二哥、三哥已上中学，也开始参加红卫兵的串联活动。由于年龄小，他们只在附近串联，没有走得很远。

不久，父母也被划为“走资本主义道路的当权派”，被停止了工作。不知什么原因，他们没有被关进“牛棚”，我们家也没有被扫地出门，父母工

向日葵环绕的小独院

资还照发，只是有时被带出去批斗。由于是武斗，晚上会有枪声，哥哥们就在小院子里挖了条地道。上一年级的时候，镇上的中小学进行文艺会演，我被安排独唱革命样板戏《智取威虎山》选段“我们是工农子弟兵”，报幕员是我四哥。

1971 年的春天，父母被结合到领导班子里，调到一个叫房庄的地方工作，我也跟着一起转到这个地方。新的住址也是一个大院子，但不一样的是办公和居住都在这个院子里。

我们院子里住着三户人家和一个放映队，那时的放映队都配有幻灯片机。因为经常看，我便按照幻灯机原理，找来一个纸盒子和手电筒，把玻璃涂上墨，墨干后画上自己想要的图案，制作了自己的第一部幻灯机。大院子一进门是一个很大的影壁墙，上边有画像。影壁墙前有一个花池，晚上我们经常在那里把得到的硫黄点燃，发出绿色的荧光。影壁墙西边是杨树林，东边是榕树林。大一点的孩子告诫：太晚了，不要在榕树下玩，晚上有鬼魂在榕树下开会。院子后边是一个果园，有桃树和樱桃树。还有一个设有铁水车的水井，供应着大院的生活用水。三哥那时已经在工厂上班了，每个周末回家。他从小练武术，便在院子里扯一个电灯，周末教附近的小朋友练武术。我也跟着学，一直到大学时才停止。夏天的晚上，在院子里能逮到知了猴，第二天早上可以美美地油煎了吃。

这个镇子沿沂河而建，沂河也就是电影《南征北战》里的大沙河，河里的沙子特别多。我家住在南头，学校在北边。天热的时候，小伙伴们沿着河边的沙滩一起走着去上学。我们经常把书包（那时候书包里就两本书）和衣服交由一个人保管，其他人直接跳到河里，游到对岸去学校。那时的水特别清，在水边的沙滩上可以抓到小甲鱼。有时候会把从树上打下的枣子装在背心里，放在水面上漂，这样便可以边游泳边洗枣吃了。

邻居是党委秘书，家里珍藏着很多老书，有《三国演义》《西游记》《水浒传》《红楼梦》等。我就是从这个时候开始阅读四大名著的。由于是繁体字，那时的我刚上小学三年级，很多字不认识，就顺着句意来猜，基本也能看懂大半意思。所以现在有很多繁体字我不会写但认识，可能就是那时打下的基础。由于这些书当时都属于禁书，所以不能声张，只能偷偷地看。有时看得入迷了不愿去上学，就索性请假窝在家里看小说。那时正在“批林批孔”，学校管理不严，课本很简单，自己看看也能明白，考试也能考个不错的成绩。暑假下雨的时候不能出去玩，就在檐口下下棋，大部分时间下的是陆战棋，分暗下和明下两种。记忆中，小伙伴和院子里爱下棋的大人没有几个能够赢过我的。随着“批林批孔”运动的高涨，大人们要到孔府、孔庙、孔林去参加现场批斗会，我也跟着凑热闹。那是我第一次参观曲阜，被中国的古建筑文化深深折服，这也许是我选择建筑学专业的最早启蒙吧。

1974 年，我们全家又搬到了埝上。“文革”仍在继续，我们刚搬来不久，造反派就来抄家。由于造反派内部走漏了风声，我父母连夜躲了出去，家里只剩下我和四哥。当时，三哥在南海舰队当兵，二哥在周村当高炮兵，大哥在江苏老家教书。因为我和四哥年龄太小，党委通信员刘哥陪我们住。大概半夜的时候造反派来了，因为父母不在，搜查了一下就撤走了。

埝上这个地方以银杏树闻名，我家住在党委大院。院子里种满了银杏树。银杏树有公树和母树之分，母树结果，公树不结果。公树有一根挺拔的主干，树枝几乎水平地沿着主干盘旋往上升，攀爬起来很方便。母树的树枝长得就比较杂乱。其中一棵大银杏树，据考证已有3000多年的树龄，还在结果。我小时候常常在大树下玩。树的南面是一个寺院，现已开发成银杏公园。

那时的小学和初中都有毛泽东思想文艺宣传队，主要任务是宣传毛主席的最高指示、演出文艺节目，很受大家欢迎。也就是在那个时候，我开始学习二胡、笛子、口琴、风琴等乐器，学习跳舞和唱歌。除排演节目和正式演出外，宣传队的领队郭兆堂老师经常给我们读《三侠五义》《小五义》等古典武侠小说。在那个样板戏占据舞台的年代，听书是一个很好的娱乐方式。

初中时，班里新来了一位班主任，就是教语文的邵泽英老师。邵老师那时岁数并不大，却剃着光头。他专门和我谈了学习的重要性，给了我很大的启发。那个时候老师是不能公开劝学生读书的。2008年我去看先生，近80岁的老人，身体依然健朗。

1976年“文化大革命”结束，我们开始加紧学习。1977年我进入高中学习，很幸运遇到了一批好老师。他们来自天津大学、山东大学、南京大学等名校，好多是“右派”。虽然还没有摘帽，但随着尊崇知识的社会风气日渐恢复，大家对知识分子越来越尊重。其中，班主任刘沛泽老师毕业于南京大学数学系，经常给我开小灶。这些老师对我的学习、对我的人生起到了至关重要的作用，从他们身上，我不仅学到了广博的知识，开阔了视野，更学到了为人之道。

1979年4月，我们搬到了郯城。父母离休后一直居住在这里，直到去世。在这里学习了两个多月后，我参加了高考。从离家上大学、参加工作到2008年、2009年父母先后去世的约30年里，我每年无数次回来看望父母，

孙兆杰与家人合影

都住在这里。父母在遗嘱里把这个房子留给了我，从此这个房子便成为我大学之前的记忆和家园的寄托。

这也是我从出生到上大学离开家所住过的五处房子里唯一保留下来的。曾经去寻找过另外四处房子，都早已被拆除，记忆中的院落、屋舍、草木等均不复存在。如今，也只能靠文字和绘画来追忆过去了。

漂移的家园是折叠的记忆

张松：1961年生，同济大学建筑与城市规划学院教授，住建部历史文化保护与传承专委会委员，中国建筑学会城乡建成遗产学术委员会理事，中国城市规划学会规划历史与理论学术委员会副主任委员。著有《城市文化遗产保护国际宪章与国内法规选编》《理想空间：历史城市保护规划与设计实践》《东方的塞纳河左岸——苏州河沿岸的艺术仓库》《历史城市保护学导论》等。

英国历史学家西蒙·沙玛（Simon Schama）在其非凡之作《风景与记忆》（*Landscape and Memory*）中指出，人们总习惯于将自然和人类感知划归两个领域，但事实上，它们不可分割。尤其是各种空间，比如某人诞生的居所，便充满着记忆的痕迹。大脑总是在我们的感官知觉到风景以前就开始运行，“如果说我们整个的风景传统是共同文化的产物，那么同理，它也是在丰富的神话、记忆以及夙愿的沉淀中构建起来的传统”。

城市的历史街巷肌理、生活景观是人类文化的产物和创造性的积累，也是社会集体记忆的所在。城市街巷和建筑的稳定性，可以保存市民的集体记忆。影像、图片作为个人记忆的储藏间，像街巷肌理一样可以帮助人记忆过去。为了完成《建筑师的家园》的文章，我在电脑中翻阅过去的照片，不由得陷入对往事的回忆。打开折叠的记忆，便有了下面的文字。

一、城乡之间的家

回忆家园，对我而言可能是一件比较尴尬的事情。

20 世纪 60 年代初，我出生在长江岸边的一座秀丽小城沙市。这座有过“江汉明珠”美称的城市，80 年代初，无论是城市经济还是规划管理，在全国都有不小的名气。“活力二八，沙市日化”这句广告词，有一定年龄的人应当还有一点印象吧？到 90 年代初，地市合并、行政区划调整后，沙市成为荆州市所属的一个区，从某种意义上来讲，一座满是故事的城市也就消失了。

当然，我所说的“尴尬”还不只是这个变故所带来的困扰。在过去那个年代，父母一直在农村从事基础教育工作，于是我就随父母生活在农村，而且基本上是住在学校，吃学校食堂的饭长大。一方面，农村的乡亲们羡慕我们有城市户口可以吃商品粮；另一方面，不少人对知识分子“臭老九”及子弟也有着本能的反感。

我过去曾经生活的农村，今天已经成为城市郊区，有的已经成了建成区。过去一直活动的场所（不同的公社），其实就在江陵县内。但在经济落后的年代，城乡交通不便，家庭收入有限，我们全家通常也就是在春节和暑假会回到城里，待上一周左右，超过时限街道或居委会的人会来外婆家中盘查情况。每次离开城市返乡时要在清晨 5 点出门，去荆州城内的汽车站排队等候长途汽车，这也是我童年时代非常痛苦的一个记忆。

对于我而言，在离开农村到武汉上大学之前，家园一直是一个不稳定的概念。在农村时被当作城里人另眼相看（确实做农活比我的那些同学差得太远了）；回到城里，虽然是一个很小的城市，又会被周围邻居看作是乡下人，被瞧不起。这种漂浮在城乡之间模糊的家园图景，便是我在对家园开始有专业认知之前的真实印记。

老实讲，我在1979年到武汉上大学学习城市规划专业之前，对于城市住宅、宾馆、工厂等建筑的认知几乎是零。在农村住的房子非常简陋，甚至几户住在一座庙内。最像样的住房，也是教室改造的。所谓改造，就是父亲用演样板戏使用过的布景材料简单地分割出来的房间，厕所是学校唯一的公共厕所（旱厕）。

还好，那时候在大学阶段的专业课学习期间都有相应的实习，做幼儿园、小学设计就先去参观几所幼儿园、小学，做宾馆建筑设计就专门到武钢外国专家楼访问学习，学习植物配置课程就到庐山，学习工业区规划就到南京实习，等等。那时候的教学计划还是很周详的，虽然当年资金有限，出差住宿条件比较差，但整个过程对我们认识和学习城市建筑还是有很大帮助的。2002年，我曾在《规划师》杂志上发表过《我这二十年》一文，其中也说到了一些大学时期比较有意义的事情，在这里就不再赘述了。

二、历史的记忆

2016年11月，中国城市规划学会历史文化名城规划学术委员会在黄山屯溪召开了一年一度的学术年会。大会上，90高龄的清华大学建筑学院教授朱自煊先生对屯溪老街保护历程进行了全面的回顾。屯溪老街保护过程中的故事都很有意思，从一个侧面反映了我国名城保护观念和状态的变化。朱先生的发言也引起了我的一些回想。

我第一次到屯溪老街是1995年还在日本东大攻读博士学位期间，是专程来这里做历史街区保护的实地调研。那时候交通很不方便，但屯溪老街上的居民淳朴热情，很愿意跟游客聊天，请抽烟、请喝茶是很平常的事情。我跟一家店主聊得比较投机，到吃饭的点了就在他家里吃了顿便饭。要知道当时我完全是以游客身份进行调研的，也没有买他店里的东西。当然，那时候游客并不多，生意也不像现在这么忙，沿街店铺建筑基本是老房子，没有现在的店面高大和装修奢华。现在屯溪老街游客非常多，生意也很兴隆，这些都很好，遗憾的是店铺经营者已经没有了当年的淳朴和热情，街道背面的住宅居住条件好像也没有得到彻底改善。作为当年建设部力推的历史街区保护示范项目，这些问题需要地方政府认真对待并进行改进和加强管理。

对历史文化街区保护工作的态度转变不仅体现在居民的行为上，领导的重视程度似乎也不如从前了。1996 年历史街区保护（国际）研讨会在黄山屯溪召开时，建设部常务副部长叶如棠出席会议，并在开幕式上作了重要讲话。在我的印象中，20 世纪八九十年代召开的多次历史文化名城保护重要会议都有高层领导出席，有时还是部长和分管副部长出席并讲话。然而，这些年历史文化名城保护工作的重要会议比较少，而且也很少有部领导的身影出现。

屯溪老街是国内最早的历史街区保护实践项目之一，朱自煊先生主持的屯溪老街保护整治规划最初一版完成于 1985 年，1993 年夏又做了规划修编调整。他在报告中讲道，屯溪历史街区的保护和管理就是保护、整治、更新的有机演进过程。中国建筑工业出版社前些年出版过《城市规划资料集》，共计 10 册，其中第 8 分册《城市历史保护与城市更新》由清华大学建筑学院主编，主要内容分为城市保护、城市整治和城市更新三部分，可见朱先生的学术影响和前瞻性。

今天来看，“保护、整治、更新”整合推进的思路完全契合当下的名城保护和城市更新等热点问题。另外，朱先生和阮仪三先生都是较早与日本遗产保护界进行交流合作的前辈，也是在历史街区保护实践中充分借鉴日本经验的实践家。

日本的历史文化保护方面起步早，法制健全，居民参与程度高，值得我们学习借鉴。实际上，在日本的城镇中传统建筑群保护区范围一般都不大，但整个国家的城镇规划关注自然环境和历史环境保护，规划管理依法有序进行，同时尊重私人产权，因而在大规模开发建设后的近 20 年中，在城乡环境品质提升和文化遗产保护活用等方面的进展相当可观。在地方城镇的保护规划过程中，当地居民热爱家乡、热爱本土文化，并在历史保护实践中有充分的话语权，可以产生促进作用。2008 年，日本还颁布了《历史风致法》，近年来地方城镇都积极申报国家认定的“历史风致保护规划”。从表面上看，日本历史文化保护的内容和方法与我们十分相似，但实质上有所不同。日本的历史保护，由点及面进而扩展到整个城镇，由简单保存到综合保护，进而扩展到有形和无形文化遗产整合保护、全面活用。相关过程推进有序，各类保护法规严谨有效，并与国家和地区的发展战略及实际情况密切关联，在国家和地方的文化发展和社会振兴方面发挥了重要作用。

近年来，我国历史文化名城保护得到了中央高层的高度重视，但现实中“灰色”现象还比较多。会上朱先生说到屯溪历史街区的建筑改造中有一种“偷天换日”整容术，说得很深刻，点到问题的要害。也许这些建筑并非文物，也不是挂牌保护的历史建筑，但当对构成街区历史风貌的老旧建筑悄悄地进行改造，而且蔓延到各家各户，甚至是互相攀比进行大改造时，最后会导致街区整体历史风貌的过度变化。这是历史街区保护价值观念的“和平演变”现象，当然也是违背历史街区保护相关法规的不当行为。在历史保护现实中出现的拆旧建新的“假古董”式开发、彻底动迁居民的旅游景区式开发，类似这样的情况和问题，可能也是今后历史文化名城保护规划和管理中需要反思改进的方面。

三、忆两位先生

2014 年 5 月，在同济大学 107 周年校庆之际，“李德华教授城市规划建筑教育思想研讨会”在文远楼 106 室举行。李德华教授是当代中国城市规划学科杰出的教育家，曾荣获“中国城市规划学会突出贡献奖”“中国建筑学会建筑教育奖”。历时一天的研讨会围绕李德华先生规划教育思想与同济大学规划建筑学科发展等方面展开。相关学者从不同视角阐述了李德华先生对中国城市规划理论与实践做出的贡献及其深远影响。可是在百度上搜索李先生的名字，却几乎没有什么信息，这是一个非常奇怪的现象。李先生这一代人可以说是生不逢时，尤其是遭遇“文革”冲击，改革开放之后没有工作太长的时间就退休了。以先生的为人为学风范，及其培养了众多活跃在城市规划一线的专家学者来看，这样的人文教育精神和人才培育成果却是后人难以超越的。

同济大学教授阮仪三，作为国内城市遗产保护界的一面旗帜、一种声音和一个标志，在一些重要的场合是不可或缺的人物。经过近 40 年的努力，阮先生在遗产保护，特别是名城名镇保护方面做出了杰出贡献。事实上，即使被人们称为“古城保护神”的阮仪三先生，可能每天都会看到与其成功保护案例相比更多的破坏行为发生。

四、他乡遇“乡贤”

王元化先生作为在国内外享有盛誉的著名学者、思想家和文艺理论家，他的著作《文心雕龙创作论》《清园论学集》《思辨随笔》《九十年代反思录》等曾在海内外产生过巨大影响。1998 年，他与巴金、贺绿汀和谢晋等人一道获第四届上海文学艺术奖之“杰出贡献奖”。

1999 年春，受荆州市规划局委托，我们开始编制比较规范全面的荆州名城保护规划。由同济大学国家历史文化名城研究中心主任阮仪三挂帅，我具体带研究生进行调研和规划编制工作。在完成《荆州历史文化名城保护规划》初稿后，我带上规划文本，到上海市图书馆内的王元化先生办公室向他汇报规划方案。

荆州（江陵）是国务院公布的第一批历史文化名城，王老是生活在上海的荆州籍文化名人。向王老这位老乡汇报历史文化名城保护规划，也是想通过他的影响力，促进荆州的历史文化名城保护工作。由于前面提到的行政区划调整，原有名城保护机构已经没有归属，阮先生到荆州与地方领导沟通后，市里决定恢复“名城办”，并挂靠在规划局。

那天，记得是一个夏日的午后，我和荆州日报社的陈礼荣、荆州建委的张俊（二位也是荆州的地方文化名士）一道来到上海市图书馆拜访王元化先生。王老先应约为名城办题写机构标牌，因机构全称“荆州市历史文化名城

张松（左一）向王元化先生（右一）汇报荆州历史文化名城保护规划

保护建设委员会办公室”字数较多，且为竖式标牌，书写起来比较费力，王老做事认真，一连书写了三四张条幅，最后挑选出一幅满意的钤印后交给了家乡来的客人。

此后，便由我向王老汇报荆州历史文化名城保护规划的主要内容。王老全神贯注地聆听，并不时插话询问，表现出对故乡荆州历史文化名城保护和规划建设极大的关心。对古城内建筑高度控制、建筑设计等问题，王老主张，古城内还是应该多建一些像荆州博物馆那样有特色的建筑，层数不高，古朴端庄，也有文化底蕴。在谈到保护资金不足时，王老建议政府想办法筹集资金，将名胜古迹、古墓群等重点文物保护好，有些事情可以先放一放，等将来有条件了再做，或者由后代负责妥善处理。

王老身材高大，看上去像北方人，谈到思想文化等敏感问题时没有任何迟疑，让我有些惊讶。在与王老短暂的接触过程中，可以看到著名学者对中国历史文化的真挚热爱，对故乡历史文化名城保护和规划建设的深情关切。他既是一位头脑清醒的领导，又是一位思想深邃的学者，还是一位和蔼可亲的长者。在和他谈话交流时，他可以在普通话、上海话和荆州家乡话之间切换自如。

其实，在拜访王老之前，我很想就上海的城市文化和历史名城保护管理问题向他讨教，20 世纪 80 年代他在主管上海宣传系统时就曾推动了当年的上海城市文化复兴工作。

后来的谈话重点自然就转向了上海。在谈到思想领域常常提出反对自由化的要求，而在建筑设计和规划管理方面，却可以西洋风盛行、仿古建筑流行，甚至突破控规指标随意开发建设等“自由化”现象比较严重的问题时，王老说，历史文化名城保护绝不能“自由化”，其语气可以说是斩钉截铁。他认为，解决问题的根本办法还是要靠法制，历史文化名城保护规划、建设管理怎么定，要由一个有权威的部门统一管理，一切要依法定程序来办理。他说，城市，特别是历史文化名城，应当是中国历史文化的重要载体。名城建设不应当只是高楼林立、街道清洁，更重要的是注意发掘自身的历史文化底蕴。

另一个重要话题是文化中心。当时实施的《上海市城市总体规划》中对上海只有国际金融中心、经济和贸易中心的定位，而没有将文化中心列为城市性质。我们请教王老对这个问题的看法时，他说，近代上海就是全国的文化中心，这不可否认。但 1949 年后，随着北京首都地位的确定，许多南方文化人也去了那里，首都便成了全国当然的文化中心，但上海作为地区文化中心的地位并没有改变。在上海的城市总体规划里应该有发展和繁荣文化这项内容，在经济快速发展的同时文化也要振兴繁荣。

2017 年 12 月，国务院批准的《上海市城市总体规划（2017—2035 年）》，在城市性质和愿景目标中，明确了上海为“国际经济、金融、贸易、航运、科技创新中心和文化大都市，国家历史文化名城”，未来建设目标为“令人向往的创新之城、人文之城、生态之城，卓越的全球城市”，这是可以告慰王老的好消息。

他于 2000 年 7 月用辞赋体撰写的《荆州图谱序》最后有如下文字：“余虽隶籍荆州，然自父辈即流寓他乡，向慕桑梓之情，无时或已，惟乡邦文物，实未曾识而熟谙。发皇潜德，力所不及，爰缀数语，以申游子拳拳怀土之忱。”字里行间，充满了对故乡的眷恋和思念。

深圳高层建筑思考

覃力：1957 年生，深圳大学建筑与城市规划学院教授，深圳大学建筑设计研究院总建筑师，《世界建筑导报》总编辑。代表作品：天津梅江湾、温州市美术馆、中海海景山庄等。著有《城市意匠》《清代御苑撷英》《清代内廷宫苑》等。

家园，语出《后汉书·桓荣传》。家者，居也；园者，供人休憩之地。家园，也可以泛指居所、故里，或是能够给我们带来舒适、安逸生活的地方。在人们的传统观念中，家园，常常是一座拥有庭院的一两层、坡屋顶的小房子，或是一座独立占地的宅院。但是，在今天中国的大城市之中，人口高度集聚，建设密度非常之大，传统意义上的家园，现在已经变得极为奢侈、寻觅困难。人们大多居住在集合住宅之中，那种带有田园景致、独门独院的家居方式，对于普通城市居民来说，已经变得越来越遥不可及。

尤其是在深圳，深圳市区内的建筑密度极高，住宅多为高层建筑，甚至是超高层建筑。许多住宅塔楼的高度都超过了 100 米，金域蓝湾高 158 米，幸福里高 164 米，半岛城邦四期的塔楼高 161 米。深圳高层住宅的建设量也很大，建筑的密集程度居高不下。前些时候，羊城派（《羊城晚报》旗下的网媒）的记者报道，在深圳罗湖区布心村水围村城市更新项目中，又将诞生5栋77层、高293米，刷新住宅建筑历史高度的超高层住宅。其实，2013年时建成的东海国际公寓就已经突破了300米，建筑高度达到了308.6米。2020年开始销售的恒裕深圳湾双子塔的高度为250米，前些年建成的深业上城Upper Hills公寓高224.5米，昆仑府高210米。深圳很多公寓的高度都在200米以上。虽说公寓与住宅还是有些差别，但是，深圳居住类建筑的整体高度，在全国来看也可以说名列前茅。近20多年来，深圳高层、超高层住宅的数量一直都在快速增长，比柯布西耶当年提出的“高楼林立的未来城市”概念中的建设密度要高得多。很多居住用地的容积率都在5—8之间，一些较小地块的容积率更高，甚至超过了10。这种建设状况就是在世界范围内也并不多见。

虽然从历史上看，深圳高层住宅的建设晚于北京、上海，大约兴起于20世纪80年代末，但是，深圳的高层住宅发展得很快，到90年代末时，就已经赶上了国内其他地区，并逐渐形成了自己的特色。刚起步时深圳学习香港，照搬过一些香港当时流行的高层住宅的平面，还引进了凸窗、架空层等适合于岭南地区气候特征的设计手法。由于特区创立之初的建设标准不高，重在解决生活的基本需求，因此当时高层住宅户型的面积偏小，标准层的户数较多，并有少量的北向户型。至20世纪90年代，土地的有偿使用与住宅的商品化，开始快速地推动了深圳高层住宅的建设，并在很短的时间内促使高层住宅在建设数量和建造质量上都有了飞跃性的发展。2000年之后，超高层住宅也开始在深圳大量建设，为了避免对城市空间带来更多的负面影响，越来越多的独立单元式住宅取代了连续单元式住宅，使深圳呈现出有别于北方的以点式高层塔楼为主的城市景观形态。

新世纪以来，随着经济实力的增长，建设标准的不断提高，深圳高层住宅的建设呈现出了多样化展开的局面，并逐渐分化为豪宅化与经济适用型两大发展趋向。大面积的豪宅强调居住空间的舒适性，标准层户数很少，平面上每组电梯仅服务 2—3 户。一些豪宅更看重领域的私有化，还设计成一部电梯每层只服务一户，呈现电梯直接入户的效果。小户型则注重居住空间的精细化设计，标准层户数较多，有些保障性住房采用内廊及长外廊的平面组织形式，以工业化装配式的建造方法设计建设。总体上来看，经过 30 多年的持续建设，高层、超高层住宅已经成为深圳住宅建设的主流，并为满足深圳市人口不断聚集所形成的居住需求做出了贡献。

在深圳经过大量的高层住宅设计实践之后，人们开始发现，高层居住虽然拥有一定的景观优势，居住在高层上部的住户视野开阔，但是，其整体居住质量还是比不上带有庭院的独栋住宅，而且，常常被诟病经济性能低下、居住环境拥挤。特别是，当数栋高层住宅密集地建在一起，组成超高密度的居住社区时，这些问题就显得更加突出。为了能够改善高层居住中的这些不利因素，提升居住环境的质量，深圳的建筑师们开始挖空心思，在高层住宅之中创造“类地空间”，将地面上的绿化庭院搬到空中，为居住在高层里面的每一户居民提供一个室外的“空中花园”，或是“入户花园”。这种设计一时间颇受欢迎，成为当时高层住宅设计上的一大特色。深圳地方法规上的一些规定，也为这种设计创造了有利的条件。例如，通高的阳台上层可以不计容积率。这就使得深圳在相当长的一段时间内，盛行带有二至三层通高“空中花园”的高层住宅。同时，这种做法在建筑外观上也形成了一种显著的特征，并很快影响到了国内的其他城市。不过，这种设计后来却异化为一种追求“拓展使用空间”的不当做法，因而被叫停。其建筑形态上的特征，也成了那个时代遗留下来的一种记忆。

现在，深圳高层住宅的发展方向，已经转化为建筑品质上的全面提升，主要表现为户型内部的空间优化、家居设备的智能化、公共部分的酒店化和外观处理上的公建化。户型多追求大面宽与横厅，也有一部分大户型通过扩大客厅、主卧和主卫的面积，配置中西厨等做法去强调豪华感。普通的户型则与北方有较大的差异，重视自然通风。在同样面积的情况下，以精致的多居室取胜。公共部分则强化入口大堂和电梯厅的酒店式效果，控制电梯服务住户的数量。外观上也多采用简洁大方的现代设计手法，倾向于公建化的造型，并在细节处理和材料选用上下功夫，从使用效果和外在感观上提升整体的建筑品质。

对此，人们也会提出疑问：这是我们理想中的最佳生活方式吗？居住建筑一定要建得这么高吗？建筑的密集程度是不是也应该有个限度呢？事实上，对于城市中大量建设高层、超高层住宅，一直就存在着不同的看法。城市的空间环境是否宜居，也并不需要我们牺牲传统的聚居方式，去一味地用高楼大厦来炫耀新生活。特别是这次疫情中，欧洲已经出现了多起高层公寓聚集性感染的事件，这就使我们必须对高层、高密度的聚居方式进行反思。高层住宅，特别是超高层住宅是有设计、使用时限的，虽说钢筋混凝土结构的高层住宅使用百年以上也问题不大，但是，水电管线的寿命就没有那么长了。许多高层住宅，在不久的将来都会遇到频繁的维修问题。目前，香港就有很多高楼已经处于老旧状态。据报道，全港共有 4011 栋楼龄超过 50 年的旧楼，其中大约有 1000 栋被列为“有明显欠妥之处”。面对这样棘手的问题，香港政府及居民都承受着不小的压力。

城中村被拆除，不仅使我们失去了高楼大厦之外的另外一种聚居方式，以及城市空间多样化的建筑生态环境，更为重要的是，这样做的结果，还会让我们失去自主营建自己家园的能力！所以，如何解决这些复杂问题，我们到底希望创造一个什么样的理想家园，还需要深圳人认真地进行思考，同时，这也是我们这一代建筑师需要认真对待的事情。

喀什老城的高台房子

刘谞：1958年生，新疆玉点建筑设计院有限公司首席设计师，新疆城乡规划设计研究院有限公司董事长，中国建筑学会常务理事。代表作品：吐鲁番宾馆、乌鲁木齐东庄西域建筑馆等。著有《玉点：建筑师刘谞西部创作实鉴》《刘谞“私”语》等。

即便是完全一样的地方，经过时光的流逝，也定会大为不同。时光下有了这片土地，也就有了我们形形色色不同的家园。家园来自特定的时间，每个空间既立体也现实。

建筑师话家园得与房子、街坊有关，还得从颜值高的地方开始，比如喀什。

克孜河与吐曼河交汇形成的那一块二级台地就是喀什老城，都叫它高台。这里建造的房屋有三种：地下室、两三层楼和屋顶。它们并不是干打垒或者土坯砌筑，早先还没那么机械化，更多的是手堆墙，也就是和好泥巴后，用手一捧一捧地堆起来。刚开始房子很少，河水少了慢慢加建。

这些房子如细胞繁殖一般向四方蔓延，东墙西借、屋顶互通，出现了

刘谞的水彩画《高台的梳勒》

百十来平方米“点”状广场，千米长短“线”形街道，万户人家屋“面”。土堆脚下的地方都盖成房子后，逐渐开始建在坡上，直至坡顶也建得满满当当。本来就是依附在山坡上就地取材的营造，这些房子都一样，想不同都难。今天说它很智慧也科学，实质上也就是自然繁殖的结果。

洒过水的土路总能嗅到一股土腥味，哪怕穿着过年的新鞋也要踩踩踩踩那堆泥。那堵墙的阴影凉快了人们一整个夏天，弯曲的巷道遮挡了多少风沙、烈日。建筑终究是个工具，一个能装下个体的容器，尽管现在有的建筑那么奢华有内涵。高台聚落的家附近都有礼拜寺、宣礼塔。它们与空间环境结合成为整体，各式各样的，反映出不同的时代、不同的背景。高台民居是自在自发自我繁衍的结果，是人们生活的痕迹和工具。这里的房子和环境的营造与建筑和规划一点都不搭边，拿它说建筑的事儿便是牵强。即便是受力和设施的安装和使用，也源于生活的实际需要，和炒菜加盐一个道理。

过街楼和周边的关系并非既定的搭接，着实令人惊叹。当然，我们说它没有什么“完成度”。高台南入口的框架从开始到现在没有大的改动，变化的是巷道和两侧的墙体、门脸。最早是土坯和着泥巴的；其次是抹了墙泥，刷了白灰的；现在是红砖上抹了水泥砂浆……建成后的房子不断地适应着主人的生活需求，不断裂变着，始终没有固定过、完整过。

巷子不宽，一辆毛驴车和人能相向通过，不同铺法的地砖具有特定的意义，但大多数是黄土路。院门比较矮，据说是怕外来马队的横冲直撞。家家户户都有个不大的内庭院，栽有无花果或者夹竹桃、石榴，小气候还是很适宜的。小院是一家人团聚、接待宾客的场所。

巷口、巷道都会有局部扩大的场所，以供人们聚会、玩耍，或者晒晒衣物……大家都是土生土长并相邻到老。

不管怎样，红伞下总感觉会有卖切糕和酸奶的。未来还是来过都不重

刘谞的水彩画《东侧高台》

要，因为，它就存在于那里。

即使同一个地方，随着时光流逝，也会发生改变。住户人口和收入情况变了，便会多出一间房，少个架子，人们也会刷刷油漆、涂涂墙泥。有了点钱，等儿子回来，趁节假日就能够砌墙、上梁、安窗户，盖个房子找个能人来瞧瞧正还是不正。屋顶大多是很密的椽子上铺芦苇，编织的席子加草泥，不厚，每年都需要加上泥巴。一年一年过去，房泥越来越厚，四周有墙的支撑没事，但中间就凹了下去。一年几十毫米的降雨量与几千毫米的蒸发量相比，洪涝就是一个传说。于是，这里的房子没有挑檐、散水和勒脚，方方正正、自然利落，装饰不多，很显本色。有钱内外都刷白色涂料。各家条件不同，有木雕、石膏雕、彩绘室内的，更有钱的人家会有连续的拱券和油着喜爱的蓝色、绿色油漆的木作。

房子内向、私密，就有了安全感，封闭的内院和建筑的外墙保温也保湿。在沙漠边缘的城镇，特别适宜过自己的日子，与家人聊聊。再听听邻里的意见：挡不挡视线、阳光？出门方不方便？油烟、嬉闹烦不烦？你那片墙咱合用准不准？都说好了后，还得让你孩子帮忙上个房梁。空间的形成来自人们的需求、财力、相互之间的妥协，并自觉地遵守传统的契约。

最早知道高台是 20 世纪 80 年代初设计喀什体育馆的时候，画了不少速写，主要是以铅笔、钢笔为主；过了差不多 20 年，在那里乡里城里跑了有三年，只是工作在那儿；40 年后开始用水彩画高台。

画画属于极私人的行为，也是一种泄露自己内在世界的表达，尤其是许多事物开始与结果迥然有别，使得日子充满了惊奇。陌生成了绘画的动力，并让生活更具有戏剧感、满足感，这便是我用水彩来画的缘由。摄影和文字是描述事物常用也好用的工具，但缺点是不能够将破碎加以糅合，做到有事实也有情有意。比如对喀什高台民居 30 多年的拍摄和文字解析，都不如实地写生来得可靠、真实和过瘾。

蓝蝴蝶带着花儿的香气，从高台飞了出来，恍若古老的精灵……

我人生中的五座城市

李琦：1971 年生，中国建筑第三工程局有限公司总经理，教授级高级建筑师。曾任中国建筑西南设计研究院有限公司副院长、香港华艺设计顾问（深圳）有限公司董事长、中国建筑股份有限公司科技与设计管理部总经理。

看到“建筑师的家园”这个命题，心中不禁泛起涟漪。从孩童到青年直至走上建筑师的职业道路，生活工作过的每一座城市都给我的人生留下了家园印记。这里就以时间为轴，回忆我在南京、成都、上海、深圳、北京“五城”走过的历程，记录它们为我留下的家园点滴。我相信，追忆因真诚而感人，人格在磨炼中显光辉。

一、南京，我的求学家园

1989 年，我考入东南大学建筑系，开始了建筑学专业学习。南京城中有完整保留的宁海路老建筑，那时一枝独秀的金陵饭店，以及令人难以忘

大学时代，左一为李琦

怀的四牌楼建筑系老校区。城区随处可见的小街巷，隐约能看到家乡成都的影子。30多年过去了，南京城特有的严谨、典雅、纯粹的城市气质仍令我难忘。尤其是求学期间与老师、同学之间的纯真情谊，更是我青年时期最宝贵的精神财富。

在我进校时，杨廷宝、童寯等前辈大师已经仙逝，以齐康、钟训正先生为代表的建筑教育家传承了东南建筑严谨的治学精神。老师们对学生的要求十分严格，同时对学生又非常好，不遗余力地传道解惑，常常手把手教授我们绘图技法。建筑学专业的学习经常要熬夜，但每次扛着画板、丁字尺走出大院时又让我们感觉无比良好。

我给大家讲两个在南京读书时的小故事。

大二学习水彩画，我们常常背个画板出去写生。一次我在玄武湖写生时，有个老外一直站在我背后观看。等我画好时，他好奇地问我学什么专业。我回答说学建筑。他听后竖起大拇指。我当时那个得意啊！建筑师，在全世界都是受尊重的职业！

学习之余，宿舍的同学很喜欢组织出游，因经济原因常有创新之举。有一次去黄山，我们一行五人共同出资买了两张火车票，本着再长的围墙也有尽头的原则我们进了站。列车员查票的时候对穷学生也是网开一面，让我们以最低成本实现了从南京到黄山来回。到了黄山，我们一个劲地撒欢往上爬，傍晚时分到达山顶。没想到景区人满为患，只有一间房。这时大家又发挥了聪明才智，四个人沿着床的长边排开，脚挂在床外，硬是挤下去睡了一晚。也是年轻体力好，第二天又撒欢下了山。

在南京的家园里，还有熬夜画完图大家摆开“四国大战”全员参与“厮杀”和观战，张老大炒更挣了钱请大伙去吃早茶，老六爸妈带来的美食被全体宿舍成员抢光……我们这些来自全国各地的学子组成了一个新家，而家里发生的趣事足够我们咀嚼一辈子。

二、成都，是故土也是职业的出发地

我是土生土长的成都人，直到上大学前我都是在成都，这里承载了我最美好的童年记忆。大学毕业后，我义无反顾回到热爱的家乡。成都是我的建筑设计和管理职业生涯的起点，它与我的职业道路密不可分。1993 年毕业后，我正式成为西南院的一分子。从一名普通建筑师到院管理者，20 多年的宝贵经历很难忘。有两件事印象尤为深刻，使我对建筑师的责任与情怀、建筑设计管理的理念有了更深入的体会和理解。

2015 年，时值全国工程勘察设计大师、中建西南院总建筑师徐尚志先生（1915—2007）诞辰 100 周年，我们邀请了《中国建筑文化遗产》编辑部团队共同策划、组织系列追思纪念活动。我们一同追忆徐尚志大师于 20 世纪 50 年代设计的西南院位于星辉西路 8 号的老办公楼。在这幢楼里，培养、成就了一代又一代设计师。2008 年发生了“5・12”汶川大地震，我也亲身经历了这座办公楼在地震中经受住了考验。更令人感动的是，随后从灾区传来消息，四川灾区由西南院设计的 100 多所中小学在地震中无一倒塌，同样经受住了考验，有效保障了师生们的生命安全。这应该是对建筑设计机构实力的最大肯定，也是建筑师为人民建设了安康“家园”的明证。

得知汶川地震的消息，作为四川地区最大的建筑设计机构，我们西南院的第一反应是要为震区的恢复建设尽最大努力。震后第二天，院里便派出工程师深入震区参与住建厅组织的房屋应急评估工作。我们还组织专业团队收集震区第一手资料，从技术角度总结建筑破坏原因，并将这些资料提供给参与重建的兄弟单位，发挥科技赈灾的作用。要知道，当时院里很多同事的家乡就在都江堰、绵阳等重灾区，他们的家园也在地震中毁坏。更大的感动是来自全国乃至世界对灾区的关心，我们当时接待了参与灾区重建的国内外很多建筑师、规划师，他们不顾工作和生活条件艰苦，为灾区重建默默贡献力量。巴蜀人民坚韧、达观的个性也深深感染着大家。作为成都人，面对大灾侵袭，我们深感建筑师有责任积极参与家园重建。

在我参与院生产经营管理工作后，有一项改革举措给我留下很深印象。西南院历来重视人才培养，有一批以钱方总建筑师为代表的优秀设计师，创作成果颇丰。面对西南院的高速发展，我们在欣喜之余也在思考，繁荣建筑创作、加强科技创新，才是设计院持续发展的原动力。院里应从战略高度对建筑师的发展做出科学规划和政策支持。可从什么切入点去实施呢？恰好，有一次院里和华西医院的医生们座谈，交谈过程中大家谈到建筑师和医生的工作本质上其实是一样的，都是在为社会大众解决疑难杂症，肩负着重要的社会责任。对比职业医生的专业性，建筑师也可以像医生一样既有“全科”又有“专科”。对于设计院而言，应勇于打造属于本院特色的“专科设计团队”，应走建筑设计专业化的道路。我在与院建筑师团队沟通时，这样的想法起初也遇到了不小的阻力，但一次次交流后逐步得到了大家的理解和支持，即打造院里的主力建筑师团队，树立专业大旗，确定专业设计方向。院里将对应的优质资源向其倾斜，包括优质的设计项目、优惠的分配政策等。其最终效果，产值增加是一个方面，更重要的是做出专业化的成绩，为企业树立专业化的品牌。专业化设计政策的实施也确实取得了效果，以机场为例，从成都机场 T1 航站楼、T2 航站楼及成都二机场，到重庆江北机场 T3 航站楼，均由西南院主持设计，我们在其他区域也收获了青岛新机场、长沙新机场等项目，这些项目都是在专业化设计的运营模式下完成的。同样，医疗板块的专业化设计也很突出，西南院最近六七年完成的新医院项目数超过过去几十年的总和。从一开始认为自己是被专业化，到多年运作下来取得丰富心得，建筑师也越做越有信心，找到了自身发展的道路。同时，院里在经营管理方面也给予了大力支持，对优秀建筑师放松产值考核，让他们可以做一些自己想做的项目，再辅以科研赋能，使其做专做精做深。记得在研讨专业化模式时，总建筑师们曾开玩笑地对我说："我们是建筑设计师，你是设计建筑师的。"现在看来，这样的模式可以说是为建筑师的成功做设计，或者说为建筑师营造了一个创作优秀作品的"家园"，在以设计院的价值创造造福于西南院每一位员工时，也营造了属于建筑师的事业"家园"。

三、上海，促使我职业转型的舞台

2001 年我 30 岁时，院领导委派我赴上海参与上海分院的管理。一开始任总建筑师，2002 年任分院院长，直至 2007 年回到总院。回想起来，当时院领导对我真是极其信任的，敢于为年轻人提供锻炼机会和展示平台，也体现了西南院"思想解放"的管理理念。

刚接到院里的任命时，我也经历了痛苦的思想斗争，因为我热爱建筑创作，心里很舍不得。那时冯明才老院长看出了我的心思，劝解我说，你还很年轻，不妨在管理岗位上试试，也许会有不一样的天地，况且打造建筑师的复合型发展也是院里的需要……于是我赶赴上海，开始接受职业人生的转型。初到上海分院我还参与了不少设计工作，而后便更多扑在经营上了。那时的上海分院体量并不大，办公楼的设置也很紧凑，下面两层办公，上面就是宿舍，一楼还有川菜食堂。因为朝夕相处，大家感情特别深，回想起来充满了太多美好的回忆。其实，那时院里对于外派人员是有两年轮岗制度的，但我在上海竟工作了六年。因为院里希望我带头实现外地分院的“属地化”，以分院为家，于是那几年我便把家也搬到了上海。

在上海奋斗的日日夜夜也教会了我很多从业的道理，尤其是对契约精神的遵守，这与在成都时的商业氛围有不小差别。在成都，大家讲究的是情义，只要甲乙双方意气相投，即便与合同有出入也可以商量。但是上海的经营理念不同，甲方从与乙方接触开始，要经过细致的考察、磋商，最终达成的协议也是格外严谨。合同一旦签署，甲乙双方各项工作的执行都非常到位，讲求认真，而且对于执行力强的乙方，甲方会给予格外的信任。开始我也不太适应这种“在商言商”的模式，不过随着与上海本地客户接触多了，经过几个项目的运作后，我越发感到契约精神的重要性，因为它本身也体现了一种国际化精神。如我们曾经参与投标一座上海本地开发商开发的住区设计，项目面积比较大，经过十分艰苦的多轮 PK 终于中标。因这个项目来之不易，分院上下都十分重视。甲方对我们也是真诚相待，从未有过任何刁难，最终的成果双方都很满意。此后，这个客户每一个楼盘都直接委托我们完成。这么多年过去了，开发商的老板跟我还保持着很好的私人关系，成为如家人般的真诚朋友。

四、深圳，充满奋斗精神的激情城市

2017 年，我再一次离开成都，被派往改革开放的前沿城市——深圳，担任香港华艺设计顾问（深圳）有限公司的董事长。当时我对深圳这座城市还比较陌生，但没多久就被深圳这座年轻城市所特有的创业激情、奋斗精神所感染。在这里我也深刻领悟到奋斗文化的深刻含义。

华艺设计曾因陈世民大师的卓越领导而享誉业内，但在我被任命前，华艺的发展遇到了瓶颈和困难。带着一种使命感，我在上任后与管理团队、建筑师们沟通最多的是如何将华艺整体经济效益快速提升上去。要达到这个目标就要拼，就要走改革创新之路。为了企业的生存，我这段时间每天基本工作十多个小时，团队的成员也积极行动，为了市场经营真是绞尽脑汁。深圳的市场化程度极高，每个项目都要经过严格的招投标程序，华艺要获得更多的项目就只能靠“硬投标”。通过动用各种思路，整合各路资源，依靠与中建、中海的联动，公司经营终于出现了显著好转。经过一年拼搏，华艺实现止跌企稳，经济效益稳中向好。在华艺工作的短暂经历，令我感悟尤深的是看到了建筑师另外一种生活状态，他们没有一般人印象中的高冷，而是埋头为建设自己和他人的“家园”而拼搏。如今，粤港澳大湾区如火如荼，正是深圳“奋斗”和“活力”精神的最好体现。虽然我在这里仅仅工作了两年，但也交了很多深圳本土的优秀建筑师朋友。他们根植于这座朝气蓬勃的城市，不断为深圳的发展注入新的活力。全世界超过 4000 个经济特区，头号成功典范莫过于“深圳奇迹”。如果说 40 多年前，深圳作为中国改革开放的试验田是中国通向世界的窗口，那么 40 多年后的今天，深圳则以其创造性的头号成功经验，成为世界理解中国的窗口。在这里摸索与实践的每个建筑人，都表现出了创新的远见卓识与执行魄力。

五、北京，让我迎接全新挑战

2019 年，在新中国成立 70 周年之际，我受集团之命调往北京，任中建集团科技与设计管理部负责人。中建集团是万亿级的超大型企业，位列 2020 年《财富》世界 500 强企业第 18 位。后来得知，我是第一个从设计院调任集团负责科技管理的人，深感压力很大，同时也增加了责任感。新的岗位对我而言的确是全新的挑战。不过，得益于自己的从业经历，无论在建筑创作一线还是后来的设计管理工作，都离不开对新兴科技的思考，因此我也很快进入了角色。建造人类新家园，要用建筑科技创新来驱动。中建集团作为以施工为主的航母级企业，设计位于产业链前端，应发挥设计对产业链的引领作用，做好产业链带动、创新驱动。并通过精密的科学组织管理，提升国家整体产业链的负载能力。通过近年的实践和思考，我越发感到未来建筑行业的科技转型势不可当，要破解发展难题，离不开设计研究，离不开科技创新，离不开建筑数字时代。要看到常态化疫情防控和“新基建”提速带来了很多挑战，如何化危为机值得思考。传统产城空间发展模式和传统建造方式，充分结合以物联网、大数据、云计算和 5G 为代表的新一代信息技术，正在重塑发展路径，正在调整空间管理模式和人与人的协作方式，从而建立起智能建造和建筑工业化协同发展的新平台。所有这些都在启示我们，仅仅做大规模似乎远远不够，要切实关注建筑与人的生命、健康和生活密切相关的新的更大领域。面对中国改革发展的态势，未来的竞争是倒逼建造者加强对于消费需求的洞察力和把握力，设计研究与建造必将走向精细化，以真正实现以人为本的目标，任重而道远。

结语

过去，建筑设计界更多关注的是作品的功能、流线、风格、美观，因为建筑是集大成者，是具有多元属性的。但是，现在更能反映建筑本质的是服务于大众，服务于生活。要实现这一使命，就离不开现代技术强有力的支撑。以人文为底蕴、注重学科交叉、立足地域特色、面向世界前沿始终是建筑设计的方向。无论智慧建筑、绿色建筑，还是建筑工业化，其实都是围绕为大众提供服务的属性展开。由此，我回想 2008 年和成都市规划局合作过程中，尤其强调了灾后重建工作中建筑师的参与。为充分发挥建筑师的作用，参与城市设计研究，那年西南院成立了成都市城市设计研究中心，研究建筑与规划如何合理结合，如何创造更生动的商业业态和住区活力。后来西南院还成立了规划院，目的就是要研究如何将建筑设计与城市发展紧密结合。我想，建筑师思路要放开，要在更大空间发挥智慧，以塑造出更具有说服力、更幸福安康的“家园”。

与古城的缘分

李子萍：1962 年生，现为中国建筑西北设计研究院顾问总建筑师，教授级高级建筑师。代表作品：西安交通大学主教学楼、西北工业大学长安校区总体规划及 15-1 教学楼、西安市传染病院等。

这辈子我被问得最多的问题是："你是哪里人？"每次回答时我都很纠结，因为我不知道哪里算是我真正的故乡。填各种表格时籍贯栏会写"山东蓬莱"，那里是我父母的故乡，我的出生地是江苏徐州，可是我儿时对这两个地方没有任何记忆。长大成人之前我们搬过许多次家，在每个地方多则住三五年，少则住三五个月；儿时好友，分手后大都音信全无，再无相见之日。这样的结果是我对任何地方都未能产生故乡的感觉。

第一次找不到回家的路是在我 7 岁的时候。那时我家刚搬到一座中原古城，借居于城外一所中学里。一大早，我还分不清东南西北，就跟着邻居家的孩子们进城去上学。因为经历过多次搬家心有余悸，一路上我拼命默记沿途景物特征，生怕找不到回家的路。古城有比较完整的城墙和城门楼，一条小河环绕着古城，成为护城河。正对着城门楼有一座小石桥，桥头有一座带大水车的磨坊，我家就在磨坊旁边的高坡上。我们经过磨坊和小石桥，爬上一条陡坡进入城门，路过城里中央十字大街的十字路口，从小学南门进入学校。

我单独插班到陌生的班级学习，看着完全不同的教科书，听着几乎听不懂的当地方言，强忍着内心的忐忑不安。中午放学时，老师把我们班排着队带出学校北门，就地解散。我凭着感觉左转右转，好不容易找到了十字大街的十字路口。沿着其中一条大街直走下去，果然看见了巍峨的城门楼。我急切地跑出城门，看到了护城河和小石桥，却没有看见磨坊。这不是回家的路！我失望地返回十字路口，又试着走了另外两条大街，都是出了城门可以看到护城河和小石桥，却看不到磨坊。多次往返奔波，让我又累又饿，相似的场景一而再、再而三地出现，让我仿佛置身梦境，已经记不清走过了哪条街，走了第几遍，站在十字路口茫然失措。

后来在一位老爷爷的帮助下，我终于找到了回家的路。50 多年过去了，找不到家时深深的恐惧，仍然刻骨铭心。

长大后读到《周礼·考工记》，不禁会心一笑：老天是预知我将来要学建筑学专业，才早早让我亲身体验古城形制的吧。不禁又想，我们祖先千百年来一直遵照周礼建城，长安古城、北京古城这些都城不用说了，古代的三、四线城市也大都是四四方方的城垣外环绕着护城河，十字大街连着东南西北城门，棋盘式的道路划分出规规矩矩的里坊，胡同小巷又串连着四合院。富裕的地方城中十字路口一定立着钟楼，钟楼旁边会建鼓楼；穷地方钟鼓楼可能就免了，但城隍庙和衙门必不可少。城门楼、钟鼓楼等公共建筑高高地雄踞于大片低矮街区鳞次栉比的黛瓦屋面之上，标示着主次分明的城市空间秩序。一个个古城像印章一样，盖在祖国大地上，祖先营国和营城的文化基因实在太明显，难道是怕有朝一日子孙后代上天之后找不到回家的路吗？

1984 年我大学毕业后被分配到西安工作。当时西安的古城形态保存尚且完整，除了南大街和东大街部分遭建设性破坏以外，城墙、钟鼓楼、西大

李子萍在考察途中

街、北大街，尤其是大片的街区，虽然破败，但古城风韵犹存。当时有不少日本学者来西安考察，传说其中有一位学者傍晚登上城楼，俯瞰古城夜色，被街巷里夜市的璀璨灯火感动到热泪盈眶，感慨说，仿佛看到了唐朝的长安，日本的留学生们正在饮酒狂欢。当时西安许多寺院被日本佛教界认祖归宗，被冠以“某某教派祖庭”的称谓。日本学者们真的在西安找到了他们某些传统文化的故乡吗？

初来西安时就有种似曾相识的感觉，从小到大在书上读到的许多故事就发生在这里。我可以随手把玩办公室图柜上摆放的“长乐”“未央”汉瓦当；去炭市街农贸市场买菜，也会不由自主地想起白居易的《卖炭翁》；曾夜访水陆庵，打着火把观看辉煌灿烂的唐代壁雕；曾拨开陕西师范大学偏僻院落里近一人高的荒草，找到大唐的天坛；曾被阿房宫前殿台基剖面整齐划一的夯土层线惊得目瞪口呆；曾在唐大明宫遗址上和同事们猜测，像浴缸似的石雕究竟是盥洗用具还是盛酒器；曾被“古代摇滚乐”华阴老腔唱得血脉偾张；慢慢地了解到许多文言文中的字词都是陕西方言中的口语用词。西安毕竟是中华文明的故乡，缓解了我“独在异乡为异客”的孤独感。尤其是置身碑林，仿佛隔绝了外面世事的纷扰，内心慢慢安静下来。上世纪 80 年代的碑林非节假日的时候游客稀少，大树参天，一块块石碑安静地伫立，我轻轻抚摸着碑上镌刻的文字，仿佛在与先贤们手谈。

可惜好景不长，我做建筑师不久，汹涌澎湃的城镇化建设浪潮席卷全国，迅猛地改变着中国的城乡面貌。西安古城大片大片的历史街区在改造复兴的名义下被拆除，只剩下城墙、钟鼓楼与各种长相的众多新邻居尴尬地对视。那时无数美丽乡村和古城消失在历史的长河中；大小城市均急剧膨胀，日新月异。各地的建筑师们一边勇做时代的弄潮儿，一边被自己不眠不休拼命设计出来的城市吓傻，大众也渐渐感到无处安放乡愁。赶上了这波城镇化浪潮的建筑师们似乎很成功，却又很失落、很纠结、很迷茫，像极了找不到故乡找不到家的孩子。

1995 年，我来到了另一座古城开罗，没有被金字塔震撼，却被开罗博物馆里包罗万象的巨量文物震翻。我在馆内走马观花浏览了八个多小时仍未看完。同为文明古国，我们没有哪个博物馆的藏品在数量、体量、种类和精美程度上能与之媲美。陪同参观的翻译看我颇为沮丧，劝慰说：“中国有独一无二最了不起的文物，谁也比不了，那就是一脉相承几千年的文字！”对呀对呀！文以载道，薪火相传，我们中华文明无论王朝如何兴替、版图如何扩减、都城如何变迁，一代又一代的先人顽强地把文字写在龟甲上、写在岩壁上、写在竹简上、写在纸帛上、镌刻在石头上，记载着家国历史和往圣绝学，构成了民族的精神家园。想到这些，我的精神为之振奋，仿佛迷路的人找到了回家的路，仿佛流浪的人想起了故乡。

2018 年，一位年轻的博士生和我一起陪同日本的大岛老师参观西安碑林博物院。我指着开成石经，向大岛老师介绍说：“这是唐代的碑刻，镌刻着我们民族的经典著作，相当于唐代建立的国家图书馆。”大岛老师非常惊奇地问道：“用石头镌刻典籍是为了保存更久吗？”我回答：“是为了让子孙后代读到准确无误的思想经典。”大岛老师问博士生：“你这个年轻人认识这些字吗？读过这些经典吗？”博士生一时不知道如何回答。我提示他说：“你肯定读过一部分经典文献。”博士生心虚地问我：“您怎么知道我读没读过呢？”我回答：“你肯定读过《诗经》中的一些诗词吧？作为建筑学的学生，你肯定读过《周礼·考工记》。”年轻人恍然大悟地笑了，自豪地回答大岛老师：“碑上的字我大部分都认识，其中的一些经典文献我不仅读过，还可以背诵！”

我们民族一代又一代的学童总是被鼓励读万卷书、行万里路，只有曾经远离故乡才能真正拥有故乡；在求索的道路上只有千山独行，才能旷达觉悟。一时的迷茫并不可怕，我们一定会循着汉字的路标，找到回家的路。

住宅设计的历程与思考

刘晓钟：1962 年生，北京市建筑设计研究院有限公司总建筑师，刘晓钟工作室主任。中国建筑学会建筑师分会人居委员会副主任委员。代表作品：北京远洋山水小区、远洋万和城、银丰花园、颐园居三期、北京望京 A4 住区等。著有《创作与实践》等。

自 1984 年进入北京市建筑设计研究院住宅所工作至今，我的建筑师职业生涯主要围绕住宅设计专业展开。从业近 40 年来，早期承蒙老一辈建筑大师指导，此后通过学习、实践和积累，从恩济里小区到望京住区规划，乃至目前进行中的通州北京城市副中心、雄安新区住区项目，不知不觉中为城市居民打造了数千万平方米的家园。因此，我对于家园的含义，除了作为其中一分子切身的感性体会外，更多了一些与住宅设计行业紧密相连的别样情怀。

一、从恩济里小区到望京区块

对于新中国住宅设计的发展，我曾将其分为四个阶段，而在每个阶段北

20 世纪 90 年代建设部试点项目——北京恩济里小区

京地区都有相应的住宅代表项目，它们都体现了特定历史时期我国住宅设计发展的鲜明特色。在我早期的设计工作中，恩济里小区和望京西园四区（A4）住区设计是格外难忘的执业经历。它们分属我国住宅设计两个不同的发展阶段，对我住区设计理念的逐渐成熟影响颇深。

恩济里小区可谓开启我住宅设计生涯的启蒙之作。1989 年，是我刚从厦门分院回到北京的第二年，承蒙院所各级领导的信任，我担任了全国首批住宅开发试点小区北京恩济里小区第二主持人（叶谋兆先生是第一主持人），宋融先生、白德懋先生坐镇把关。我当时作为青年建筑师，跟着老先生们学习、锻炼，成长得很快，业务水平迈上了新的台阶，尤其是还承担了部分管理团队的责任，综合能力也得到了提升。恩济里项目给我上的最生动的一课是建筑师应有对于作品品质的追求。“样板间”的概念是现代住宅销售展示中最常见的必需品，但在 30 年前，住区还是毛坯房的天下，样板间是极少出现的设计成品的展示形式。但由于恩济里小区的高品质与高规格，北京市政府极为重视，为更直观地向管理部门及小区居民展示住宅内部效果，建筑师们决定搭建样板间。先出图纸，让施工单位搭建，买家具、挂窗帘、家装布置全部由建筑师亲自动手，就像置办自己的家一样。当时赵景昭院长说："刘晓钟，你就当给自己布置新房了！"这就体现了最早期的设计高完成度。样板间的制作中面临着不少难题，样板间搭建的费用就是其中之一。因在项目预算中原本没有这项开支，最后和甲方商议先由北京建院垫付，待项目结束后再从设计费用中增加。1994 年，恩济里小区正式落成，得到了社会各界的认可，北京市还提出了"全面学习恩济里小区"的口号。这一项目包揽了当时建设部颁发的五个金牌奖项（同时期全国有若干的住区试点，恩济里小区是唯一获得五个金牌的），荣获中国建筑学会等机构颁发的多项设计奖。此项目得到了程恩健、陆孝襄、高莺等先生的指导，也得到林晨先生的领导与支持。在这个项目中，在徐文珍老师的指导下，我完成了管网结合图的设计。

望京西园四区是 20 世纪末，我和同事在融合几位前辈建筑师如柴裴义、宋融先生的设计理念基础上共同完成的。对于该项目，我们的定位是"使馆区"的概念及未来北京城市发展的居住中心，承担着城市服务功能、商务办公功能等。即便在今天看来，这片区域的设计理念、配套设施建设等方面都是很有特色的。同时，正是靠着居住板块的崛起，望京地区逐渐聚拢了大量人气，提升了区域品质。随之商业、办公楼等板块迅速崛起，其地区价值已不可同日而语。望京西园四区被建设部和科技部授予"2000 年小康型城乡住宅科技产业示范小区"称号，获得规划设计、科技含量、工程质量、环境建设和物业管理等 5 个单项优秀奖，同时获得了北京市科技进步一等奖。此外，望京南湖东园（K4 区），经建设部正式验收，被授予"优秀试点小区"称号，获得规划设计、建筑设计、施工管理、科技进步等 4 个单项金牌和优秀开发管理奖，并率先通过了全国首次住宅性能 1A 级的评定，获得北京市"住宅试点小区"金牌奖。当时的一些设计理念在现在看来也是有前瞻性的，如高层组团的概念就是从望京地块开始逐步实现，还有人车分流大平分的概念、停车位的配置比例、户型的创新性等。同时在望京西园四区的设计中尝试了建筑师规划设计环境小品，让环境得到提升。

雄安东片区 A 单元安置房及配套设施项目设计（刘晓钟作品）

二、从北京城市副中心到“千年雄安”

近几年，我们对通州副中心的职工周转房项目和雄安新区的安置住宅进行了规划和建筑设计。在新的历史阶段，如何提升住宅品质，改善人们的生活环境、生活方式以及将新的城市开放、智慧、绿色的理念引入现代住区，是重要的课题。我们研究了欧洲早期和现代的住区与邻里街坊、空间尺度、配套设施与生活行为，研究了未来人们对生活的需求和憧憬，设计了通州副中心职工周转房的南区、北区等多个项目，实现了开放社区和街坊式布局，做到了小街区、密路网发展的要求，实现了配套设施的 5 分钟、10 分钟、15 分钟生活圈的要求。提升了学校、幼儿园、社区中心等配套设施的建设质量，使人更融于社区，方便人的活动与生活，实现了装配式建造与装修，在住区中实施海绵城市的理念，达到人文、绿色、环保、健康的要求。在城市风貌上，努力探索住区与城市的文脉、特点和时代性，既要传承，又要时尚，未来达到宜居与精神上的统一。

三、由“家园”话题引发的思考

其一，感恩前辈的扶植。我的职业生涯始终得益于北京建院老一辈建筑师对青年建筑师“传帮带”的优良传统，我得到过多位建筑大师的指导和帮助，而有些前辈虽然未曾有过合作，但即便是短暂的接触也对自身的提升很有益处。从这些老前辈身上，我不仅得到了丰富的专业知识的滋养，在很短的时间内提升了职业素养，更重要的是深受前辈们优秀的人品和学风的感染，这让我受益终身。尤其是白德懋先生、宋融先生、中国建院赵冠谦先生，他们对我的指导与帮助也令我格外感念。

白德懋先生的住区规划思想，在当时是非常先进的，他的规划理念走在了时代的前面。他提出的组团概念、人车分流，对邻里关系、对环境的认识，比当时国外某些城市规划理论更优秀。此外，白先生既有深厚的理论储备，他的理论又能落地，因此可以与实践完美结合，创造出经典的作品。

宋融先生的个人风格十分鲜明，他凡事亲力亲为，做任何项目都要自己动手画图，而不只是单纯地指导青年建筑师。他还很善于接纳新鲜的思路，哪怕是青年建筑师的意见，如果正确也会欣然接受。另一方面，在面对专业问题的大是大非时，宋先生又是格外坚定的。他的住宅设计有明显个性，特点分明。做学问，宋先生从不含糊，哪怕和对方发生争执也毫不示弱。他是一位对待工作非常实在，富有见地且十分高效的建筑大师。

赵冠谦先生是中国建院的总建筑师，也是国内令人敬佩的住宅设计领域的全国工程勘察设计大师，我因为工作关系有幸和他结识。赵先生见多识广，眼界开阔，他的实践作品不局限于北京，在全国各地都有他的设计成果。他为人谦和，极有修养，工作极为认真，包括开会做评审，只要他当组长，从不让别人写评语，都是自己亲自完成，在业界颇受好评。

其二，住宅设计是衡量建筑师能否“以人为本”的关键。同商业、文博、交通等建筑项目相比，住宅作品往往呈现出标准化而缺乏“标志性”，但在我看来，住宅设计与民生福祉密切相关，体量远超其他设计项目，是一座城市最有温度与活力的“烟火背景”。对于大多数老百姓而言，一套住房承载了他一生的家园梦想，因此住宅建筑师的设计呈现，无论在设计理念还是硬件设置方面，都对民众幸福感影响极大。近年来，我和团队在做以往设计成果的总结，也就是设计后评价的工作，选取典型项目进行调研，了解居民及运营管理方的使用体验，查找出哪些设计理念可以沿用发扬，又存在哪些问题，出现的遗憾是否能用现代的建筑语言予以弥补等。

记得在大学学习住宅设计原理时，老师们讲，家庭是组成社会的最小细胞，社会的繁荣昌盛取决于家庭的和谐安定，而家园空间的优劣对于民众生活的影响是巨大的，其中包含了生活习惯、文化基因、健康生活等众多元素。目前，高品质的单元式的住宅代表了21世纪的生活向往和文明需求，住宅设计智能化的发展趋势愈发明显，建筑师应实现设计理念和现代科技的融合。2020年新冠肺炎疫情的暴发，向住宅建筑师提出了新的课题。如此前开放住区设计理念被广泛推崇，但在疫情面前，开放住区的做法又要灵活掌握了。我想，建筑师应是对社会发展有高度敏感性的从业群体，其设计思考与实践应与社会、经济、民生发展相适应。在全民抗疫的背景下，人们的生活习惯必然随之发生改变，对于住宅健康安全的需求上升到从未有过的高度，而这样的影响做住宅设计的建筑师应有准确的判断，并及时在设计中做出回应。一个很实在的例子是，勤洗手是有效防止病毒传播的重要手段，在未来的住宅设计中是否要将洗手池的位置凸显出来？有的建筑师提出洗手池应放在入门处，可就住宅设计的长远发展来看，在玄关空间已经很有限的情况下，这是否有必要？诸如此类“现实与未来的磨合”的课题，都需要建筑师认真思考。

其三，住宅设计让我懂得了服务的真谛。建筑师的服务意识也是我反复体味的。我们真正的甲方是民众，他们的切实要求必须仔细思考。多年来，我们学习了大量西方住宅建筑的设计体系，它们也的确在交通疏导、密度合理化等方面解决了很多实际问题，设计理念整体上是可以借鉴的，尤其是绿色住宅、节能住宅的技术理念。但中国有特殊的国情，我们的国家还不富裕，人民生活水平与西方相比还有差距，尤其中西方在生活习惯、文化方面的差异，导致西方的住宅设计理念完全套用在中国本土住宅设计中一定会“水土不服”，况且设计理念也应随时代发展而进化演变。这种中西建筑的比较研究，无疑对提升建筑师服务公众的品质有重要作用。

总体而言，中国的住宅设计经过数十年发展取得了长足的进步。我在30多年的住宅设计中通过学习与摸索积累了一些经验，如率先研究出了大住区设计的创作手法、组织系统，增强了对项目设计的把控度；我们逐渐形成一种逻辑分析方式，一种为兼具艺术性与实用性的建筑产品提供良好解决方案的方法，从而具备了一定程度的职业自信；我们的作品在和市场紧密结合的过程中，赢得了一定的美誉度。上述这些进展使我们逐渐在行业内拥有了一定的话语权及主动权。

近来，我还学习了国务院办公厅印发的《关于全面推进城镇老旧小区改造工作的指导意见》。根据这一文件的精神，老旧小区中700万户居民的生活条件将得到极大改善，这是关乎民生福祉的一件大好事。这也向住宅建筑师提出了“既有建筑改造”的思考课题，这将是未来直到“十四五”末期建筑师面临的新使命。作为住宅建筑师，既要深入研究住宅设计的“全生命周期”管理模式，又要系统回顾多年来中国住宅设计行业的优良传统，要在认真的总结、梳理中提升自我，虚心向经典住宅作品致敬，因为它们才是对设计殊为珍贵的遗产。只有知本原，才可持续创新。

在建筑师的家园里成长

金卫钧：1964年生，北京市建筑设计研究院有限公司总建筑师、第一建筑设计院院长。代表作品：三亚喜来登度假酒店、广州火车站（合作设计）、神州数码软件研发中心、首都师范大学国际文化大厦、北京服装学院艺术楼、LG北京大厦（合作设计）、海口体育馆、白俄罗斯酒店等多项大型工程。著有《流光筑彩：金卫钧水彩画集》等。

“家园”一词几乎有无限的阐释可能，我的理解是心能向往、心能停留、心能回味之地都可以称为家园。一座城市，任何一种历史元素的消失，都会导致人的归属感或家园感的弱化。这种弱化不仅出现在从乡村到城市、从小城市到大城市的人为迁徙中，更多地出现在城市本身随着时间而发展的历程中。怎样在时间和空间的迁徙中留住关于家园的人文关怀，是一个值得建筑师长时间思考的课题。建造房屋是为了一种生活世界的再造，建筑师用作品传达自己的观念与思考。我始终认为，只有具备了体现时代精神又不失传统意蕴的精神气质，建筑才会扎根于本土而与众不同。对于我们来说，每组建筑，都是内心世界对家园定义的呈现，是在为社会创造“家园”。而设计院、设计机构的环境是建筑师创造家园的家园，这种理解让我坚定了职业信心。

自1988年4月我从天津大学建筑系研究生毕业工作至今已30多年，在这30多年里我换了很多设计环境，其中有几个地方还是记忆深刻。

一、职业伊始的家园：南礼士路老设计楼

差点与一所擦肩而过。1988年4月1日，我从天津大学研究生毕业后，到北京市建筑设计院报到。在等待设计院统一分配期间，经同学介绍先至六所实习。到六所实习后，我在何韶主任工程师的带领下与史健、司世春共同参与妇联办公楼项目的设计工作。设计过程中我曾向一位总建筑师汇报工作，这位总建筑师问我是否愿意留在六所。当时我初来乍到，并不了解各所的情况，便回答说听从院里统一安排。过后史健、司世春告诉我，这位先生便是熊明总建筑师，他负责院学生分配事宜，而六所设计住宅项目偏多，他们俩便问我是否真心愿意留在六所。我当即到熊先生办公室找他沟通，坦率地表达了非常希望能在公建设计方面发挥自己才能的愿望，渴望分配到公建设计项目较多的设计所。熊先生回复说，院学生分配事宜需统一考虑。之后的院学生分配会上，院领导宣布分配我到一所工作。我很高兴，一颗悬着的心终于落地了。还记得当时王慧敏院长对我说："那个提要求的学生就是你吧？"到一所工作后，我参与的第一个项目是熊先生指导的高法审判厅。第一张草图也得到熊先生的肯定。刚到一所的时候，有几件趣事我记忆犹新。

报到后，一所建筑二组组长张令铭带着我到东大屋和大家见面，向大家介绍说，这位是新分来的金卫钧小金同志。刚介绍完，很多人就同时笑了起来，弄了我一个大红脸，不知缘由。后来才知是大家在看香港电视剧《警花出更》，里面有个角色叫金sir。后来大家都亲切地称呼我为金sir。

一天晚上，我需要裱纸画海甸岛总体规划总平面图，一同加班的还有张宇。之后，先走的张宇将钥匙牌放到图板上让我走时锁门。当我加

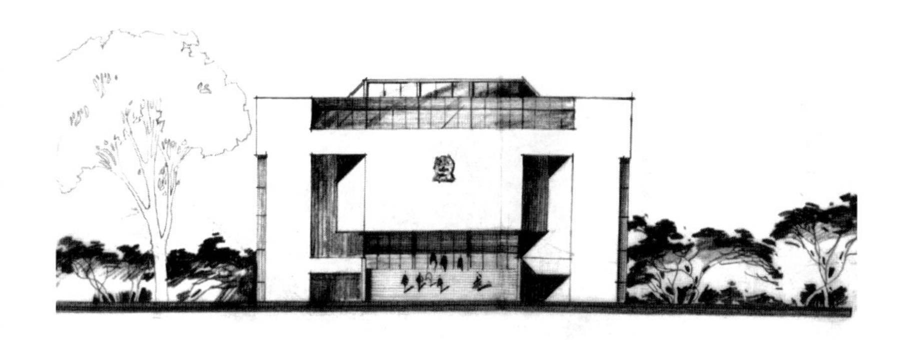

金卫钧到北京建院工作的第一张方案草图——高法审判厅

班裱好纸准备离开的时候，却怎么也找不到钥匙了，只好又把张宇叫回来一起找，但仍未找到。最后发现我裱的纸微微隆起，原来我将钥匙裱在图纸下面了，只好做局部“手术”将钥匙取出，又巧妙地将纸打湿用乳胶重新粘好。

1988 年院团委组织英语演讲，我刚分配来所，团委书记沈莉派我参加。演讲在现 C 座二层报告厅，当年这是院里最大的报告厅。我是第一个参赛选手，为了避免紧张，我采取掩耳盗铃法，把眼镜摘掉，谁也看不清，最终取得优秀奖。后来还与卡拉 OK 获奖者参加了慰问解放军及登鸠山活动，每天除吃喝不错外，还有很多难得的见闻，很是惬意。

二、经历磨炼的家园：海南分院的八年

我有阵子渴望去特区深圳，但深圳分院归四所管。有一次，我和李青云所长去青岛出差，聊起一所正发展海南分院的事，便燃起了去海南的热情。上世纪 80 年代末的海南可谓是一片热土，亟待人才和资金的大力投入，北京建院此时在海南也成立了分院。1988 年 10 月，我踏上海南这片热土，一干就是八年。对于 24 岁刚刚踏上事业之路的自己来说，这是充满机遇和挑战的，也是璞玉磨砺成熟最重要的阶段。在海南，由于老同志

金卫钧在他设计的海口体育馆前

少，大多由年轻人挑起大梁大胆尝试，这正好给了年轻建筑师用武之地，对设计水平的提高是难得的机会。我八年中陆续做了很多建筑，1991 年 27 岁独自主持设计完成第一座 20 层 CMEC 大厦，1992 年 28 岁设计完成海口体育馆等。

卫生间画出的透视图

海南分院刚成立时，办公地点在琼州饭店。我们租了几间客房，三人一间。我和李青云所长一间，为了不打扰领导休息，我在卫生间加图板画透视图，第二天领导起来深受感动。后来搬到了海甸岛的一个农民房办公，条件仍十分艰苦。海甸岛到处都是烂泥塘，蚊子特别多，每到傍晚，人人头顶上方都有一大堆蚊子在飞。没有厨师，饭要大家轮流做。为了保证每个人都能有菜吃，菜里要放大把的盐。外面就是农民的养鱼塘，一位员工做了个鱼叉，往池塘里一扔，拿上来就有鱼，可以做鱼汤。最后在海甸岛盖了分院自己的办公楼，院子里有同志们养的鸡和狗。这种工作与生活的环境现在的建筑师很难体会到。海南分院最多时有 50 多人，在海南也算是最具影响力的设计机构之一。

手绘图要与时俱进

当时所有的方案表现图都需要手绘。建筑方案想要被业主和规划局认可，手绘表现图的水平与作用非常重要。在海南工作期间，我先后画过上百张透视图，其中大部分是在海南分院时所画。我手绘的速度与品质在海南还是很有知名度的，甚至规划局负责建审的领导多次建议开发商到北京院找我帮忙（凡是我做的方案和画的表现图基本都能通过）。通过长期的实践，我也总结出很多经验和技法，如透视的起稿技巧：有时灭点比较远，手绘的话需要先画小透视，再用复印机放大，最后拓写在大的画稿上，非常麻烦。后来我研究发明了不用灭点的画法，速度提高了很多。

喷笔的出现是手绘表现图技术的一次革命，在画面整体效果、真实程度、细节表现等方面大大提高了建筑手绘图的表现力。比如玻璃重叠在一起的朦胧效果、天空云彩自然过渡效果等。有一次，为提高效率，我同时画五幅表现图，这个过程中我同时喷天、喷地、画配景，大大提高了效率，仿若范曾同时画十几幅《老子出关》。当时每次去香港，我都要去文具店买喷笔用的透明膜、颜料和纸张等。后来，我之所以能在全国建筑师竞赛中取得前三名的成绩，手绘功夫起到了很大作用。后来建筑的表现图基本都被计算机绘图取代，可我仍认为纯手绘是建筑师应具备的基本功。

鸡鸣、犬吠，午夜狂奔的摩托车队

因为分院有独立的院子，买了很多鸡来养，被很多女士认领，由于经验不足，鸡越养越少；

司机老马买了一只漂亮的斑点狗，很是可爱。但天下雨后，狗身上的斑点都被雨水冲掉了，给大家带来很多的“笑点”。

分院时兴了一段摩托车热，最多时有十多辆，一起出去玩也是很拉风，很有气派的。

三、开阔视野的家园：珍贵的旅法经历

我因 1997 年获得全国青年建筑师奖而有机会入选第一批“五十名建筑师在法国”法国总统项目，1998 年 10 月出发去法国学习一年。至今，在巴黎的很多美好经历还记忆犹新。一年的法国学习收获非常大，在最需要设计营养的时候来到巴黎，使我对建筑设计的本质、建筑和城市的关系等理解得更深入，对设计方法的掌握更扎实。我对巴黎最感兴趣的地方是，老的城市环境中存在那么多有个性的新建筑。回国后，我写了《镶嵌于巴黎老街区中的新建筑》的文章，作了题为“法国历史环境中的新建筑及对北京城市建设的思考”的科研课题，在建筑设计方面也一直与法国建筑师有直接和间接的合作。

我在巴黎塞纳建筑学院参加毕业班的学习。法国的建筑教育更强调对学生的分析能力、逻辑能力的培养，强调设计与周边环境和城市的关系。课程设计做的是“城市中的老年住宅”“公共空间”，主要是关于巴黎的道路及其设施。我最后写了题为《巴黎道路的发展及其空间特点》的课题报告作为结业作业。

除了在学校的学习，我还有幸在努维尔（Jean Nouvel）建筑事务所实习，面对面聆听努维尔大师对方案的评价与讨论。大师的风范、独特的艺术感觉及创新精神确实令人敬佩。你可能预测到迈耶、盖里、博塔下一个建筑作品的风格，但你绝对预测不到努维尔大师下一个建筑的风格。他的作品千变万化，没有固定的模式，但总是富有创造性，并与时代的最新技术息息相关。在法国学习实践的另一个收获是，观察到设计融入了自然和人们生活的种种细节中。

那一年的时光是非常快乐的，因为没有文凭的压力，除了学校的课及事务所的一些工作外，几乎全部的时间都是在游学中参观感悟。我根据巴黎建筑指导书按图索骥游览考察，对法国各街区进行地毯式搜索，拍摄了大量照

片。我体会到了卢浮宫金字塔的通透与建筑的消融、法国图书馆四本书打开后的气场、法国财政部大楼过街楼手法的新颖、阿拉伯研究中心高技术与高情感的结合、拉维莱特公园 52 个疯狂的红点以及拉维莱特音乐厅的解构等。这些建筑分明是读懂法国建筑的一本本“教科书”。

四、技术与管理的“家园”：在设计院大家庭中

1998 年，第一设计所搬进设计院内 B 座 9 层与 10 层。2004—2013 年，本人任第一设计所所长。2013 年第一设计所改所建院，本人又任第一建筑设计院院长。在此期间，我带领一所一院取得可喜的成绩，完成很多值得瞩目且记忆的重要项目，如海南博鳌亚洲论坛国际会议中心、广州南站、南京南站、北京 APEC 会议中心、杭州国际会议中心（G20 主会场）、厦门金砖五国峰会主会场、白俄罗斯酒店、北京世园凯悦酒店等项目。目前正在设计 2020 年世界休闲大会、环球影城、通州副中心等项目的建筑。

担任所长和院长期间，本人也因技术与管理上的执着获得很多奖项，如被评为北京市有突出贡献的科学、技术、管理人才，获得国家优秀建筑设计金奖、中国建筑学会青年建筑师奖、中国建筑学会建筑创作奖、建设部优秀建筑设计一等奖、海南省优秀建筑设计一等奖、首都规划建筑设计汇报展十佳以及市优秀工程设计一等奖等奖项。若从建筑师的家园的视角去省思自己的成绩，这反映了我一直在坚持自己的职业操守。在从事职业活动时必须严守道德底线和行业规范，对建筑师而言，更要体现出为世界的美好、舒适提供实际帮助的本领。

虽然并没有轰轰烈烈的壮举，但以上种种经历构成了我 30 多年职业生涯的一个个“家园”，这里有承诺，有贡献。从家园里的吉光片羽，能看到我们这一代人的审美情趣，以及作为建筑师面对自然、面对世界的不同态度。虽然建筑师的家园因人而异且随时可变，但建筑师对家园的信念不会变，那就是对建筑设计本质的追求，对不断服务社会且创造价值的忠诚。

与住宅研究结缘的那些事儿

舒平：1969年生，河北工业大学建筑与艺术设计学院院长，教授。住建部科学技术委员会建筑设计专业委员会委员、教育部普通高等学校本科教学工作审核评估专家、中国建筑学会计算性设计学术委员会常务委员、天津市设计学学会副理事长等。著有《21世纪中国大城市居住形态解析》等。

与住宅设计研究结缘还要从我在天津大学建筑学院师从聂兰生先生读博士时说起。1996年春天，我开始在聂兰生先生门下学习。当时建筑学院每年招收的博士生很少，屈指可数的几个，有的年份甚至一个也没有，不像现在动辄每年几十个。聂先生在20世纪90年代已经是全国知名的住宅设计专家了，因此我的博士研究方向自然也就是住宅了。起初我并不是十分情愿做住宅研究，总感觉做住宅不像做其他公共建筑研究那样显得高大上，但既然选定这个方向，也只好硬着头皮做下去了。

一、启蒙——影响至今的一次住宅设计学习

说是启蒙，并不是指第一次做住宅设计，因为我大学时期即经历过住宅设计课程的学习和训练。但为什么这里还称之为“启蒙”呢，主要是因为之前对住宅设计的认识还仅仅停留在课程设计层面，并没有从实际设计的角度认识到住宅设计有别于其他类型建筑设计的特殊性。

对住宅设计认识的转变始于跟随聂先生做天津市红桥区的一个还迁房项目。这个项目位于天津市红桥区，正好位于我现在工作的学校河北工业大学天津红桥校区南院的对面。项目时间比较紧，我们在聂先生的带领下开始做设计。起初并没有觉得这样的项目有多大的难度，可是方案进行了一段时间后，我开始意识到这还真是个难啃的硬骨头。设计的难点主要集中在对住宅套型面积近乎苛刻的限制条件，记得当时最难做的户型就是 38 平方米的最小户型。如果只是面积小应该还好应对，然而，加上聂先生近乎苛刻的对住宅户型设计的要求，一下子设计难度大增。设计的难点就是既要相对好用，又要满足面积要求。刚开始还对苛刻的面积要求不太在意，好不容易觉得差不多行了，结果算一下面积，是 38.5 平方米。给建委领导汇报后才知道，0.1 平方米都不能超。别看只是超了区区 0.5 平方米，但对于调整余地本已很小的户型空间来讲，一点点小的调整都有可能导致原本还算好用的空间变得不再好用了，因此着实让我们绞尽脑汁。聂先生也帮我们反复修改，真是一点一点地抠各种细节：各功能空间的组织关系、位置、大小尺寸反复调整；房间门、窗的位置到后来是 50 毫米 50 毫米地移，家具的尺寸也是一点一点地调整；厨房和卫生间最难做了，在面积已经非常狭小的空间里反复调整摆放位置、距离等。虽然整体上是在各种限定中艰难地推进，但也有“因祸得福”的收获，如开放厨房设计。其实这是各种限定条件相互妥协后的无奈之举，但在当时的居住背景下，能做出这样的选择并最终实现，还是体现出聂先生的见识和开拓意识，给本来枯燥无趣的设计过程注入了一丝新意。

虽然只是一次再普通不过的住宅设计经历，但细细回想起来，还是感受到这一次住宅设计的学习经历非同一般。一是切实感受到住宅设计关系到老百姓的切身利益，半点马虎不得。以前做住宅设计时套型面积差个零点几平方米不会感觉有什么问题，像这次连 0.1 平方米都不能超的情况，虽是第一次遇到，却足以让我印象深刻。同时，住宅不仅关乎普通百姓的利益，更关系到国家的经济社会发展，由此更体会到住宅设计的社会责任重大。二是感觉到住宅设计与其他类型的建筑设计相比其训练的独特性，特别是对尺度细节的近乎极致的关注，这些都对我产生了重要影响。这些环节的持续训练，对我日后的住宅建筑设计教学和公共建筑设计实践也是非常有助益的。三是在聂先生门下感受到先生非常严格的要求和严谨踏实、精益求精的治学态度，这给我深刻的影响，也是对我治学甚至是做人品质的磨炼。四是这些影响一直持续到我后来从事教学工作，使我更加认识到本科阶段设计教学中设置集合住宅设计课程的必要性和重要性，认识到它其实是通过这种特殊类型的设计锻炼学生的综合能力和素质。

二、探索——博士论文写作的求索历程

在此次设计经历后，我开始慢慢喜欢起住宅设计了，开始关注有关住宅设计的理论研究与设计实践作品。当然，后面又跟着聂先生接连做了不少住宅设计项目，对住宅设计与研究有了进一步的认识。我博士论文的题目定为“中国城市住宅层数解析”，这也是当时聂先生主持的国家自然科学基金项目。刚开始时对这样的课题研究确实感觉无从下手，只好先做广泛的、大量的阅读。经过一段时间的学习后我对当时中国城市住宅的研究有了初步的认识，也逐渐体会到住宅研究的广博深邃，涉及社会、经济、文化、民生等方方面面。博士论文的写作过程中，那种因为聂先生一贯对学生的高标准严要求，使我每次与先生面对面探讨问题时产生的尽管我已经竭尽全力却难达先生要求之一二的忐忑，以及学习、写作过程中各种艰辛、

痛苦、煎熬、喜悦等复杂心情交织后的难以言表，都构成了这段我人生中最难以忘怀的痛并快乐着的状态。当时正值祖国社会经济蓬勃发展的时期，住宅建设也是如火如荼快速推进。每年的住宅建设量都在上亿平方米，住宅研究也进入黄金时期，涉及各个层面，如设计、开发、政策、管理、维护等，还包括小康住宅、经济适用房、廉租房、还迁房等各种类型住宅示范项目等，住宅研究学者也都相当活跃。这一时期我有幸跟随聂先生参加了很多全国性的住宅会议，有机会结识当时很有名气的住宅研究专家，如中国建筑技术研究院的赵冠谦、开彦、刘燕辉、何少平，清华大学的吕俊华，东南大学的鲍家声，同济大学的赵又恒、王仲谷，重庆大学的朱昌廉，天津的张菲菲、栾全训等。我不仅开阔了视野，也深深感受到住宅研究的欣欣向荣。

我的博士论文研究的目标是从住宅层数入手，基于土地、环境、适居与可持续发展角度探索未来我国大城市住宅层数发展策略。从住宅层数发展状况分析、理论论证、策略研究与实践三方面依次展开论述。以住宅层数发展为线索，系统考察了自新中国成立以来我国城市住宅的发展历程与层数演变趋势，并着重对当时我国城市住宅层数发展的外显特征与内在机制进行了概括分析，指出“多层住宅为主和多层+高层住宅模式”是当时城市住宅层数发展的主要模式，提出21世纪我国将进入电梯住宅时代的论点。在理论论证方面，尝试在可持续发展原则的指导下，建立宏观与微观、内部与外部相互关联的住宅层数研究理论框架体系，通过城市生态学、城市土地经济学、住宅社会学等学科理论角度的深入研究，进一步论证住宅层数增加是从生态、土地、适居等方面综合考量的结果。在策略研究与实践探讨方面，通过对中高层住宅的可行性研究与设计实践，论证中高层住宅在我国大城市中的发展前景。借鉴国外的发展经验，对我国发展前景进行预测，提出在当前及未来我国大城市住宅层数不断增加的趋势，并尝试提出未来我国城市住宅层数发展的三个阶段。博士论文发表于《建筑学报》（1998年11月）、《城市规划》（2002年3月）等杂志，也作为聂兰生教授主持的2004年4月出版的《21世纪中国大城市居住形态解析》一书的重要内容，受国家自然科学基金和华夏英才基金资助。

今天看来，文章中的诸多观点显示了我最初的自信及学术上的稚嫩。对研究而言，不存在绝对的真理，存在的只是事实，所以我宁愿相信自己当时是无知的。研究者的不稳定性取决于他的智慧与敏锐的程度，他的职责不是布道，而是发现。在我看来，任何单一的解释与理论都只会使研究者的创造力窒息，而使自己始终置身于发现之中，这才是最重要的。

三、执着——生活感悟中的小中见大

现在随着年龄的增长和工作重心的变化，我虽然参与住宅设计实践少了，但对住宅设计又有了些许新的感悟。

通常在同一户型住宅居住时间长了，其格局每过一段时间都会因使用需求的微小改变而发生或大或小的调整。这一点我颇有些自己的体会，就是一个家庭随着孩子的成长，每个阶段对住宅室内的布置、家具使用等的要求都有差异，如孩子上学前后的使用要求变化还是蛮大的。再比如对书房的认识，刚毕业还比较年轻的时候是觉得没有书房不行，那时书房确实也发挥了工作、学习辅助功能的重要作用。但随着自己年龄的增长、孩子的成长以及工作内容的转变，很多时候已经不再把工作拿回家来做了，因而书房逐渐闲置。这时在家中更愿意与家人共享难得的交流时光，餐桌或餐厨空间反而成为家庭中使用频率最高的空间，甚至有些时候临时有点工作需要处理也都喜欢挤占餐桌空间。由于使用功能时有变化，也就很难避免调整家具的摆放位置和格局。经常会把某件家具加上自己的一些设计后重新摆放，有时还会添置一些新的家具。总之，都是一些局部、小范围的调整，每每调整完还是能感受到小变化带来的小欣喜，觉得日常平淡的家庭生活还是需要经常有一点小的更新。由住宅室内的这些小的变化调整，我不禁联想到城市的更新。每座城市都有自己的成长痕迹、文化底蕴、百姓居民，城市是需要生活于其中

住宅户外围合空间

的人们来滋养的。城市更新的根本驱动力是，在这里生活的人们随着时代的变化生活方式发生了改变。住宅室内的时时微小调整正和城市更新理念中的微更新有异曲同工之处。

住宅设计的最终目标是更好地为普通百姓服务，老百姓对住宅是否满意应该是检验住宅好坏的标准。如何让百姓满意呢？当然，按照住宅规范设计建造是非常重要的，但了解普通百姓的真实需求，了解他们对住宅使用的主观感受，让住宅设计满足他们的需求，为他们的新需求提供更多的适应性，应该是更重要的。当前的住宅发展已经进入新的阶段，快速城镇化和城市人口激增的现实，人民日益增长的美好生活需要和城市高质量内涵式发展的新时代目标，都促使城市居民对高品质健康住房的需求持续快速增长。但是增量增质的住房需求与当下存量严重不足的土地供给，以及过度消耗的资源环境和城市高质量发展之间的矛盾日益尖锐。如何不断提高居民对城市居住空间的满意度，是未来健康城市背景下，严格控制城市过度扩张、有效增加高品质住房供给总量、实现城市高质量内涵式发展目标亟待解决的关键问题。当前我国城镇居民人均住房建筑面积接近40平方米，住宅发展由重视数量阶段向质与量并重，乃至更加强化品质阶段转变。然而，现实中大量城市住宅普遍存在能源资源浪费严重、室内空间效率不高、居住性能品质不佳、缺乏精细化设计导致居住空间健康适居性能低的问题。我国城市居民对住宅需求的观念正经历着由盲目追求面积大转变为崇尚“精致小、品质高”的过程。当前城市居住空间研究呈现出更加注重“精度”（细节）与“温度”（人性居所）的新趋势，研究重点也逐步转向关注居住空间的使用效率、健康舒适性能以及生理心理体验等更加“人本”的角度。

因此，我现在对住宅研究的关注重点转向从健康适居的新视角，探索一种住宅单元微型适宜、居住性能健康适居，公共空间与邻里分时共享、弹性单元按需复合利用的新型住区共享居住模式与建构体系，感觉这些研究对顺应互联网时代的新生活方式、有效节约资源能源、营造大城市新型居住空间体系具有重要的理论意义和社会价值。

影像中的家园

董明：1963年生，贵州省建筑设计院有限责任公司总建筑师，贵州省土木建筑工程学会建筑师分会会长。代表作品：贵阳龙洞堡国际机场扩建（合作设计）、贵阳市中天花园、毕节市新行政办公中心等。

终生难忘的两次经历

当你身处熟悉的环境，其他生灵却突然离场，只剩你一个人时，你会茫然失措，胸中莫名升起一丝恐惧，感到无助、渺小。这种感觉我体会过两次。

第一次是2008年在贵州遭遇凝冻的时候。凝冻的正式名称为“低温雨雪冰冻灾害”，是一种危害巨大的气象灾害。当时贵州电网大面积损毁，大部分县市电力运行瘫痪，交通中断，造成了巨大的社会经济损失，对人民群众的生活造成了重大不利影响。那时我和父母住在贵阳市龙洞堡木头寨，记得是个周末，我要赶到市区开个评审会。出门才发现大雪纷飞，山野一片茫茫，路经的农贸市场空无一人。再往前走是大街，一辆车或一个人，哪怕一只流浪狗都未曾遇到，真是“千山鸟飞绝，万径人踪灭”。那种静寂带给你的片刻愉悦很快消失了，疑惑、惊恐随着头皮发麻转变成一种畏惧，一种深入骨髓的畏惧。偶尔能听见树枝被雪压断发出的噼啪声，还有双脚踏雪踩冰的声音，那是一种你很少听见的为防滑临时缠上布条的鞋子发出的声音。为避免摔倒，某些时候你不得不匍匐前进。由于太过安静，我大口喘气的呼哧声清晰可辨，在困顿中还能听到自己怦怦的心跳声。

第二次无疑是2020年春节期间因新冠肺炎疫情造成万人空巷的时候。我和夫人驾车从居住的小区到我父母的住处，具体说来就是从观山湖区到南明区。当我上路时，平时拥挤的马路上，开出几公里也遇不到车，只能偶尔看到一两个衣服颜色耀眼的环卫清洁工。

2008年“凝冻”带来的交通中断，是一种突发的严重自然灾害。

2020年新冠肺炎疫情下的“封城”，是防止传染病毒进一步扩散的有效的主动手段。不管怎样，都反映出人类对大自然必须怀有敬畏之心，这是人类建筑自己的家园的基础。

我的旧居

2006年8月13日，我偕妻儿、侄女，陪同父母回到了我生活过21年的地方，我直到大学毕业上班后才搬离此地。我居住的大院叫劳改局基建队，毗邻的还有水泥厂职工宿舍、贵阳监狱职工大院、永青仪表厂及其员工宿舍。连接这些生活大院和办公、生产场地的是凤凰路。它得名于旧地名凤凰哨，当时是一个原汁原味的布依族村寨。我小时候经常穿越小寨到南明河学游泳。

基建队大院有左右对称的两栋两层坡屋顶家属楼，正面是四层的办公大楼。一层宿舍区街巷布局复杂，人走在其中就像在迷宫一样。我就住在大门右边的楼里，该楼建于20世纪50年代，2006年重返故地，虽心中早有预料，但等到真的站在这座老旧的建筑面前，心中仍不免惶惶。老旧的木质台阶变得腐朽，刻满风霜的斑驳墙面上，醒目的红字书写着毛主席的口号："团结、紧张、严肃、活泼"，唤起了生在新社会、长在红旗下、享受着毛泽东思想阳光雨露的我对往日时光的回忆。

那时，我家住一楼，晚上经常到楼上小伙伴家做作业。夜深时，做完作业后每人轮流讲一个鬼故事，听得人脊背发凉，手心冒汗。最可恨的是，有人提示在吱吱作响的阴暗的阶梯下就藏着鬼，于是谁也不敢先下楼，只好手拉手尖叫着冲下楼。在父母无甚恼怒的呼喊中，蒙头埋进被窝，在各种怪诞恐怖的故事中渐入梦乡。

我家当时的居住条件是两居室，外面是客厅，里面是卧室，厨房在客厅的对面，需经过露天小巷的双坡单层简陋房。凤凰路经过卧室的窗前，窗台下就有一张写字桌。由于道路有坡度，我的窗台几乎跟路面齐平。我开玩笑地说，我打小就拥有一个与众不同的"寄人篱下"的视角，也就是在道路±0.00标高以下的环境生存。更要命的是，窗户对着一个垃圾收集点。早晚每家每户扔垃圾的时间跟我在家学习的时间高度吻合，那味、那景不讲也罢。唯一的好处是捡煤渣有前沿第一手信息，玩烟盒、糖纸那也是资源充足。毗邻"永"字号的企业，是上海的三线名企，有"大上海"的烟盒纸，"大白兔"的糖纸，上学时与同学交换其他东西就特别有底气。

那是最艰难的时期，父亲被污蔑为历史反革命而被揪斗，不能回家的时间长达七个月之久，家里只有我母亲带着我和弟弟。某天深夜三四点，小偷搭了把梯子，爬到幺窗上，拿着手电固定在幺窗铁条的空隙中往里照。主要是用带钩子的竹竿挑衣服、钱包之类值钱的东西。母亲听到异响起床发现了小偷，拿起家里铝制的洗菜盆，边敲打边高呼："抓小偷！抓小偷啦！"隔壁的胡爷爷和楼上楼下的叔叔阿姨反应神勇，惊得小偷落荒而逃。天亮后还意外收获了小偷留在墙边的工具——木梯。那个木梯也见证了邻里和睦、共度时艰的时刻。

永青厂大院的放映场在当时是最牛的，有固定的放映室，而电影幕布也是在山墙上固定的“永不落幕”硬核配置。每当放八一电影制片厂的片头，红五星放射光芒，激昂的音乐响起，我总是激动不已。当时看过的纪录片《送瘟神》是关于消灭血吸虫病的，影片放了一张解放初期血吸虫病患者的照片，旁白中说道：肚皮大得像冬瓜，脸皮颜色像黄瓜，手臂细得像丝瓜。结尾是消灭了血吸虫，毛主席满怀深情地写下《七律二首・送瘟神》：“春风杨柳万千条，六亿神州尽舜尧……借问瘟君欲何往，纸船明烛照天烧。”在毛主席的诗词中，这是唯一专门以医疗事业为主题的作品，表达了为人民抒怀的领袖情怀。

当时电影的甲座当属从家里透过窗户看，令人羡慕不已。学建筑后关于多功能互换（如白天露天影院晒衣服，爆米花现场制作排队售卖，晚上放电影等）、道路利用（如道路白天组织交通，晚上封堵起来作为观众席）等，有以前的经验就易于理解了。

岁月如梭，随着城市棚户区改造，道路市政修建，凤凰路和我的老房子将很快被从地球上抹去。这是城市发展的必然。虽然凤凰路会像它的名字一样，在涅槃后重生，但我还是会怀念那个充满故事的小院。

我的老家

我的老家在云南省云龙县石门镇。云龙因“澜沧江夜覆云雾，晨则渐升如龙”而得此美名，境内山峦叠翠、峡谷纵深、山重水复、曲径通幽，素有“山国”之美誉。

石门镇位于云南省大理白族自治州云龙县诺邓镇境内，是一个四面环山、历史悠久的带形小集镇，民居沿狮尾河南北的地形地貌依山而建。石门大家可能还比较陌生，诺邓火腿却因为《舌尖上的中国》而誉满天下。

据我父亲写的生平，我爷爷董汉儒曾任石门小学校长，奶奶叫杨润珠，一家六口人，我父亲排行老四。一家人主要靠爷爷教书维持生活，加上奶奶带着两个姑妈做豆腐、烤酒补贴家用。父亲生平的结语中写道："父母没有给我任何财产，仅有的一间闪片房，留给汝哥（我大爹）一家住。父母亲给我留下的可贵财富是他们一生勤劳正直的高贵品德。我应该继承下来并使之发扬光大，代代相传。"

我出生于云南省大理市，据母亲说，我是在下关镇第一人民医院出生的。大理市是云南省大理白族自治州的首府，电影《五朵金花》的拍摄地，"下关风，上关花，苍山雪，洱海月"是对大理的生动描述。我母亲的老家就在大理北城门外一条小溪旁。儿时的记忆中，来自苍山冰冷的雪水推翻着原生态的水车，时缓、时快，曲折蜿蜒地汇入洱海。我母亲是白族人，当时在下关镇新华书店工作。我满月后她随父亲到贵州，按当时解决夫妻分居问题的政策直接调到我父亲的单位——贵州劳改局下设的基建大队。母亲到贵州后先后担任过单位政治宣传员、食堂司务长、汽车修理电工、供购科材料会计，直到退休前升到法规科主任科员一职。母亲坚忍、自尊、任劳任怨，工作上一切听从组织安排，干一行爱一行，这对我的"三观"具有决定性的影响。

我父亲的住处是典型的云南民居"一颗印"的变体。所谓变体是入口不在正中，而是随小街巷和地段的限制，将入口设置在转角处。门楣上刻有"江都世第"四个字。"世第"出自"师之子，其年少于己者，亦称世第"，意为世交同辈而年龄比自己小的人。"江都"指扬州，秦、汉时扬州又称"广陵""江都"等。

2018 年随父亲回石门，一进家门就激动不已。老家小院中的堂屋和天井就相当于现在的客厅。一大家子就围坐在天井的小桌旁，欢声笑语，让人感受到了浓浓的亲情。饥肠辘辘的我们如愿以偿地吃上了心心念念的稀豆粉，也就是我们大家熟知的豌豆粉。它是老家的一大美食。必须用当年的新豌豆晒干后磨成粉，加清水放入锅中，等豌豆粉由稀变稠，陆续加入盐和切成丝的葱、蒜即可，随个人喜好放榨菜、香菜、葱花、芝麻油、花椒油、辣椒油会更加美味。除了豌豆粉，老家的血肠也是每次回家必吃的美食。血肠

左图：云南民居“一颗印”的模型（云南省建筑师学会赠）
右图：董明老家入口（2018 年摄于云龙）

又名豆腐肠，是由豆腐、肥肉、猪血和其他调料拌匀，灌进洗净的猪肠子里，用针扎小眼，分段绑在杆子上晾干，一到两周即可食。每年过年前，我们都会收到老家亲人们邮寄过来的血肠和茶叶等土特产。特别的配方，特别的舌尖上的味道，年年如此，情深味浓。

说到老家，就不能不提一下虎头山道教建筑群。它位于县城石门镇南山，南山山顶酷似虎头，因而得名“虎头山”。这里危岩高耸，山势险峻，石壁千寻。就在这鬼斧神工的奇景中，古人因山就势，修建了众多的寺观庙宇。别具匠心的开拓者，即按虎头造型，使高耸的虎头寺有“眼、耳、鼻、嘴”，俯瞰全城。那些巧借山势修凿出来的石观、石祠、石桥、石窟等石建筑作品，构思奇巧、工艺精湛，与山上的自然景物浑然一体。

虎头山半腰上有一个地方，是由父亲和好友及同学们出资捐建的。父亲主要负责环境的修缮，并种下了一棵高山榕树，还将此地取名为“望虎台”，刻于石上以作留念。当年的小树苗如今已枝叶繁茂。

现在的老家已经今非昔比，每一次回去都发现它越变越美。我衷心地祝愿老家山更清，水更秀，人民生活更美好！

面对新冠肺炎疫情席卷全球，重叙对家园的认知，儿时的记忆，堆积重叠，清晰可见。记忆是一件不可思议的事情，到我这个年纪有时会不记得昨天发生了什么，却可以栩栩如生地回忆起童年的瞬间。期望在文字、图像的共情中连接彼此，感悟生命，面向未知，向阳而生。

此心安处是吾乡

——我的建筑生涯

夏海山：1969 年生，北京交通大学建筑与艺术学院教授，2011—2019 年任学院院长，北京土木建筑学会副理事长。译著：《绿色建筑革命》（合译）、《太阳房——太阳能建筑设计手册》（合译）等。

疫情期间收到金磊主编的约稿，看到导言深有感触，疫情带给我们居家静养的深思机会，让我们少了很多忙碌，多了些思考。在经济快速发展的过程中，我们设计建造了很多时尚的家园，却在忙碌的行走奔跑中迷失了自己内心的家园。

我是 20 世纪 60 年代末生人，我们这代人的经历算是丰富，对“文革”还有些记忆，经历了改革开放过程，更是经历了快速城市化的建设热潮。现在回想，这半个世纪的特殊经历让我们内心一直保持在激荡中行进，也是时候需要回望整理一下了。

“万里归来颜愈少，微笑，笑时犹带岭梅香。试问岭南应不好，却道，此心安处是吾乡”，苏轼的《定风波·南海归赠王定国侍人寓娘》中的这位妇人有了一番经历后认识到，人生真正的寓所在于心安。我们这一代可能经历的变化过多过快，寻求心安却是很难。

静下来

像往年一样，年底紧张忙碌地跨越了元旦，迎来了2019年。这一年恰逢我到知天命之年，一场突如其来的病让我不得不在医院中安静下来。

也许只有这时才能真正倾听到自己的内心与灵魂。刚刚得知我病情的那个时刻，我站在楼上望着医院窗外，冬日阳光照着忙碌的街道光影分明，我仿佛看着一幅无声的影片，我从那熙攘的世界中被剥离，置身于故事之外。当我躺在手术台上看着麻醉剂注入我的体内，我在即将失去意识的那一瞬，唯一的祈盼是再醒来时能够看到阳光、听到鸟鸣、闻到花香，每日视而不见的这些成为我此刻唯一的奢求。

出院后适逢早春，我仿佛沉睡多年后投入春天的怀抱。我每日在紫竹院公园中享受鸟语花香，看着花开花落，走过了一个真正的春天。整日看景、写字、读书，让我的生活终于慢了下来。

19世纪德国浪漫派诗人荷尔德林的一首诗《人，诗意地栖居》经海德格尔的哲学阐发，诗意地栖居在大地上便成为人们的共同向往。静下来后我试图寻找诗意的生活，这不正是学建筑的初心吗？然而发现并不容易，诗意源于对生活的理解与把握，尤其是内心的那一种安详与和谐，但我有过吗？

下海去

时代的大潮给予了建筑师很多难得的机会，对于高校建筑教师，则是很大的诱惑，我因此也有了短暂的离开学校的经历。

作为建筑师，我们这代人是很幸运的。我几乎用了三年时间设计建造了我上一辈建筑师可能一生都没有完成过的工程量。也许正是因为我们这一代学建筑的赶上了好时代，幸运的背后也一定会失去什么，任何事情都是如此。

我毕业那时还都是由国家统一分配单位。大学毕业后本来定的是去设计院，结果阴差阳错地换到了大学里教书。但即使在学校里也有机会投身建筑工程，大潮中机会无处不在。

20 世纪 90 年代初的大学毕业生，到单位入职后的第一件事都是要到厂矿基层去实践锻炼一年，大学教师也不例外。我本来需要跟那一批新教师奔赴煤矿，就在出发之前我向学校人事处申请，我的专业是建筑学，我们对口的一线基层是设计院，当时学校设计院正好缺建筑专业的，我希望能在学校设计院锻炼，这样思想和业务可以得到双修。我的申请得到了批准。

我到设计院后参加的第一个实际工程是一栋 24 层大厦的设计，这是当地城市里最高的建筑，指导我的老一辈建筑师也都没有接触过这样的高层建筑。我应当是很幸运的，通过这个项目，我用最短的时间积累了大学毕业后独立承担工程的经验。

刚工作时内地的工资是固定的，无论干什么大家都没有多大差别。那时从高校停薪留职去南方下海做设计，建筑师的收入大致是内地高校教师的 100 倍，对于学建筑的年轻人吸引力巨大。设计虽然挣钱，但的确是个体力活，我很珍惜这样的机会，在那里卷起袖子加油干，承包了一个设计所，每天画图都会到半夜，经常趴在图板上就睡着了。

建筑教育获得的人文理想，在那个火热的建设年代，也还会不时本能地涌动一下。1993 年，我接手一个香港投资商的项目，是将一个传统的客家村寨全部推平，在这里规划上满满的高楼。我看到那些客家民居、碉楼和祠堂即将因我手中的规划图纸而消失，几次找到村长，说服他保留了两个碉楼和祠堂。然后我又用了几天时间，在不同的时间拿着相机在村子的各个角落反复拍照，最后冲印出几本相册交给村长，希望他们建一个村史展厅，把这些照片作为他们村子的历史档案保存起来。这些也许是在满村人兴奋地盼望高楼取代老旧民居的时候我唯一能做的事情了。

想起此事，总是有种说不出的感慨：建设新家园，要先摧毁另一个家园吗？这段经历也让我感受到文化与经济既相关也相斥，没有经过一定的经济发展，文化的价值很难真正被认识到，你几乎不可能在第一时间两者兼得。道理也许是相同的，我们这一代建筑师，没有经历内心的游走与迷失，很难真正理解心安的意义。

在广东我这样度过了三年时间，在当时还是手绘设计时代，但是也快速建了一大批建筑。将近 30 年过去了，我不知道这些建筑境况如何。虽然建筑如同建筑师的孩子，再丑在自己眼里也是最好的，但那种大跃进式的设计产出，让我对建筑工程设计失去了兴趣，我觉得那种设计建造缺点什么。后来教书，看到学生的设计不满意，又不知道该说什么的时候，就问："你的设计灵魂在哪儿？"现在想想，当时缺的应该是对生活的思考吧（其实给学生的问题，更多的是问自己的），这才是建筑让我们兴奋和狂热的地方，而非仅仅是功能与形式。对我而言，当年广东下海，那里只有生产，没有生活，有生活中的美食，却没有生命中的美景。

于是在热火朝天的建筑工地干得身心疲惫后，我又回到了学校。

再读书

回到内地学校后发现，我在银行的存款一年的利息当时相当于自己在学校十年的工资，突然觉得自己已经脱离必须通过工作来谋生的状态，第一次感到一种获得自由的喜悦，觉得可以去做自己内心想做的事情。于是，我在将近一年的时间里除了教书便是读书，让自己的心静下来，接下来重回学校读书。

硕士、博士连续读下来用了将近八年时间，这段时间正是中国住房市场化，房地产开始井喷式发展，建筑设计开始民营化的时期。工作了几年，特别是经历了南方下海，再回来做学生就非常珍惜，看着周围的同学忙着做项目，我则是好好享受了这段读书时光。

我在博士论文的后记中记录了再回学校读书的感受：“读书写作不仅仅是知识的积累，更是一个身心修炼的过程。对于当今这个飞速发展的社会而言，五个春去秋来其间变化之巨大令人难以置信。大建设时期为建筑师提供了绝好的实践机会，而沉心于书文之中，则是在漫长的艰辛探求之中体验另一种甘苦交融的感受……”

做研究也是有方向的，是做技术研究还是做文化研究，让我在博士论文选题过程中纠结了很久。与很多人深聊之后，我得出了自己的结论：眼前中国的发展技术更被看重，是刚需，有需求就有价值；文化的事情可以等到经济发展到一定阶段，房子建得差不多了再慢慢弄。凭着这样的逻辑，我放弃了对文化的喜爱，开始步入绿色建筑研究领域。王阳明在《传习录》中说“我辈用功，只求日减，不求日增。减得一分人欲，便是复得一份天理，何等轻快洒脱，何等简易”，这听起来轻松，能做到很难。

博士毕业后我又选择了在高校教书，这时在高校教建筑比起 20 世纪 90 年代要忙碌得多，一方面有教学压力，一方面有研究压力，另一方面还有很多机会做设计实践，因此是承担教师、研究员和建筑师三重角色。可以想象，以这种角色做设计，很难获得设计本身带来的享受，面对设计市场的急躁更难获得内心的平静。

机会论

2010 年我去美国宾夕法尼亚大学设计学院访学，一方面博士毕业后高强度的工作让我有歇一歇的强烈需求；另一方面，寻访梁思成、林徽因等第一代留美建筑前辈的足迹，是我的夙愿，是他们开启了我的建筑梦想，说起来宾大也算得上是我梦想开始的源头。

正赶上美国金融危机后极其萧条的那段时间，从北京初到费城，这个美国建国初期的临时首都给我一种“废都”的感觉。即便这样，我也是带着仰慕欣赏着这边的风景。

夏海山博士论文答辩后与硕士导师汪正章先生合影

与这里一些早期来美的华人聊天，我羡慕他们的悠闲，他们却羡慕国内的活力。因为我已经厌倦和惧怕高强度的工作，对他们话语背后的心情没有特别的认识。可是，接触多了，感到他们真正羡慕的是我们所得到的机会，甚至很多人对我来这边访学很不理解，觉得我浪费了国内的大好机会。

记得冬天我在费城大学城一个小公园的座椅上晒太阳，遇到一位来这里 20 多年的北大毕业生。聊天中得知，她也在国内大学教过书，来这里后起初在餐厅打工，后来自己开了个小餐馆，40 多岁就退休吃劳保了，每天这样晒太阳是生活的主要内容。后来走访美国的建筑师事务所，遇到几位国内顶尖高校建筑系的毕业生。他们感慨国内的发展是他们那拨人没有想到的，曾经有种说法，“一流的出国，二流的留校，三流的去设计院”，没想到当初留在国内的同学现在不是院长就是大师了。他们话语之间多少有些酸痛。

到美国本是寻访建筑前辈的内心家园，然而“机会论”却让我再次迷失，回国后担任学院院长，忙碌中一晃又是八年。

教建筑

每年 9 月开学，我便会面对着一群全新的面孔讲建筑学导论课。我尽力让新生爱上建筑，事实上这并不难，建筑专业本身自带魅力。难的是我不知该怎样把握一个度，让学生理智地热爱建筑。因为我知道这些学生毕业若干年后，真正做建筑师的比例不高，而且趋势是会越来越少，即使做建筑师，其中多数人面对现实也会有落差。我不想让学生多年后感慨，大学的第一课就被老师忽悠了。

记得在一次建筑教育会议上，张永和也专门谈到过，美国建筑师就业不易，从业建筑师也不是一个挣钱的行当，但建筑系从不缺生源，建筑系的学生很多并不是为当建筑师而来的。那么，不做建筑师为什么要学建筑？

按照曾设计唐纳德·特朗普大厦的艾伦·拉皮迪斯（Alan Lapidus）所述，他和他父亲莫里斯·拉皮迪斯（Morris Lapidus）在美国算是成功的建筑师，为很多有钱人服务过，但他们绝不是有钱人，甚至几度破产。也许学习建筑的魅力，就在于在设计中探寻生活的本质。

最近有个热门的词“后浪”，针对“后浪”建筑师，想到建筑学专业的变与不变。无论“前浪”建筑师还是“后浪”建筑师，不变的是什么？变化的又是什么？

我想，未来的时代建筑的变化是必然的，建筑师需要适应变化，建筑教育更需要变化。但是不变的又是什么？这是一个“前浪”和“后浪”都值得思考的问题。

“木匠师傅”是我的网名，我的学生把我们的群取名为“木匠之家”。我也因此感到自豪，木匠干到能自立门户收徒弟的时候，不仅是手艺娴熟，也应是悟出了一些道理，有一套做师傅的心得的。家，应该有种东西能让人永久地惦念。我也希望这个名字能够提醒我去思考，“木匠之家”能够给予学生什么。即便建筑进入数字和智能时代，也还是需要工匠精神让我们静心专注于内心家园的经营。

远方的家园

罗隽：1963年9月生，现为四川大学建筑与环境学院教授，博士生导师。四川大学城镇化战略与建筑研究所所长。英国皇家特许注册建造师。曾任福斯特及合伙人有限公司董事、北京代表处首席代表。著有《时光之魅——欧洲四国的建筑和城镇保护》等。

美国著名政治家帕特里克·亨利（Patrick Henry）曾说过一句警世名言："不自由，毋宁死！"这自由，是心灵的呐喊。国学大师陈寅恪先生在纪念王国维投水自沉后两周年写的碑铭"独立之精神，自由之思想"，也成为中国现代知识分子的追求。这追求是为了那一处心灵的家园，是肉体之上的精神栖息之所。

人无精神，毋宁死！否则，活着也只是一具行尸走肉而已。

家园在心灵深处的远方。对于一名建筑师来说，是否追求创造具有精神品质的场所空间的建筑，是区别一个优秀建筑师和平庸匠人的分水岭。这是知识、生活和审美体验长期不断积累，并转化为自觉意识的行为。

家园是从小培育，不断浇灌，从心底发芽而逐渐生长成熟的。孔子云：

“三十而立，四十而不惑，五十而知天命……”

少年时代，看了很多被认作“毒草”的世界名著。这种阅读启迪了我的心灵。正如美国文学理论批评家哈罗德·布鲁姆（Harold Bloom）所说：“阅读在其深层意义上是一种认知和审美的经验。”少年时代读过的那些世界名著，它们确实在潜移默化之中塑造了我。那些我崇敬和喜爱的人物，他们的性格特征、目标理想和行为方式，从少年时代起就浸润在我的灵魂里，融化在我的血液中，藏匿在我的思维里，折射在我的行为方式上……

我相信我的审美也是缘于这种阅读的浸化。

一个人的生命有限，时间有限，所以阅读要读好书，读经典，方得事半功倍的效果。阅读的作用是潜移默化的，它如同肥沃的土地，能够滋养一颗颗种子在人的心田发芽，茁壮成长。阅读是一个非常漫长的过程，是一个人生过程，能够提升人的修养，塑造人的品格。

阅读会使人善良和崇尚高贵的灵魂。阅读习惯从小时候开始培养是有优势的。我小时候有很好的条件，读了很多书。到了大学，发现图书馆里已经基本没有什么小说我没看过，只剩少数几本。这些优秀的世界文学名著，对我影响至深。我相信，浸润过这些文学名著的人们，会很善良，不会有坏邪之心。因为，在心灵的远方，是生长不了隐藏不了那些罪恶之花的，而对于恶行，会有强烈的正义感。

中国自古以来重儒轻商的传统是有道理的：当商人们挖空心思研究大众的消费心理和消费行为，盘算着如何把顾客的钱赚到自己的腰包，让顾客增大消费时，他们就离高尚愈来愈远。当一个人满脑子想着钱时，他无法不奸，正所谓“无商不奸”。而建筑师不同，我们从事的天生就是高尚的职业，因为我们思考和想要做的就是要让人们住得好，生活得好！我们的存在是为了给人类创造美好的生存和居住环境，创造美好的家园。这种原始目的决定了建筑师这个职业的性质。于是当我接到一个项目时，总是想着如何创新，如何能够为业主提供一个富有吸引力的居住、生活和工作场所，这个场所的环境能让人们变得更文明更高雅，而建筑的形式能让人们有愉悦的审美体

桃花源般的英国小镇——北约克郡纳尔斯伯勒城

验。这样的职业应该受到全社会的尊重。在西方国家，建筑师这个职业确实是最受社会尊敬的职业之一。

家园是全世界，是自然，是所有的文明。一个封闭、肤浅的人是不可能成为一个优秀的作家、画家和建筑师的。人无见识，体现在“三少”：看的书少，经历的事少，旅行的国家和城市少。就如井底之蛙，眼界和见识很有限。井底之蛙只看见头顶上的一片天，这是它的知识范畴。由此，它会变得固执和不相信天那边而盲目自信。这样看问题的结论十有八九就会错，甚至可笑而不自知。

见多才能识广。前些年在欧洲旅行和考察，我见识了很多特色城镇，个个都很有历史感，很美丽，也很有魅力。古代的中国城镇也是极美的，每一个都是特色小镇。未曾想到21世纪的现代家园却遭遗弃毁坏，变得俗乱和破败，失去了昔日的美丽和特色。如今，我们又要来建设所谓的“特色小镇”。

现代化将人类的心灵异化到物质世界，在名和利的赛车场追逐狂奔。精神和心灵的追求愈加遥远。

回得去吗？还是回不去……

看似高度发达的物质家园却越来越脆弱。庚子鼠年的新冠肺炎疫情将成千上万的城市人类锁居在混凝土的牢笼中，实在是讽刺。人类在天灾人祸面前，应对之策实在有限。我在 2020 年 3 月发表于《三联生活周刊》的《166 年前的那场大霍乱，伦敦做对了什么？》一文中就指出：“中国的城镇化建设，必须意识到城市地下工程的意义，不要只专注于地上的面子工程。”

家园是心灵栖息之所。作为建筑师，工作高度紧张，加班也是常事，身体和心灵都需要休息放松，最好的休息方式是听音乐、看书和品茶。养育高尚情操是一个持续的人生旅行。陶渊明应该是中国古代一位导师级的建筑师，他描绘的桃花源是一个我们在梦中无数次重复构筑的心灵乌托邦，是人生最后的心灵家园。有这样的情怀，创造的世界、城镇和建筑环境才能达到美的境界。著名建筑大师贝聿铭晚年设计的美秀美术馆，无疑是他心中的一座桃花源。他向我们呈现了这样一幅理想的画面：一座山，一个谷，还有隐约在云雾中的建筑。中国古代的文人山水画通常描绘着这样的场景：一条长长的、弯弯的小路，必须有一座桥，到达一座山间的草堂，它隐在幽静中，只有溪水和瀑布声与之相伴……那便是远离尘世的仙境。

2019 年 10 月，我去了日本，游历和考察了众多日本的寺院庭园，被这些庭园的象征造景和枯山水的禅净之美所追求的精神境界深深打动。没有去过日本庭园的人，是无法懂得茶道和禅宗的静谧之美的，也体会不到其抽象美学的境界。由此，对日本文化的精神内涵有了更深的认识。而在日本庭园中偏于一隅，追求“和、静、清、寂”的茶室，便与这精神场所融为一体。

我不喜欢装饰烦琐的东西。有一位哲人曾说过：“如果一个人内心丰富，他的住所就不需要靠烦琐的装饰和多余的家具去填充。”陆羽在《茶经》里讲，品茶之人应有俭德。建筑师不懂茶道是个遗憾。建筑师需要长时间的自我修炼、体悟和内省，才能宁静致远。所以，建筑师需要喝茶，体味茶道与禅宗的精义。茶道是有仪式感的，需要在旷野山亭或郊外的简陋茶屋、寺院的庭院等僻静庄重之所。人不能太多，三五好友，品茶论道，让身心在某个时刻游离于工作之外，去体悟宇宙和人生。

当今中国，已然失去很多宝贵的文化传统，茶道和禅宗早已失去其本真面目。许多商业场所中摆放的茶具也成了一组可笑的道具，茶道变成了茶艺。所有的精神领域在实用主义哲学和商业大潮的洗涤下，变得世俗。建筑，作为一门高贵的艺术（阿尔伯蒂语），也成了被讨价还价的谋生之技。尘嚣之中，我们还能够找寻到那曾经拥有和珍藏，但却失去了的心灵家园——我们心中的桃花源吗？

我的桃花源

我的桃花源，
是一片纯净的天地，
清新的空气，
有林木环绕，
点缀着鲜花和香草。

我的桃花源，
有一所简朴的茅屋，
席榻之上，
搁一尊古琴，
弹和《高山流水》，
远望前方的田园旷野。

我的桃花源，
有一条曲径通幽的小径，
隔绝了外面的喧闹。
一位健美的姑娘，
依偎在我身旁，
拥望着蓝蓝的天空。

滇池圆舞曲

徐锋：1964年生，现任云南省设计院集团有限公司建筑专业委员会主任委员，《云南建筑》主编。曾任云南省设计院集团总建筑师。代表作品：99’中国昆明世界园艺博览会温室、丽江悦榕酒店、“昆明老街”工程、昆明工人文化宫等。

五百里滇池，奔来眼底，披襟岸帻，喜茫茫空阔无边。看东骧神骏，西翥灵仪，北走蜿蜒，南翔缟素。……莫辜负，四围香稻，万顷晴沙，九夏芙蓉，三春杨柳。……

——（清）孙髯《大观楼长联》

清代的诗人孙髯登临大观楼，通过一副百字长联描绘了滇池之滨的昆明的地理风光与历史文化。其实这描绘的不就是人与自然和谐相处的理想家园吗？它向现代人充分展示了中国传统的“天人合一”的朴素哲学观。

接到来自《中国建筑文化遗产》总编金磊先生的关于“建筑师的家园”

昆明大观楼公园鸟瞰

的约稿函，深感荣幸，同时也思绪万千。建筑师作为城市发展与建设的重要参与者，对家园和人居环境既有专业的认知又有感性的领悟，但是要叙述心中的家园，还真是无从入手。

碰巧春节放假前参加“昆明大观楼景区整合发展概念性规划”论证会，去了许久没去过的昆明大观楼公园，又一次见到了号称“天下第一长联”的大观楼长联，重温了昆明古人心目中的理想家园的描写，又一次回顾了滇池与穿城而过的 18 条入滇池河道记录下来的百年昆明人的生命记忆。春节期间不幸新冠肺炎疫情肆虐人间，一时引发全国乃至全世界每个家庭、每个人对生命的敬畏，促使每个人反思到底什么样的生活空间才是我们需要的和谐、安全、绿色、人文的理想家园。这些使我找到了家园的写作切入点。我要写一写我成长、生活与工作的城市昆明市的母亲湖滇池，通过美丽无比的滇池及其沿岸风光表达我对家园的认识与思考，同时见证改革开放 40 多年来我生活与工作的城市的发展。

一

曙光像轻纱飘浮在滇池上，山上的龙门映在水中央，像一位散发的姑娘在梦中。睡美人儿躺在滇池旁，啊啊，我们的生活多么欢畅……

——《滇池圆舞曲》歌词节选

我出生于20世纪60年代初的昆明市，除了大学外出求学，一直都未曾长时间离开过这里。童年时期对滇池的记忆遥远而又清晰，当时的昆明市区不大，基本还是昆明建城之初的“拓东龟城”格局。“文革”期间“围海造田运动”中在滇池边填出来一个叫“海埂公园”的郊外滨水公园。公园距我家有一个多小时的自行车程，去这里的条件是平时上学表现好。到了夏天，父母奖励孩子们，会用自行车载着全家去游泳、戏水、捡水中的花石头（雨花石）。

记得一到夏天，从出城的集合点环城南路口云南纺织厂大门口一直到海埂公园的十多公里的老海埂公路上，全是带着各种汽车轮内胎做的游泳圈的自行车洪流与一片欢歌笑语，那个壮观景象至今仍历历在目。那时海埂公园边的滇池水清澈见底，我记得当时游泳可以睁眼看水底的水草与游动的鱼儿，沿岸的沙滩上都是各种花花绿绿美丽诱人的花石头。父母还在回家前带着水中游戏后饥肠辘辘的我们兄妹俩去德鑫园吃上一碗过桥米线，才算完成一天的周末度假。每个周末结束后，家里玻璃瓶中的雨花石都装得又高了一截。昆明人这种浪漫的周末生活一直延续到80年代中期我大学毕业回昆明工作的前几年。

记得80年代初中学时期，一到周末同学们就相约骑车冲海埂（骑行）。适逢港台流行文化的进入，滇池之滨的海埂公园与入滇池的重要水路节点——大观楼公园又成了昆明文艺青年的打卡地。周末除了在滇池游泳运动以外又多了热闹的音乐，一群群时髦老伙子（大青年）穿着喇叭裤，留着大背头、长头发，骑着堪比现在的宝马、大奔的永久牌载重自行车，带着女朋友，一手骑车一手提双卡录音机。他们到滇池水边广场、沙滩上跳着滇池圆舞曲。还经常有一群群戴着贝雷帽的人带着画夹画水彩画、油画……那个场景与滇池西山睡美人相呼应，反映了改革开放之初昆明人的文艺气质，看得我们这些中学生羡慕不已。这个场景记忆犹新。

80 年代大学毕业后的第一年，由于我工作的云南省设计院一下分配来了许多“文革”后的大学生，单位工会、团委为了丰富员工业余生活，配合当时交谊舞的盛行，决定组建乐队。由于我在盛行文艺的重庆建筑工程学院建筑系的校园生活中学会并爱上了吉他演奏，所以经过选拔，顺理成章成为设计院乐队的吉他手。设计院还专门为乐队请来了云南省歌舞团的老师。半年后，乐队就在院里进行周末舞会演奏了。又过了两个月，由于演出水平不断提高，就受邀支援各兄弟设计院的文化活动，开始在昆明的各大设计院轮流“走穴”。后来又搬到设计院各个部门一年一度滇池春游的游轮上演奏交谊舞乐曲，其中代表昆明人浪漫情怀的《滇池圆舞曲》是保留曲目。记得一到春游周，乐队成员就可以在游轮上玩上一周（当时设计院有 6 个设计所，每个所 1 天，就是 6 天）。清晨骑自行车上游轮，调试乐器音准，各所同事们上船出发。沿途经过大观河、大观楼、滇池草海，进入滇池中心，开始演奏。中午到了滇池南岸郑和的故乡——昆阳，下船骑上自己的自行车游览（只有乐队成员才有带自行车上船这一特权）。下午 6 点钟沿原路返回。记得当时从滇池中央回望昆明城，只见滇池沿岸帆船点点的背后，绿树掩映下的昆明红瓦粉墙成为城市的基调。为数不多的现代建筑形体谦逊，色彩和谐。城市最高点是位于昆明五华山云南省政府旁的电视塔。这个滇池游览场景也给在设计院工作了 35 年的我留下难忘的印象。

二

就是这高原湖泊，竟让人魂牵梦萦，不忍离开。在孙髯的眼中，这里有：四围香稻，万顷晴沙，九夏芙蓉，三春杨柳。在我的眼中，这

滇池上的帆影

里还有：碧空如洗，皓月婵娟；四季东风，花开葳蕤；霞光普照，鸥飞鱼跃……酿成昆明滇池蓝。天蓝，水蓝，昆明滇池蓝永驻。

——徐锋滇池摄影展开篇文案节选

滇池自古以来就是昆明城市赖以生存的母亲湖，“四围香稻，万顷晴沙，九夏芙蓉，三春杨柳”就是其理想世界的真实描述。由于社会经济的高速发展与城市规模的快速扩张，昆明城市围绕着滇池流域的保护与发展也有与其他城市一样的成绩与问题。如90年代经济的高速发展和环保意识的滞后，带来水体污染、富营养化问题。经过近20年各级政府持续不断的投入与治理，滇池污染得到了很大的改善，现在又可以见到一年一度的开湖捕鱼活动了。

随着城市规模的不断扩大，原来的“拓东龟城”格局早已被打破。随着环滇池卫星组团式发展的城市规划格局的形成，城市建设已经临近滇池水边，滇池沿岸已经逐渐被城市包围起来了，这又带来了水体污染之外的交通、沿湖景观、空间序列干扰的各种新问题。数字化的规划控制与管理已经不能满足滇池流域的特色城市发展，城市设计、空间规划控制工作迫在眉睫。8年前，我们设计院也随城市扩张的大潮搬迁到了距离滇池5分钟车程的地方，我的家也随之搬迁到了滇池边。50年弹指一挥间，没想到我现在生活、工作的地方居然是儿时周末郊游才能来的地方。

这几年随着城市规划工作的进一步完善与城市治理工作的进一步深入，“退耕还湖”的政策逐一落实，沿滇池环湖公路、步道修建完成，环滇池湿地生态保护项目逐一开工、建成。近 3 年，只要不出差、不外出开会，每天下班后我都会利用日落前的一个小时沿滇池边的步道、湿地公园步行万余步，顺便带着相机沿途拍摄一些眼前的景色与七彩的晚霞风光。记录一年四季滇池、西山睡美人的云卷云舒，人鸥共欢，3 年来共拍摄了大约上万张照片。由于执着地拍摄与摄影水平的不断提高，一些照片竟被全国多家建筑媒体的公众号专题展示，在全国建筑师圈里被戏称为昆明“滇池蓝”的形象代言人。2019 年，我还与贵州省设计院的总建筑师，也是我的师兄董明联袂在北京 798 的一个建筑师画廊举办了一期“以滇为蓝、以人为贵”的主题摄影展。在现今全国许多城市都不幸出现雾霾天气的背景下，让大家狠狠地羡慕了一回昆明人，同时也唤醒人们关注身边的生活环境。在经历了新冠肺炎疫情后，人们特别是建筑师们都不约而同地思考，未来在人居环境设计中该如何注意健康安全的环境营造？究竟什么样的人居环境才是我们心目中的理想家园呢？

家与园

张祺： 1964年生，中国建筑设计研究院有限公司总建筑师，张祺工作室主持人。中国勘察设计协会传统建筑分会委员，中国演艺设备技术协会演出场馆专业委员会委员。代表作品：北京大学百周年纪念讲堂、北京大学人文大楼、青海大剧院、文化部办公楼、中国驻加纳大使馆等。著有《此景·此情·此境：建筑创作思考与实践》等。

每个人对家园都有着不同的理解。有人理解为自家的住所，有人理解为某种内心的精神世界。在我看来，“家”与“园”是互相定义彼此，相互独立而又相辅相成的不同事物，其不同的组合有不同的内涵。“家园”是一种生活空间和精神空间的组合营造，而“园家”则是一个建筑师对建筑空间从实物走向自然，从体验走向精神，从环境走向意境的追求，是从喧嚣走向宁静、自由而舒适的由衷表达。

“家园”是生活的开始和最温暖的巢穴，是那个充满情趣的空间与时间交汇的地方，是包容天地、吸纳自然的灵之所在。而“园家”则是一种境界，是从“小家”走向“大家”的过程，是从自我空间走向城市、走向田园的营造。从“家园”到“园家”的思考，不单单是对具体空间环境的描述，更是对给人慰藉的精神世界的追求与溯源。

家

明朝边贡曾说过："青枫树里三间屋，十载常悬万里心。"

每个人都生活在一个具体的家居环境里，家是人得到庇护和关怀的重要场所。人们怀念自己所生活的环境，往往更多的是在表达一种情感。我们生活在一定面积的居室当中，尽管居住格局、方式的变化会给生活带来不同的感受，但是留存于"家"的味道却是因它的主人，因它的生活而挥之不去。

家是人们赖以生活的栖息之地。我在清华大学读书时随导师单德启先生对广西融水苗寨进行过深入的调研，调研中我开始认识了家的含义。中国民居建筑是在历史演进、生活转变的作用下，形成的一种与人们生活环境、地域条件、民俗风情相适应的建筑形式。尽管这里的木楼群因火灾几乎20年不到便全部翻建，但是"火塘"文化仍然让家的气息传承了几百年之久，造就出底层架空，上层居住，生活方式十分合理的干阑木楼。我对整垛寨30余栋木楼进行了细致的测绘，从许多简朴归一、富有特色的细节装饰处理

1992年融水整垛寨改建

上，能够强烈地感受到木楼主人建造时的悉心和心情的愉悦。

木楼改建成为我设计的第一个作品。保留芦笙柱、芦笙坪，设计多种户型组合由住户选择。保留苗家木楼由一楼直上二楼的传统方式，加入半室外楼梯，既丰富了建筑造型，又克服了封闭楼梯间乡民担谷上下楼不便的缺陷。虽然改建后的住屋由于材料改变和建筑形式由楼居转为地居，带来其外部特征明显的现代气息，但在其性格及深层含义上仍然能够寻找到传统文化的影子。改建的整垛寨为当地居民提供了安全、舒适、生态的居住环境，为传统民居聚落环境的改建与有机更新带来了启示。

家是人留下最深的生活记忆的地方。每个家的居家生活都会有自己独特的要素，是居住文化的载体。家不是设计杂志上经常登载的，整整齐齐、光洁靓丽、什物杂物一点不见的漂亮房子，而是略显杂乱，干净舒适的亲切空间。客厅是居室最主要的空间，从这里可以看到其他的空间，与其他空间存在很多视线上的联系；厨房是个不介意零乱的空间，常用、爱用的工具、餐具、器皿便利叠放，使人愉快地烹饪食物；卧室是舒缓温馨，助于休息的地方；装饰雅净的卫生间，往往是主人转换心情的要素之一。家中不同地方都可以酝酿出不同于平常的感受。

我真正设计、装修自己的家，是 20 世纪 90 年代末，院里分给我一套小小的住所。一开始我就把所有需要的元素具体地体现在每个空间里，打通阳台，增加书房，在玄关、过廊处增置壁柜，铺深色西班牙砖和实木地板，在市场上亲自选购每一根木线，在实用性和视觉的感受上做了一次实践。偶尔整理精心定制的艺术品会带来愉悦，多年之后我还会惦记这充满生活记忆的小屋。

家是人获得慰藉的精神宿地。2004 年，我随中国商务部赴马尔代夫进行海啸灾后评估及重建考察。现场踏勘时发现，岛上的主要道路铺满了碾碎的贝壳颗粒，白色的路面与当地的房屋，连同当地人浅棕色的皮肤，形成了人与自然和谐相处的生活景观。海啸给该国带来了巨大的损失，大量的人无家可归，此刻建房安置受灾居民成为最迫切的工作。

13 天的设计考察使我对安全稳定的人居之家有了更深切的感受与思考。几经选址，在诺西瓦兰岛规划了一片可建 90 栋住宅的用地。建筑单体使用模数化配置，采用当地人参与浇筑的小型陶粒砌块砌筑墙体，用成品保温钢制作屋面系统，每户配置集水设施，从而有效地解决了当地没有建材，缺少淡水及施工规模化、快速、安全的问题。简便、高效的设计给人们带来了生活的基础保障和未来的希望。

园

金朝周昂《家园》诗有言：“五亩园连竹，三间屋向阳。气和春浩荡，心静日舒长。”

园是与人的生活关系极密切的空间。一处位于户外，感受得到光、水与风，能将居住者的心情与外界连接在一起的地方，都能称为宅园吧。园所代表的生动的文化印记，体现着国人的家园情思。在某种意义上，园体现着重居家、重文化的自然格调，其所代表的自然景致，显现着比人间社会更高的价值。

“园”带来一种生活。在现代的城市生活中，居家之园是每个人生活中非常惬意的部分。中国传统文人造园讲求“情趣”，“情趣”因师法自然而起。白居易三间平房前面留有一小畦菜地，用竹篱简单围一下而得园；鲁迅儿时在绍兴的故居“后面有一个很大的园，相传叫作百草园。……单是周围的短短的泥墙根一带，就有无限趣味。……还可以摘到覆盆子，像小珊瑚珠攒成的小球，又酸又甜，色味都比桑椹要好得远。”可见园的意味靠居住的主人的素养及对环境的感悟体现出来。

前年我整理装修父母一楼的居室，因为砖混楼房的统一结构加固，建筑外墙南北各加出一米五的空间，在南侧还留下了一个两米许进深的、小小的室外庭园。我在园内培土、设计和围饰栏杆，使之成为一个渐变的格栅庭院。庭院随季节而慢慢变化，春夏绿叶摇曳，秋收豆瓜几个，这个家中之园陪伴我作息，舒缓我的心情，也唤起了我对几十年前生活的感叹与回忆。

园带来一番景象。园往往是从建筑空间环境与自然环境积极的对话开始，相互渗透的空间组合，为建筑的内外景观环境带来了丰富的视觉动力，达到一种潜在的意趣和逐渐舒展开来的旁逸景象。我国自古以来就有把山川一切景观纳入园林的传统，有把大自然的诸种现象纳入有限园林的愿望。普通的建筑材料在园的环境中得到更为精致的利用，使方寸小院多了许多风情，增加了美妙的感染力，昭示出这一片山水潜流的旋律。

高速公路服务区已经是旅人重要的休息和体验场所，需要一种家的氛围和独特的文化体验。广西崇水高速从峰环峦绕的山中隧道出来后，就是呈现在秀美山水之间的花山游客服务区。服务区建筑的整体形态层层向内设置屋檐，檐下间置的柱列形成韵律；不同的园陈列其中，让人可品赏内景，可远眺风景，可坐可息，可观可览。徐徐展开的院落依据一定的秩序自然变化，建筑的空间组织遵循其组合逻辑及尺度，与中国传统民居的有机生长、因地就势一脉相承。园为旅人的心境打开了一扇景窗，同时也赋予了空间一种隐秘的禅意，随着自然无声无息地生长而又曼妙多姿。

园带来一片天地。建筑空间的营造及院落的使用与人的生活习惯和舒适感受密切关联，形成了各式各样的生动场景。当建筑环境经过改造更新后仍然留下原有区域的自然景象，当自然的建筑材料与建筑环境相呼应，当人的工作环境与生活场景相重合时，山水情致、家园意境便形成了相合相生的愉悦场景。其自然形成的空间所追求的已不是再造或重建一个设计者及使用者表达的概念，而是一种顺应自然的流变，从传统地域到现代感空间的浑然过渡。

广西崇水高速管理中心坐落于多元文化交融的龙州县，建筑用地的自然地貌及原生态的材料，为设计带来了别样的活力。错落的平台成为场地环境体验的重要节点，界隙有致的处理诠释出空间的内在精神，丰富的空间场景营造出独有的园林意趣。人在其中“倚着半座山，伴着一池水，始得一座园”，山水之间，田园之上，构建出极具特色的宜时、宜景、宜人的天地之园。园区的景致丰盈逍遥，致虚宁静，园中光影使人们感受到一天的时间变化，形成人、时间、空间的三维对话。我曾拟文题“半山·半水·半田园，一台·一隙·一空间”，寄寓我心中的园曲。

园家

陶渊明有言：“结庐在人境，而无车马喧。问君何能尔，心远地自偏。”

1982 年 7 月 7 日上午，我参加高考，作文题目是《先天下之忧而忧　后天下之乐而乐》。虽然想不起当时写的内容了，但我记得，在文中议论的结尾部分我引用了杜甫的“安得广厦千万间，大庇天下寒士俱欢颜”的名句，最后作文得分应该不低。现在看来，这和我考上清华大学建筑系有着极大的渊源，或许从那一刻起我就开始走上了“园家”之路。

“园家”是一种设计氛围，一种精神汇聚。中国建筑设计研究院 2 号楼北侧四层小楼前的中庭，早年是个露天的场院，不记得哪年庭院上加盖了玻璃天棚，形成了阳光汇聚的中庭。我的工作室从中庭北侧二层的办公区域逐步扩展至三层的一半，后又增加了二层东侧区域，成为一厅三区二百多平方米的复式之“家”，一个可以聚精会神思考和冥想的空间。办公场景的延伸，记录着工作室的成长与壮大，形成了一个建筑师想象力驰骋的精神家园。温暖的阳光，摇曳的光影，带给我们许多美好的回忆。

工作室多年来持续研究、设计了包括教育、科研、办公等多种类型的建筑。从北京大学百周年纪念讲堂始，我陆续设计了五个大剧院。剧场的室内空间是舞台及观众的场景设计，看与被看的关系无处不在。这就犹如家中的室内环境，居住者就是观看者，餐厅、起居室、卧室的相连和分割，有如抬起来的高差和台阶，塑造了舞台与观众的关系，剧场就像“家”一样。

“园家”是一种历史责任与精神追求。什么样的建筑能记录彼时的自然、文化、社会，能反映特定的时间、地点、环境，能记录使用者的生活和设计者的思想，什么样的建筑能有其自然的遗存和自身的影响力等问题，都需要建筑师去探索与研究。建筑带给环境的裨益，远不只是被制造出来的新颖产品，追求强烈的人文品质，遵循环境的自然法则，塑造文化与环境的和谐，才是建筑永恒的价值所在。能够在具体的时空中，在环境的自然发展中有益于人的审美情趣，具有良好的建设质量，是一个建筑存在并对话于环境的积极意义之所在，更是一个建筑完成其生命历程的重要使命。

一个学校从建设到成为真正的校园不是短时间就能完成的。现址为燕京大学旧址的北京大学，其校园的发展伴随着特有的人文环境，形成独特的校园文化。校园建筑的设计是持续的设计，它需要设计师们在时间、使用者、功能及周边因素有机转变的过程中，潜心完善校园环境。这更需要一种“园家”情怀，需要设计师持续的坚持与潜心的努力。我在北大校园里先后设计了百周年纪念讲堂、人文大楼、留学生公寓、南门教研区等六组建筑，能够在北大快速发展的校园环境中设计其建筑，实际参与这一“园家”的建设及风貌保护，于我是非常幸运且有意义的经历与体验。

“园家”是深入的理论思考与设计实践。建筑设计需要设计师专注地思考，需要对建筑形体、空间及建筑所追求的意趣的关联性、一致性进行整体把握。建筑师的创作实践及职业追求是并存的，潜心从建筑最基本的要素出发，严谨务实地去思考建筑，发现并发展建筑的个性与特色，是建筑师所追求的精神。我于 2018 年出版《此景・此情・此境：建筑创作思考与实践》一书，关注建筑设计的时间性及创作的持续性，形成以“景、情、境”为核心的创作观及理论，并用于作品实践。我相信，当一个建筑真正地服务于使用者、服务于社会之后，就会在静默中随着时间的推移而继续自然地生长，并在历史的比较中将其意义真正地留给世界。

设计好的建筑是每一个建筑师追求的目标。一个好的建筑是依附于其具体的建造环境的，多重的地域特征及条件的限定，使其具有了特定的气质与特色。正是在与环境的相互交融中，建筑呈现并见证着彼时生活的真实品质。一个好的建筑是充满情感和令人愉悦的，尽管它不一定是最耀眼的，但一定能与人们建立情感交流，使人在空间环境的体验中寻找到慰藉。一个好的建筑是具有感染力和吸引力的。一栋建筑如果首先能在情感上“满足”它的设计师，那么它的使用者、观赏者将同样能分享到这种体验，它反映了人们对情感世界和理性世界的认知能力。一个好的建筑是具有创造性的，具有原创精神，这是历史上优秀的设计作品被推崇备至的最重要的因素之一。一个好的建筑是有意境和精神追求的，在设计中恰如其分地调动自然、社会、环境等各方面设计要素真诚的艺术表现，这是每个建筑设计人职业实践和精神追求的体现。

2019 年秋天，因为广西项目的契机我又回到了久别的融水，回到我读研究生时设计改建的整垛苗寨，又一次怀念记忆深处的时光。正如我在早年论文中预测的那样，旅游带动的产业浮动使这一安静的乡村似乎激增了不少活力。沿街盖满的二层小楼，使原来精心保留下来的芦笙坪失去了应有的尺度：寨门因便于汽车通行修了坡道而成为摆设，芦笙柱也已残缺，能找到的旧日的遗迹就是在新建的楼群里掩映着的那几栋熟悉的小白楼。这几栋我 30 年前设计的房屋虽然墙面早已斑驳，但仍然光彩夺人。它不仅记录了那个时期人们改善居住环境的努力，更是验证了乡土文化在现实的人居环境中的重要性。尽管今天乡民的生活水平提高了很多，但是他们正在遗失某种珍贵的乡俗和家园的魅力，而这正是我当年留下的我以为最重要的园家记忆。

当我再一次来到这个地方，便一下子回到了精神中的那个“家”、那片“园”。伏尔泰曾说过：“对于亚当而言，天堂是他的家；然而对于亚当的后裔而言，家是他们的天堂。”在我探望她的表情，抚摸她的肌肤的一刹那，“家”与“园”的声音便不知不觉地吟诵而至。或许 30 年来我正是伴着这郁郁葱葱的苗寨乡土，为乡民的生活悄然作了一首悠远的园家诗篇。

建筑师的艺术修养

韩林飞：1969年生，北京交通大学建筑与艺术学院教授。著有《创意设计：灾后重建的理性思考》、《建筑师创造力的培养》、《世界建筑旅行地图·俄罗斯》（合著）等。

建筑师艺术修养的表现形式是什么？建筑师的艺术修养的时代特征是什么？建筑师如何获得高品位的艺术修养？不同时代对建筑师的艺术修养的要求又是什么？这些问题阐释着建筑师的艺术追求，引发建筑师关于自身职业的思考。高品位的艺术修养则是建筑师修身的追求，是建筑师终生的精神家园。

一、建筑的特点与建筑师的艺术修养

建筑师的职业特点是综合。无论是工业革命前后，还是现在的信息社会和未来，建筑师都在努力合成接触到的知识。无论表达的重点是材料、历史、美学，还是技术、结构、空间，建筑依然是时代文明与技术进步的综合表现。无论处于哪个时代，不变的是建筑师对各类艺术的借鉴、各类艺术修养的培育。著名建筑师伦佐·皮亚诺（Renzo Piano）曾言："建筑是一座冰山，其真正可见的是浮在水面上的很少一部分，而冰面下的才是建造的主要部分，其中包含了社会学、人类学、历史学、地理学、气象学等，缺少这些建筑是不存在的……如果没有建筑背后或者底蕴中的东西去向上推动这座冰山的话，建筑就什么都不是。建筑如果是一种纯粹的学术，建筑就不存在了。"建筑师的作品若是冰山显露在世人面前的小小一角，那他庞大的艺术素养就是海平面下世人难以看见的冰山主体。这部分主体若不够强大，那冰山也许只能成为海平面上微不足道的一个小点，甚至只能埋没在海下。要构建这座冰山，就要不断地融合各方面的知识，怀着"贪婪"去从别的人、别的学科身上"掠取"，然后综合各部分的东西构建自己的作品。

建筑是合成的艺术。意大利著名建筑师奈尔维（Pier Luigi Nervi）说过："只有对复杂的建筑问题持肤浅的观点，才会把这个整体划分为互相分离的技术和艺术两方面。建筑是，而且必须是一个技术与艺术的综合体，而并非是技术加艺术。"

而现代主义建筑大师格罗皮乌斯说过："一切创造活动的终极目标就是建筑！……建筑师、画家和雕塑家必须重新认识到，无论是作为整体还是它的整个局部，建筑都具备着合成的特性。"所以，建筑应该是人类最高技术、多种艺术的交融，是人类技术创造的体现，艺术形象化的展示。

二、建筑师艺术修养的内涵

契合时代精神

路易斯·沙利文（Louis Sullivan）曾说："一件艺术品，剥离所有手法，最后呈现在人们面前的是作者。"画家贺友直先生曾说："画画儿，画到后来就是画修养。”若建筑师希望能够为其他人构建精神的家园，那自己必须先具备思想和精神层面的艺术修养。

何为思想方面的修养？即建筑师应有完整的、独立崇高的价值观和世界观，即思想方面的深度和广度。一直以来，建筑师都受到某种文化或是精神引领，并通过建筑将其表达出来：埃及的金字塔来自他们对于来世的向往；雅典卫城是向希腊诸神寻求庇护；拜占庭教堂的希腊十字模式源于纪念君主的金宫；哥特教堂的空间秩序和细高的形式来自对神的追随；文艺复兴建筑回溯古典主义和柏拉图《理想国》的秩序；现代建筑则在机器时代发展出技术、理性、功能，以及科学与民主的建筑精神……任何建筑师不可能只表现自己，那将难以获得世人和历史的认同。当文化和精神成为引领时，建筑师才能知道自己的建筑需要表达什么，舍弃什么，具体到操作层面的选择和实现上就拥有了充分的理由。这就是为何时代的声音会如此重要。而许多日本现代建筑师之所以成功，正是因为他们淋漓尽致地表现出了现代主义的时代精神和他们传统的空间精神，例如安藤忠雄的水之教堂。

现代主义也受到了东方木构架建筑的影响。20 世纪中期，西方的现代主义建筑大师如柯布西耶、赖特来到日本，被日本的空间深深地打动。首先，传统的西方建筑结构为墙体厚重的砖石体系，而日本是木构架的框架结构，西方建筑师震惊于框架结构实现的墙体和立面的自由。其次，东方的空间不会被清晰地定义和划分，室内的墙体是可活动的推拉扇，空间作为空间本身被使用。最后，西方建筑的重点一直都在室内，周边环境和建筑是隔绝的；而受影响于中国的日本建筑和中国一样，重点在园。为了在室内欣赏到园，室内外的空间界限是模糊的。这些特质深深打动了这些西方现代主义建筑师。从西方现代主义大师如赖特、密斯等人所追求的“流动空间”“灰空间”“自由平面”“自由立面”“空间的纪念性”，我们可以看见日本建筑对他们的影响。这种影响正如西方绘画大师凡·高受日本浮世绘的影响一样。

具有高超的动手能力

要达到技艺的交融，就不得不提高动手能力。对于艺术家而言，动手能力贯穿艺术创作的全过程：用双手记录、描摹大脑所接受的客观世界的信息；配合大脑进行构思，筛选这些信息，并经由思考将作品在脑海成形；最终通过手工艺的操作将艺术品呈现到世人面前。雕塑、绘画、摄影等都需要用手来操作。

现代主义建筑大师格罗皮乌斯曾说："建筑师们、画家们、雕塑家们，我们必须回归手工艺！因为所谓的'职业艺术'这种东西并不存在，艺术家与工匠之间并没有根本的不同。建筑师、艺术家就是高级的工匠，由于

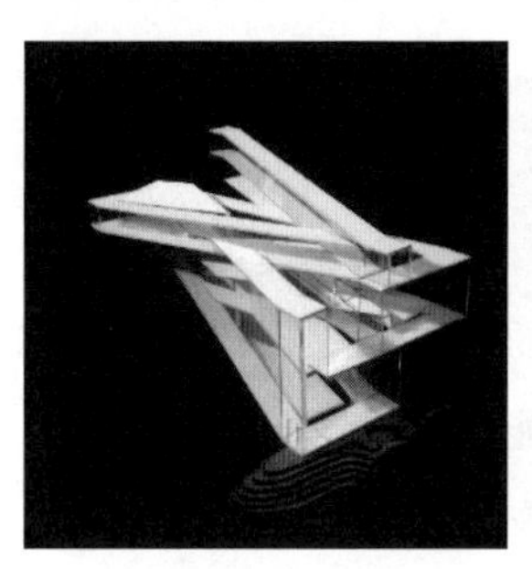

建筑体块模型 1

建筑体块模型 2

建筑体块模型 3

天恩照耀，在出乎意料的某个灵光乍现的倏忽间，艺术会不经意地从他的手中绽放开来，但是，每一位艺术家都首先必须具备手工艺的基础，正是在工艺技巧中蕴含着创造力的最初的源泉。”哪怕到了今天，虚拟建模和3D 打印技术，甚至是直接的 3D 绘制技术，极大地提高了将脑海里的想法制成现实实物模型的效率，在一定程度上甚至能替代人的手工操作，但是操作的命令依然来自建筑师的绘制和指示。这也是新时代对建筑师动手能力的要求。

艺术品的创作固然需要思想上的火花和灵气，却必须依靠双手去转化成可被外界解读的作品。手和脑，缺一不可。这就是优秀的艺术家和建筑师点石为金的能力。思想修养若浅薄，手上功夫若笨拙，都难以成功化石为金。建筑师作为“人”与“物”之间创造的桥梁，也是创造的执行者，需要具有高超的动手能力。

综合性、交叉性的知识基础

思想和技艺在不同时代都有不同的内容和主题，艺术修养在不同时代也有不同的要求。建筑是所有艺术中最能唤起时代记忆的纪念碑。它是一个时代生产、生活及意识形态复合作用的产品，是社会政治、经济、科学、文化的综合反映。千年建筑史中各式风格沉浮，优秀的建筑之所以能经受时光的淘洗，屹立至今，就在于它对时代文化的回应与积极高效的实体空间艺术的表达。

建筑既然是技术和艺术的交融，那么，建筑师的修养亦具有技艺的综合性和学科的交叉性。

早在罗马时期，维特鲁威（Marcus Vitruvius）在《建筑十书》（*Ten Books on Architecture*）中坦言，一个建筑师需要通晓光学、算术、几何学、音乐、声学、法律、医学（地理）、天文学等，深悉各种历史，学习哲学以获得良好的品德。他总结：“建筑的学问是广泛的，是由多种门类的知识修饰丰富起来的。因此，如果不从儿童时期就攀登这些学问的阶梯，积累许多文学、科学知识，抵达建筑的崇高殿堂，便急速正经地就任建筑师的职务，我想是不可能的。”

而现代主义建筑的两个摇篮——胡捷玛斯和包豪斯，基于对建筑的综合性和交叉性的理解，都设立了完备而系统的基础课程教学体系。

三、建筑师的修养从何而来？

实际上，在所有的时代，建筑师都必须面对三件事：新技术的出现、传统空间美学的理性传承、新时代对建筑提出的新要求。技术和艺术因为生活现实的需求被建筑师选择和结合，就成为新的建筑美学和未来的传统。

传承的力量：从传统和历史中来

所有建筑师都希望在浩渺的历史长河中留下一个永恒的、具有时代特征和极具纪念意义的建筑作品。为此，我们往往需要求助于传统和历史，以获得有力的美学和文脉支持。没有一个优秀的建筑师不了解自己的文化和传统，没有任何创意来自对过去的无知，也没有一个美学操作是凭空而至的。

建筑师从历史中获得力量。哪怕是扬言与历史一刀两断的现代主义，也仅仅是拒绝使用历史上表象的东西。密斯曾说过：“建筑不朽的法则永远是保守的，秩序，空间，比例。”密斯一生都在致敬帕特农神庙，他替代多立克柱式的具有双向正面性的十字钢柱，替代爱奥尼柱式的具有正面纪念性的H型钢柱……都是对传统美学的抽象和传承。现代主义建筑大师柯布西耶以加歇别墅致敬帕拉迪奥，用帕特农神庙来阐述自己建筑的美学价值。阿道夫·路斯在信件《装饰与教育》中谈道：“古典教育已经创造了一种跨语言和国别的西方文化，放弃它就等于毁掉最终的共识，为此，我们不仅要学习古典装饰，还要学习柱及线脚的秩序……古典装饰为我们日常用品的形成提供了秩序，规定了我们以及我们的形式，并且建立了（忽略人类学和语言学的差别）一种通用的形式储备和美学概念。”

历史积淀的美学价值不可小觑，历史积累的艺术智慧也不容忽视。每个时代纵然有所不同，但都面临着一般性的问题，而历史上诸多大师都用自己的方式交出了解决这些一般性问题的答卷，对这份经验和智慧的传承可帮助我们把精力用在对独特的时代问题的回应上。

未来的感召：从对未来的预测中来

历史的车轮滚滚向前，技术和材料貌似一直在不紧不慢地向前发展。对此建筑师无可逃避，纵然对此感到焦虑，也只能去面对，并想方设法把新的技术和既往的艺术结合起来。

梁思成先生曾说："一座建筑一旦建造起来，它就要几十年几百年地站在那里。它的体积非常庞大，不由分说地就形成了当地居民生活环境的一部分，强迫人去使用它、去看它。"所以一栋建筑的设计，不仅仅需要解决当下迫切的使用问题，还要预判未来的使用状态。唯有如此，它才能在未来数十年保持良好的使用状况，不至于因无法适应新的生活方式而被时代淘汰。

现代主义建筑大师柯布西耶的诸多设计作品和建筑规划理论就源于他对未来的思考和预判。多米诺体系、新建筑五点是在应对工业时代提出的建筑美学问题；之后的雪铁龙住宅等别墅项目一直都是他对于未来大规模集合住宅的想象的尝试，而这些理想最终在马赛公寓中得到了实现。别墅堆叠起来成为公寓，底层为住宅，屋顶花园包括游泳池、幼儿园和健身场，公寓的7、8层是包括面包店、餐馆、邮电局、旅馆的公共空间。最终，马赛公寓又服务于他对未来城市规划的理想——低密度高层公寓住宅、高架路和立体交通。

高技派的代表建筑师诺曼·福斯特（Norman Foster）也同样基于对未来人们生活模式的预测去完成建筑作品。他做设计一直秉承的理念是："情况随时都会改变——包括建筑的环境，建筑的使用功能，并且需要结合我们还不能预测的新技术。"福斯特1975年设计的威费杜保险公司总部办公空间被安装了可以活动的地板，使得它很好地适应了若干年后办公设备由打字机到电脑的转变。2004年的瑞士再保险总部大楼的设计则通过电脑技术模拟和节能科技的使用，回应了福斯特对于未来生态建筑和可持续发展的考虑。

我们从传承中寻找今天的解决方案，也应在预判中走向未来。我们不仅要思考今日之事，还要预测未来的变革。

融合的再生：从不同艺术的交叉与综合中来

艺术具有共通性，无论是雕塑、绘画、摄影还是建筑，所有的艺术都以点、线、面、体作为操作要素，都在讨论形态、色彩、空间、材料，都拥有比例、尺度、对比、主从、韵律、均衡等美学评价基础。基于某种艺术进行的思考往往能够影响到其他艺术形式的发展。

举例而言，毕加索（Pablo Picasso）的绘画创造了立体主义，随后把立体主义所表达的空间带到了雕塑界。弗拉基米尔·塔特林（Vladimir Tatlin）参观了毕加索的拼贴雕塑之后，深受触动，回到苏联创作的半浮雕成为构成主义的奠基。构成主义强调艺术家要走进生活，成为设计师，并鼓励跨领域的创作。基于建筑、绘画、雕塑的造型原理是共通的这一艺术共识，构成主义的操作手法又渗透进了平面艺术、服装设计、建筑设计等诸多领域。正如卢那察尔斯基所言："艺术家和建筑师之间亲如手足的关系将要出现，它不仅会创造出人类理想的殿堂和纪念碑，而且还将创造出整座艺术之城。"塔特林本人1919年创作的第三国际纪念塔，被公认为是将建筑、雕塑、绘画有机结合的力作。

相似的例子还有建筑大师柯布西耶对立体主义绘画、抽象绘画的透明性的理解，影响他的加歇别墅立面对透明性表达的探索；路易斯·康喜欢用水彩描绘几何体上的光线和色彩，在建筑中也用光来打造空间；理查德·迈耶（Richard Meier）通过拼贴画练习他"解构重组物象"的建筑设计手法，等等。

可见艺术之间可以相互影响，相互借鉴，彼此结合。建筑师的艺术修养，可以从不同艺术的交叉与综合中来。而一个优秀的设计师，亦不必拘泥于表现的形式，建筑师可以去装饰节日街道，设计广场，绘制大型宣传画、标语牌，艺术家也可去设计讲台、观礼台、书报亭等。“女魔头”扎哈·哈迪德（Zaha Hadid）跨越到服装设计领域，做出了“梅丽莎鞋”、3D打印的“re-inventing”鞋，跨界到家具领域，设计出了极具动态感的“液体冰桌”“Aqea 椅”。上海世博会英国馆种子圣殿的设计者、设计鬼才托马斯·赫斯维克（Thomas Heatherwick）的跨界设计有趣而灵动，从装置可伸展桥、可打开的书报亭纸房子，到家具旋转陀螺椅、折叠桌，都表现出了活跃的创作思维和深厚广泛的艺术共通性。

四、艺术是建筑师终生的精神家园

艺术构筑成建筑师的精神家园，它既是建筑师个人的休憩、思考、创作之所，亦是人类建筑文明诞生的工地和原料基地。在此，建筑师点石成金，化腐朽为神奇。

建筑师与工程师的异与同

建筑师和工程师不是明确的分工、合作的关系。让·努维尔曾把建筑师比喻成电影导演：“把建筑建起来，就好像制作电影。在制作过程中，各种专业的人参加进来，在各自的位置上发挥自己的作用，共同完成一个作品。”并且表示：“我是一个建筑师，没有多少兴趣和工程师划分范畴，我认为这没有意义。工程师也好，电影导演也好，都是一起工作的人。”有时候，优秀的工程师可以是建筑师，就像巴克敏斯特·富勒（Richard Buckminster Fuller）、约瑟夫·帕克斯顿（Joseph Paxton）。职业只是一个代称，真正的差别在于二者的职业本质。

前面讨论过艺术修养对于建筑师的重要性，那为何在工程师参与的情况下，建筑师依然应该学习技术？技术的重要性，不在于技术本身，而在于它赋予了建筑师做决定的自由度和艺术选择性。建筑师心里可以有把握，自己设计出来的东西，是否有实现的可能，然后自己判断的声音才会坚定，勾画草图的笔尖才不会犹豫，建筑师才能实现自己的自主性。在中国古代，建筑师和结构师本为一体。知识、理性、艺术修养共同支撑着建筑。

美好家园的创造

建筑师创造出的美好动人的空间构成了人类物质生活的基础——城市，建筑是城市的基本构成单位。每一个城市的布局、街巷、建筑、标志，都蕴含着不同的生活方式和不同的情感寄托：浪漫之城巴黎、时尚之城米兰、永恒之城罗马、水城威尼斯、疯狂之城纽约、赌城拉斯维加斯……每一个城市都拥有独特的韵味和风格。

伟大的建筑创造着人类文明的家园：像恬静的帆船停靠于海边的悉尼歌剧院成为音乐文明的载体；优雅古典又结合了象征民主的透明穹顶的柏林国会大厦是法制文明的大厅；沉稳大气的法国巴黎卢浮宫是艺术文明的殿堂；简约神圣的光之教堂是精神文明的圣殿；尖锐割裂如电般的柏林犹太纪念馆是历史文明的祭堂……无论处于哪个年代，伟大的人类文明将永远在建筑内栖息、回响。

但是城市和建筑空间的动人之处，并不仅仅在承载伟大的文明，还承载着人类生活的美好。建筑师看似设计了建筑——一个物质的载体，实际上，他设计的是生活方式。通过建筑，建筑师寄托理想中的生活，比如赖特与自然有机相融的流水别墅；建筑师也寄托着对未来生活方式的预判，比如说约翰逊制腊公司通透开敞的办公空间；也有建筑师则是对当前空间不满而愿意有所改变，比如诺曼·福斯特设计的渗透着阳光的斯坦斯德机场候机空间；还有建筑师通过建筑寄托了对未来整个城市的宏大构想，比如霍华德（Ebenezer Howard）的花园城市、柯布西耶的光辉城市。通过对物质的塑造打造动人的空间，进而影响与引导人的生活，建筑师的理想和野心、人文关怀、未来想象，都由此实现。

建筑师艺术修养的自我完善与时代精神的体现

真正有价值的是自己发出的回应时代的声音。想在时代中立足，我们必须发出自己的声音。皮亚诺曾说："一个人不能忘记你来自何处，你的出生地和那些属于你自己而别人所没有的东西，理解这一点非常重要。换句话说，不要像我这样，也不要像安藤或者是大野那样，只要像你们自己，不要以别人作为自己的样板，你们必须构筑你们自己。"

对艺术修养的追求其实就是对自己的构筑过程。艺术修养对于每个建筑师而言，都是很独立的。构建每个建筑师"海平面下冰山主体"的内容，包括继承的传统、地域的文明、"抢劫"来的艺术和技术等，都跟建筑师个人的价值取向有关。这也造就了建筑师的独特性。因此，建筑师为了构筑自我、完善自我，都必将终其一生追求艺术修养的提高。

在形成自己独特的视点之后，就必须面对和思考自己生活中的时代问题。建筑是生活感染的艺术。真正的建筑师对生活保持着高度的敏感和旺盛的求知欲，能够发现、放大、提出生活的问题，然后想办法尽可能巧妙地去解决它。所以伦佐・皮亚诺说："建筑师必须是一个人文主义者，而且必须是一个真正的人文主义者。你必须具备一个伟大的建筑师的品质，同时还应具备人文关怀的品质。"对生活所提出问题的空间解答最终能够成为建筑师创造未来的良好的推动力。

建筑师艺术修养的终极体现：人类物质空间遗产的创造

建筑师精神家园中凝结出时代文明的精华，以建筑的形式将时代定格保存。埃及的金字塔、雅典卫城的帕特农神庙、古罗马的万神庙和斗兽场、文艺复兴时期的圣彼得大教堂、巴洛克时期的圣伊沃教堂、米开朗基罗的劳伦齐阿纳图书馆……这些伟大的建筑至今仍然屹立，无声地述说着那些已经逝去的时代最闪耀的思想和技术。它们是大浪淘尽后余下的发光的金子，时光授予它们荣誉的勋章，至今仍能使我们为之感动。

昨日的时代要求和技术表达已经成为今日的遗产，而新的建筑思想仍不断地诞生，新的建筑在不断地建造。它们展现着这个时代的艺术与技术，承载着这个时代的精神文明。那么，今日的建筑将会给未来的人类留下什么？我们今天的建筑是否能够表现出足够丰富的文化内涵和时代精神？能否成为未来的文明遗产？这都是建筑师需要接受的来自未来的检验。

愿中国建筑师都向广阔的世界多看看，不必过分在意学科的界限，了解世界优秀的综合的艺术，听一听多样的声音，增强我们全面的艺术修养，营造我们深厚的精神家园，积淀传统，回应现在，构建未来。

建筑师的精神家园

郭卫兵：1967 年生，现任河北建筑设计研究院有限责任公司董事长、总建筑师。河北省土木建筑学会建筑师分会理事长。代表作品：河北博物院、中山博物馆（河北定州）、石家庄大剧院、河北建筑设计研究院办公楼改建工程等。

近来读孙中聿先生的著作《人的精神家园》，孙先生认为，人的精神家园是通过人类把握世界的各种基本方式——神话、宗教、艺术、伦理、科学和哲学而获得现实性的。书中说，生活是精神家园的根基，文化塑造精神家园的内涵，教育是对精神家园的培育，艺术是对精神家园的陶冶，哲学是精神家园的升华，理想是精神家园的源泉。建筑大师伦佐·皮亚诺在关于建筑学的论述中说道，建筑位于边界上，介于艺术与人类学之间，社会学与科学之间，科技与历史之间。有时记忆也在建筑中占有一席之地，建筑关乎幻想与象征、语言及说故事的艺术。建筑是这一切的结合，有时是人性的，有时是物质的……据此可见，建筑学在某些层面直接契合并构成人类精神家园的要素。那么，在建筑师的人生中，也注定会有一座丰富而美好的精神家园。

我与建筑学结缘已 30 多年，在这段不长不短的生命之旅中，诸多经历因建筑而起，以建筑而圆满。随着一座座倾注心血的建筑相继落成，也慢慢筑起我的精神家园。

教育之基

教育是一种历史文化的传递活动，又是形成未来的最重要的因素，它全面地培养着人的德行、智能、情感、意志、理想、信念和情操，充满了崇高的人文理想和深刻的人文内涵。从根本上讲，教育使人形成正确的世界观、人生观和价值观，是构建人的精神家园的重要基础。

写这篇文章时正值高考前夕，读到了几位前辈建筑师在国家刚恢复高考时参加高考的经历，联想到他们所取得的成就，加上对他们品格与思想的了解，于是，我对高等教育塑造人的重要性也有了更加深刻的理解。在这一阶段，我们开始系统地认识历史、社会和时代，在钻研专业知识的同时，通过对所处时代与社会更为直接的感知和参与，逐步形成健全的人格。就我个人而言，18 岁那年的夏天，走进天津大学这所历史悠久的高等学府，是一个自然意义上的成年人开始实现自我的重要起点。

在回忆大学时光的文章中，我写过校园的美好、师生的情谊，却较少触及精神层面。今天仔细想来，无论是为人处世还是职业生涯中我始终坚守的天津大学的校训“实事求是”，是那么地凝重、亲切和睿智。“实事求是”是质朴的诺言，做到它，需要科学的精神和强大的心智，所以它是凝重的；“实事求是”是自然客观的规律，无须过多的修饰，所以它是亲切的；“实事求是”是本真的力量，在纷扰面前赋予人无畏和真诚，所以它是睿智的。

“实事求是”的精神贯穿于我大学教育的始终，最为突出的就是“工匠精神”的培养。大学一年级的建筑初步课程训练是循序渐进、磨砺心性的过程。在这一过程中我渐渐磨去浮躁，沉下心来，形成追求极致、刻苦耐劳的学习精神，这是践行“实事求是”的基础。多年以后，我愈发领悟到工匠式培养对日后工作、修为带来的深刻影响。榜样的示范与引导是形成美好品格最重要、最直接的途径。那时以彭一刚先生、聂兰生先生为首的一批知名建筑学家亲自教授一年级设计初步课程，他们每年都亲自绘制大量堪称艺术品的“范图”供学生学习临摹，学生的图纸上也常常留下他们的手迹。他们为人谦和、质朴，令人敬仰，让年轻学子的心里总是荡漾着春风般的温暖。在这群具有强大人格魅力的前辈的指引下，我的建筑学及专业背景下的精神家园之门开启了。

艺术之美

当今时代，是科学与艺术的时代。科学丰富了物质世界，艺术形成了美的世界图景，以艺术陶冶精神家园，让人类能够诗意地栖居在大地上，人文历史的积淀也在艺术的创造中升华和跃迁。

建筑学所涉及的艺术较为特殊，因为建筑本身是建立在物质之上的，它关乎实实在在的生活；在艺术层面上，它要符合建筑美的规律，既要表达宏大的历史叙事，也要符合平头百姓的审美诉求，所以建筑学面临着更为复杂的艺术环境。在经济高速发展、文化多元碰撞的当下，建筑学的发展正在逐渐摆脱各种“主义”和“流派”，朝着更加关注科技、本土、绿色、未来的方向发展。与此同时，官方主导文化、学界精英文化与大众通俗文化的激荡回响，使得建筑艺术在诸多机遇与挑战面前，也顺应着客观形势，走向多元融合、科学发展的道路。建筑师这个职业在艺术领域具有特殊性，其强烈的物质属性、社会属性注定其艺术创作必须处在感性与理性之间，于是，建筑艺术多了科学之美、含蓄之美。

回忆大学期间所接受的艺术教育，除了美术课程外，更多缘于对建筑史的学习，是对经典艺术的理解和训练。经典艺术是人类文化积累的重要成果，具有强烈的历史性，其典雅、和谐之美塑造了人们精神的崇高感，因此，学习经典艺术对于精神家园的培育具有重大意义。经典艺术之美是建筑

郭卫兵设计的新河城市综合馆

师创造的重要根源，也塑造了建筑师平和、温良的心境和气质。他们在物质世界肩负使命，在精神世界任意遨游，他们在传承与创作之间、乡愁与梦想之间构建着自己美好的精神家园。

理想之城

理想，是对未来事物的畅想和希冀，是人们在实践过程中形成的、有现实可能性的、对未来社会和自身发展的向往和追求，是人类精神家园的源泉。

建筑师的工作，是把理想变为现实的活动。不同于一般的实践活动，这是将看似虚幻的理想物化、具化的过程，因此，建筑师更具理想性的追求，可以以审美的态度去关照生活和享受生活，自我价值的实现自然上升为社会价值的实现，在人本主义心理学家马斯洛的需求层次中属于最高层次的状态。

作为一名建筑师，我最引以为傲的是将自己的理想以建造的方式矗立起

郭卫兵设计的太行生态文明馆

来。时间久了会发现，生活的这片土地上渐渐有了自己的气息。对这座城市深度的参与，也让自己的归属感更为强烈。当个人理想与社会理想能够交融，一个自然人成为一个社会人，人生的价值便实现了升华。我曾在《爱上这座城》中表达过这种情感，文章结尾写道："爱上一座城，是因为成了这座城里的某个人，是因为回忆至美、理想至真……"深深感激建筑师这个职业赋予我理想的力量，让我能以建筑的方式构建自己的理想之城，让这片土地、这座城市因我而不同。

建筑师的精神家园是"真"的，他们以本真的态度去保持自我、展现个性，甚至无惧权威，颠覆传统；建筑师的精神家园是"善"的，他们怀抱以人为本的创作思想，为人们构建美好天地，实现诗意栖居；建筑师的精神家园是"美"的，这不仅是因为他们有发现美的眼睛，更源于这世界丰厚的给予。

令人怀念的家园

傅绍辉：1968年生，中国航空规划设计研究总院有限公司首席专家、总建筑师。代表作品：黑龙江省科技馆、中国资源卫星应用中心、贵阳奥林匹克体育中心规划及建筑设计、绍兴文化艺术中心等。著有《黑龙江省科技馆工程设计》《素描建筑师》等。

我是天津人，虽然我在天津连续生活的时间总共就10年，加上其他断续在津的时间，也超不过12年，但我始终认为自己是天津人。除了父辈的原因，可能主要是因为我的中学和大学是在天津度过的。中学和大学是一个人形成自己人生价值观的关键阶段。同时，我对呼和浩特有着特殊的感情，觉得那是我的第二故乡。从2010年起，我陆续在呼市完成了若干重要的标志性建筑，也有机会多次前往呼市，在我曾经熟悉而今天变化巨大的街道上，回味曾经在那里度过的时光。

2020年初，新冠肺炎疫情在全球蔓延，除了奋战在一线的医护人员和保证城市正常运转的工作者，大部分人都停下工作，居家办公。有不少人因此而焦虑，想尽各种办法丰富宅家的生活。建筑师有个优势，可以画画解忧。平时繁忙的项目会议、讨论、差旅都暂停了，大把的时间留给自己，可以做自己喜欢而平时又没有时间做的事情。

我之前在工作之余所画的画，大多是素描、钢笔画等，主要是因为便捷，可以随画随停。水彩画则不然。画水彩画，尤其是幅面稍大一些的水彩画，需要一段完整的时间，否则，一旦水色衔接处理得不好，效果会大打折扣。疫情期间居家工作，刚好重拾搁笔多年的水彩画。

春节后不久，我完成了一幅水彩画，题名“老屋”。我父亲看到画后颇有感受，说了一段话：“六七十年代住一排排的平房，大家都愿意选最后一排最靠边的那一间房。明知道冬冷夏热，也不安全，但是还要选，就为了可以自己往外扩建一间小房。”

我父亲提到的那个年代，大家都没有现在这样的生活条件，能吃饱不冻着就很知足了。据我父亲说，我父母他们大概是在 1965 年到呼和浩特工作。刚到呼和浩特的时候是冬天，居住的是砖柱加上土坯垒建的一排一排的工人村宿舍。晚上的洗脸水如果没有倒掉，第二天一早就会在脸盆中结成一个完整的冰坨。当时的呼市基础条件很不完善，工厂的配套服务设施就更不完善，更不可能有幼儿园。在我出生后，由于父母上班，怎么照看我就是个问题。当时一起从天津随工厂搬迁过去的工人，基本上都是在岗人员，家属如果适龄没有工作，组织还帮助解决，所以大家都要工作，没什么闲在家里的人。用我父亲的话讲，那时没有工作的老太太是最受欢迎的。我父亲后来就托付一同从天津来到呼市的同事的母亲裴奶奶照看我。裴奶奶除了照看她的孙辈儿和我，还会在我的父母下班回家前，把我家的火点着，让家里不那么冷。为此，我的父母一直非常感激裴奶奶一家。我记得裴奶奶一家就住在最后一排，但是也不靠边，靠边的一家确实有搭建出来的半间小屋。

我们家搬过一次家，从一间半平房搬到了两间平房，但不是我父亲所提到的最后一排。两间房子的外面有一个小院，后来父亲的朋友们帮忙，自己和泥脱坯（印象中泥坯里加有草绳之类的纤维），在院子中加盖

傅绍辉和母亲的老照片

了两个倒座的小厨房，放些杂物，中间是进院子的通道。后来又在院子东西两侧，一侧垒起了煤池，一侧搭了个鸡窝。再后来在院子偏中间的位置挖了个菜窖。这个小院是我平时放学后在家活动的户外空间，春节放花放炮也在这里。

小院里搭建的小厨房等并不高，现在估摸着也就两米出头。那时一帮小男孩们最喜欢玩打仗，顺着家里的煤池子很容易爬到房顶，就学着连环画中敌后武工队的样子，趴在房顶上玩打仗。

家里的小院还是个工作场所。有邻居找到了木匠打家具，如果木匠手艺不错，就会在村里忙活上一阵子，打家具的地点就在小院里。我父亲不愿意用木匠提供的现成的样式，每次都是自己画图亲自设计，再请木匠照图做。木料的下脚料经常被我收集起来，日后做手工用。父亲利用去北京出差的机会给我买过一个玩具电动机。我曾经用这些木头片，靠一把钢锯条，再加上这个小电动机，做过一个可以跑起来的拖拉机模型。这个小电动机我现在还保留着。

改革开放后，大家心情都很舒畅。有一年春节，和我们同住一排的一位邻居叔叔，说是自制了一个巨大的花炮，要在年三十晚上燃放，可以照亮整个工人村。当时真是吊足了我们一群小伙伴的胃口，早早就盼着春节，盼着除夕夜，期盼着这巨大的花炮点燃后会是怎样地壮观。这样大的花炮，自然不能在院子里燃放，要移到外面更大的空场。在即将燃放的时候，大家都有些惧怕，不知道这巨大的花炮会产生怎样的效果。我当时紧张得都不敢靠近。不过，最让人意外的是，在点燃之后，这个花炮居然哑火了。这也成为那一年我们小伙伴之间的一个笑谈。

当时家里的顶棚很破旧，估计是漏雨再加上冬天生火的烟熏，顶棚上总像是被谁画满了图画。晚上睡觉躺在床上的一个乐趣，就是看着顶棚上各式的图案，看看那些图案像什么。“文革”结束后生活逐渐好转，除了重新糊了顶棚，还用砖墁地。这应该是我经历的最早的一次装修。

在1976年唐山大地震后，我们家原在天津的房子受到了较为严重的破坏，于是我的祖父母也来到呼和浩特我父母这里生活。1977年，刚好全国青年足球联赛开赛，那时都是赛会制，呼和浩特是赛区之一。我爷爷很喜欢看球，在那个没有电视机的年代，能在呼市看到全国的比赛是很不易的。当时呼市有几个比赛场地，我只记得大马路体育场和十七中赛场。大马路体育场离我家较远，但是十七中离我家很近。于是在那个暑假，我经常陪爷爷去看球。那时看比赛也不要票，随便进。那次联赛出了一批后来的国脚，包括古广明、左树声、沈祥福等人。那是我初次看足球比赛，也让我一下子就喜欢上了这项运动，成为一个不折不扣的球迷，直至今日。

随父母返回天津是我上初中的时候，再去呼市是工作以后的事情了。第一次重返呼市，我抽时间去看望带我长大的裴奶奶一家。裴奶奶一家已经搬到了新的单元房，不再住平房了。不过，我还是回到曾经住过的地方，很多平房已经拆除，盖起了楼房。也有少量平房还在等待拆除搬迁的过程中，有的小院里搭建了顶棚，外面甚至安装了防盗门，再也不是那个随时可以推门进去嘘寒问暖的年代了。

城市的乡愁

——工业遗产的保护与利用

刘伯英：1964 年生，清华大学建筑学院副教授，北京华清安地建筑设计事务所有限公司首席建筑师。国际工业遗产保护委员会理事，中国文物学会工业遗产委员会主任委员，中国建筑学会工业建筑遗产委员会副主任委员兼秘书长等。代表作品：四川成都宽窄巷子历史文化街区规划与设计、四川音乐学院音乐厅等。主编多卷《中国工业遗产调查、研究与保护》等。

2020 年 3 月，在我们面对新冠肺炎疫情困守家中，茫然失措的时候，我收到了金磊主编感情深切的约稿函。我被深深打动，但一直未敢轻易动笔。一方面，在时代的浪潮中个人是如此渺小和微不足道；另一方面，城市更新、工业遗产保护利用这场大戏刚刚拉开序幕，主角尚未登场，精彩桥段还没上演。所以希望等待，到这场大戏的高潮时刻再来揭幕、剪彩。在金主编的感染和鼓励下，我怀着忐忑的心情，尝试记录下 16 年来奋斗在工业遗产领域的点点滴滴。

我们曾经为城市的工业建设而骄傲，为火车的汽笛声而兴奋，为高耸的烟囱冒出的滚滚浓烟而自豪，因为我们认为那就是进步，就是发展，就是新的文明！工业为国家创造了大量财富，让人们的生活水平大幅度提高，城市面貌发生了根本改变。工业需要大量工人，让城市化的步伐更快；工业需要大量原材料，让许多城市因此而资源枯竭；工业生产也产生大量废水、废气、废渣，让环境背上沉重的包袱。

改革开放后，大约10年一次的产业结构调整和产业升级，使老产业纷纷关停并转。城市也像一个青春期的少年，不断挣脱土地的束缚而膨胀，向郊区向农村蔓延再蔓延。20世纪80年代开始的工业企业搬迁，一波接一波，留下大量的厂房仓库、设施设备；如何对待这些失去原有功能的工业设施，是视之为废物“推倒重来”，还是视之为资源“活化利用”，让那些曾经的人们工作生活依靠的家园，转变为充满活力、可让更多人欣赏享受的“乐园”，重新唤起城市的乡愁？这是时代留给我们的重任，凝聚着我们坚强的守望！

一、从落败到转机——不再重蹈“推倒重来”的覆辙

“拆”是城市更新最敏感的字眼，这种急功近利、简单粗暴的办法，在传统居住区的更新中已经有太多惨痛的教训。难道我们的父辈和祖辈双手建设，付出辛勤汗水，饱含深厚情感的工厂，我们小时候在那里追逐嬉闹，看电影、吃食堂、发澡票，给我们留下美好回忆的工厂，还要走这条路吗？

成都的落败

我步入工业遗产保护利用的殿堂始自2004年，是误打误撞，从一次不期而遇的国际竞赛开始的。成都无缝钢管厂搬迁后，成都规划局组织了城市设计国际竞赛，邀请我们参加。我们查阅了国外工业用地更新和工业建筑改造再利用的大量案例，在竞赛中大胆提出工业遗产保护利用的想法。保留铁路专用线，改造1050米×370米的巨型厂房，通过设计赋予其教育、商业、娱乐、体育等综合功能。采用局部架空的方式，让

城市主要道路——东大街从厂房的屋架和连廊下穿过，强化城市“东大门”的意象。

规划部门将我们的城市设计成果转化为控制性详细规划，纳入城市规划管理；但非常遗憾，最终没能抵挡住地产开发的压力，巨大的厂房在短短两周内被拆得片瓦无存！之后，这种做法在整个东郊工业区持续蔓延，大量具有重要遗产价值的工厂搬迁后被拆除，令人扼腕叹息。我们对工业遗产保护和工业建筑改造利用的热情，一开始就被兜头浇了一盆冷水。

北京的转机

伴随产业结构调整和快速城市化进程，北京大规模工业企业搬迁后，大量房地产开发项目在原来的工业用地上建设。清河毛纺厂的“万象城”，京棉三厂的“远洋天地”；北京的CBD也是在第一机床厂、第二印染厂、雪花冰箱厂、北京吉普车厂等43家工业企业搬迁后腾退的土地上建设起来的。工业用地更新为北京城市功能的丰富和完善做出了巨大贡献，起到了“战略储备”的作用。

1994年，由北京手表二厂多层厂房改造的双安商场开业，拉开了北京工业建筑改造再利用的序幕。1995年，中央美术学院隋建国开创了利用闲置厂房作为艺术家工作室的“二厂时期”；2002年，罗伯特租下798回民食堂作为书店，黄锐带领艺术家和艺术机构租下锯齿形厂房作为工作室和画廊，从此798成为工业建筑改造再利用的典范。

为了迎接2008年奥运会，2005年前后北京工业企业搬迁达到高潮。2016年1月，我们起草了《利用工业资源，发展创意产业》的报告，由当时的北京工业促进局上报北京市政府。当时的北京市领导都做了重要批示，提出把文化创意产业作为首都经济未来发展的重要支柱，确立了利用工业资源打造文化创意产业集聚区的方向，大量既有工业资源避免了被拆除的厄运，迎来了转机。

二、现状调查研究——从推土机下抢救工业遗产

首钢工业区

首钢始建于1919年，是中国十大钢铁企业之一。2005年2月18日，经国务院批准，国家发改委批复了《关于首钢实施搬迁、结构调整和环境治理的方案》，明确首钢实施搬迁改造。2006年，在首钢还没有完全停产之前，城市规划的编制工作就开始启动。虽然没有土地收储，但如何处置规模巨大的既有建构筑物，仍是无法回避的难题。

我们承担“首钢工业区现状资源调查”研究工作，在长达半年的时间里，查阅了厂史厂志，以及能够找到的与首钢相关的所有历史资料；对首钢200多处工业建构筑物、设施设备立案建档；明确了工业遗产的构成，通过价值分析，制定了首钢“工业遗产保护名录和保护级别”。借鉴历史文化街区的保护方法，划定了首钢工业遗产保护区，纳入城市规划管理。调研成果得到吴良镛、周干峙和孟兆祯三位院士，以及后来成为院士的王建国和常青的充分肯定。建构起现状资源调查和研究方法，及工业遗产价值认定标准；在此基础上确定建构筑物和设施设备的“去”和“留”、留下之后的“保”和“用”；开创了工业用地更新的科学操作方法，充分考虑了工业遗产的特点和各个管理部门的职权，灵活有效。

北京焦化厂

北京焦化厂建于1959年，是我国最大的煤化工专营企业之一。它为北京的环境而生，又为北京的环境而停产搬迁，是北京城市建设和经济发展的历史见证，具有重要的遗产价值。2007年北京两会期间，50余位两会代表针对北京焦化厂工业遗址保护和开发利用，提出6件人大建议和政协提案，焦化厂的“去留”受到社会极大关注。

与首钢不同，焦化厂停产搬迁后被土地储备中心收储，在规划编制和交

地之前，首先进行了现状资源调查研究。通过调取文献档案、建筑和设备图纸，学习《炼焦工艺学》《焦炉生产技术》等专业知识，了解炼焦、煤气生产的工艺流程，焦化厂工业遗存的科学技术价值得到进一步挖掘。我们借鉴社会学调查方法，采访企业领导和老职工，倾听他们的“口述历史”，感受真挚的社会情感，使焦化厂工业遗产价值评价更加全面和准确。

在制定焦化厂工业遗产保护名录，划定工业遗产保护区的基础上，2008年北京市规划委员会发出《北京焦化厂工业遗址保护与开发利用规划方案征集》，采取开发单位、厂方、规划设计单位和污染修复公司联合捆绑式投标，充分考虑了开发和保护利用的关系，以及后续工作的现实需要。规划在工业遗存分布较少的区域进行高强度开发，实现工业遗产保护利用和开发建设在土地收益上的平衡；彻底打消因为工业遗产保护，使土地出让收益蒙受损失的疑虑。同时还解决了7号线地铁车辆段的用地问题，实现了区域功能的协调发展。

2007年12月，北京市规划委员会和北京市文物局联合公布了第一批《北京优秀近现代建筑保护名录》，北京自来水厂近现代建筑群，798近现代建筑群，北京焦化厂1号、2号焦炉及1号煤塔，首钢厂史展览馆及碉堡等6处工业遗产名列其中，工业遗产保护进入了法规体系。从此，北京的工业资源不仅要留下来，还要保护好利用好，实现了观念的转变。

三、从城市到企业——不同规模和层次的系统研究

北京：以城市为单位的既有工业资源调查和整体规划利用

但是不是城市和经济发展了，所谓进入后工业时代了，城市就不需要工业了？就一定要将工业统统从城市中心区搬出去？被污染的工业用地就像城市的块块“疮疤”，如何“医治”？被企业大院割裂的城市肌理，如何重新“编织”？是采取外科手术式的“切除”或“移植”，还是采用康复疗法式的“针灸”和“理疗”，恢复城市的机能？如何在城市更新中使既有的工业资源

可持续发展？北京是较早思考这些问题的城市。

2007—2008 年，我们承担北京市规划委员会“北京中心城（01—18 片区）工业用地整体规划利用研究”的课题，对 300 多家重点工业企业的生产经营、职工就业、建构筑物情况，以及搬迁意愿进行了调查，对北京 01—18 片区的工业用地总量、分类、产权情况进行摸底。课题组还研究了纽约、东京、伦敦、巴黎等城市的工业用地比例、经济发展转型和工业用地更新方式，借鉴这些城市的经验，提出：北京工业用地在城市建设用地总量中需要保证适当比例，不能过度减少，腾退的工业用地多数进行住宅开发的做法必须改变！工业用地整体规划利用要考虑城市发展新的功能需要，为城市升级留下空间。

2009 年，在课题研究的基础上，我们起草并由北京市工业促进局颁布了《北京工业遗产保护与再利用工作导则》，认为在注重工业建筑再利用，发展文化创意产业的同时，要做好工业遗产发现、认定和保护的工作，为 2014 年 8 月国家文物局颁布《工业遗产保护和利用导则》（征求意见稿）摸索了经验。

石家庄：以工业区为单位的存量工业资源调查和整体规划利用

石家庄东北工业区占地 15 平方公里，包括棉纺、医药、化工、机械、钢铁等行业的 35 家工业企业。2008 年 3 月，石家庄市委市政府颁布《石家庄市加快主城区工业企业搬迁改造和产业升级的实施意见（试行）》，确定全部工业企业将分期分批搬迁。对于占地规模巨大、产业门类丰富的工业区，如何在众多的工业遗存中发现有价值的工业遗产，找到相互之间的关联性？

清华联合团队在规划中采用“城市功能十字”和“遗产展示十字”的双十字布局，使城市功能定位和布局与工业遗产保护和再利用紧密结合。保留工业区运输的铁路专用线，作为连接原来各个厂区、现在城市各个功能区的通道，同时也作为今后工业遗产特色旅游的线路。通过政府主导的土地储备制度和平台公司，统筹工业企业搬迁后土地出让的收益，排除“局部利益”

之争对整体更新战略的影响。

首钢：以企业为单位的规划设计和建构筑物改造

首钢工业遗址保护区城市设计

2009年，北京市规划委员会组织了《首钢工业区改造启动区城市规划设计方案征集》，清华联合团队在规划中利用厂区内部原有的铁路运输线路，形成贯穿南北的景观通廊，将工业遗产集中区域以及各个功能区块全部串连起来，形成首钢工业区规划结构的骨架。

2010年，首钢工业遗址保护区城市设计启动，我们与德国景观设计师彼得·拉茨（Peter Latz）合作，完成了概念规划、工业建构筑物改造再利用建筑设计、景观设计和业态策划的全部内容。首钢独特的工业景观，与群明湖、石景山和永定河的自然景观交相辉映，成为长安街西延线上的重要节点。首钢工业区封闭了几十年的企业大院，终于揭开了神秘的面纱。

根据北京四个中心的功能定位，市政府确定了“新首钢高端产业综合服务区”的定位，包括传统工业绿色转型升级示范区、京西高端产业创新高地、后工业文化体育创意基地。加强工业遗存保护利用，重点建设首钢老工业区北区，打造国家体育产业示范区。城市工业用地更新“多轮驱动”，“铁色记忆——中国三大男高音唱响首钢”实景音乐会、灯光节、工业旅游持续为园区建设“暖场”，“升温”。

首钢西十筒仓改造

西十筒仓位于首钢的最北部，占地面积10.5公顷，地块内有保留完好的16个钢筋混凝土筒仓、2个大型料仓，以及转运站、除尘塔、皮带通廊等，是首钢工业区中工业景观最为独特的地区之一。2012年，西十筒仓改造工程启动。2013年3月，一期工程被列为国家发改委首批“城区老工业区搬迁改造试点项目”，包括3号高炉上料系统的6个筒仓和1号高炉上料系统的料仓及其附属设施；改造后地上建筑面积25830平方米，以办公功能为主，兼顾工业遗产展示和配套。

四、工业遗产——不同于改造的保护设计

重庆钢铁厂的前身是汉阳铁厂，1890 年由湖广总督张之洞在武汉创办；在清末洋务运动中投资最多，曾经是亚洲最大的钢铁企业，被誉为“近代中国觉醒的标志”。1938 年抗战期间被迁至重庆，见证了抗战的重大史事，作为近现代轧钢工业生产的典型代表，入选第七批全国重点文物保护单位，具有重要的历史、艺术、科学和社会价值。现存旧址包括民国厂房、轧钢车间、主席桥和烟囱，设计遵循最小干预、可识别、可逆和具有活力四个原则，严格控制对文物本体的不必要扰动，保持文物建筑外立面原有的沧桑感。因功能需要而新设置的部分，与原有建筑在相互协调的前提下区分清楚。通过文物建筑修缮，植入适宜功能，产生新的活力。

五、学术组织——工业遗产保护利用学者的家园

2010 年以来，在各个学会的支持帮助下，我参与组织、成立了多个工业遗产的学术组织，包括中国建筑学会工业建筑学术委员会（2010）、历史文化名城委员会工业遗产学部（2013）、中国国史学会三线建设研究会（2014）、中国文物学会工业遗产委员会（2014）、中国科技史学会工业遗产研究会（2015）等。工业遗产受到专家和学者的共同关注，成为学术研究的热点。工业遗产还吸引了大量规划师、建筑师参与到城市更新和既有工业建筑改造利用的实践当中，创造了丰富多彩的实践案例。2015 年，我与国际古迹遗址理事会原副主席郭旃等 6 位同志一起参加国家工业遗产保护委员会第 16 届大会，当选为国际工业遗产保护委员会理事，融入了国际工业遗产组织的大家庭。

从 2010 年开始，我们坚持每年召开一次学术年会，连续举办了 10 届，共收到学术论文 774 篇，371 位中外嘉宾和专家学者发表了演讲，集结 503

篇优秀论文，出版了9部《中国工业遗产调查研究与保护》论文集。学者和学术组织之间密切合作，成为我国工业遗产保护利用领域最强大的学术共同体，坚守在工业遗产保护利用和城市更新的最前沿。我们凝聚了一大批城市规划、建筑、景观、环境、科技史学、社会科学等不同领域的专家学者，形成了跨学科、有实力的研究团队和实践团队，承担了大量自然科学基金和社科基金资助项目、国家部委和省市的研究课题，为各级政府管理部门出台工业遗产保护利用的相关政策提供了强有力的支撑，为提高全社会对工业遗产的认识、普及工业遗产的知识、推动工业遗产保护利用事业的发展做出了突出的贡献。

六、向工业遗产的守望者致谢

在这十多年当中，需要记录和感谢的人实在太多了。

单霁翔，他在国家文物局局长任上，提出工业遗产保护的理念。2006年6月，他在《中国文化遗产》（2006年第4期）上发表的文章《关注新型文化遗产——工业遗产的保护》，包括工业遗产保护的国际共识、工业遗产的价值和保护意义、工业遗产保护存在的问题、国际工业遗产保护的探索、我国工业遗产保护的实践、关于保护工业遗产的思考等内容，全面深入地阐述了工业遗产保护的科学内涵，为工业遗产保护研究奠定了坚实的理论基础。在2009年的全国两会上，他作为全国政协委员、国家文物局局长提交了《关于将首钢老工业区作为工业遗产整体保护的提案》，建议加强对首钢工业遗产的调查、记录和研究工作，整体保护首钢老工业区，开展首钢工业遗产的保护性再利用。在2011年的全国两会上，他又联合40名政协委员向大会联名提交了《关于设立黄石国家工业遗产保护片区的提案》。2012年11月，黄石矿冶工业遗产被列入《中国世界文化遗产预备名单》。这是我国首次将工业遗产列入《中国世界文化遗产预备名单》，也是中国唯一列入这一名单的工业遗产。

张廷皓，中国文化遗产研究院原院长，2014年在全国政协十二届二次会议第三次全体会议上代表全国政协文史和学习委员会发言：工业遗产是人类文化遗产不可分割的组成部分，是清末以来中国从封建制度到社会主义制度这一历史巨变的见证，反映了中华民族的兴衰，记录了一代又一代中国人为实现“中国梦”艰辛奋斗的历程。

周畅，中国建筑学会原秘书长。2010 年清华大学建筑学院向学会提交《关于成立工业遗产保护学术委员会申请》的时候，是他一锤定音，以学会直管学术委员会的方式，在满足相关规定的前提下，使全国第一个工业遗产学术组织得以成立。他还多次参加工业遗产保护学术委员会的学术年会活动，为委员会的发展指明了方向。之后，学会荣誉理事长（原建设部副部长）宋春华先生、理事长修龙先生、秘书长李存东先生都出席过学术委员会年会，并作重要讲话。

曹昌智，中国历史文化名城委员会副主任兼秘书长，长期致力于历史文化的保护工作。在他的倡导下成立了工业遗产学部，把工业遗产与历史文化名城联系起来，开拓了工业遗产保护的新思路。

陈世杰，原北京工业促进局产业布局处处长。2005 年我调查北京工业企业搬迁情况的时候，他给我提供了最全面的资料。2006 年给北京市政府的报告就是在他的主导下完成的。他被称为北京文化创意产业的“教父”，其开拓和推动作用举足轻重。

国家发改委、国家文物局、工信部工业文化发展中心、北京市规划委、各个工业企业的领导、园区的运营管理者，以及我们高校的研究者，规划设计的实践者，他们为工业遗产保护利用指引了方向，铺就了道路，制定了法规保障，搭建了学术平台，提供了鲜活的市场经验。工业遗产把更多的人联系在一起，成为我们共同的“家园”。

我的图书馆

叶依谦：1971年生，北京市建筑设计研究院有限公司总建筑师，叶依谦工作室主持建筑师，教授级高级建筑师。中国工程咨询协会常务理事，中国工程咨询协会建筑与城乡规划专业委员会主任委员，中国建筑学会建筑师分会秘书长。代表作品：孟中友好会议中心、国际投资大厦、北京航空航天大学新主楼、中国国电新能源技术研究院大楼、生态环境部大楼等。著有《北航新主楼设计》《“新北”生活：北航社区设计成长记》等。

我1989年入学天津大学建筑系。那时候的天大，只有一座老图书馆，飞机形平面，“两翼”是大阅览室，“机身”是主交通厅和借阅厅，外观是上世纪五六十年代典型的大屋顶、灰砖墙。后来在“机尾”的位置扩建了一座新书库，是80年代的面砖外墙。

我们那时候去学校图书馆的主要目的是上自习，因为建筑系有自己的图书馆。说到建筑系图书馆，感情就深了，基本上是当时每个建筑系学生的圣地。

建筑系图书馆坐落在建筑系里面，分为外间的学生阅览室和里间的

天津大学建筑系图书馆外景

教师阅览室两部分。学生阅览室里除了各种中文建筑理论书籍之外，还有全部的中文建筑期刊现刊以及外文建筑期刊过刊（所谓过刊，是指一年前和更早的刊物）；教师阅览室里则是外文建筑理论书籍和外文建筑期刊现刊。

在还没有互联网的年代，这个图书馆基本上是建筑系学生所有专业信息的来源。所以，课余时间我大多都耗在了这里。外文期刊是大家的最爱，蒙着草图纸描图是必需的功课。后来，图书馆添置了复印机，我们又咬牙把生活费换成了一摞摞的复印纸，然后抱回宿舍接着去描图。

求知欲使然，存放外文现刊的教师阅览室成了本科生觊觎的地方（只有教师和研究生可以进教师阅览室）。追星在各个年代都有，当年我们同学之间热衷于讨论的专业话题之一就是某个自己喜欢的建筑名师又出了什么新作，可这些信息都在里间的期刊中！所谓办法总比困难多，我们就拜托带设计课的、关系好的年轻老师去帮着复印，甚至设法溜进里间去看一会儿，总之是向往得不行。

天津大学建筑系图书馆内景

等到念研究生，我终于名正言顺地进入了教师阅览室。教师阅览室朝南，靠窗是一排阅览桌椅，窗外是一片湖面。每每拿上一本杂志，坐在窗前安静阅读，时不时再远眺一下湖水和远处的南开大学，那种油然而生的满足感到现在都记忆犹新。

虽说是教师阅览室，去得最多的还是一帮研究生和年轻老师，老先生们出现的频率不高。年轻人跟老先生比，信息渠道要少很多，为了写论文、做设计，泡在教师阅览室是必需的。大家在一间屋里看书的时间长了，彼此都熟，很少遇到陌生面孔。记得大概是我读研二的时候，教师阅览室里经常会出现一位年轻教师模样的人，一坐就是半天。后来才知道，他就是我们系的著名学长周恺，那时候刚刚回津创业。现在想来，一个取得非凡成就的人，凭借的绝不仅仅是才华，持续学习和思考的能力也是必要的素质。

毕业后我入职北京市建筑设计研究院，发现我们单位也有一间很棒的图书馆。规模虽然比天大建筑系图书馆小，但是中外期刊的种类还是相当齐全的。在工作的头几年，这里成了我几乎每天必去的地方。这个图书馆的好处是看书的人少，特别安静，而且杂志可以外借；不足是理论书和专著少，有些不解渴。

因此，我开始了逛建筑书店的活动。20 世纪 90 年代后期的北京，只有两家建筑书店，都坐落在甘家口建设部大院周边，以销售中文建筑书籍、期刊为主。进口建筑书籍、期刊的销售是由中国图书进出口总公司垄断的，在东大桥路的公司总部，二楼是图书、音像制品零售店。这几个地方，基本上是我每个月必去的，尤其是中国图书进出口总公司，我把刚工作那几年微薄收入的相当一部分消费在了这里。那个时候的外版书非常贵，遇到喜欢的建筑师的作品集、专著时，经常有割肉的感觉，但最终会咬牙买下，拿回去仔细阅读，其收获和快乐还是物超所值的。

进入 21 世纪后，国内建筑设计行业迎来了大发展的黄金期，建筑图书跟音像制品一样，也迎来了盗版的繁荣期。仿佛一夜之间，游商推着满载盗版专业图书、杂志的小车送货上门的服务，就替代了逛书店。价格仅有正版图书几分之一甚至更低的盗版图书，几乎将建筑图书出版业、书店完全击垮。作为读者，实话说在经济层面的确能节省不少，而且盗版书刊的出版速度还很快，品种也不少。不过，我给自己定了一个原则，期刊可以买盗版，书还是坚持买正版。虽说有些自欺欺人，毕竟算是一个爱书人的心理底线吧。

随着互联网技术的发展，整个世界迅速电子化，进入了“读屏时代”。人们越来越习惯于在各种屏幕上阅读，对纸质书籍、杂志却越来越失去兴趣。而以图像为主的建筑信息恰恰非常适合网络的传播方式，这一回，不仅是正版图书，盗版图书也渐渐式微了。我们现在更习惯于在手机和移动设备上浏览各种专业的、跨界的微信公众号刊载的建筑文章。这类文章基本上都是由大量的图片构成，文字往往以吸引眼球为目的，专业性、学术性内涵则越来越少。

作为读者，我近些年纸质专业书买得少了（即便买，大部分也是网购），除了长期订阅的几本中外期刊外，杂志也很少买了。前段时间偶然路过中国图书进出口总公司，一时兴起进去转了一圈，原来占整二层楼的书店现在已萎缩到了一隅，而且也改卖文具、通俗读物了，令人十分感慨。

图书馆作为城市的公共设施，也发生着功能定位的转变。以查资料、借书为目的去图书馆的人越来越少，图书馆日渐成为为周边社区的居民提供阅读、思考和交往空间的公共场所。高校图书馆虽然在一定程度上还保留着作为专业信息中心的地位，但由于数字化技术的使用，大量检索、借阅工作已不需要在图书馆的物理空间里完成，其定位也逐渐向强调公共交流的功能多元化方向转变。

我们单位的老图书馆因为面积小、位置偏，现在已经很少有人光顾了，反倒是临街新开的集图书室和茶馆于一体的礼士书房人气很旺，也是趋势使然吧。

2020 年 1 月开始的新冠肺炎疫情在全球蔓延。国内虽然已经恢复正常工作、生活秩序，但是疫情对整个社会乃至每个人生活的影响和改变，现在看来可能会很深远。疫情期间，社会公共活动在相当一段时间内被限制，像图书馆、书店这样的公共场所也采取限流等措施维持低强度运行。

从另一个角度看，疫情在抑制公共活动的同时，也给了每个人更多的独处时间。以我自己的体会，因为省掉了大量出差、会议、聚会，取而代之的线上工作效率并不低，从而有了更多的时间去阅读、思考。这个意外的收获也让我开始反思原来的工作、生活状态，那种碎片化的忙碌应该不是全都必要，很多时候其实是惯性使然。

与我有同样感受和反思的人很多，相信经历过这段非常时期之后，内心都会得到一定程度的沉淀，对于那些外在的嘈杂喧闹减了几分热衷，对于内在的平静从容增了几分认同。不管世界怎么变，只要能阅读，哪里都是图书馆。

上海的家园

章明：1968 年生，同济大学建筑与城市规划学院建筑系副主任、教授、博导；同济大学建筑设计研究院（集团）有限公司原作设计工作室主持建筑师。中国建筑学会城乡建成遗产学术委员会理事。代表作品：新天地广场北部地块工程、上海市第八中学东大楼教学综合楼改扩建工程、范曾艺术馆、上海当代艺术博物馆、复旦相辉堂改扩建项目等。著有《建筑设计创意产业》《芥子之境：原作的建构实验》等。

里弄之家

上海的里弄是个杂糅之地，严谨整饬与随性散乱往往就一墙之隔。但是，游走于差异之中却毫无违和感也正是这个城市的趣味之所在。于是，我们就把家安在了最体现杂糅之气的里弄之中。

家里的院子不大，但同百年的老宅尺度合宜。守在院墙边的一棵女贞安静而执着地开枝散叶，透过它的枝叶能望见著名的南京西路商圈的林立高层。住着一百多户人家的里弄像是一个都市盆地，外面是灯光陆离的魔都胜景与现代山林，里面则沉淀着一个世纪的市井烟火与人间冷暖。我们如此偏爱有院子的家，恐怕是受到中国人根深蒂固的院落情结的驱动。院落构筑了中国传统空间一个完整而绵延的系统。我们自古就生活在以这一方小小的庭院为核心的单元里，它不仅是居住的核心，更是作为“家”的概念的建构原点。在这里听雨打芭蕉，看月阴晴圆缺，感四时交替。这个院子又扩展出去，组合蔓延，构成连续的、通融的传统街区与城市，构成了我们家国同构的文化版图。我们里弄中的家就是围绕这方庭院展开日常活动的。茶室与书房是围绕院子的第一圈层，起居室与卧室是第二圈层，卫生间与更衣室是第三圈层。三个圈层之间没有明显的分隔，却有着不间断的空间勾连与递进。我们将其称为“游目与观想”的中国式的空间体验观。它如一幅展开的长卷，将景象以步移景异的形式呈现出来。这些分别悬置于意念中的对象，通过文化精神的法则和能体现这个法则的心灵去加以组织，从而达到某种意境。一个有院子的家让你的听觉变得灵敏，能在第一时间听见雨点掉落到树叶上或溅起泥土的细微声响。一个有院子的家让你的嗅觉变得发达，沉浸于“苔痕上阶绿”的清新之气时还能分辨出隔壁灶台上浓油赤酱的本帮菜的味道。一个有院子的家让你的知觉变得丰富，让你感觉与大地的脉络相通、与自然的一草一木相连，甚至与动物的蛰伏和苏醒相关。当风车茉莉的白色花朵盖满整个院墙，树下虫鸣啁啾，隔墙犬吠相闻，你会觉得我们不再被那些疏离的混凝土森林所禁锢，离曾经远去的家园梦想又近了一步。

厂房之家

上海的杨浦区是个“并置”之地，工业遗存的铿锵之美与粗放之气同时并存，于是我们把工作室安在了最体现“并置”状态的工业厂房之中。

建筑师们偏爱改造老厂房的情结，可能源自内心深处对空间模式化的规避。建筑类型的差异使得远离模式的可能性大大增加：一个用于工业生产的空间应如何适应于建筑工作室的使用状态？在适应过程中产生的变更是否会带来某种逆转性的启发？当我们第一次进入始建于1937年的上海鞋钉厂的残破厂房，站在一处说不清是室内还是室外的地方时，惊诧于一株嵌入院墙的树将遒劲的枝干纠缠于老旧青砖之间，而将青葱的树冠跃然立于墙头之外。我们很确定，它就是那个不用排队等电梯、能感受到季节更替和时光变化、有植物和动物相伴的理想办公场所。由于屋顶的塌落而自然形成的院子提供了一个新的改造设想，我们有意识地延续了这种空间外化的方式，通过“去顶成院”植入了五个院子，让工作不作为生活的对立面而存在，让这里成为朝夕相处的伙伴们共同的家园。我们分别以中国传统时辰中的“日昳”（太阳偏西时）、“人定”（夜深人定时）、“日入”（太阳落山时）、“平旦”（清晨黎明时）、“隅中”（临近正午时）命名这些院子。这些命名也在一定程度上暗示了院落的活动状态。比如隅中院是推门可见的院子。院中有一棵橘树和一方鱼池，午餐时间我们常在这里招待客人或聊天小憩。五个院落彼此独立又隐约连缀，形成不同空间层次与不同的空间节奏。这种空间关系在剖面上更为明晰。比如，从人定院到缺角亭再到日入院的空间序列中就生发出五个空间层次。这样的空间关系借鉴于园林，更强化了家园的空间意向。

水岸之家

黄浦江沿岸是个“遗落”之地。它拥有上海最丰富的水资源，却又是长期以来处于城市“背面”的消极场所。于是，我们近年来把实践的重心放在了城市滨水公共空间的设计上。

2014 年盛夏，我们有幸介入了刚刚启动的黄浦江两岸 45 公里公共空间建设，负责杨浦滨江示范段的设计。杨浦滨江所在的杨树浦工业区作为上海乃至近代中国最大的能源供给和工业基地，在城市经济和社会生活中占有举足轻重的地位，在其发展历程中创造了中国工业史上无数个“工业之最”，被称为“中国近代工业文明长廊”。但与此同时，曾属于大工业时代的杨浦，是一个被各种权属分据割裂的区域。杨浦滨江南段就形象地印证了滨水区与城市相隔离的状态。杨树浦路以南密布的几十家工厂，沿江边形成宽窄不一的条带状的独立用地与特殊的城市肌理，将城市生活阻挡在距黄浦江半公里开外的地方，形成“临江不见江”的状态。作为在这个区域工作了近30年的杨浦人，我们希望利用这次机遇，梳理场域脉络，修补家园记忆，真正还江于民。希望杨浦滨江通过公共空间的复兴，从过去人们记忆中“大杨浦”的印象中蜕变而出，迎来新的身份认同。于是，工业的记忆被一点点甄别并予以保留，包括斑驳厚重的防汛墙、工业码头、运货通道和防汛闸门、原有趸船的浮动限位桩，甚至于码头原始的混凝土地面以及大小不一的钢质拴船桩和混凝土系缆墩。由于这些遗存物与新增体系存在位置上的冲突，因此通过有针对性的节点设计，使新老体系和谐共存，使之成为滨江步道上时隐时现的记忆载体。

我们当初对杨浦滨江的预期是将一个雄心勃勃的构想分解在每一处挖掘和设计中，消化于江边的每块碎石和每株草木里。这种宏大与细微并存的思考方式促成了一个不断成长的场所，成就了锚固于场所的物质留存与游离于场所的诗意呈现。回首过往，从最初公共空间示范段的艰难尝试，到5.5公里的总体设计方案的一气呵成，再到2.8公里公共空间的全新亮相，直至5.5公里公共空间全面开放，从对工业遗存全面的甄别、保留与改造，到现代技术与材料的探索，再到水岸生态系统的修复、基础设施的复合化利用与景观化提升，最终拉开了城市腹地复兴的序幕。可谓发端于滨水场所的研究，放眼于城市公共生活的复兴。改造后的杨浦滨江呈现出与众不同的工业美学的魅力，这种美学渗透了对昔日家园记忆的珍视。如今的杨浦滨江已是远近闻名、游人如织，由此也反映出滨江公共生活岸线的稀缺性以及人们对共有的家园的眷恋。能亲手设计、建造市民们共有的家园并为他们所喜爱，是我们最大的满足。

陶渊明言：“众鸟欣有托，吾亦爱吾庐。”无论何时，家园情结永远都是我们远行的原点与原动力，唯有家园安好，才能有诗与远方。

理想家园的五要素

朱铁麟：1967年生，天津市建筑设计研究院有限公司首席总建筑师。代表作品：平津战役纪念馆、天津数字电视大厦、天津梅江会展中心、中华剧院等。

每个人的心中都憧憬着一个属于自己的心灵家园，它是人们内心最隐秘、最放松和最惬意的理想场所，包含着我们对美好生活的全部向往。建筑师的职业，可以在人们的心灵与现实之间搭建起桥梁，将心中的美好化为现实。为此，建筑师需要不断提高自己的审美修养和专业能力，不仅为人们创造美好舒适的物理空间，还要满足人们对精神空间的极致追求，更要通过设计的力量塑造人们新的生活方式。我作为一名建筑师，觉得心目中的理想家园，要具有以下几个元素。

一、拥抱自然

山水田园梦，居住理想国。自然孕育了人类，人类对自然有着与生俱来的依恋。不管是东方的桃花源，还是西方的田园小镇，都反映着人类希望与自然和谐共生。

“宅中有园，园中有屋，屋中有院，院中有树，树上见天，天上有月，不亦快哉！”这是林语堂先生描绘的中国人的理想居所，反映人和自然你中有我、我中有你的密不可分的联系。

生活于繁忙的都市之中，秘境难寻，车水马龙。既能享受自然的山水形胜，又能享受现代生活带来的种种便利，是人们不断追求的共同期望。公园城市、山水城市、生态平衡、绿色可持续等各种建筑理念的提出，反映着建筑师对当今城市发展中人与自然和谐共生的思考与应对策略。

二、富含文化

几千年的人类文明是不同民族在不同地域独立平行发展起来的。由于古代社会的相对封闭，不同地域、不同民族对同一问题的解决有着不同的思维方式和传统习惯，这是由其所处的地理环境、气候条件和拥有的资源决定的。久而久之，形成了一个地区和国家约定俗成的集体无意识，也就是文化传统。

正是这些来自不同地域、不同民族的多姿多彩的文化共同构成了人类的文明。这些文化基因已经融于不同民族人们的血液，让人们对自己的文化有着深入骨髓的迷恋，也成就了各具特色的建筑风格和深蕴其中的审美哲学。比如，中式庭院这一中国建筑文化的精粹，充满了诗情画意和人文情怀。犹如中国书画，讲究“疏密曲直”，布局精妙、移步易景。通过洗练的线条，淡雅的色彩，就可构成如素雅的山水画般的胜景，不抢眼、不浮夸，勾起人们无限的向往。一山一水、一花一木总能渗入悟不完的人生哲理，构成品不

甘南州博物馆（科技馆）河道景观方案设计效果图

尽的意境，让人与之产生精神共鸣。这种深沉的力量，更形成人们骨子里的一种情结。因此，理想家园要反映文化内涵，传承中华文脉，民族的就是世界的。

三、反映时代精神

随着全球化的发展，不同地区和国家的人们的生活方式、生产方式、审美趋向又变得越来越趋同和融合。更多的共性为建筑打上了国际化的标签，使同一类型的建筑可以脱离地域性的限定，在全世界复制。这一国际性的发展方向与前文中讲的富含文化，是建筑创作中需要同时兼顾的两条平行线。建筑的发展日新月异，每个时代都有自己的特点，建筑必须反映所处的时代。

城市的更新越来越注重历史与现代相结合，让具有历史感的建筑与现代创新元素相碰撞，旧的城市空间与新的商业模式相结合。建造技术和建筑材料的发明创新更是代表着人类社会发展的最新成果。建筑一直跟随着技术的更新而日新月异，因此，理想的家园必须走在高科技的前沿，反映时代精神。

天津梅江会展中心

四、多元共生

美学的问题是复杂且不确定的，有时甚至是互相矛盾的。如果说人们对于自身文化传统的迷恋是一种求认同的心理在起作用，那么人们同时还有着强烈的求新求异的心理。由此可以解释不同文化间的相互渗透和汲取，也可以解释众多颠覆传统、展现个性的作品广受大众欢迎的原因。

生活本来就不是纯粹的，我们当下正生活在一个混搭的时代。衣食住行概莫能外：纯粹的服饰会被认为不够时尚，纯粹的饮食似乎只有上了年纪的人才会去怀旧，纯粹的建筑形式也面临被淘汰的厄运。世界正由一元变为多元，手机原本只有通信功能，因被乔布斯彻底颠覆，融入了娱乐、消费、教育等诸多功能而带来了革命。

一个理想的家园也应该是不拘一格，多姿多彩的。能够让置身其中的人感受到千变万化的新鲜感、抑扬顿挫的节奏感，能释放出现代都市开放包容、异彩纷呈的活力，但这一丰富多元并不是简单的堆砌，而是建立在保持城市整体格调基础上的形散而神不散。

五、公平共享

独乐乐不如众乐乐。理想家园应是全体人民共同的理想家园，而不是某些特定人群和特权阶层的理想家园。

各类资源要公平共享，公共设施、绿地公园要惠及大众，城市规划上充分体现均衡、平等的理念。没有富人区与穷人区之分，不应简单地把廉租房分散到偏远、缺少城市配套的地区。城市的空间尺度不要片面追求气势恢宏，让人可望不可即，应该代之以亲切宜人，方便实用。不能只顾市容整洁，而不考虑市民生活方便，应该更多注重人性关怀、生态平衡。

能够做到以上所说的五个方面——充分融入自然环境、体现地域文化特色、反映时代精神、具有多元共生活力、能够满足资源公平共享的家园，就是我心目中的理想家园！

人生无处不家园

陈日飙：1977年生，现任香港华艺设计顾问（深圳）有限公司董事、总经理、设计总监，北京中海华艺城市规划设计有限公司董事长。高级建筑师，深圳市勘察设计行业协会会长。代表作品：北川羌族自治县行政中心、中卫沙坡头旅游新镇游客中心、深圳满京华艺展天地展示中心。

金磊主编约我写篇关于家园的小文，我纠结了许久：家园怎么定义？我的家庭抑或故乡是我的家园吗？想来当然是。那学习和工作的地方也是吗？好像也是。慢慢地我逐渐想明白了，每个人对自己心目中的家园有着不同的定义。它可以是一处物理空间，但更重要的是承载过你熟知的种种人和事，因此，每个人的家园大概率不是唯一的，而是有许多种诠释的可能。

我的家园，除了家庭，即是我自己从小到大待过的不同的留下了我印记的场所和地方，包括从学校到工作单位，以及相关的一个个城市。这些家园对我的成长产生了各种或显或隐的影响，所谓人生漫漫，处处皆是家园。写这篇小文的时候，伴随着思忆和回味，从小到大由远及近的一幕幕关于我的家园的场景，就在我的脑海中轮转，慢慢展现开来……

一、粤北韶关——童年家园的一抹乡愁

我 1977 年出生在广东粤北的韶关市。韶关古称韶州，有着 2100 多年的历史。历史上韶州被誉为“岭南名郡”，佛教禅宗六祖慧能在这里的古刹南华寺弘法 37 年，南华寺因此成为禅宗的“南宗祖庭”。韶关也有马坝人遗址和丹霞山等著名景点。这么一个历史悠久、人文荟萃的地方，由于处在粤北山区，经济欠发达，但民风淳朴，社会安定。我在这里度过了出生至小学五年级的十年光阴。如果说祖籍顺德是我的第一故乡的话，那韶关就是我的第二故乡。

在那个年代，中国家庭的标配是一家四口，我家也是如此：父亲是中学语文老师，母亲是医生，姐姐比我大八岁，在我读小学的时候，她就从师范毕业成了一名小学教师。父亲老实本分，人缘不错，一辈子认真教书育人，记得他还是单位里被全校同事投票选出的第一批中学高级教师。母亲从医之路则更为难得，那个年代一个女生能考上大学也不是很普遍的事。况且我外公当时开一个杂货铺养八个孩子，生活颇有些吃紧。我母亲排行第六，虽然家庭条件一般，但外公仍坚持让母亲接受系统教育。我母亲也挺争气，1960 年考入江西医学院，就此当了医生。自我记事起，但凡亲戚朋友感冒发烧，就会找母亲看病开药，家族里有位医生还真是全家受惠的事。记忆中母亲做事很细心，写病例和药方的字都整整齐齐，把家里也管得井井有条，收拾得干干净净。我的童年就在这样一个传统知识分子家庭中成长。父亲偶尔会颇为自豪地对我们说起他 1960 年考入华南师范大学，成为老家村里出的第一个大学生的往事。接着就会教导我要好好读书，以后要考大学。家里尊重知识和文化的这种“家风”使我受益终身。一是母亲做医生绝不得过且过，对病人非常耐心和蔼，二是父亲指导学生功课严谨认真，这些让我养成了不管读书还是做事都比较认真的态度。

陈日飙与家人在韶关的合影

我上小学以后，父亲认为有文化的人首先要把字写好，于是帮我报了一个书法班，每周末骑自行车载着我去练书法。书法确实能陶冶性情，让人安静下来，写毛笔字后我顺理成章对国画也产生了兴趣。父亲买了本《芥子园画谱》给我，我爱不释手，有空就临摹书上的小人和花草树木，还参加小比赛获了些奖，在同学里就渐渐有了小名气。班主任见我有书画特长，让我当了宣传委员，主要任务就是带几个小伙伴定期出黑板报。直到高中当班长之前，我从小学到初中，宣传委员成了我的班干部标配岗位。现在想来，童年喜欢写写画画，也算是如今从事建筑设计的“萌芽”了。小学时我的成绩还不错，三四年级的时候，我鼓起勇气投稿给一份报纸，发了一篇小文章。不久后收到了报社寄给我的一个信封，里面有报纸和 5 毛钱稿费。这是我人生中第一次赚的钱，还是挺骄傲的。许多年过去，那 5 毛钱早花掉了，而那个寄稿费的信封我现在还保存着。

二、顺德小城——“少年家园”的往事悠悠

父亲离乡背井在韶关工作多年，快年过半百之际，他开始琢磨叶落归根的事，于是 1988 年父母工作调动，我们举家迁回了佛山顺德。

现在人们一说顺德，都知道是一个闻名中外的美食荟萃之地。但其实顺德还有许多有特色的地方，它位于珠三角广府文化腹地，自古经济发达，商业繁荣，人文昌盛，历史上出过不少文武状元和进士。改革开放之后，乡镇企业蓬勃发展，家电产业尤其兴旺，记得读中学时，顺德县就是全国百强县的前几名，后来撤县设市和撤市设区，顺德还是全国百强区的前几名。当然县里经济强和我家经济没有什么直接关系，回到顺德后，父亲继续在一个职业中学教书，母亲因为编制有限进不了医院，就到卫生局当一名干部。姐姐则继续在小学教数学，后来也评上了高级教师。

我在顺德上完小学六年级，考上了当地最好的顺德一中，开始了我六年快乐的中学时光。在顺德这七年，作为顺德人的认同和情感已经深深烙在我心里。顺德是典型的珠三角小县城，没有大城市的光鲜亮丽，处处桑基鱼塘，榕树村落，民风朴实。顺德人谐音“顺得人”，活得自在平和，这份心境以及与人为善的亲和力也不知不觉地植入我慢慢养成的性格里。现在想来，人生轨迹伴随家园的迁徙，不只是物理空间的转换，更对自身成长、性格的养成和能力的锻炼等诸方面产生重要影响。

中学六年对我成长影响颇大，一个偶然的契机让我的性格在高中完成了一个很大的转换，想来有趣。初中时，估计是处在青春叛逆期，我的性格是比较桀骜不驯的。我学习成绩还不错，继续干宣传委员出黑板报的差事。班主任是语文老师，看到我的文笔还可以，鼓励我参加比赛。我也没有辜负老师的期望，获得过县、市和省里的作文奖。现在想来，当时自己可能有点“恃才自傲”，也有一批玩得好的死党。那时比较任性，课堂上经常和同学开玩笑，扰乱秩序。甚至班主任讲课时，我发现她讲错了，会直接站起来指出

老师的“错误”。现在想来，真的非常感谢老师对我任性不羁的耐心和宽容。

但是上了高中后，我的任性马上收敛了。为什么？因为我的角色发生了变化，我从当了九年的宣传委员变成了当班长。我猜是高一军训时，班主任在观察这帮小孩，不知怎的就发现我可能有些不一样，就让我当了班长。我于是从初中一个不服管的学生变成要以身作则来管人，这让我一下子沉稳下来，性格有了明显变化。特别是高中三年，班主任也换了三位，我这做班长的不得不想办法尽快理解和适应他们的管理风格，这对我也是一种锻炼。感谢各位班主任、老师和同学们一直对我的信任，我的组织能力也在不断提高。现在回想起来，这三年当班长的经历为我后来在大学积极参加学生会工作，以及进入职场后的工作都有些潜移默化的积极影响，尤其是在工作中面对不同的甲方或领导时，我的心态和沟通都比较从容，所以校园也是我个人成长的重要家园。

后来看到一篇文章，讲一个人在成年后的行为举止，往往是由儿时成长中的许多因素决定的。例如，如果儿时得到父母长辈的关爱，小朋友就会得到长久而深层的安全感，长大后也会比较淡定，不太容易焦虑浮躁。这些研究我认为的确有一定道理。这段中学的成长经历，是我走向成熟的关键。我做事的认真劲儿沉淀下来了，我张罗事情的热心肠得到了同学的认可和信任。毕业后多年至今，遇上要办中学同学聚会，虽然我身在外地，每次也都是重要的活动组织者之一。这有赖于同学们对我积累多年的信任，也是我不断向前的动力。我还有一个特点，就是不会轻易服输。记得在中学唯一一次掉眼泪是代表学校参加全省的科学知识竞赛，我们队准备得很充分——那时候记忆真好，背了数以千计的题。但到广州比完赛结果不理想，回到学校老师还表扬我们，那次我当着同学的面哭了。我之所以哭，是觉得不甘心，自己很努力了，但还是没取得好成绩，觉得对不起老师的期望。想来这也是一种难得的挫折教育，让我明白了付出并不一定就有收获，也明白了很多事尽力而为，成与不成也就了无遗憾了。

三、山城重庆——“大学家园”的设计入门

那时候广东高考是考前报志愿选专业，我对各专业是一无所知。为了帮助同学们了解这些专业选好志愿，我在班里组织团购了一本讲报志愿的书。由此我才知道建筑学这个专业需要些美术功底，也知道了“老八校”的说法，所以建筑学专业顺理成章成了我的首选志愿。在择校时，“老八校”里我盘点过，自己有机会考上的就哈工大、西冶和重建工三所学校，后来也就选择了离广东最近的重建工（当时名为重庆建筑大学）。高考成绩放榜，我如愿以偿考取了第一志愿学校重建工和第一志愿建筑学专业。成绩算发挥正常，还沾了高中时担任班干部的光——我在高三被评为佛山市优秀学生干部，按政策高考加了十分。

1995 年的重庆还是四川省重庆市，刚到山城，我对一切都很新鲜，从小到大第一次没有大人管束，仿佛进入人生另一番自由天地。五湖四海的大学同学来到重庆，一同学习、生活和成长。五年后我被保送研究生又在学校继续学习了三年，在重庆这八年我遇到了许多特别好的师长和朋友，有太多值得怀念的故事。

重庆人的性格与广东人完全不同，重庆人直爽干脆、幽默风趣，甚至有点火暴脾气。特别是重庆人的韧性与干劲和吃苦耐劳的精神对我影响很大，这于我的性格又是一次融合提升。我有广东人的温厚亲和，重庆人的影响让我更有韧性。不管学习和工作中遇到什么难题，我都绝不放弃，咬紧牙关，攻坚克难，一定要把事情干成！这些伴随我成长的文化因子不知不觉融进我骨子里，成为我性格情感的一部分，让我的性格逐渐丰满起来。

当然，我对重庆有感情还因为许多别的因素，包括我的太太是我本科和研究生的同班同学，地道的重庆妹子。我们从同学间的好感、相互的信任和支持开始，由好朋友变成男女朋友，再到结为夫妻，一切都是“重庆家园”给予我的缘分。

读研的时候，我的研究生导师是学院的张兴国院长。那时学院保研的名额稀缺，整个学院只有五个名额（一个专业一个名额）。张院长的研究方向是建筑历史，后来我很幸运拜入他门下，研究生三年跟随他跑到巴蜀各地，测绘和研究历史建筑，做保护规划和设计。这对我的建筑观和设计观影响极大。这种中国传统建筑文化的熏陶，也让我在后来的建筑实践创作中，非常注意传统文脉的现代化表达，一定想方设法去延续文脉，探寻地域文化传承的可能。

四、深圳 & 华艺——“创作家园”的孜孜不倦

2003 年研究生毕业后，因为父母年事已高，我想能挨他们近一些方便照顾，因此放弃了留校当老师的宝贵机会，回到广东工作。而之所以选择到深圳，是因为喜欢这个城市的开放和包容，来华艺则源自我从学生时代起和华艺公司的缘分。1999 年我大四时要实习，因我在学生会当干部，学办老师对我很了解也比较信任，所以推荐我去深圳华艺公司实习。当时校友陈世民大师还兼任华艺副董事长和总建筑师。我在实习期间表现很积极，经常熬夜画图，给领导留下了不错的印象，所以和华艺在那个时候就结下了不解之缘。那时候我的女友（现在的太太）也在深圳实习，因此在毕业选择工作地点的时候，综合考虑生活习惯、城市环境、发展前景等诸多因素后，深圳成了我们唯一的选择。我入职华艺，太太进入机械部设计院深圳分院，我们俩一同成为深圳人。2009 年，我们有了深二代，此后因为孩子，她便辞去工作，全身心照顾家庭了。

我到华艺快 20 年了，这无疑是我职业道路最重要的成长“家园”。从 1999 年实习，到 2003 年正式入职，我从一线建筑师干起，直至 2015 年当总经理，我的职业发展和成长都在华艺公司。初到华艺只有 100 多人，远没有现在 800 余名员工的人才济济和蒸蒸日上。但华艺从成立时起便形成了独特的企业文化，即老前辈对年轻建筑师给予充分信任和包容，给年轻人自由

拼搏成长的空间。这里完全没有论资排辈，有的只是你凭本事成就自我。在这样宽松的企业生态下，华艺的年轻人很拼搏，我也就是得益于这样的企业文化，一步步成长起来的。

我在工作上对自身的确有很高要求，这些追求体现在建筑创作方面，就是要在专业上孜孜以求超越自己。作为华艺的管理者，我也希望自己要达到管理者与建筑师的角色平衡。在这个过程中，不得不提华艺的创始人陈世民大师。他作为深圳本地培养的第一位全国工程勘察设计大师，在专业上的成就极为突出，在企业管理方面也有独到的见解与方法。尤其他的沟通能力极强，堪称是中国建筑界少数创作能力与管理才能并重的建筑大师。直至今日，华艺的管理班子成员中，除了财务总监，其他全是建筑专业人员担任，这在中国的建筑设计界也是少见的。一直以来，建筑师在华艺是备受重视的群体。华艺也始终坚持明确的建筑创作方向，即便面对市场的挑战，我们也葆有建筑师的"初心"，在创作方面孜孜以求，不希望沦为只是配合老外做施工图的设计院，而是要充分展示中国建筑设计企业的综合实力和风采。

我在华艺工作常加班，每天工作超过 12 个小时。从在场景的活动时间而言，这里是我的另一个"家园"。但这并不意味着对小家庭的忽视，我一直认为，一个优秀的人应平衡好事业与家庭的关系，否则何谈成功？因为，与亲人在一起的愉悦绝不是单纯工作上的成就可给予的。当我带着一天工作的疲惫回到家，面对太太的关心言语，看着孩子的笑脸，整个人就会放松下来。记得七八年前因为工作关系，每年我要出差飞百次以上，往往一周就要去很多地方踏勘现场汇报方案，有时在酒店半夜醒来，我会忽然恍惚，一时间记不起自己身在哪个城市。出差越多，我越希望回到自己深圳的家，我会因此更珍惜自己小家庭的安定与温馨。华艺一直倡导每一个员工要平衡好事业和家庭的关系。每个当了爸爸或妈妈的成年人，其实都希望能尽职尽责地完成家庭角色的本分。温暖幸福的家庭能给予一个人披荆斩棘的源源动力，我有这样的认知，也要感谢我的父亲。正是从小看到父亲对于家庭的努力付出，看到父亲对于母亲、对于子女的关爱，我才拥有了较积极的家庭观念，也因此对何处是家园有了更真挚的领悟。

五、“理想家园”——建筑师的任重道远

华艺作为深圳老牌设计院，可谓深度见证和参与了特区成立 40 多年的城市建设事业。作为一名职业建筑师，我对于城市家园的营造始终有深刻的感悟。深圳是我愿在这里度过一生的城市，这个城市有很多变迁和故事，尤其改革开放 40 多年，它一直在以冲刺的速度奔跑。这样的拼搏状态使它从一个渔村小镇，成长为如今的世界级标杆城市。这个城市作为千万民众的家园，在新时代也面临该往哪个方向发展的挑战和问题。深圳的确拥有光鲜的外表，承载了众多优秀的企业，但视觉上的大厦林立，名列前茅的 GDP 增速，这是否就是我们的终极目标？深圳作为中国特色社会主义先行示范区，到底要示范些什么？仅仅是高度发达的经济吗？仅仅是越来越密集的高楼耸立吗？我想，深圳应回归家园的概念，它应该关爱自然环境和栖息其中的生物。深圳拥有全球北回归线附近的城市中最丰富的生物多样性，人类只是深圳近三万种生物中的一分子。我们做设计都在提倡“以人为本”，可我们有没有反思过：在城市规划、建筑或是景观设计中能不能注重“以其他生物为本”，“以生态环境为本”？这个家园不只是人类的家园，而是所有在城市安居的物种的共同家园。一个真正能成为示范者的城市，应充分关怀儿童、残障人士和贫困基层市民等弱势群体。我们作为建筑师更有责任发挥自己的专业设计能力，为未来的城市去设计更完备的人居环境和安康家园。一切的努力都源于我们作为深圳人对这座年轻“家园”的热爱。我也常常思考如何充分借助自己所在的深圳勘察设计行业协会和其他行业组织等平台，去凝聚建筑设计的优质资源，形成设计队伍的合力和共识，为特区之后的可持续健康发展做出新的贡献！

世界在变，我们在变，我们的居所和环境抑或我们的家园也在变。假如

我们不闻不问，它可能会蜕变成我们所唾弃或不认识的模样，那时我们是否还可以称其为家园？

所以我希望能尽我们一切所能去维护和创造自己的现实家园，那里充满阳光、水、空气和植物，还有许多可爱的生物和我们自己。我们需要一个怎样的未来家园？这一切在我们的心里，更在我们的手中。只有如此，那有母亲的絮语、朋友的叮咛，人和自然和谐共生的地方，才是我们未来子孙后代可以寄托的，处处都生机勃勃的美好家园……

设计院给自己做设计

安军： 1966 年生，中国建筑西北设计研究院有限公司副总建筑师、建筑三院院长，教授级高级建筑师。中国建筑学会建筑师分会副主任委员等。代表作品：西安咸阳国际机场航站区扩建工程 2 号航站楼及 T3A 航站楼、西安浐灞生态开发区行政中心、西安音乐学院演艺中心及学术交流中心、宝鸡会展中心等。

“大院儿”，有人认为特指新中国成立初期兴建起来的军、政机关的生活区。其实当时很多大型企事业单位生活区都称得上“大院儿”，我就是在供电局大院儿里长大的。供电局家属院与工作区一墙之隔，里面食堂、医务所、托儿所、澡堂子应有尽有，后来我工作的西北设计院也是如此。西北院的老院子地处西安城北门里，兴建于上世纪 50 年代，曾是“西迁精神”的产物，办公、居住混杂在一起，典型的前店后寝格局。院子里几栋办公楼和住宅楼是不同时期修建起来的，见证了西北院 60 多年的发展。

进入新世纪之后，西北院业务和人员规模扩大，老院子的使用空间越发紧张，尤其开车的人越来越多，院子里拥挤不堪，那时整个西安城也到处塞

中建西北院新办公区和居住区设计图

得满满的。西北院新区的筹建开始提上了日程。开始主要想解决职工住房困难问题，改善居住条件，后来演变成要建一个集办公、居住于一体的新基地。当时，国内很多设计院经过改革开放 20 多年的积累，纷纷盖楼，改善办公和居住条件，且但凡有条件的都选择逃离老城区，开辟新天地。这也是社会转型的内在需求，是城市不断发展和扩张的必然。

兴建新区是大事，院里勘察了西安城的东南西北各处，最终选址在城北经济开发区白桦林居东北角的楼花用地。建设用地有 135 亩，呈东西方向的长方形，东北两向临街。规划新建一栋办公楼和 800 套住房，基本解决了当时全员的住房和办公需求，居住办公一体化，还是沿用老区前店后寝的功能模式，但规模已是老院子的三倍了！建成后将是西北院新的“大院儿”。

基本建设设计当先。2005 年，院里开始了为期两年的方案征集和工程设计。这自然要利用自身的技术专长和资源，设计院给自己搞设计就像医生给自己看病一样顺手，我也在不自觉中卷入这股基建浪潮，全程参与了新区规划和设计。其实，给自己做设计更是不易，回想起来五味杂陈、感慨不已。

本心设计

按照白桦林居总体规划要求，西北院新区总平面的办公、居住功能分区和用地范围都已圈定。总平面规划其实主要是住宅区的规划，居住部分占用地近八成，当然也是职工最关心的。全院以各个生产部门为单位征集方案，从方案数量就能感受到大家的热情和期盼，都想通过自己的专业尝试表达对未来家园的想象。

设计院给自己做规划自然要争取更好的居住条件。首先要降低容积率和建筑密度，拉大楼间距，提供充足的日照和室外活动空间；摒弃百米高楼，尽可能多地布置小高层住宅；人车要分流，设置充足的地下停车位；住、办要分区，既要避免干扰，又要方便联系；等等。前期考虑的这些因素在设计和建设过程中基本上得以贯彻，给新区环境的营造打下了基础。西北院新区是封闭式管理，人员单纯、自成体系，景观疏朗且环境安静，在西安城北十分难得。有争议的是，初期我们提出在用地北侧高层住宅下做一排沿街底商，方便小区配套，降低生活成本，而此方案却没有得到院里认可。结果在后来的使用中发现，虽然小区相对单纯，但生活的便利性大打折扣。社区规划还是要从生活出发，生活是复杂多样的，单靠感觉会造成无法弥补的遗憾，更遗憾的是建筑师的专业性经常被社会的先验性漠视。

关于户型设计职工们更是津津乐道，每人都要交户型申请，那段时间的“办公室文化”就是研讨住宅户型。经统计院里提出了从 100 平方米到 200 多平方米跃层的多种户型要求，种类繁多。全院各个设计部门也都参与了户型方案征集，五花八门。为此，院里还搞了一个展览，展出所有的户型平面，供全院职工投票。

我组织部门的建筑师也提出了一整套户型设计。我们分析，设计院的职工住房，一定要排除市场上商品房的花哨、噱头，要有针对性地适应职工居住特点。我们提出：多种类户型要成体系，构成“户型家族系列”，其基本

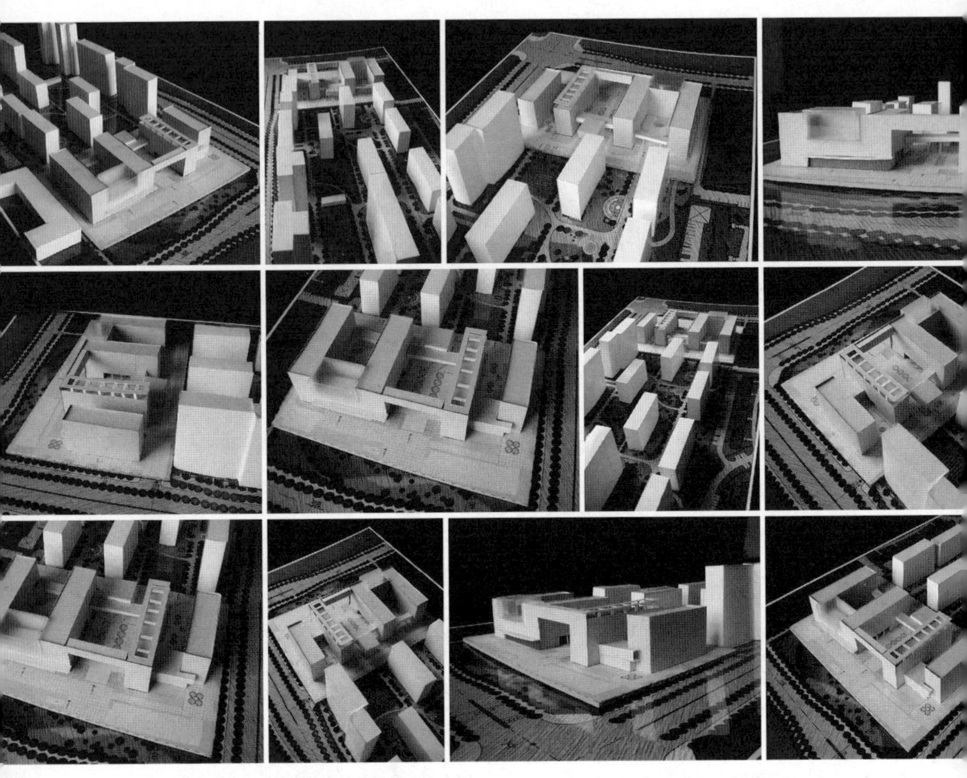

中建西北院新办公区与居住区模型

的构成、布局应协调统一；户型格局要有开放性，便于不同户型的相互拼接，构成单元；标准化设计交通核心，减少公摊；根据实际需要控制客厅面积，保障主次卧室的基本尺寸，不盲目追求大客厅，致使卧室面积奇小，使用不便反成浪费；客厅、餐厅集约布局，南北通透，形成居家大空间；更要关怀小户型，设计精细化，100 平方米也有两个卫生间，让小户型的居住者也感受到便利和尊严。

年轻的建筑师们融合了感性的家园梦想和理性的专业精神，切实从职工的实际需求出发，也考虑到了居家的适宜性和建设的可行性。户型展出现场，我们这些思考和研究吸引了很多人，前期努力得到了大家的认可，“户型家族系列”方案获得了最多票数。

我们这种专业化的本心设计也一直延续到新区办公楼的设计创作当中。

终归平淡

到办公楼的方案征集时大家自然没有住宅方案征集时那么踊跃了，大家格外冷静。方案设计进行了两轮，最后规模已调整扩大到60000平方米，就这样目前使用还是捉襟见肘。

我带领部门的年轻建筑师提供的第一轮方案就得到院领导层的认可。我们提出“开放·和谐”的设计理念，传承老院的院落记忆，开拓外部空间与城市、住区的对话和交融。第二轮延续既有想法，深化空间表现，围合出三个半开放的连续庭院；底层架空，空间流动连贯，环境特色鲜明；体量形态多维关联，空间立面一体贯通，构成整体化的造型风格；建筑内部结合使用功能和生产组织机构的变化，形成适应性强的模块化、单元化、标准化的空间组织形式。同时，我们也运用生态建筑、智能办公的技术以及新型建筑材料，打造一个试验性、探索性的办公建筑，希望能为社会提供一个示范——办公大楼本身就是企业一个永久性、低成本的活广告。建筑师以一颗单纯的设计心灵，抱着一腔真诚的研究热忱，期待成就一个有意义的建筑作品。

原创与实施之间存在落差，设计和建设过程争议不断。首先是围绕办公楼的集中与分散、高层与多层之争。土地是有限的，发展预留成为设计争论的一个焦点。考虑预留就必须集中建高层办公楼，甚至是超高层，以减少占地——同期建新区的西南院就是以高层办公楼为主体；不考虑预留，就可以实现庭院式、相对分散的办公环境，毕竟新区已是老区规模的三倍了。从现在使用的饱和状态来看，适当预留会更合理。

其次是大堂之争。办公楼设不设一个富丽堂皇的入口大堂，一直有分歧。建筑师认为大堂过于豪华且使用率不高，也没有哪家设计院做一个巨大无比的大厅，又不是酒店，还不如省下地方建一个展览厅。最初在大堂位置是一个向城市方向开放的内部广场空间，但院里坚持要建一个巨大的入口大堂。建成后，大厅以交通功能为主，利用率不高，旁边的侧厅也空置一边。这些只是突显出了大堂的“气派”！

另外就是开放与围堵之争。办公楼原方案是南北四排建筑，底部架空串连三个院落，室外空间向东迎抱城市，向西插接住区，环境渗透交融，空间丰富开敞。修改后，东西方向增建连接楼将三个庭院围于中间，加上建筑外立面的窄条窗，使得整体风格更显封闭，也让内外空间陷入围、断、堵、截之境。

还有立面材料、色彩之争。原设计建议浅色基调，首推石材，建设过程中就改为面砖，还专门找了一种特殊烧制的深灰色、粗糙表面的面砖，由厂家供货。院里曾召开基建专题会讨论此事，最终仍决定使用面砖。某位市领导对西北院灰暗封闭的火柴盒式大楼形象颇有微词，认为这影响了西安的城市形象。

只想把建筑做好，为社会创造经典，为人们构建家园，这是建筑师的本心。在西北院新区的设计中，建筑师既是设计人，又是使用者，内心更多了一份惶恐之情、敬畏之意，希望能经得起同行的检验，得到同事的认可。然而，建筑师的诗情画意经常在现实中被无视，他们执拗的艺术追求和过度的技术自信，也会引发争论。建筑师不可能被完全理解，在这样的创作环境和设计生态下，拦不住的是他们对初心的坚守和执着！

建筑创作生态一直被业界诟病，设计是夹缝中生长的守望之草，鲜叶上挂着苦涩的露水。建筑师的职业里没有真空，理想与现实、求真与无奈相随相伴。然而，这一切也终将化成烟云、褪去色彩，岁月会让争议逐渐平息，而慢慢在这个大院儿里沉积下来的只有生活，生活也终归于平淡。

大院故事

前店后寝的生产、生活模式，是新中国成立后大多数单位的基建格局，其封闭式的管理，齐全的生活配套，便捷的交通条件，让职工有强烈的归属感、满足感，内心也滋生出一种所谓“大院情结”。西北院的新区建设就是受到这种情结的支配。2000 年以后采用这种方式修建基地的设计院并不多，参观过的人都很羡慕，认为所谓“安居乐业”不过如此。在这点上，西北院的确给职工、给未来办了件好事。

“人不可能两次踏进同一条河流”，一切都在变化，我们也不可能回到过去的“老院子”。虽然新区传承了前店后寝的大院模式，但时代注入了新的人文关怀和现代气息。

十多年前这里还是汉长安城遗址东侧的一片农田，自从公园、市政府等逐渐迁入，这里也开始热闹起来，成为西安北郊的新中心。每天晚上在新大院里散步已成为我的习惯，院子里很安静，严格的物业管理让车辆全停在地下，地面很干净，也很安全。夏天，夜晚凉风拂面，格外清爽，透过楼缝可以看到院外街道上的霓虹灯闪烁着。围墙和绿化把那个花花世界隔绝在外面，高楼之间较大的间距开辟出充足的绿地空间，在林木深处包裹着、蕴含着的是那都市喧嚣中的宁静。

住进大院快有十年，种下的树苗、小草一年一个样地成林成片。“栽下梧桐树，引得凤凰来”，院子的绿化虽然没有引来凤凰，倒是引来了满院子叫不上名儿的各类鸟雀，每天早上响彻林间的鸟叫声开启新的一天。上下班都要穿过大半个小区，不出院子便知四季——花开花落，叶绿叶黄，周而复始。设计院的大院为居者揽抱下一片天地，围隔出了一个“桃源”。

川味建筑

郑勇：1968年生，中国建筑西南设计研究院有限公司总建筑师，郑勇建筑设计工作室主创建筑师。代表作品：四川大剧院、成都市青白江文化体育中心、四川大学喜马拉雅文化及宗教研究中心、重庆财富中心等。著有《川味·建筑：西南地区地域建筑文化研究与创作实践》等。

“建筑师的家园”，我喜欢这个话题！

提起家园，总有讲不完的故事。苏东坡曾有词云：“此心安处是吾乡”。我虽祖籍宁波，但因父母来到成都工作，我便生在了成都，长在了成都，成为地地道道的成都人。

成都是三国时期的重镇，作为一个历史迷，我从小就受到《三国演义》的影响，书里各式的英雄人物看多了，自然就依葫芦画瓢画了起来。家里老爷子看到我喜欢画画，便开始有意无意对我进行引导，想让我也从事设计这个行业。虽然那时我学得最好的是古文，还梦想去学中医、背《本草纲目》，但生在建筑师家庭的我还是对设计有一种特殊的感情，这让我最终选择了和父亲一样的建筑设计专业。

回想当年求学的经历，也并不都是一帆风顺。大一的建筑设计初步应该是专业课里最重要的课程了，可我在练习画线条的时候，老是画不好，直线与半圆搭接时无论怎样努力都不够平滑。我为此一度失去自信，甚至后悔没去学中医！多亏老师和老爷子持续、夸张的鼓励和表扬，才使我坚持了下来。后来二年级时，我报名参加了一个全国文化馆的方案竞赛，竟得了一个优秀奖。于是，这个小小的奖励便成为我真正开始爱上设计的起点。到如今掐指一算，已然过去三十几个春秋了。

大家都说成都是一座来了就不想离开的城市，此话不假。成都人爱吃、爱耍，在全国都是有名的。作为成都人的我，很惭愧的是一直都不喜欢打麻将，所以常常被外地的朋友奚落："什么？你竟然不打麻将？"其实我更喜欢的，是成都人休闲乐观的生活态度，还有这里充满四川味道的生活场景。我从 2015 年开始带领团队开展四川地区地域建筑文化的研究和测绘，我们探访过成都平原的林盘、桃坪羌寨的碉楼，还记录下川东的吊脚楼、彝族的土掌房……经过几年深入的接触，我发现自己原来对生活了几十年的家园竟是如此着迷！

一、家园里的川味

喜欢自己的家园，也喜欢家园里的川味！

四川是一个多山多水的省份，历史上还有过多次大型的民族迁徙。复杂的自然环境和多民族的融合形成了多样的文化和生活方式，也就营造出了不同的建筑类别及空间形式，而这恰恰就是川味家园的味道之所在。

从小在四川长大，最喜欢四川的"头上晴天少，眼前茶馆多"。这里休闲之风盛行，即便是阴雨天多晴天少，老百姓也都喜欢在户外活动，因此诞生了许多院落。大屋檐、天井构成了院落的主要元素，穿插其中的灰空间提供了进行喝茶、摆龙门阵等休闲活动的场所，具有丰富的社会功能。最初川人进茶馆可不是单单为了一杯盖碗儿茶。老话说："一张桌子四只脚，说得脱来走得脱。”三教九流聚集在茶馆里，就是通过喝茶和摆龙门阵来交换信息、洽谈生意，甚至调解各家的纠纷。在街区院落中，还有一个不可或缺的社会文化娱乐场所——戏台。晚上茶馆设有川剧“玩友”做唱，三两亲朋好友相约一起边饮茶边欣赏具有浓郁地方特色的曲艺节目，也是四川人日常生活的一部分。

院落，美在意境营造，胜在布局精巧，妙在不可或缺。它不仅仅是一种建筑形式，更是根植于人们心中的生活艺术和情结。记得小时候暑假都会在院坝里面乘凉和摆龙门阵，这是我浓浓的童年记忆。即使现在，到了周末也会去鹤鸣茶社喝一碗茶，到望江公园的竹林里散散步。院落汇聚着四川人的生活，更是最浓郁地道的川味空间。

除了院落，另一个让我特别喜爱的便是川西的林盘。人们伴着稻香蛙鸣而起、流水潺潺而作，田间瓜果累累，放眼望去是一团团矗立的绿林；快到晌午，人们穿过田间小路回到家中，在大树下喝着冷茶，和三两好友吹着龙门阵，鸡犬相闻、悠闲自在。这是大多数都市居民所向往的生活，却是川西林盘中的居民最平常的一天。

川西林盘中一个一个的小院灵活多变，边界自由。背后茂林修竹、林木相簇，又与农田紧密相扣，自然融合。小的林盘只有几户、十几户人家，大的林盘能有上百户。林盘一般由林园、宅院及其外围的耕地组成，整个宅院隐于高大的楠、柏等乔木与低矮的竹林之中。这些院落空间以建筑实体形式和周边高大乔木、竹林、河流及外围耕地等自然环境有机融合，最终构成了以林、水、宅、田为主要元素的川西林盘。

二、家园里的建筑

喜欢家园里的川味，还喜欢家园里的川味建筑！

2011 年，我被调到了院技术处工作。工作 20 年来第一次脱离了一线生产部门，还是觉得内心漂浮不定。以我自己的喜好来说，我更喜欢做设

中物院成都基地科研楼

计，更喜欢去享受自己的设计慢慢建成的过程。后来在院里的支持下，我于2012年正式成立了自己的工作室，这也是西南院第一个建筑师工作室。因为要设计、经营两手抓，自己的压力骤然变大。虽然这样，但能去做一些自己想做的工程，我觉得累一点也痛快。和工作室的同事一起讨论、画图……很愉快。有时候遇到一些很小的项目，但出于建筑师的情怀，即使设计费不高，也会非常用心地去完成，能获得一种别样的成就感。记得工作室是2012年3月成立的，大概到了四五月便迎来了第一个投标项目——中物院成都基地科研楼。在团队的精诚合作之下，项目一举中标而且顺利建成，算是工作室成立后的开门红。在设计过程中，无论是建筑空间还是表皮肌理的表达，我都想注入一些四川的味道。因为这个项目是工作室的处女作，且建成后也得到了很多的认可，所以记忆犹新。有了好的开始，工作室的发展也比较顺利，接连做了喜马拉雅文化及宗教研究中心、青白江文体中心、四川大剧院、锦城湖酒店……都是自己觉得比较满意的设计。

在设计之外，我还喜欢和工作室的年轻人们做一些传统建筑的测绘和调研。几年实践下来，这项工作反而成了大家最感兴趣的事情。在近些年的项目设计中，之前积累的素材给我提供了大量的灵感。无论是大的庭院空间，还是小到窗格、窗花，很多设计都回归了传统，透出川味文化。当然，这还和自己从小就喜欢古文、喜欢三国有点关系。

缘分总是突然而至的。2015 年底，我遇到了一个非常有趣的小项目：邛泸景区游客中心。它位于四川西昌著名的邛海风景区的入口处。西昌是四川凉山州的首府，具有浓郁的彝族文化特色。同时，游客中心和崔愷院士设计的火把广场不到半公里的距离，西昌市政府还有意将其打造成城市的地标性建筑。有机会参与这个项目的设计是非常有趣的，但问题也接踵而至：如何让建筑切入到湿地生态环境中去？又如何在建筑中体现当地的彝族文化？

通过与团队一起讨论，我们首先还是希望在建筑与湿地环境之间建立起有力的联系。最终决定采用地景建筑的设计手法，让地面与屋面层叠相连，并把邛海湿地的景观环境引进来，让建筑自然地融入整个湿地景观中，与之和谐共生。建筑设计通过旋转、退让、连接、组合等形式构成手法，创造出舒展却有力的建筑形态，整体外观犹如大地裂开露出的岩石，有的嵌入水底，有的隐入草地，还有的被芦苇漫过，随着时间，长进土里。

解决了与湿地融合的问题后，便是如何体现当地彝族生活的特色。我和团队一起去了很多彝族的村落，却依然无解。终于，我们在城子村找到了灵感，当地漫山遍野的土掌房在山坡连绵起伏，与自然融为一体。更打动我的是，这些房子随着地形的自然变化，家家相连、户户相通，一家人的屋顶就是另一家人的晒场，由下层而上，直到山顶……鳞次栉比的排列存在其实际的生活用途，而建筑、生活、文化表达，则在这里达到了完美的统一。

最后，我们的建筑在自然环境面前呈现出了一种"轻介入"的姿态，整个建筑像是从湿地里生长出来。我们把屋顶也连成一片，可以让市民在上面嬉戏游玩，重新找到彝族城子村的生活场景。

在城子村土掌房上

时间来到了2020年，一场突如其来的新冠肺炎疫情打乱了大家原本井然有序的生活。原本早该结束的春节假期被无限期延长，整个团队被迫开始了持续多个月的居家办公。

但就在这个时候，又遇到了一个我期待很久的项目——天府农博园度假酒店。项目位于成都新津，东邻羊马河，四周的环境就是典型的川西林盘。设计之初我们便想到了川西平原的林盘院落，准备充分利用羊马河滨水景观资源和农田风光，将项目打造成独具四川味道的林盘式酒店。

我们引入羊马河水系，形成贯穿酒店的滨水景观轴。建筑设计通过堆坡筑台，将酒店落客区及大堂标高抬高，朝向东侧羊马河，形成更好的观河视野。田园景观渗入建筑中，形成“推窗见田，开门有景”的独特田园景观，营造出田园风光与农耕文化相互融合的整体效果。原始地形平坦缺乏特色，建筑抬高以后，不仅景观视野更好了，整个用地还自然形成了瀑布、浅阶、台地等特色景观场地，亦与四川丘陵地貌的属性相呼应。

客房院落的组成也是颇具特色：一方面顺应地形，一方面融入环境，四个院落被我们赋予了不同的风光主题，有弘扬本地宝墩文化的，有展示川西农耕文化的……力图让人们漫步其中时可以体会到各种川西村落里的悠闲自得。

传统四川民居的大坡顶、虚实墙、穿斗架、随地势等地域性建造特点，在酒店外立面设计中也得到现代诠释。建筑造型与场地微地形设计充分结合，营造尺度宜人的舒适村落氛围，形成与田园共生的生态建筑群落。外立面引入可全部开启和关闭的格栅门窗，在气候适宜的时候，门窗可全部开启，让田园美景与室内空间最大化相融合。

最终，我们通过引水、堆田、造院的手法，实现了设计初衷，打造了一个充满川西特色的林盘酒店。

三、家园里的传承

喜欢家园里的川味建筑，更喜欢家园里的代代传承！

我能从事设计行业，最重要的因素还是家庭的影响。父母都在设计院工作，从小就看着老爷子的设计，听他讲设计的故事。从三星堆博物馆到四川大厦，从三峡博物馆到锦城艺术宫……老爷子对于设计无比执着，建筑中的每一个细节都精益求精。在若干年以后，当我开始执笔设计四川大剧院时，才发现这种影响是多么深刻。而如今四川大剧院的前身，正是老爷子当年设计的锦城艺术宫。

老爷子设计锦城艺术宫的时候还是上世纪 80 年代初，那时改革开放刚刚起步，虽然社会经济并不发达，但人民群众对于文化生活的期待是非常热切的。锦城艺术宫是那个时代的标志性建筑，老爷子在设计中投入了非常多的心血。我当年还是个中学生，印象最深的就是老爷子给我讲解江碧波老师专门为锦城艺术宫绘制的 17 幅手绘壁画稿。遒劲的线条让一个个人物栩栩如生，强烈的艺术感深深地震撼了我，让我一直记忆犹新。

郑勇与父亲郑国英（全国工程勘察设计大师）在境外考察合影

锦城艺术宫建成以后，自然而然成为成都新的文化地标。老爷子在建筑中融入了四川常见的吊脚楼，江碧波老师的“华夏蹈迹”金丝壁画也出现在了立面最显眼的位置。在那个百废待兴的年代，这样一幢建筑的出现极大地鼓舞了人们建设家园的热情，多年来沉淀在四川的地域文化也在建筑上得到了传承。

后来发生的故事已经是 30 年之后了。虽然曾经的锦城艺术宫承载着改革开放以后成都人最珍贵的时代记忆，但历经多年的使用后，其建筑空间与内部设施已无法满足现代艺术演出与文化展示的需求。经过几年的论证与研究，四川省政府还是决定在锦城艺术宫的北侧、位于天府广场东北角的地块上重新建设新剧场，并正式取名为“四川大剧院”。

新项目用地是极其狭小的，但新的时代赋予了剧院更多的城市功能，也需要剧院提高自身的运营能力。因此，我们决定采用一种集约化的设计手法：利用架空和竖向叠加手法将功能板块有机组合在一起。项目用地狭小且紧邻城市道路，为解决人员集散问题并营造从闹市到剧院的过渡空间，设计将底层1000平方米的面积架空，形成了一个开放的空间，为市民提供具有文化服务功能的“城市会客厅”。1600座的大剧场设置在二层，450座小剧场则重叠设置在大剧场观众厅上方。四川大剧院大小剧场上下重叠的设计充分利用了竖向空间，目前在国内尚属首例。

四川大剧院是锦城艺术宫生命的延续，对于我也有着特殊的意义。虽然曾经坐落于此的明代蜀王府早已消失在历史的车轮之中，但我依然希望将四川的传统建筑文化在这个建筑中进行演绎，将“蜀风汉韵”的精神注入其中。四川大剧院从传统建筑文化中吸取养分，提炼出缓坡屋顶、深挑檐等建筑元素，坡屋顶也在限高的前提下减少了对地块周边住宅的日照影响。建筑立面还以印篆体“四川大剧院”构成核心要素，彰显出剧院建筑特有的文化内涵。

在设计中我一直希望保留江碧波老师为锦城艺术宫创作的金丝壁画。其间我们做了十几轮的方案设计，绝望过，甚至也想过放弃，但最终还是坚持了下来，让壁画在新的四川大剧院中得到了“重生”。现在想想，可能还是因为当年老爷子对锦城艺术宫的热爱一直影响着我。我希望每位经过这里的观众，都能感受到新老建筑之间的呼应与对话，也希望这些出现在新建筑内的关于老建筑的点滴，为我们的城市变迁留下珍贵的记忆，体现出后生晚辈对于前人的尊重与传承。

家园里的故事代代相传，家园里的精神也会代代相传。

这就是我和家园的故事。在这日新月异的时代，这里每天都会有千千万万更新的故事不断上演。而我生于斯、长于斯，我愿意作为一个记录者，挖掘出家园更多的精神内涵并将其发扬光大。

北京城的复兴

吴晨：1967 年生，北京市建筑设计研究院有限公司总建筑师，北京市城市设计与城市复兴工程技术研究中心主任。代表作品：中海广场、新广州火车站、青岛旧城核心区城市设计等。有《伦敦地铁——银禧延长线》（译著）等。

在北京，人生活在文化之中，却同时又生活在大自然之内……千真万确，北京的自然就美，城内点缀着湖泊公园，城外环绕着清澈的玉泉河，远处有紫色的西山耸立于云端……

——林语堂《京华烟云》

林语堂生于福建，曾在北京生活过。北京的美，令他惊艳。在《京华烟云》中，他借大家闺秀木兰之口，诉说着北京的美好。生于北京、长于北京的我，对林语堂的这段描述印象很深。北京真的很美好：这里的过去，留下了深厚而绚烂的历史文化积淀；这里的未来，也孕育着无限的机遇和可能。

"都"与"城"，是镌刻在北京 3000 多年建城史，800 多年建都史上的印迹。从沿用多年的“北京旧城”到“北京老城”，虽一字之差，但更加彰显了北京的历史魅力和文化价值。北京是一个传统和现代文明、中国与西方风格、自然山水与人文景观融合交织的城市。虽然时过境迁，但北京所蕴含的场所精神还在延续，而这种印象也直接影响着建筑师的工作方式和态度。

在30多年的设计思考与创作实践中，我逐渐形成了尝试以更加宽广和多重的视角去审视、看待和把握场所与设计的模式，既要尊重文化的传承，同时还要融合现代技术与生活方式，并赋予其时代创新精神。

2002年，我首次提出了“城市复兴”理论，并坚定地在学术研究和实践领域进行理论的推广、技术的创新和实践的验证，不断推动城市复兴领域的技术积累和价值创造。2016年，在威尼斯双年展中国馆的申报报告中，我们首次提出“人民城市”理念，希望有更多的建筑师和规划师以人民群众的需求为出发点，为广大群众创造一个诗意的人居环境。

一、秩序探索：缔造中国城市家园，路在何方？

中国的城市家园应该是什么样的？关于这个问题，几十年来中国的建筑师一直在思考。20世纪50年代，梁思成先生提出“民族形式”并不是对过去的重复，而应该是新的创造。虽然国内一直存在对中国民族形式建筑的不断探索，但毋庸讳言，当今全球化的主流是“西”而不是“东”。面对席卷而来的强势文化，处于弱势的地域文化如果缺乏内在的活力，没有明确的发展方向和自强意识，没有自觉的保护与发展，就会显得被动，有可能丧失自我的创造力与竞争力，淹没在世界文化趋同的大潮中。

现代形形色色的流派铺天盖地而来，建筑市场上光怪陆离，一些并不成熟的建筑师难免眼花缭乱；与此同时，由于对自身文化缺乏深厚的素养，甚至存在偏见，尽管中国文化博大精深，但面对全球强势文化，我们一时仍然显得无所适从，在彷徨，在迷惘。

中西文化之间的碰撞迫使中国从传统内敛向现代开放转型。在这个过程中，一方面，建筑师对传统意义上的城市认知尚未分明，有待发掘与深化；另一方面，新的状况又将中国城市带入与其他国家、其他文化的互动缠绕之中。中国的城市有自己的特殊性，并没有现成的答案可供利用。中国人居环境源远流长，底蕴深厚，蕴含了丰富的智慧。如何在文明的冲击下缔造属于中国、属于人民的城市家园，需要建筑师们持续思考、探索与尝试。

二、文化觉醒：地域人文在城市缔造中潜移默化

地域文化是一种历史的积淀，存留于城市和建筑中，融合在人们的生活中，对城市的建造、市民的观念和行为产生无形的影响，是城市和建筑之魂。任何场所，都不能脱离本身所在的地域特征而独立存在。但 21 世纪初的建筑风气却曾有丧失地域特征之势。

我们曾经耗费数十亿元为保罗·安德鲁“保护一种文化的唯一办法就是要把它置于危险境地”的理念买单，而得到的结果却是与千年中轴尺度、形态、肌理的格格不入。在全球化趋势和文化趋同理念的影响下，我们不禁反思：我们的家园应该是什么样的？我们需要一个什么样的家园？这也是为什么“中国不应成为外国建筑师的试验场”这一命题自我在 2003 年首次提出后，引发长达十余年持续关注的原因。

在近些年的建筑创作实践中，不难看出建筑师对地域特征的不断追寻。其中也时常会浮现出问题，而这往往实质上是在全球化背景下，中国建筑师在追寻地域特征时受到的西方强势文化和现代技术的影响和干预。

地域文化本身是一潭活水，不是一成不变的。它会融合外来文化中的某些元素，在新形式的创造与构成中持续发挥影响。在学习先进技术的同时，建筑师更应该对本土文化有一种文化自觉、文化自尊和文化自强，避免以急功近利的心态对地域特征与现代技术进行简单糅合，进而创作出形似却魂失的地域作品。

纽约市前市长亨利·S. 丘吉尔（Henry S. Churchill）在《城市即人民》

（*The City Is the People*）一书中写道："一座城市的社会和物质环境的质量状况，实际上是由她的人民最终决定的"，"城市规划对于人类的精神来讲是一个重要的催化剂，它可能，而且非常可能，给人们带来一个充满美感的环境。随着我们对周围环境的认识越来越清晰，对享受的追求越来越提高，幸福已经成为生活的一份财产。"建筑的发展、城市的发展、家园的缔造需要我们跳出建筑师传统的固化思维，不仅仅要关注物质空间和环境的改善，更要重视城市的发展在文化、社会、经济与生态环境等方面对地域人文所做出的积极贡献。

三、城市复兴：缔造属于人民的城市家园

城市复兴，即是为人民缔造美好的城市家园。古都北京，有太多的美好，等待发现，等待复兴。复兴北京的美好，既是建筑师的幸福，也是城市中所有人民的幸福。

城市复兴，需要将设计融入城市的规划和生活中去，让城市持续并有序发展，让人民体会到城市生活的美好。就像音乐最终要被耳朵听到一样，家园也应该被人们的眼睛看到，被人们的心灵感受到。

我儿时对北京的城市印象由三个画面叠加而成。印象最深的是清华校园，它包括融合西方古典空间轴线和建筑风格的教学核心区、体现皇家园囿尺度与精美的办公核心区，还有受苏联建筑影响的体型雄伟的主楼院系办公区域。第二个画面是京西的三山五园。它是中国传统山水文化和美学的集中体现。每每在夕阳西下时，我一定会被它们瑰丽的景象所打动。第三个场景则是北京老城规范有序的街巷肌理以及纵横交织的胡同，如果驻足仔细聆听，仿佛还能听到蝉鸣的回响。

清晨的鸽哨，夏天的蝉鸣，老城旧事，让人觉得特别美好。踏遍老城，翻阅古籍，方能对北京了解得更深。但现在已经很少有人知道，北京还曾是一个河湖纵横、清泉四溢、湿地遍布、禽鸟翔集的水乡。

三里河水系苏醒，再现水穿街巷灵动场景

“春湖落日水拖蓝，天影楼台上下涵。十里青山行画里，双飞白鸟似江南。”这是明代“吴中才子”文徵明所作。在他眼中，北京的美不亚于江南。那时，永定河、拒马河、潮白河、泃河四条自然水系，穿山越野蜿蜒而来，沟通了北京200多条小河大渠和湖泊坑塘后，滋润了北京的万物生灵。时光飞逝，北京再难觅“水穿街巷”。但是，在2016年，前门地区找回了尘封多年的东三里河。

东三里河，明代是北京城的泄水道。清代时，金鱼池以北三里河的水已经干涸。时至21世纪，明沟改暗道，三里河遗存的部分河道已完全消失。为了能再现水穿街巷，2016年，164处违建先后拆除，河道范围内480户居民先后疏解，前门地区的三里河水面逐步恢复。青砖灰瓦的街巷间，水流潺潺，河边的芦苇依据旧日芦草园而栽种；挖掘的文物，置于河道周边，诉说着古老的故事；那历尽风霜的老树，见证着河道的沧桑；河畔旧时的会馆，经过腾退修缮，已变成博物馆、陈列馆、剧场，记录着如今丰富的文化生活。2017年，在我们和各方的努力下，东三里河终于再现于世，恢复了水穿街巷的灵动场景。这里成为前门地区居民日常活动的城市家园，也被遴选为“正阳观水”，成为北京壮美画卷中的点睛之作。

同样是在2017年，北京历时十年，在天安门广场南侧200米处，完成了北京坊的锻造。这里亮相伊始，就成为北京老城复兴的金名片和网红打卡地，也是北京新十六景之第二景——“古坊寻幽”所在地。

南锣鼓巷院落共生，老胡同也过上了现代生活

盛夏的午后，艳阳高照，没有了汽车嘈杂的轰鸣声，胡同里寂静得能听见鸟儿在鸣唱。站在胡同里往天空望去，不见了蜘蛛网似的架空线，视野变得十分开阔。曾经挤在胡同墙边的汽车也不见了踪影，取而代之的是攀爬生长着葡萄藤的廊架，以及深受老街坊们青睐的石桌和石凳。这里是南锣鼓

三里河——北京新十六景之“正阳观水”

巷，是北京老城城市更新的转折点和城市复兴的起点。

南锣鼓巷与元大都同时建设，拥有700多年历史，是北京老城历史最悠久的地区之一。它蜿蜒的玉河古道、鱼骨状的胡同街巷格局和四合院传统建筑形态是北京老城最具代表性的传统空间，但传统风貌背后隐藏的却是拥挤、失落的杂居环境。

30多年前，吴良镛院士在菊儿胡同改造中“有机更新”的理念，引领了北京老城复兴的思潮，同时也奠定了中国城市更新的“原点”。1993年中央戏剧学院等文化机构走入市场聚集地南锣鼓巷，推动了南锣鼓巷主街的繁荣。2006年，玉河北段的古河道在考古工作者手铲的挥舞下重见天日，碧波荡漾，仿佛把人带回了花红柳绿，有“小秦淮”之称的通惠河。

2015年，雨儿胡同开始疏解提升。2018年，我们在长期工作中凝练提出的“共生”理念和“共生院”模式，迅速成为社会的共识。改造的重点从传统的物质空间的设计，转移到留住户如何改善，腾空房如何利用。为了解决大杂院腾退后的难题，建筑师根据历史街区风貌保护要求以及每户居民家中的不同空间特点和功能需求，进行“一院一方案，一户一设计”，探索了四合院保护的新思路和新方法。历史文化街区共建、共生、共享的“共生院”新模式，让老胡同里的现代生活随之生动起来，让人们充分享受胡同生活的乐趣。

重温钢铁记忆，首钢园延续百年活力

2005年6月30日，随着首钢的功勋高炉停产拆迁，首钢搬迁正式启动。但是，人们不会因为首钢搬迁而失去对这座百年钢城的记忆。首钢搬迁带来的不应是街区的衰败，而是新的发展机遇。

自2009年开始，我们陪伴首钢这座百年老厂，涅槃重生，成为工业遗存与现代元素完美融合的建设者和见证者。百年风雨，首钢的每一个角落、每一套设备都有故事。在中国工业遗产保护名录（第一批）中，首钢老厂区高炉、转炉、冷却塔、煤气罐、焦炉、料仓，运输廊道、管线，铁路专用线，机车、专用运输车，龙烟别墅等多处遗存设施入选。这些工业遗产是首钢园区独特的文化资源和宝贵财富，赋予老建筑新的功能，让老厂区焕发新的生机是建筑师最重要的任务。

首钢园北区是百年首钢的发祥地，在这片区域，我们和更多志同道合的人一起，共同绘制出了一幅“人本、和谐、宜居”的“图画”。石景山景观公园的自然山水、古建筑群与园区工业遗存共同形成了多元复合、有机共存的完整系统；西十冬奥广场在尊重现状肌理的基础上，组织办公功能与交通流线，利用天车、皮带通廊等遗存构筑室外休憩空间；首钢特色小火车旅游线穿梭在首钢工业遗址公园，连接着脱硫车间、焦化厂、高炉改造等重要节点；运用工业管廊改造而成的首钢高线公园，蜿蜒其间，将诸多景点有序串连，形成新首钢园区独具魅力的景致。

复兴城市的故事还有很多。在什刹海以环湖步道堵点打通为切入点，提出“还湖于民”，用绿道串连绿地广场、滨水绿廊休闲设施，倡导城市慢生活，为人民营造“活力前海、静谧后海、生态西海”的首都滨水历史街区。

首钢明湖夜色

在复兴城市的路上，会遇到质疑与挫折，但是家园缔造之路，永远不会停下脚步。

四、城市家园，等待着我们书写未来的故事

北京，是我们的城市家园；老城，是人民的安居之所。城市家园的核心就是人民，是一个一个具体的人的集合，家园精神和家园理想也是人本精神、人文情怀和人居理想。

人本精神从人与物质的关系出发，是确立人的位置；人文情怀从关注人与精神的关系出发，是宣扬人的境界；人居理想是从人与自然的关系出发，实现人与自然的和谐。人本精神、人文关怀、人居理想，古已有之，今尤宝贵，朴素的思想构成了以人民为导向的城市家园的核心。

“缔造人民城市语境下的人居家园，复兴城市的美好”，不仅是观点，更是我毕生为之奋斗的理想。

致敬城市家园建设二十载

陈天泽：1978 年生，天津市建筑设计研究院有限公司副总经理、总建筑师。参与设计天津滨海文化中心、天津国家海洋博物馆等。

建筑师的作品往往记录着一段人生经历及其心路历程，它们印刻着建筑师成长和跌倒的痕迹，它们既存在于身外的城市家园，又存在于身内的心灵家园。漫步于城市家园，往事一幕幕重现眼前。

入行 20 年，参加过的几个项目，冥冥中恰巧串起了我的一段段城市记忆。

2002 年，建卫 600 周年之际，天津重启城市发展的序幕。这一年启动海河综合改造开发，投资 7000 亿元以提升基础设施和城市面貌，借此拉动经济引擎。海河上游打造六大节点，我们承担了大悲禅院和海河之间的文化商贸区设计。从城市和文脉入手，建筑以逐渐升高的向心式布局承载空间业态，并形成双翼展开的态势，“凤凰涅槃”的立意既概括了建筑的外形，又隐喻了天津浴火重生。它成为我参加工作后的第一个重要项目。现今，这座建筑在海河上游与著名的“天津之眼”摩天轮相邻，成为拍摄的经典景点。也从那时起，我懵懂中开始了与这座城市的不解之缘。

2004 年，天津工业从市区战略东移，向海谋发展、因港做文章，天津港应运而兴，借势而起。东移战略下港口发展的第一座行政服务建筑——天津国际贸易与服务中心出现了。为了提高审批效率和服务水平，政府开启了海事集中办件新模式。设计从功能特点入手，以方柱网模数化组织划分办件审批窗口，围绕中心 50 米直径圆形采光中庭形成高效空间，建立了审批服务的绿色通道。同时借势建成 50 万平方米的国际贸易与航运服务区，天津港等各海事单位集中进驻办公，开启和见证了北方第一大港的黄金十年。而谁想十年之后，天津港“8・12”爆炸事故发生，成为天津人尤其是港口人永远的痛。

2008 年，奥运年开启，世界聚焦中国。天津作为协办城市，一系列的建设早已开展。我曾参与了天津奥体中心的一些绘图工作，幸运地见证着奥体中心在一片水塘旷野之上横空出世。到了 2008 年初，随着奥运步伐的临近，天津分赛场周边地区提升开始启动。设计整体考虑奥体中心建筑群的主从关系，对开放空间、赛时流线进行梳理研究，对奥运周边天际线进行形式、色彩、亮化、风格的控制和提升。倒排工期，夜以继日，效果最终如期精彩呈现。奥运期间，场内的体育比赛激烈进行，场外的城市画卷徐徐展开，成为每个人心中美好的记忆。每个人心中都有一个奥运，我心中的奥运年也注定与众不同，无法忘记。

2009 年，天津市迎宾馆 1 号楼迎来了它的第 50 个年头，设计使用年限已至，大修提上日程。它是天津政务接待的最高级别场所，碧水环抱，绿树成荫，建筑掩映其中，仿佛时间都静止了。新的改造设计没有破坏建筑周边的环境和承载的历史，虽然扩大了规模，但通过严守原建筑轮廓线和因地制宜，一棵不少地保留了周围的树木，最大程度地延续了原建筑风格，将建筑修补得不动声色。内部对流线和空间进行了细致入微的考虑，很好满足了各种常规功能和特殊功能的使用需要。建成使用后，得到了各级领导的高度评价。通过这个特殊项目，我更深刻地理解了“以人为本”。好建筑并不是追求空间高大和配置顶级，重要的是把握好功能性和舒适性的火候，把握好度。设计期间聆听过几次老首长关于建筑的教诲，人体功能学、工法的由来、空间的布局、摆设的讲究，深入浅出，娓娓道来，都是实实在在的生活体验。设计源于生活，建筑师需要关注生活体验和人文关怀，正确适度地塑造人性空间，把握好空间尺度，组织好空间流线，解决好空间使用，让使用者体会到建筑师对他们的尊重。

2009 年，国务院正式批复同意天津市滨海新区行政体制改革方案，滨海新区成为国家级新区，总投资超过 1.5 万亿元，十大工程加快推进，新政务中心呼之欲出。我们从 2007 年起一直配合机构改革进行该项目选址及策划等研究工作，历时三年，此刻终于尘埃落定。实际的设计工作非常繁杂，设计工作与新区政府机构合并重组同步进行，要理清刚刚合并以及即将调整和新设的机构，满足机构正常运转的功能需求，一定程度上是与新区共同构建。经过测算规模、内容策划、方案比选，最终的设计以务实适用的特点，得到了充分的认可。2010 年，滨海新区政务中心打下了第一根桩，正式开启了滨海新区的高光时刻。

2011 年，培育出两位总理和近百名院士的南开中学，在建校百年之后，又开启了一个新百年校区的建设。这一年我们通过公开竞赛一举中标。南开中学是我的母校，我 1991 年走入南开园学习，20 年后的 2011 年又以这种方式走进南开园，冥冥之中，仿佛母校垂青，命中注定。我清楚地记得在开始设计时，南开理事长——也是南开老学长——充满深意地对我说，这是一份责任和使命，要好好珍惜。在南开的信任和嘱托下，我带着特殊感情做完了这个项目。建好后，院落叠合，树影婆娑，空间丰富，文脉传承，各方给予了很高的评价。但它对我来说，一直是个充满遗憾的项目，总恨不得时光倒流，重新将它做得更好。每个项目都是唯一的缘分，不可辜负。在对的时间，遇到对的项目，进行对的设计，是一种机缘。20 年后

陈天泽参与设计的天津国家海洋博物馆

的母校续缘，让我自那以后，更加珍惜每一个在手的项目，更加用心地思考和营造建筑的内涵空间。

2012 年，天津国家海洋博物馆建设启动。这是中国第一座国家级的综合海洋类博物馆。因 30 位院士以建设海洋强国的名义联名上书而立项，天津以近海邻都的优势在十几个沿海城市竞争中脱颖而出。设计经过两轮竞赛，我们和 COX 组成的联合体成功中标。流线型的建筑体量现代灵动，由陆地出挑于海面之上，仿佛跃向海面的鱼群、停靠在港湾的船只、张开的手掌、海中的生物，仁者见仁，智者见智，每个人都有不同的解读。112 榀门式桁架构建了博物馆的结构体系，形成了大跨度无柱空间，以提供空间的适配性和布展的灵活性，为未来将至的藏品和展品陈列提供了最大限度的可能性和可变性。建筑的设计和建造过程，可以说几经周折，柳暗花明，最终历时八年，整体呈现。开馆以来，人流如织。看着博物馆过往的参观者，总会不由自主地想起项目从启动到运营这八年中的人来人往，过客匆匆，思量难忘。

2014 年，滨海文化中心正式开始设计，以打造国内首创的全季节、全天候文化综合体。长达 340 米的室内长廊将美术馆、图书馆、科技馆、演艺中心、市民活动中心连接起来，总面积 30 万平方米。文化场馆聚合设置，由物理连接发生化学融合，功能、空间、流线、运营整体考虑，彼此联动互补，形成合力。我们作为设计总负责单位，带领国内外 38 个专项设计单位共计 1000 余人共同倾力完成这个项目。在设计到建成的过程中，众志成城，精益求精，设计图纸累计近 10 万张。经过整个团队的共同努力，滨海文化中心如期完美呈现，运营后最高日流量达 3 万人次，滨海图书馆迅速成为最美图书馆，大获好评。整个设计过程中充满了各种想不到的困难，但也唯有付出，才能体会到最终的快乐。我相信，团队的每个成员都会记住这段人生旅程，记住我们共同奋斗的 1000 个日日夜夜。其间，花开花落，云卷云舒，畅所欲言也罢，欲说还休也罢，曲终人散，唯有提笔为那些年、那些人、那些事留一段回忆。

2015 年，我们接手了一个极为特殊的项目——水岸银座改造。这个楼盘非常著名，为了消除它对城市造成的极大负面影响，政府要求我们接手，对它安全性、居住性的极不利点进行改造。经过多轮设计之后，由于各种原因，已经开始的改造工程最后停摆待论了。

从 2002 年到 2020 年，近 20 年间，我参与的项目或是陆续起航，或是陆续收官，每每有周而复始的感觉，仿佛走过一个大圈之后，又回到了起点。

人生好像一直在寻找着什么，然而越过座座山丘之后，纵已白头，却发现无人等候。也许在跨过人山人海之后，有一天会忽然明白，其实要找的并不是别人，而是自己。人生没有白走的路，每一步都算数。一路走来，在所创造的城市家园中，不断成长，不断更新，不断超越！

我的大学我的家

陈竹：1973 年生，香港华艺设计顾问（深圳）有限公司执行总建筑师、科技部总经理。代表作品：寿光广电大厦、深圳元平特殊教育学校职训楼等。

2020 鼠年开年的一场突如其来的疫情，让整个国家一下子陷入一场重大公共卫生危机。从 1 月 23 日武汉封城开始的一个多月时间，防疫的紧张气氛如同一团阴云不断蔓延，覆盖了整个城市。人们不得不退缩到自己家中。尤其在武汉，城市生活完全进入停滞状态，交通切断，出行禁止，医疗和生活供应几乎进入战备状态。在这个非常时期，武汉，这个位于中国地理中心区域的城市，成为灾害的震中，以一种极其悲壮的方式受到全国人民的空前关注。无论这场危机以何种方式过去，历史都将会铭记处于灾害震中的普通武汉人面对疫情的共同坚守和顽强抗争。

在这个疫情蔓延的特殊时期，我宅居在深圳的家中，每天除了关注疫情发展外，远方武汉的信息更让我牵挂。关于这个城市的现在和过去的一些模糊的影子，在我的记忆中逐渐变得清晰。

我从小在武汉长大，或者更准确地说，是在武汉大学长大。父亲是武汉大学工学部（当时叫武汉水利电力大学，简称武水，熟悉的人都称“水院”）教师，母亲是校医院（当时叫卫生科）医生。四岁时，我被父亲从湖南老家带到武汉。至今仍然记得一个片段，是拽着父亲的衣襟一路急匆匆地走，直到到达一排平房。屋里一站，门口就出现一堆好奇的“小萝卜头”，其中一个是我第一次见面的哥哥。这也是我最早的记忆了。

这平房是学校分给年轻父母的第一套房，只有十几平方米的一间，后面带一个小厨房，没有卫生间。现在想起来，当时的居住条件算是非常简陋的，但作为孩子，一点都不在意，因为——谁会一直待在家里！这一处几排平房，每两排之间有一片开敞的宅前平地，一侧有个小坡，另一侧穿过一个杉树林，可以到达一个鱼塘。这个有点围合感的室外领域就是孩子们每日嬉闹的主战场了。玩伴们在门口一吆喝，就能跑出来三两个孩子，在墙边拐角处聚成团打弹珠，玩上一整天。偶尔有人从旁边树林或池塘里逮到什么虫鱼，马上会成为当天最重要的事件。那片有些阴森的杉树林也是我最喜欢的、经常发现乐趣的地方，至今还有找到三只蜘蛛蛋（疑似）的光辉纪录。夏天热得最难耐的时候，如果室内泼水也解决不了问题，各家就把床搬出来，在外面睡。孩子们白天疯闹一天，晚上相约着在树下的竹床上听故事，完了钻进自家蚊帐里面，在星光下，就着虫鸣逐渐睡着。现在想来，这个家家夜不闭户、在外睡觉的场景真是充满了集体主义的色彩。这如同一个大家庭般的安全感，在现在看来如此遥远，再也不可能出现了。

从西边水果湖片区沿东湖往武大走，现在有武大工学院的北门。当时学院的人都是顺着中科院水生物研究所旁的一条小路（地图上叫松园西路），通过一个小门，就进到了水院的教工生活区。继续往前，这条道路变宽，成为学校连接老水院和武大的主干路，路两侧分布着幼儿园、百货商店、食堂、书报杂志便利店等各种生活设施。在印象里，这些小店里面坐着的都是教工家属，而且好像从来没有变过。在十字路口左拐，有一条长长的大上坡

武汉大学樱花大道

路通往学校的教学区和学生宿舍区。这条路两旁种植着参天的梧桐树，遮天蔽日，绿叶葱茏。两旁分布着招待所、红砖房的教工住宅楼、校医院、露天电影院和一些教学楼、实验楼。相比当下的校园规划，武水的教工生活区确实占地规模大，各类日常生活设施齐全，就是一个功能完备的大社区。

现在一年一度的樱花季让武汉大学成为全城趋之若鹜的热门景区。对于儿时的我，樱花大道的绚烂虽然壮观，但也并不稀奇。比起樱花光靠颜值，每年 10 月桂园的桂花、12 月梅园的蜡梅可看可玩，更有吸引力。尤其桂花开放时香气怡人，摘了回家可以插上半个月，桂花糖还是母亲每年必做的美食。散落在校园各处的樱桃树、石榴树、枇杷树、桑树，以及长大后再也不曾听人提起的拐枣树，更是孩子们每年的期待。记得秋天母亲曾带我去学校电影院后面的狮子山采集松果，以备过年时熏肉。学校背靠的珞珈山，更是远足探险的重要目的地。我常常一个人上山，在茂密的林间放心地寻觅，爬上山顶的铁塔俯瞰整个校园，绝不用担心迷路或安全问题。每年入冬，如果下雪了，在校园的各处，只要抬头，看看山顶上老图书馆的绿色琉璃飞檐屋顶，就知道下了多厚。出了北校门，就是东湖。浩浩汤汤的东湖水，在小时的记忆里，虽然不是清澈见底，也是绿波荡漾，沁人心脾。跟着同伴在水里扑腾几次，不知不觉就学会了游泳。到小学五年级，带着一个泡沫泳圈，就敢到湖中间游个来回。

在儿时，学校家属区对我而言，就是日常生活的范围。从上幼儿园起，就可以自己上学，在外玩耍。到小学阶段，我们这些教工孩子的活动范围就遍布整个校区了。在学校“大院”中，我们呼朋唤友、各处游荡，欢度着童年，从来没有因为晚归而让父母担心，整个学校的领域都是我们安全的港湾。山水之间，占地5000多亩的武汉大学校园，连同80多平方公里的东湖，洒满了我小时探寻自然的记忆。城市生活中能有这种安全、自由，充满文化氛围和发现趣味的成长环境，现在想来，是如此重要而幸运的事。

中学时期，虽然去了邻近的水果湖中学上学，武大仍然是我重要的学习基地。每年的假期，拿了父母的借书卡到学校图书馆看书，从各类科幻小说、杂志，逐渐拓展到小说、散文及英文原著。在藏宝洞一样的书架之间蹲守，一看常常大半天。有一阵子喜欢运动，天天早起去大操场，夹在大学生中间跑步，或者找个学生少去的偏僻篮球场打篮球。初中喜欢上画画，家里不知哪里来的几个美术课常用的石膏像，有空就自己对着画。晚上跑到教学楼中心广场上看喷泉，看大学生唱歌聚会。直到若干年后离开家，才发现外面的世界，原来不是到处都有书看，都有地方打球。

学习渐渐成为生活的主要事项。当时家已搬到教工茶港区的一片单元楼。这片楼房原是池塘填土扩建的地，楼房院墙后紧邻一片鱼塘。记忆中，在我整个中学时期这个两居室的空间好像是无声的，家庭的气氛完全被父亲主导。父亲是个严格而孤僻的人，很少外出。除了上课，绝大多数时间里一直坐在靠窗的书桌前，厚厚的教材和各种参考书籍从桌上一直蔓延到床边。除了备课，父亲的爱好，就是搞无线电，看《参考消息》，听国外电台，关心时政。可惜周边并没有父亲的知音。记忆里，他曾经多次对着不谙世事的我，发表长篇议论，末了，叹口气，又回到他的书堆中。只记得有一次，父亲的一篇文章在苏联发表，他因此很是兴奋了一段时间，家里也有了点欢乐轻松的气氛。

那段时间，我常常需要帮父亲抄写各种文稿，或者趴在地上用毛笔填写他用来上课的大挂图。那些拗口的名词和复杂的公式，以及家里摆满桌面的各类机械电子零件，甚至常年散发着松香气息的电烙铁、自制单板机、电视机，都无法引起我的兴趣——我更喜欢有生命的东西。

在这个五层的楼房，我家在顶楼，有个阳台对着鱼塘。鱼塘后面有一片水田。鱼塘白天波光粼粼，晚上蛙声一片。在这个沉闷的家里，这个阳台就成为我眺望外部世界的窗口。记得鱼塘边的田地上，曾有一家人住在围墙根下搭建的简陋窝棚里。每天从阳台上能清楚地看到大人出来种地，几个孩子跑来跑去，在田间嬉闹。有几年，这一家人便成为我阳台画面中最热闹的亮点。忽然有一天，窝棚倒成一摊，一家人也不知去向。母亲说是因为超生被抓还是被赶了，不得而知。以后很长一段时间，阳台画面都空落落的，好像少了点什么，连偶尔划过水面的甲鱼或水蛇也提不起我的兴趣了。

高考前的一场急病严重影响了父亲和我自己报考名校的原定规划。考不上清华就读水院吧，父亲决定。在当年，属于能源部直属高校的武水不仅在电力等工科类专业排名全国领先，招生分数线在武汉仅次于武大，而且分配常对口国家电力系统单位。虽然按照父亲的意愿留在了水院，专业“建筑学”却是我自己选的。回忆起来，当时的原因不过是某日看到背着画夹的建筑系大学生在学校写生——这在当时的工科院校毕竟不多见，羡慕之情油然而生，觉得学建筑是一件很酷的事，是适合自己的事。刚入学的一天，父亲急急地把我从宿舍叫出来，告诉我可以换专业，调到最热门的电力系。记得当天天气很凉，我坐在冰冷的树池沿边，轻轻地哭。父亲呆了一阵，终于叹了一口气，从此再没有过问我的选择。

既然是自己选择的道路，就更要坚持、要走好。大学四年，虽然有熟悉可亲的老师和来自各地的同学，美丽的校园却再也圈不住我年轻的梦想。我

老水院中心主轴

知道自己会走向更大的世界，为此我必须做好准备。背上画夹，珞珈山、东湖边、武大樱花大道、老斋舍，这些孩提时期玩耍的地方都成为我写生的地方。专业教室和图书馆更成为我寻找远方的港口。记得常常在晚上画完图，从老八教（建筑系教室）出来，跨过教学区的主干路，和同学一起下台阶到对面的中心广场上去休息。一边继续高谈阔论，一边享受从湖面吹来的凉风，或是干脆再一路往下走到湖边漫步。记得有一次读武汉城建的高中朋友来探望，送了我一长卷拷贝纸。我们顺着东湖林荫路一路骑行，谈现代建筑历史，谈现代建筑四大师、设计课和以后的建筑师梦想，还记得当时一路下着细细的小雨。

当然，大学生涯也不光是学习。记得当时每到周末的晚上，一些教室和屋顶会忽然传出悦耳的音乐声，划破夜晚的宁静。这是各个学生组织在召唤同学们去跳舞了。在各个屋顶串场闲逛时，认识了他。一个秋日，因小事拌嘴，我背了书包沿着长长的梧桐大道往教工家属区回家。可能是背影太可怜，他不忍再生气，在后面一直默默地跟。依稀记得当时的梧桐树叶掉了一地。

在大学，我开始学会用专业的眼光重新审视熟悉的大学校园，才逐渐领略到，我从小生活、探索的各个丰富的环境场所的形成，原来都起源于科学的规划。总体上整个武大校区坐落在一片背山面水的丘陵地带：南面背靠珞珈山主山，西北面被东湖环抱，从珞珈山脚到东湖边，散布着六个小的山头，形成高低起伏的自然地貌。校园主要建筑的建设并没有选择平坦的山脚地，而是充分占据高地，形成几个独具特色但交相辉映的组团。最有特色的是从樱花大道垂直坡度拾级而上的学生宿舍老斋舍，走到最高的屋顶平台，刚好上到狮子山顶。由坡顶灰墙绿瓦的外文楼和数学楼簇拥着八角翘檐屋顶的老图书馆，形成整个校区的制高点。无论从园区北面的工学部（即水院区域），还是南部的武大文理本部，都能看到在建筑群层层重檐之上的图书馆，以及背后映衬的珞珈山主峰。这样一来，从北面东湖经过图书馆往珞珈山主峰，一条清晰的山水轴线统领着整个校园的空间意象。另一条重要的轴线在武大本部这边。理学院和南面行政楼处于半坡，隔着大运动场对望，用庄严对称的建筑组合，形成东西向空间轴线。虽然运用了轴线的视线关系，但并不生硬。除了主教学楼呈对称布置外，各个学院顺应地形，自然分区，彼此之间以坡道或绿地连接，最终形成既有标识性又富于变化的小树林、庭院、池塘、屋舍——这些就是给我的童年提供了无限乐趣的乐园。

多年过去，我终于实现了18岁时的愿望，离开家。一晃过去了24年。这期间，曾经学习和生活过的重庆大学、香港大学，也都有颇具特色的校园，但都只是我生活旅途中的一个驿站。作为建筑师的执业生涯中，我大大小小有了一些经历，然而，在为理想奔忙的路上，能够找到归宿感的时候并不多。

在当下这样一个既充满宏大梦想，又危机四伏、充满变数的世界，心中似乎一直有个背着画夹的少女，在寻寻觅觅，寻求空间的意义、生活的意义。希望能有机会，通过建构空间，来创造有生命力的、富于感知的场所，能保留有自然山水意趣、可感受四季变化的景观风物，能构建充满安全感、具有包容性和有温度的城市环境。说到底，空间都是为了人，为了美好的生活和情感而存在。

我知道，无论走多远，我的家一直在那里。

家园乃建筑师的一方天地

郝卫东：1968 年生，河北北方绿野建筑设计有限公司董事长、总建筑师。代表作品：河北师范大学新校区、河北医科大学图书实验综合楼、蒋世国美术馆等。

“家园”二字一下子把我的记忆拉回到很久以前，回到慵懒的慢时光往昔。

我从小生活在太行山的一个小村子里。清晨此起彼伏的鸡鸣狗叫，傍晚归来入圈的牛羊，弥漫在山间的炊烟，让村子溢满浓浓的烟火气。

我上学前一直跟着姥姥、姥爷生活在这里。姥姥家是典型的北方四合院，东南入户，东厢房的南墙兼了影壁，外院养猪堆柴，里院住人。起先院里种了苹果树和梨树，后来不知什么原因换成了梧桐，树冠很大，阴凉了大半个院子。盛夏时节，左邻右舍常常围坐在大树下，串门聊天也不耽误手上的活儿。夜晚，房顶上成了孩子们的乐园，或听老人讲故事，或奔跑嬉闹，累了便睡在房上，后半夜天凉了再回到屋里去。那时村里人从不用蚊香，而是把臭蒿子编成长辫，晒干后点燃避蚊，屋里于是常常烟气缭绕。

每每临近春节，家家忙着准备过节的吃用，杀猪、蒸年糕、蒸馒头。写春联、贴春联更是少不了的。家里大人写，孩子也写。正房、厢房、大门口都有春联贴上，盛粮食的瓮上贴个“五谷丰登”，农用车上贴“日行千里”，猪圈也不放过，来个“肥猪满圈”。随处可见的红色，让整个村子一下子有了年味儿。老人们扎着堆儿地唠嗑、晒太阳，孩子们在他们眼前追来打去，剃头的拣一处空地摆起摊儿，卖货郎的叫卖声挨街串巷地响起……这便是我儿时的家园。

随着姥姥、姥爷的离世，这处院子也荒芜了，房子虽在，但因无人居住，已经破败不堪。偶尔回去看看，儿时的种种情状穿越般地浮现，也总是有些感伤，或可谓之乡愁。是啊，家园就是乡愁。

从上小学开始，我回到了城市里的父母身边，开始在父母单位的家属大院里生活。多排平房密布在大院里，房子之间的空地成了合用的院子，如厕打水都要走一段路程。白天大院里人很少，分外安静，偶尔能听到谁家小孩的啼哭声。可一到晚上或节假日，院子里就热闹起来了。有谁家改善生活，左邻右舍也就都有了口福。那时谁家两口子吵架，满大院都听得到，或许是为了脸面，吵架也变得收敛了。倒是训斥孩子的事情时有发生，这时候邻居们都会过去劝一劝。大家在一个屋檐下，相处得很融洽。

那时我家紧邻着一个张姓人家，张家的大爷早早去世了，老伴儿带着三个孩子，我们都叫她张大大。那时父母工作很忙，张大大一家给了我们非常多的照顾：父母批评时会过来护着，做了好吃的会让我们先尝。虽然很多年前我们都搬离了那个大院，但两家人一直走得很近，至今我们还常常去看望已经 90 多岁的老人家。

那时我父母都还很年轻，他们不仅非常注重对自家孩子的教育，也经常会给邻家孩子讲些道理，所以孩子们都很喜欢他们。父亲善谈，且因是单位领导的缘故，家里客人总是不断，爽朗的笑声常常很远就能听到。母亲是一个寡言之人，不生是非。奶奶跟着我们一起生活，母亲对奶奶可以称得上至孝。有一次，奶奶便秘，那时没有太多的办法，母亲竟然用手帮奶奶抠出了多日的硬便。母亲虽然寡言，但有一次我被邻家大哥欺负，被母亲知道了，她当即拉着我去那人家里理论。我才知道了母亲有着非常令人信服的口才，当然还有勇敢。刚上中学时，我很贪玩，常常是不到天黑不回家，母亲也因此常常到大院的门口等着我。每次远远地看到我，她便转身回家去热饭。而今母亲走了，这一幕成了我脑海里深深的追忆。我和我的家人在这个大院里生活了十年，十年里，我从小学上到高中，可以说在这里我完成了人生的基础教育。

随着城市发展，这个大院早已经不复存在了。现在很多曾经有过大院生活经历的中老年人都有着浓厚的大院情结，这一定是因为大院留下了很多的故事，也呈现了今天不会再有的生活状态，因此大院也成了回不去的乡愁。

十多年前，我和夫人给父母买了一处新房。父亲腿脚不太好，因此选择了一楼，当然还有一个原因，就是一楼带着一个很大的院子，可以满足母亲种菜的喜好。房子装修好之后，请父母搬过去，母亲一直坚持着不去，原因是她怜惜老房子，也不想和老邻居们离得太远。直到几年后，在孩子们苦口婆心的劝说下，母亲才算正式入住了。妹妹妹夫们帮着把院子硬化了一部分，也留出不少地方换了土，供母亲种菜用。院子里种了核桃树、香椿树，还有无花果，母亲健在时，也一直种着韭菜、西红柿等时蔬。母亲节俭了一辈子，浇园子常常是用的洗菜水。每次回家临走时，母亲常常会让我带一袋子菜回去。没有想到，这处院子成了父母老年的陪伴。从2018年母亲身体不好之后，院子里不再种菜了，甚至长起了杂草。母亲去世后，借假日我把院子又整理了一下，妹妹重新开始在院子里种菜了。慢慢地，院子里又恢复了往日的生机，只可惜再也看不到母亲于其间忙碌的身影。

家园是亲情与回忆的所在，对离家在外的我而言，更是思念、挂念的乡愁所在。

说到家园，也说说我自己生活的空间。我住的房子是个顶部跃层，设计时请了室内设计师好友张迎军老师一起完成。入家门的玄关，为了老人也为自己老了以后用，设置了坐凳。在玄关旁，分别布置了洗手台与衣帽柜。没有想到的是，在这次新冠肺炎疫情暴发后，这样的设计非常适合防疫。客厅是个双高的空间，设计时希望这里能够成为家里的庭院。借助楼梯下部空间，铺上了石子，找了几块石头放置其上，便有了人工山水的意象。夫人种植了很多绿植，其中一部分从二层的栏杆缝隙向下垂落，加上客厅中不断长高的南天竺，于是便真有了自然的气息。客厅的主墙面，全部做成了书架，客厅因此也成了家庭公共的书房。楼梯所在的墙上，挂着孙铮老师专门为我们家创作的以家为主题的挂毯，别有一份温暖。走上二层，迎面的几案之上是薛明老师的坦培拉画作——太湖石，颇有窗景的味道。往里走便是我的书房，书房采取了开放的方式，向南侧可凭空俯瞰客厅，向北对向室外小花园。书桌一侧摆放着郭卫兵总送的三脚架，其上放置了孙兆杰兄为我画的像，另一侧的几上摆放着武勇院长赠送的正定大佛寺转轮藏木质模型，明眼人一看便知是建筑师的书房。李明久老师专门为我书写的“意与神会”正对书案，让书房也一下子文气起来。书房北侧是一间茶室和一处小园子，茶室开向园子的门可全部打开。园子十余平方米，一分为二,一半是白色石子铺地，一半是竹林。园子的竹子不断从泥土中钻出来，绿草逐渐覆盖了竹下的地皮，而且开始爬进石子区域，两者的界限因此模糊且自然生动起来。两棵南天竺红绿叠映于竹与草之间，从太行山岗南水库之中寻来的石头也成了其间的点缀。院子外侧的栏杆用了竹筒，站立时可远眺城市，坐下来则将视线收聚在园子之中，静谧而有禅意。

中国人向来非常重视自己的家园，家园是生活的所在，当然更是承载志趣与精神的一方天地。自古以来，中国人的家园，有家必有园。家是屋檐下、厅堂中，园是虚空处，更是怡情所。我常常感慨于我们这代人，经历了四合院生活，经历了大院生活，又住进楼房，而今终于有了自己的园子。高速的城镇化进程，给人们带来了生活的便利，同时也使大量经典的生活状态遗失。人们需要家园，需要寄情之所，需要梦回来处。作为建筑师，宏观上的家园是自然环境，中观的家园是城市街巷，微观的家园是安身之所。疫情隔断了人类与自然的融合，城市、社区或封城或禁足，家成了生活的全部。若人们能够像爱自己的家一样，爱脚下这方土地，爱地球这一共同的家园，相信疫情难以肆虐，人类必然与整个世界和谐相处。

新疆传统建筑之美

范欣：1970 年生，教授级高级建筑师，新疆建筑设计研究院副总建筑师、绿建中心总工程师。中国建筑学会建筑师分会理事，住建部科技委建筑节能与绿色建筑专业委员会委员等。代表作品：新疆人民剧场文物修缮工程、万科中央公园、新疆国际空港物流园规划及城市设计、新丝路会展中心等。著有《中国传统建筑解析与传承·新疆卷》等。

人生漫漫，心常向远方。30 多年前，我离开家乡乌鲁木齐，远赴 3000 公里外的天津大学求学。深秋的夜晚，每当走在异乡清冷的街道上，望见千家万户窗前的点点灯火，总会格外想家。那种别样的记忆，至今仍时常浮现眼前。

理想中的家园，生活浸润百味，岁月深情从容。一缕阳光、一抹云霞，书香清晨、烟火黄昏，一掬净水、一片森林，内心安然笃定，用欢笑、泪水将光阴慢熬成年轮。而窗前亮起的那一盏温暖橘黄，是最真的诗、最近的爱，是繁星般的记忆，是走得再远，心底始终不熄的光亮。

我从小生长的地方，深居亚欧中心腹地，是世界上离海洋最远的大陆。这里山脉纵横，沙海浩瀚，草原丰美舒阔，绿洲星罗棋布。丝路古道蜿蜒着跨越数千年，开启了东西方互望的窗口。古老灿烂的人类几大文明在此交汇，世界上没有哪个地方，像新疆这样汇流并拥有如此瑰丽灿烂、多元包容的历史文化。166 万平方公里的广袤大地，养育了世世代代在此生息繁衍的各族人民，造就了新疆人宽广的胸怀和热情豪爽、乐观朴实的性格，以及对自然与生俱来的亲近和热爱。

因为这片神奇的土地，我幸运地走向了诗和远方。也许是天意，让我与建筑结缘，有机会以建筑之笔咏叹大地和生命之美。

最真的诗

新疆的春天总是姗姗来迟，当北疆还在料峭春风中徘徊时，东疆和南疆已是翠染梢头。3 月下旬，早开的杏花、梨花，雪团似的挤满枝干，花影纷繁在金色的泥垣。在特殊的气候条件下，新疆人特别向往绿色，珍视绿色。当漫长的冬季过去，街巷和庭院中的苹果、无花果、樱桃、桑树、柳树、白杨等竞相绽放花妍和新绿。而最醉人的，是南疆的夏天。

2017 年，我应邀前往南疆边境小城乌什开展特色小城镇风貌研究。这里素有“丝路泉城”“半城山色半城泉”的美誉，植被丰茂，泉眼星罗棋布，历史远迈汉唐。一个夏日的清晨，我们走进了乌什英买里。蜿蜒交织的街巷中弥漫着桑果的甜香，阳光在白色院墙上闪烁，透过枝叶洒在身畔，飘落在地上，浓荫掩映着一扇扇美丽的蓝色院门，梦幻而真切。时光凝语，万物希声，只听见微风呢喃，树影轻叩门扉。太阳升至高处的时候，街巷里人渐多起来，相遇在街角的人们不时停下脚步，彼此问候。

推开虚掩的院门，庭院中绿荫伞盖，花影团团。葡萄架下宽大的木床上，盘坐着一位老人。害羞的小巴郎躲在祖母身后，探出半个脑袋，长长睫毛下的眼睛忽闪忽闪地打量我。好客的男主人捧出瓜果，热情地招呼大家。正望着檐廊精美繁复的雕饰出神，身旁的女主人拉着我走进客室。房间典雅整洁，满铺鲜艳的地毯。女主人如数家珍地把一件件亲手制作的绣品铺展在地毯上，阳光透过窗纱照着她美丽的面容，她显得愈加恬淡温柔。我抚摸着细密针脚下舒卷曼妙的枝叶和花朵，仿佛触碰到那颗深情炽热的心。

那个清新的夏日，我们走进一扇扇美丽的院门，似曾相识的暖意，好像是久别后的重逢。人们目光中闪烁着感恩、满足与欢愉，仿佛生活中从未有过艰辛与伤痛。与生俱来的谦恭从容和高贵优雅，滋养出如春之浪漫、冬之沉静的性情；人们依靠智慧和双手，描绘着如夏花般绚烂、秋果般饱满的生活。面对严酷的自然和生活的锤炼，这些明亮友善、平和安详的面容下，究竟有着怎样坚韧的内心和动人的灵魂？！从那一刻起，我的心再也无法离开这里。

新疆传统建筑聚落格外动人之处，不是某种固化的物质形象，而在于应对自然气候、满足生活实际需要不断生长变化的空间活态，体现出鲜明的地域原生性特征。狭长、蜿蜒的街巷和自由随机的建筑组合，丰富的节奏、明暗和开合，犹如流动的音符，意趣盎然，宛若天成。民居以庭院为中心，不拘一格地自由布局，厚实的生土墙围合成冬暖夏凉的生活空间。人们就地取材，巧妙地利用得之不易的树木枝干，创造出独具特色的密小梁草泥屋顶结构形式。比例匀称、形态优美的檐廊既是适用的生活场所，又是房屋与庭院间的过渡空间。新疆人钟爱庭院生活，在用树木花果装点环境、美化环境的同时，营造了舒适的小气候。只要可能，起居、用餐、炊事、家务劳动、宴请亲朋等活动，都在庭院中、檐廊下进行，始终与自然保持着亲近。

活态的聚落空间与变幻的时间、季节、人，凝成一种内在秩序和场所力量，充分展现了新疆人的哲学观念、人文特征及审美情趣。由客观诉求指导主观手段的这一原生性建筑方式，与现今城市建设中主观动机指导下的建筑活动存在显著差异。新疆传统建筑聚落是人们在特殊的自然环境中为了更好地生存，从自然出发而建立起的共同体，可以说，新疆传统聚落是被社会化的自然风光。新疆传统建筑艺术以生存为基点，建立于生态审美的根系之上，实现了人与人之间的共筑、共享以及人与自然之间的共存、共生。

每当走进乌什谜一般的传统街巷，总是震撼于民间的非凡创造力，被传统建筑聚落自然优美、生机盎然的生长活态深深打动。在课题成果的扉页上，我动情地写下："那些跃动在阳光下的生活，记录着你的心跳。这一切，热烈而鲜活，真实的美，令人动容。这一刻，还有你们，我会永远记得。"这段经历后，我将自己归零，深入民间寻找答案，重新认识美的含义和建筑的意义。新疆传统建筑艺术不是孤立的存在，在其动人的样貌下，蕴含着从气候出发、建立于生存基点和真实生活之上的生态审美观念和生态智慧。

乌什县中心城区英买里传统建筑聚落，由于房屋老旧，市政设施严重不足，被列为棚户区改造的范围。在随后的乌什中心城区特色风貌规划设计中，经过现场详细踏勘，为留存和延续英买里的历史记忆，我提出保留典型传统民居和60余棵树木的建议，得到了当地政府的支持。在一周后的拆迁中，这些民居和树木避免了被拆毁移除的命运。

我们在原址上规划了"印象乌什——英买里时光"特色商业街区。首先提取英买里传统聚落肌理，梳理并优化现状道路，保留了原聚落的主街巷和中心小广场，以蜿蜒的溪流贯穿东西走向的主街巷，以西侧保留的传统民居作为基地主入口建筑。建筑布局沿袭传统街巷低层高密度肌理和院落式空间特色，根据保留的传统民居和树木的位置，将新建筑穿插其间镶嵌布局，与历史对话，与传统共生。

以"文化植入＋商业街区"的体验性商业模式，布局巴扎、特色餐馆、主题餐吧、民宿客栈、艺术沙龙、手工工坊、影城、宴会厅、民俗博物馆等，地域特色文化、商业与地产相融，现代与传统交织，激活了区域活力，延续了传统文化，提升了土地价值，实现了社会价值与经济价值双赢。将当地居民的生活与游客的活动彼此融合，创造了可居、可赏、可游、可购、可忆的真实生活体验。

半年中，从初识到深爱，从此魂牵梦萦。乌什鲜活的一切，令我更加理解生命之美。生活如诗，更多动人的故事还将续写。真的生活，活的历史，才是最有魅力的乌什。

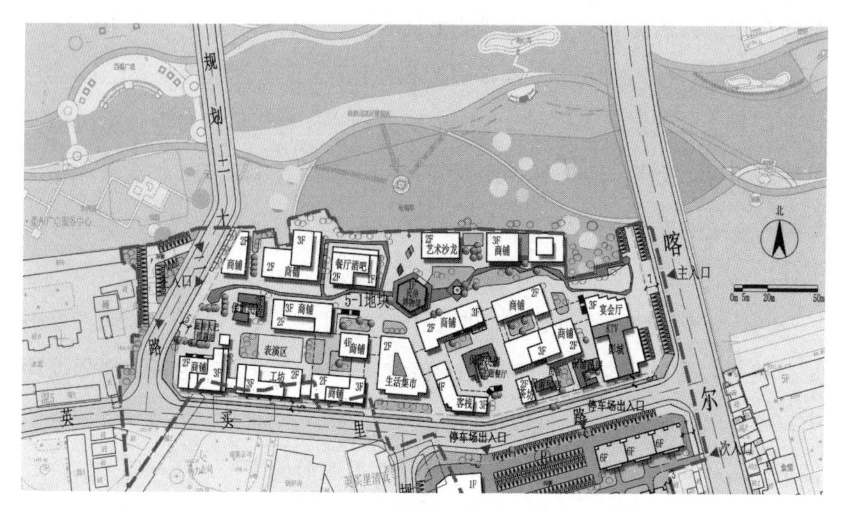

新规划的“印象乌什——英买里时光”建筑群落

“印象乌什——英买里时光”特色商业街区设计

最近的爱

人们常说，不到喀什，就不算来过新疆。喀什的美，是不经意间的那种惊艳。传统与现代，沉静与炽烈，粗犷与细腻，在这里交织，令人无法拒绝它的魅力。喀什的传统建筑聚落之美，不在于某栋建筑、某个细节，而在于其相互勾连、融合的整体，你甚至无法清晰地辨认和分离出一栋完整的建筑物。需要交通联系时，勾画出街巷；需要交往交流的场所，便围合成大大小小、形态各异的小广场；需要休养生息的地方，便有民居、庭院、树木。随着生命的繁衍，人们对生活空间产生新的诉求，空间交错着伸向天空，跨越街巷上方，形成半街楼、过街楼和自由跃动的街巷界面，鳞次栉比，逐渐生长蔓延，形成地毯式的聚落格局。永不停歇的生长似乎在遵循着一种无形的秩序。那些生活其中的普通劳动者，以对自然界和建筑空间艺术独到的理解力和创造力，赋予了聚落蓬勃的生命。不到喀什，永远也无法想象它有多么动人。

黄昏时分，夕阳为喀什老城涂上浓郁的金色。街巷里，厚重的院门两旁簇拥着大大小小娇艳的盆花。身着艳丽衣裙的主妇们麻利地忙里忙外，期待家人归来。街巷转角的小广场上，天真的孩子们正疯跑着追逐嬉闹，一双双清澈的眼睛，像夜空中最明亮的星星。南疆的低层高密度传统聚落中有许多这样的街巷和广场。由于地广人稀，加之受大漠戈壁的阻隔，人们十分重视共情、共享与互助，邻里关系亲密无间。在多风沙和干热的气候条件下，南疆传统建筑多呈现内向封闭性的空间形态。而大小不一、形态各异的小广场，作为邻里交往的活力空间，与每户住宅保持适宜的步行距离，串连起交织的街巷，令整个聚落动静相宜。

常有外地朋友问我为什么会留在新疆。是啊，那满院的绿树繁花，优美檐廊下慈祥的老人和可爱的孩子，悠扬琴声里的歌舞曼妙……那些生命中无法言说的美丽和力量，一时又怎能表达得清楚呢？ 严酷的自然条件，并没有熄灭人们心中的憧憬，他们努力而真实地活着、爱着、创造着，谦卑诚恳、乐观热忱。在强大的自然面前，人们意识到自己的渺小，因为敬畏，从而更深刻地理解生命中永恒的意义。

历史不是标本，生活也不是表演。地域特色不应是传统符号的堆砌，自然、气候和人是建筑地域性的源泉。首先应解决普通人的生活基本需求，关注百姓情感，体现自然之美，蕴含人文精神，使建筑形魂兼备。如果丧失了对生活的基本理解和尊重，城市和建筑将会令百姓的生活无处安放、心灵无处栖息。

在乌鲁木齐棚户区改造纪念馆的设计实践中，我尝试了这一创作观。当时我想，那些普通的百姓才是真正的主角，究竟怎样的建筑是他们最需要的？因此，我没有选择让建筑成为彰显自我的纪念碑，而是将其消解在城市中，张开怀抱，使身处其间的人们得到庇护、安宁与愉悦。其创作灵感源于新疆传统建筑的庭院空间，通过围合式建筑布局，结合绿色建筑的设计理念，贴合自然地形，创造了外闭内空、闹中取静的中心生活广场空间，与环境相依相融。建筑建成后甲方对我说："这座建筑太好看了！"其实，这座建筑中心空的部分才是设计的灵魂，处理好"空"与"间"、"乐"与"活"的关系是设计的核心。正如我想表达的设计主题"重逢"的含义：希望人与自然、人与城市、人与人能够在此重逢，实现共存与共生。

记忆繁星

地理位置之特殊，地域之广袤，气候之极端、多变，历史人文之瑰丽多彩，民族之众多，赋予了新疆独一无二的魅力，激发了新疆人民的聪明才智。在干热少雨的"火洲"吐鲁番，人们因地制宜利用生土，建造土拱半地下室建筑抵御炎热气候，庭院上方用高棚架遮挡强烈的太阳辐射；在风沙肆虐的和田，人们创造了外部封闭的"阿以旺"式传统民居；在人多地少的喀什，户连户、房挨房，形成内陆干热地区典型的低层高密度聚落格局；在相对温润的伊犁河谷，建筑则轻盈灵秀，院落空间呈现开敞的特点。灿若繁星的民间智慧，孕育出独特的传统建筑之花，新疆传统建筑的生态性和艺术性达到了完美的结合。如果说南疆喀什的传统民居之精髓在于其聚落生长活态的整体性，北疆伊犁以秀丽精美的花园式传统民居见长，那么在气候极端严酷的东疆吐鲁番，则将生态适应性与建筑审美更为紧密地结合，使其传统民居达到了大道至简的极高艺术境界。

2018年，我主持撰写了《中国传统建筑解析与传承·新疆卷》。面对166万平方公里的土地上浩如烟海的传统建筑宝库，我选择了以与人关系最为密切的民居作为新疆传统建筑的典型代表，以自然的栖居、共存的栖居、诗意的栖居、艺术的栖居、朴素的栖居凝练出新疆传统建筑的独特性和共性，展现了传统建筑的活态，以“诗意的栖居：新疆传统建筑空间艺术和生态智慧”作为核心章节。中期稿评审会上，专家提出，作为专业性书籍，“诗意”的措辞欠妥。一位领导说，我们常讲“诗和远方”，生活中本就无诗。

会后，在“诗意栖居”的章首语里，我写下了这段话：“新疆辽阔壮美的自然，滋养着人们对真善美的不懈追求。人们心中总是期望满怀，以其对生命独到、诗意的理解，热切地投入生活，用情至深、充满感恩……

“新疆人生活得朴素而不寡淡，简单而不简陋，悉心认真，将生活过得隆重而饱满……这诗意全然不同于江南的吴侬软语，而是更为光明、简单、直接和淳厚，散发着蓬勃的天性。”

新疆传统建筑中灿若繁星的民间智慧，远非当今的建筑理论所能企及。《新疆卷》各章以新疆民歌作为开篇，而直到整书完稿，“解析篇”第七章“新疆传统建筑的形与魂”仍未找到适合的歌曲。此时，恰逢天山电影制片厂拍摄的《远去的牧歌》放映。电影再现了天地之子哈萨克人的游牧生活，叙写了一部穿越生死的史诗，恢宏壮丽、浓烈深沉。我连看三遍，心绪久久难平。在雄浑的山脉之间，在浩瀚的沙漠边缘，生活在绿洲上的人们展现了非凡的智慧。新疆传统建筑之魂，正是人与自然血肉相连的共存共生！于是，我写下了这首诗："生命的歌颂，繁星般缀满大漠苍穹 / 生活的渴望，浸透每一缕草原晨光 / 穿越群山戈壁，人与自然的血肉相连 / 凝成壮丽的史诗，恒久绵长 / 总也止不住奔涌的热泪 / 因为这片土地让我爱得如此炽烈深沉。"

终审会上，疆内外专家这样评价《新疆卷》："书稿具有创新性和思想性，以'人和自然的和谐共生'为红线，将广袤新疆碎片化的传统建筑基因予以串连，抓住了地域传统建筑的共性和本质，体现了新疆各族人民的团结共处和文化的一体多元。这条红线既有形，也有魂。不仅纠正了对新疆传统建筑符号化的认识，也全面、系统、准确地揭示了新疆地域建筑的特点和内涵，为新疆传统建筑的传承指出了方向，提供了路径。"

历时近一年的写作，成就了一段充满艰辛又璀璨奇妙的旅程。我将对新疆的热爱诉诸笔端，借文字呈现神奇新疆的冰山一角。回望历史，为灿若繁星的新疆传统建筑留下片段记忆，让人们领略新疆传统建筑文化的温度、情怀和独特魅力。又或者，有更多的人由此了解新疆、爱上新疆，对建筑萌生兴趣，成为传统建筑文化的传承者和守护人。

有情有梦，向心而生

天空净蓝，白云浩荡，连绵的苍岭在阳光照耀下闪烁着光芒。山坡上成群的牛羊游走，骏马驰骋。天地间的我，如同一粒微尘，随风越过无垠的苍穹，追寻着崇山峻岭和戈壁大漠的烂漫枯荣，向心而生。

远处的尘世，宁和安详，灯火流连。在山脉和沙海间的绿洲之上，在美丽的清晨和平凡的黄昏，人们日复一日，茶饭劳作，悉心从容。哺育我成长的这片热土，蕴藏着所有关于生命的答案。山河壮丽，丝路悠长。愿尘世，共天地隽秀，岁月静好。愿人们，心中有爱，胸中有诗，有情有梦。

异国的纪念碑

舒莺：1977 年生，四川美术学院公共艺术学院副教授，建筑文化学者。曾任重庆市设计院建筑文化工作室主任。著有《中国远征军》(合著)、《重庆主城空间历史拓展演进研究》等。

几年前，曾做过一个梦，有人问我："你的家在哪里？"我毫不犹豫地回答："珍珠寺。"醒来之后记忆犹新。我纳罕为何自己内心认定的家，居然不是我现在生活的重庆中山四路的高楼公寓，而是那个隔着 30 年的时间，已经彻底消失在旧城改造中的老地方？

我那川南小城的故乡，那个清水石板路、青瓦斜坡屋顶、白粉墙的院子早已被压在现代 CBD 商圈之下，尸骨无存，连名字都已经不复存在，但我还固执地记得它。哪怕走遍全世界，它依旧是我心底最依恋的地方，保持我儿时熟悉的模样。当"珍珠寺"一出口的时候，所有久远的记忆破空而来，令我瞬间热泪盈眶。

曾经，一位同窗问我："我是河南人，孩子爸爸是海南人，所以孩子叫南南，我希望他记住自己父母的老家。但是，他既没在河南待多久，也没在海南久住，一直和我们生活在重庆。我以为他会成为地道的重庆孩子，没想到如今又要到广东待几年。等不到小学毕业，他又会跟我们去北京。每一个地方留给他的记忆都不一定长久、深刻。如果有一天他问我，他的家乡在哪里，我怎么对他讲？”父母的漂泊迁移，让南南成为故乡概念模糊的人，什么地方都去过，可以是很多地方的人，但也可以什么地方的人都不是。要回答他关于故乡的问题，还真是个难题。

过去几年来，在网络上总有人感叹，每一个人的故乡都在沦陷。生活在钢筋混凝土的城市里，千篇一律没有特点的都市生活抹杀了我们关于故乡的特色鲜明的记忆，“故乡”与“家园”是如此地面目模糊。

或许，旷达如东坡居士，一生颠沛流离，最终悟出“此心安处是吾乡”，算是给我们眼下焦虑的现代人做了最好的诠释。浮躁的人们总在追问何处是心灵的居所，或许那个可以让你安静地把心放平的地方，没有束缚，没有负累，有家人，温暖、平和、美好的地方，就是故乡。所以，当一个人疲惫孤寂的时候会想到哪里，哪里让你有归属感与安全感，哪里就是故乡。

或许正因为如此，思乡，成了千百年来人们心中忧愁而美好的情愫。虽然个中滋味复杂，但总归是心中最温情的所在。即便人世千回百转，所有离开故乡的人始终心有所系。汪曾祺先生的文章始终带着高邮的氤氲水汽，而他的老师沈从文则从来没有脱掉凤凰边城的影子。至于建筑泰斗梁思成，在京都奈良度过的童年成就了他的古中国印象，所以他无法承受战火毁灭心中的故乡，发出了希望保留这份美好的呼吁。这与其说是建筑大家的胸怀，毋宁说是对尚能保留一点古中国韵味的家园记忆的慈悲。

然而，有一桩和所有温情记忆无关的思乡的旧事，一直沉在我心底，以冷硬而悲壮的方式破开今日承平已久的所有关于家园的岁月静好的画面，每每将我从现实的温柔乡里拖拽出来。它足以让我们铭记终生，悟到今日的安宁，皆因他们而得。一切，缘于我参与的第一个建筑设计项目，一个和返乡有关的项目。

2012 年，在建筑行业浸润十多年的我首次将理论付诸实践，从事一个特殊的纪念建筑——中国远征军仁安羌大捷纪念碑——的设计策划。在这片前人流血流汗的土地上，很多东西触动了我们这一行在荒野中搜寻战场遗址的中国人的心，让我们产生了应该做点什么的念头。

当日，造访此地前本没有很强的目的性，半是考察，半是受人之托为阵亡军人祭奠。废弃的油田之上，黄土烟尘漫漫，旧时的战场高地、掩体、大桥和消失殆尽的战壕，与我们在资料上看到的和想象中的差别很大。带着宗教意味的祭奠仪式上，缅甸当地一个据说通招魂之术的神婆突然中断进程，冷冷地问我们："中国人，你们到底在祭奠什么人？为何有这样多的灵魂前来？"翻译继续转述，"那些魂灵，他们说，他们想回家，希望你们带他们回家。"此言一出，我当场愣住了。我不信鬼神，祭奠也是按传统礼仪进行的，但神婆的话却击中了我的心，我选择相信，他们想要回家。

我们祭奠的对象是 70 多年前出征滇缅的中国远征军仁安羌一役的阵亡官兵，这些年轻的士兵大都来自湖南。此役虽为大捷，但在战时大军败走印度的形势下，将阵亡将士尸骨运回是奢求。尽管战后远征军指挥官对战场进行了清理，也修筑了一些将士的坟茔，但埋骨他乡已是定局。所以，当地不懂历史的神婆说出这样的话，我不由得信了。战火永熄，铸剑为犁，他们想回到 70 多年前付出生命守卫的故乡。

实际上，在此之前，滇缅抗战史专家戈叔亚老师在从事远征军遗骨归国工作中就屡次和我谈及中国军人的坟地在缅甸被破坏、扫平，被毁后用于耕种、修房，甚至建厕所。"建好的房子，当地人不敢去住，说是闹鬼，总听到有人午夜哀鸣，哭声不绝。这哪里是闹鬼，这是我们中国的士兵有家不能回，有国不能归的哀告啊！"戈叔亚老师说起来几乎老泪纵横。

我们带着这份沉重从曼德勒到仁安羌、仰光、密支那，不时看到日军陵园。即便是一匹战马，亦有属于自己的马魂碑。而那些长眠于自己解救过的土地上的年轻鲜活的中国士兵，却如野草一般湮灭，无人知悉！不求生前荣光，他们借着异族人之口告诉后来者，希望魂归故里！

当我最后在仰光的英军陵园驻足的时候，夕阳西下，巨大的集中式的圆环纪念厅，两翼几十道廊柱相接，气魄宏大地延展向两端，其间光影婆娑。园内按士兵生前的部队建制安放着无数的墓碑，凛然如列队出征时的军队，浩浩荡荡，整整齐齐。便是无名士兵的墓碑，也被精心镌刻上桂枝花环与“上帝知道他”的字样。这是为国捐躯者的荣耀，这是大国之光，将士有荣焉！

我徘徊在仰光的英军墓园，为中国将士立碑并迎接将士灵位回归湖南的想法逐渐成形。所幸得到远征军将领后人，仁安羌一役指挥官刘放吾将军之子、美国企业家刘伟民先生资金支持，建碑计划顺利实施。2013 年 1 月 13 日，海峡两岸的黄埔后人齐聚缅甸，见证了纪念碑的落成。

纪念碑的设计策划工作过去很多个年头了，我已经记不起其中的很多细节，但每每回想，心里总回荡着一句话：“他们想回家！”所以，在奠基过程中，我们在碑座下专门放进一把湖南家乡的土、一抔来自他们出征时的战时首都重庆的南山土，以及一枚指南针，愿长眠伊洛瓦底江畔、仁安羌油田的军魂找得到回家的路。

那年的落成典礼仪式上，一位来自台湾的将军吟诵了一首《送你一把泥土》。在异国的土地上，海峡另一端的前辈深沉地将每一个字送入我耳中，字字叩击人心，让我愈发觉得那两把泥土放得值：

送你一把故乡的泥土
它代表我的叮咛和祝福
今后无论你在何处
别忘了这把故乡泥土
除了对我绵绵的思念
请坚守这块神圣的国土
这把泥土　这把泥土
春雷打过　野火烧过

杜鹃花层层飘落过

这把泥土　这把泥土

祖先耕过　敌人踏过

你我曾经牵手走过

……

典礼过去多时，我还在反复咀嚼这首熟悉的老歌的歌词。之前，它从未像当日那般打动我，这是关于故土、家园最深切的表达。故园之念，已经不再是简单的岁月静好的代名词，而是渗透家园情怀。

循着当年中国远征军出征的路线归国，我和戈叔亚老师、殷力欣先生以及《潇湘晨报》的记者们一道将缅甸华侨敬制的阵亡将士灵位从仰光辗转经昆明，带回重庆供奉。是年 7 月，衡山忠烈祠举行抗战大祭，湖南家乡人以盛大的仪式将将士灵位迎回衡山，安放享堂。我们终于实现了对长眠他乡的军魂的承诺：带他们回家。这段曲折而忧伤的 70 年返乡之路，最终以最大的努力争取到了人们最希望看到的结局，画上了圆满的句号。他们回归湘江，得享庙堂香火。

时光容易教人遗忘，当这段回家的故事以理想的方式结束之后，我的心也平静下来，直到与戈叔亚老师在昆明再次不期而遇。他仍旧在民间资金的支持下致力于海外军人遗骨的收集与归国工作，将无数有名、无名的遗骸带回云南，归葬国殇园。这一次，他告诉我，如果能够再一次合作，复建和修缮印度兰姆伽中国驻印军墓园，他也算对这段历史有了个交代："我已经年过六十了，若能完成这个任务，便是让我即刻死去，我也心甘。"

我不知道戈老师从何时起不知不觉地扛起了这一关乎民族大义与尊严的大任，这份使命的达成或许比送他们回家更为曲折。逝者完成了自己的人生伟业，归于尘土，和野草闲花一般轻盈自在，任后人凭吊，后来者却在他们的葬身之处追问牺牲的价值与国家的尊严和体面。没有神婆再来告诉戈老师这里的遗骨是否还有回家的意愿，但我真心希望国殇魂魄已经裹挟着炮火魂归故里，能够亲眼看到，他们付出生命守卫的旧山河已经恢复梦里美好的模样。

我很想告诉戈老师，如果有这样的机会，真的希望能与他及我们的建筑师团队一起，重修中国将士印度墓园，告慰他们的守护与牺牲。即便再无可能带他们回家，也希望能够为他们筑起体现国家尊严的安息之地、永久的家园，书写永不褪色的国家记忆，让他们知晓，在他们奋力守卫过的国土上还有后来者记得他们。或许，这能令他们哪怕远隔关山万重，长眠异国，亦可瞑目，不必时时徘徊高山大河，年年望乡。

愿望终归是愿望，我不知道戈老师这份期待能否在有生之年成为现实，但应该会有后来者尽力吧。

又是一年春天，我带着小小的儿子行走在满是老重庆故事的南山山道上，带着他嗅山林的松香和泥土的气息，给他讲缅甸纪念碑下的南山土与印度兰姆伽的故事。孩子年幼，尚不能懂得其中的深意，历史的过往在他脑海中暂时估计留不下什么记忆，但嗅觉和刹那的大脑皮层的触动会以物理的方式保留。我想给予他的，有自然的美好，也有生活不经意间投射的感觉。我想把家园的记忆、遥远的他乡关于回家的纪念碑、印度没有能够复建的墓园都告诉他，让他懂得，心灵最美的归处是故乡，守卫家园当是男儿的担当。这世间所有的岁月静好，仍旧需要他，以及此后一代代人持续不断的负重前行。

寻找被遗忘的家园

——云南哈尼梯田红河谷帐篷营地设计之思

李一帆：1985 年生，现任浙江绿城建筑设计有限公司重庆分公司研创中心设计主创。作品：云南哈尼梯田红河谷帐篷营地等。

这是坐落在联合国世界文化遗产的红河哈尼梯田边一个被遗弃的哈尼古村落中的营地，总占地约 20 亩，改造之前有哈尼民居 46 栋。在营地设计过程中，如何将整个废弃的村落与帐篷项目的设计融合是一项全新的挑战。在建成后的帐篷酒店，人们会被场地的神秘所吸引。穿过鱼塘和芭蕉林的泥泞山路，一直延伸至半山腰上的偶有云雾遮蔽的帐篷营地。在这里有开阔的视野，可以俯瞰整片哈尼梯田。营地以废弃的村寨为基础依山而建，保留了原始的石头和夯土老宅基底，把村寨格局和帐篷元素完美结合。石砌的院墙、生锈的门牌让时光倒转，水汽弥漫、树影斑驳让老寨更加变幻莫测。营地保留着建寨之初便生长在这里的神树，所有风景在它的守护下重生和延续。

这是我的处女作。我 2015 年 12 月加入红河谷帐篷营地项目团队，用了一年半时间与营造团队一同在当地扎下根来，一点点地对营地精心打磨。我很幸运，在建筑生涯中第一个作品就遇到这样特别的项目。

邂逅红河哈尼梯田之前，我刚刚结束美国留学生涯。 作为一个初出茅庐的建筑师，我揣着对很多前辈大师的敬慕，渴望在未来的作品中追寻他们的足迹。有一位建筑师让我尤其钦佩，他就是安藤忠雄。他对我的影响，远超出设计本身，更多的是对于建筑学的热爱和对人生的坚持。他的作品与建筑生涯中无处不在的坚韧精神，在我每次遇到低谷的时候鼓励着我。当我来到红河谷梯田边的寨子里，面对自然赐予的宏大画卷时，因这位大师而起的很多东西扑面而来，鼓励着我用他的思想去探索这对我而言全新的世界。

第一次到石头寨，它就带给我前所未有的震撼。

那是一个处在一条蜿蜒曲折的碎石盘山路尽头，处处残垣断壁、杂草丛生的废弃哈尼寨子。走在里面，眼前处处是人类生活的痕迹与大自然生长的活力。一脚踩下去，是被灌木吞噬了一半的石板台阶。我当时就意识到，这里正在经历一次轮回。这里的大自然曾经被开垦为村落，又再从村落蜕变回自然。人类完成了对家园的使用后，最后以原始的方式还回自然。

初次造访石头寨满含考古探秘的感受。从找寻通往寨子的路时的迷茫，到穿梭在几乎分辨不出道路的寨子里的兴奋，甚至是探索被杂草吞没了一大半的哈尼土房子时的一丝忐忑，最后都成为我们设计中进行创造的灵感来源。

在这个曾经历过男耕女织、田园诗一般生活的古老村落中，有种人类与大地水乳交融的家园的归属感始终萦绕在我脑海里。我希望在设计中努力保留那曾深深震撼我的人为和自然共存的特别体会。

这份对寨子作为消失的家园的缅怀与尊敬，以及对自然的尊敬，在我们的设计过程中都是需要的。两者之间的矛盾，是对我们设计最大的考验。

我进行设计时，我们所有的客房，都建在原来哈尼民居的宅基地范围内。由于村民自建房屋都很随意，致使很多民宅的平面都很不规则，给客房的使用带来了很多的困难。其实，我们完全可以把客房的平面都规范化，而出于对寨子的尊敬，我们从一开始，就决定了要保留 17 个客房的独立性，保证每一栋是原来的样子。

为追溯这个已经消失的村落中曾经持续的大自然与寨子的对话，我们在整个营地除去对杂草的清理整治，始终没有砍伐任何花木，同时适当新增从附近移栽而来的植被，对生态环境做最大限度的保护。此外，在营地建造过程中，也没有产生任何建筑垃圾。曾经破损的土房子在拆除的时候，朽木我们就地焚烧掩埋，用来砌墙的大量土坯砖，一部分我们回收利用于新建的夯土墙中，另一部分我们则在营地中回填，用于地形整理。

在材料方面，红河谷营地以石块和夯土为主。我们从一开始就认为，这些材料就属于这里。我们应该像这里最早的村民一样，使用原本就存在于石头寨的材料，但以不同的方式重新呈现。

在空间设置上，我们设置的每一个公共空间，都可以带给人们不同的感受，给予人回归自然、回归人类最古老的家园的亲切感。所以设计过程中我尝试以不同的方式使用夯土和青石，以表现出不同的空间感受，如在池塘边的大堂，在水渠上的餐厅，在喜树下的图书馆，在田埂边的酒吧。这些空间会打破我们对于传统公共空间的期待，在这个千年梯田边的寨子里给人带来不一样的感受。

为了塑造这个场地中强烈的家园感，我们在营地里选取了一个特殊的区域，特意保留了这个废弃的哈尼村寨最初给我们的感受，并将其命名为“遗迹公园”。甚至还在营地里特别设计了一个观星台，让人们在亲近自然的过程中去探索和发现，宛如回归儿时的家园，去寻觅那既亲切又新奇的东西。

在营地的设计建造过程中，最初的方案与现在有很大的差别。一开始我曾试图挑战人居住空间的极限，把室内空间缩小到最基本的尺度，这样带来的回报便是人与大自然亲近的空间被放大到极致。很可惜这个方案并没有最终实施，我希望能在未来有孵育的可能性。

在施工期，每天都有出人意料的事发生。当地哈尼族村民为重建这个寨子洒下了滴滴汗水，参与建设的工人中，有很大一部分都是这里曾经的居民。我时不时会和他们聊聊天，这时候，他们也会出于自己的生活经验和感受同我讨论营地里某些地方的设计改造。有时他们会对我们的设计感到不解，有时又毫不吝啬地赞扬我们的一些想法，也有些时候，他们那些朴素的、带着泥土气息的想法激发我产生新的灵感。

如今看到最后落成的营地，我脑子里并不会浮现出当初在电脑和图纸上绘制的一笔一线，反而是和当地人一起建设时的投入与付出，还有每一片石墙，每一条石路，每一堵夯土墙，乃至每一片草地背后的故事。

石头寨中经历过岁月的洗礼，曾经一度废弃的一砖一瓦又在改造之后焕发出了新的生机。新生的石头寨已经不再是过去的聚落，而是来自不同地域的人们追寻大自然家园的情感依托。伫立在高黎贡山古老的山寨旧址上，人类在自然之母的怀抱中那种美好的依恋会油然而生。

人对自然的回归，与天地的休戚与共，是我们对家园终极的追索。而建筑师，则是新的价值的设计者和营造者。家园的缔造，不仅仅是点、线、面的组合，更是怀着敬畏去观察、用心去感知和付出的整个过程。在石头寨用汗水浇灌，在荒废的土地上让全新的建筑生根发芽，是我走出校园后建筑生涯的起点，或许也是我从前辈大师们的设计中领悟到的最伟大的使命——构筑心灵的家园，在自然中安抚人类的灵魂。

家园四解：根基、培育、价值、升华

李海霞：1979年生，北方工业大学建筑与艺术学院副教授。曾任北京清华同衡规划设计研究院高级工程师。代表作品：昆明翠湖地段整治提升规划、昆明市域三个历史村落保护发展规划、昆明太和宫金殿保护规划等。著有《山东古建筑地图》等。

家园
是山郭
是江河
是家乡的云朵

是大海
是湖泊
是校园的净土

是信札

是站台
是远走他乡的回眸

是明灯
是希望
是突破黑暗的那扇窗
是你我共同皈依的神坛

家园，不同于家乡、住宅、居所。我们使用这个词语时，往往注入很多情感的因素，比如“精神家园”“心灵家园”，带有强烈的精神属性。它可以是一片梦中的桃花源，可以是一角安静的书桌、一盏等你回家的灯，以及一顿家人做的饭菜。它可以是追求真理的道路，可以是相守的幸福，是喜欢的文学艺术，或者热爱的事业，同时它也是灵魂栖息的港湾。总之，家园一定是有爱的地方，是精神放松的地方，是我们一辈子的牵绊和前行的动力。

家园是什么？时空上的一个点，乡野中、城市中的一处住所，抑或是一个人心灵上、精神上那股永远前行的动力、皈依的场所？家园可以是有形的，也可以是无形的，可以是真实的，也可以是虚幻的。家园是个动态的概念，是分层次的。人生不同阶段有不同的理解和界定。古人和今人，不同的时间断面有不同的内涵。年轻人和老者，因境况的差异，也形成迥异的解读。有的人追求装饰华丽、舒适、宜居的物理空间，周围优美的环境景观，以及地段、城市的综合性能。有的人倾向于精神上的家园，尽管居住空间局促、拘谨、萧条，但他的精神世界很富足，很宏阔，他的家园有很强的精神张力。而更多的人是将二者融合起来，在物理空间中容纳下自己的精神世界，使二者达到高度的和谐。我不禁思考，我的家园在哪里？它来自哪里？亦将归于何处呢？

家园之根基——齐风鲁韵，海岱之间

家是人生开始的地方。我常常很自豪地说，我是齐国人。2000年前的齐国，富甲东方，吸收了东夷文化并加以发展，形成了不同风格和流派的学术文化。哲人、思想积聚，成为中国传统文化的主干，推动了中华文化的传承与发展。我在历史厚重的山水圣地长大，在传统的儒家思想浸润下，家风严肃，家教严格。祖辈民国时期开过学校，当过校长。父亲喜欢读书，经常去书市淘各种杂书，所以耳濡目染下我童年接触到很多闲书，这对我以后的人生影响很大。我很感激父亲让我如此自由地吸取知识。那时候对家的理解很单纯，就是一个吃饭睡觉，有家人的房子。在父母分配的职工住宅，有我一间小小的卧室，墙上有我儿时打破鸡蛋的痕迹，楼下有一起玩耍长大的小伙伴，这就是我儿时的家园。虽然空间不大，但依托故乡的时空、人文，色彩斑斓，至今想起都觉得美好、温暖，令人怀念。

家园之培育——刺桐花开，学术典范

每个人最美好的回忆和年华都留在了青春校园。到了不惑的年纪，掐指一算，我竟然在校园度过了30余载时光。在泉州读书的几年，是我跨进专业领域的第一步。至今记得在刺桐花开的校园，每逢佳节倍思亲的离愁别绪。一个融洽的集体让我很快有了新的家园情思，与同学们一起自习，疯狂阅读资料室里的专业书籍，以及哼唱着民谣熬夜赶图，都是此时期家园重构的养分。毕业后留在校园执教，延续对闽南文化的研究兴趣和热爱。几年后，由于身体原因及父母的期盼，我选择了北上继续深造。这也因此改变了我的人生。

进入清华大学才发现，到处是牛人。有的人不一定在学业成绩上突出，但在其他方面有丰富的阅历。综合、全面、多元发展，是清华培育人才的核心理念。入学后第一个触动我的是我的室友，曾经的陕西省高考状元。她为了给吴先生做幻灯片，视网膜脱落。她夜以继日、争分夺秒的学习研究无形中给了我压力和推动力。我的导师是近代建筑领域的权威，师承汪坦先生，并追随汪先生一同创办了中国近代建筑史学科体系。近代建筑研究在建筑史研究领域属于小学科，一般报考的研究生也不多，能获取的资源和研究力量相对而言十分有限。即使在这样的条件下，我的导师依然对每一个项目精益求精、严格把关。记得刚入学时参加研讨会需要准备发言的PPT，导师看到我的版面大声呵斥道："这怎么是一个当过老师的人做的东西呢？一点基本的建筑学素养都没有！"听到这句话我的眼泪止不住流下，委屈而且无地自容，当时真的想找个地缝钻进去。他对每一幅照片的尺寸、版式、字体都一一订正。读博期间跟随导师的每一个项目、每一张图纸，他都亲自审查。我们师门的每一个学生在工作、研究过程中，即使草图，都不敢怠慢、轻松对待。导师的火暴脾气在建院很出名，这也是缘于他耿直的东北人性格。我们师门中的每一个学生都被先生"骂过"，听说有的师兄也被训哭过。但我们都由衷地感激先生的耳提面命。现在想来，我在以后工作中特别在乎设计排版以及为人爽快的处世风格多多少少源于先生，他严格、严谨的学风让我终身受益。

导师不在意面子，对任何人都一样。他敢于为了保护一处工业遗产跟市长拍桌子，也敢于在几百人的大会上痛斥行业的不良现象和管理漏洞，他甚至因为评审过于严格得罪了业内很多同行，以及出于保护理念的坚持，与找上门来的利益驱使下的甲方分道扬镳。但这一切行为的背后是导师一贯的专业操守和文化自觉，我们敬仰他。学院有很多老先生，同我导师一样，任性，倔强，勇敢且可爱。他们都拥有开阔的学术视野、强大的影响力，在专业领域贡献突出。在老先生身上，我看到的是一种坚韧，一种永不气馁、自信开阔的学术精神。

清华可以说是我学术培育的家园。在这里，师教、同学情、图书馆赶论文、西操跑步以及恋爱生娃等点点滴滴勾勒出我羽翼渐丰、轮廓丰富的人生第二家园。

家园之价值——守护遗产，纵横拓展

学建筑史毕业后能做什么呢？到大学当老师继续进行科研似乎是不二选择。博后出站后，我阴差阳错地错过了大学教师的岗位。也许是冥冥之中注定，进入设计实践领域未尝不是一种新的挑战和可能。我很庆幸自己的选择，它让我体验到更加丰富的专业应用。现在我从事的是文化遗产研究与保护工作。在保护项目中，更注重价值的研究，这也是博后期间合作导师给我的重要启发。一个项目做了半年，绝大部分时间都花在科研上面，解读舆图，梳理转译文献，比对考古资料，推测复原城市格局。有了这些支撑后，水到渠成，最后阶段的完成仅仅用了两周时间。这种强调透彻研究的工作导向也是我很好的起点。我们现在做的很多项目都可以培养几个硕士生，不是短线的项目操作，而是贯穿项目始终、全链条、多专业的综合解决方案。

因忍受不了北京冬天的雾霾，入院后我选择了奔赴春城昆明，开启了双城生活。第一个项目是翠湖周边区域整治提升一期项目落地实施，我们因此成立了驻地工作室，同时联合昆明理工大学成立了云南文化遗产保护实验室。在商务、工作例会及图纸变更等具体环节中，我真正领悟到了专业配合的难度和人际沟通的重要性。我们主要在规划和文物两个行业内进行配合、服务及前期商务合作。依托清华的设计技术资源，在重要项目中力求提供与地方院一样周到的服务及长期、全程陪伴式驻地咨询。通过两年多的扎根、拓展及纵横联系，这种驻地工作室已成为当地认可且不可忽视的一股力量，也是西南片区一个文化遗产聚点。2019年是规划行业艰难的一年，很多规划院深受影响。我们做了一些事，事情虽小，但蛮有收获。同时也有一些遗憾，有一些迷惘。但是这一切都是积淀，是往好的方面努力。坚持钟爱的遗产保护事业，从中个人价值得到体现，是我对家园价值维度的理解。

李海霞 2018 年 3 月在云南红河州双龙桥调研

家园之升华——修心明智，爱并自由

孟子在 2000 多年前就告诉我们：“仁，人之安宅也。”仁，就是人类最安适的精神住宅、精神家园。如果寄语未来，我想对自己说，修炼自己的精神力，从内打破，精神成长的沃土将保证自己沉稳安逸、内心富足。到了一定岁数，每个人应该成为自己的家园，不能寄望于他人，或者另觅他乡遮风躲雨，悲欢皆需自度。就我个人而言，我因求学、工作而领略过南北城市截然不同的风情。无论大城、小城，无论他乡、故乡，不同进程中的家园会跟随你的脚步而变迁。物理上的边界对我而言似乎没有什么束缚，我的家园一直在路上，无定所，无固定的边界、形式和容器。人生开始的地方、求学的生涯、工作的征途以及精神的归属，恰恰构建了我家园时空的几个重要的断面。

疫情暴发后这段全世界被迫按下暂停键的时期，其实是一个重要的梳理自身、停下来思考的阶段。家园是立体的，未来需要通过更多的实践、学习、思考来让它升华。林徽因在西南联大期间写下过这样的话：“在迷惘中，人最应该有笑。”一个诗人在国难袭来时面对生活豁达的状态深深打动了我，也激励了我。非常时期，每个人进行自我约束和反思并推动专业发展才是希望之所在。无论多难，请相信前面有光。即使仅仅是微光，也可以点亮家园。愿你我的家园灯光常在，照亮彼此。

家园的创作

李亦农：1970年生，北京市建筑设计研究院有限公司副总建筑师。代表作品：房山世界地质公园博物馆、国家检察官学院香山校区体育中心、清华大学综合科研楼一期1号楼、路县故城遗址保护展示工程（博物馆）等。

家园是一个让漂泊的心灵停靠的温馨港湾，以“建筑师”为注脚，那便是我们这些以此为职业的人的灵魂之所依。青葱年少时懵懵懂懂选择了建筑专业，没想到竟然真的伴随我半生，乃至一生。对于我来说，八年的求学，清华园冥冥之中是我的第二个家园。离校后的廿年弹指一挥间，当年那充满朝气的青涩笑脸已变得温和而稳健。那些年，那些事儿，以及承载那些时间的空间，依然堆叠在我的记忆中，时常在深夜梦醒时闪现在我眼前……

刚上大一时，建筑系的专教在焊接馆，高大的教室，拙实的绘图桌，水磨石的地面，混响着熬夜画图时激越的摇滚乐。升入高年级，我们的教室转到了主教，教室更高，更明亮了。夏日雨后，同学们纷纷放下手中的绘图笔，沿着窗外的检修爬梯登上主楼十楼的屋顶。清晰地记得，那时我胆子很小，下面有同学保护，屋顶有人接应才跌跌撞撞爬出屋面。站起身，掸掉身上的土，放眼望去，层叠的西山，瑰丽的彩虹，雨雾蒙蒙的校园……那时觉得人生最美的景色，最舒畅的心境恐怕就在此时了。

图书馆是上学时最留恋的去处，它不只是知识的海洋，更是我们徜徉漫步、互诉心声的庭院。砖拱的柱廊，我每年都在那里留下照片。从初入清华幼稚的面孔，到学士纪念照、硕士毕业照。面孔在成熟，而砖砌的拱券，T形的水池，多年未变。这就是校园的魅力，这就是凝固的音乐。于是，初学设计的我有了一个模糊的梦，盼望在学校里留下彩色的一笔。

毕业若干年后，机会终于到来。在清华的东区北部，我开始设计东区科研楼群的一组建筑——蒙民伟科技大楼，设计的过程让我串起记忆的碎片。离开学校多年后，我重新开始认真研究清华园。清华大学的历史沿革可以说是一部近代建筑发展的历史。从清康熙年间的古建筑到西方折中主义风格的红砖建筑，进而是 20 世纪 50 年代、60 年代、80 年代直至新世纪，一批批新建筑在历史文脉的基础上演进发展，形成了今天的校园。

这栋新楼建在东区，是为有着深厚学术积淀的导师及其带领的硕博研究生科研团队进行科研实验用的。我构思时总是回忆起上学的时光，学生们除了需要高效宜人的科研环境，还需要那些能为他们的学校生涯增添色彩的空间，留住青年时代的浪漫与激情。

记得低年级时希望绘图教室最好和老师近一点，以便能够及时讨论并得到指点，还有对高大宽敞的教室的留恋，这一切化入了我的设计中。科研楼的主体是简洁明了的双板式布局，南北向的房间高大明亮。朝南短跨留给教师办公，北面正对着大间的学生实验用房。师生直接的交流与沟通更加及时通畅。

设计和建造过程断断续续进行了近五年。此间我经常清晨来到工地，看着它一层层长高。2012 年底，它终于揭开面纱，静静地立于校园东北角。每次来学校我都会特意拐个弯停下车，在 U 形的庭院里站上一会儿，看着老师、同学步入大楼，心中充溢着满足感。隐秘空间是恋爱的同学的好去处，我将它化成U形玻璃围合的公共空间和室外庭院，同学们停留的身影若隐若现。

这栋建筑对我来说已不是一个普通的项目，它寄托了我藏在心底的情感，对母校的敬畏和对她未来的期待。这栋建筑是一座桥梁，将上一代学子点滴心血集聚的集体记忆，传递给一代又一代，以此交融滋长，生生不息。

随着建筑师职业生涯的发展，我不断地从更宽广的思想海洋中吸取精华，去认识我们的城市规划以及建筑设计所应遵循的原则。房山世界地质公园博物馆的设计过程，让我对追寻这一原则有了更加深切的感悟。我们在自然中进行建筑设计，怀着敬畏之心与自然对话，在满足建筑所要完成的功能需求和情感需求的同时，与自然和谐相处，最终达到共生。这也正是中国传统中“道法自然”的文化思想。“人法地，地法天，天法道，道法自然。”大道运化天地万物，无不遵循自然运行的规律，无不是得自然之功，又无不是返归于本源。

这是一座专门为房山世界地质公园配备的、以科普内容展示为主的专业博物馆。面对这样一个项目，我们首先将其定位成一个应该与自然融合，并以建筑创意表现自然之美，以建筑空间展示自然特色的设计作品。

在这个项目的初始阶段，建筑师就小心翼翼地介入环境梳理。我们以对场地现状的解读入手，从点到面，着力于领悟自然，以期获得灵感的源泉。

建筑用地坐落在北京至京西古刹——云居寺的路边，这也是到十渡、石花洞等地质公园著名景点的必经之路。宽阔平坦的公路在这里开始起坡，并逐级爬升，延伸到远山深处。而路边便是博物馆的建设用地。它背倚一黛远山，面向葱葱郁郁的林地、果园和农田。

然而，现实并不完美，这片土地早已遭到人为的破坏。人们曾经热衷的工业开发，将一片完整的坡地挖断，形成一低一高相差6米的两片，这无疑是人类粗鲁自私的行为遗留给自然的一道伤痕。于是，新建筑将不再是一个单纯的展览场所，也有了其义不容辞的使命——修补自然：以建筑介入人与自然之间，充当二者之间的缓冲层，弥补这一人为的断层，使二者间的关系变得和谐。

为此，我们进行了更大范围的调研，确定“小建筑”与“大环境”的关系，将建筑纳入整个环境体系中考量。我们创造了连续爬升的实体，将断裂的地形连缀为一体，棱角分明的折面造型隐喻房山错综复杂的地质变化，同时呼应远山。这种手法既最大限度地减少了土方，同时将破碎的地貌重新修复成一个统一的整体。

这个建筑的功能被划分为三个部分：展览部分、公共大厅、培训办公部分。建筑体量作为功能的反映也分作三部分：南北两侧的实体与中间的虚体。虚体即为三面玻璃、如晶体般夹在实体之间的共享大厅。在东西方向上借由中间的虚体，绿树清风穿堂而过，大自然仿佛并未被折断。阳光从两侧坚硬、陡耸、对峙的石壁之间的罅隙洒向公共大厅，很容易使人联想到房山著名的景点“一线天”。建筑由此也完成了对自然的隐喻。厅内斑驳的板岩墙面上悬挑的之字形楼梯和连接两大实体的天桥，仿佛是自然之间的人工连接。它们不只作为交通疏散途径，也是大厅内的装饰，在光洁的石材地面形成倒影，宛如立体的中国传统画，表现出建筑与自然和谐的意境。两个功能实体的内部空间也随着体形的起伏层层跌落，于是，北侧的展厅部分形成了连通的展示空间，其展示内容得以完整连续地复现了房山世界地质公园的山山水水。我们设计的参观流线也是一条随展厅高低变换的动线：观众由标高为 ±0.000 的公共大厅进入展厅，经由时空隧道来到实景仿真区。穿过溶洞和北京人洞穴后乘观光电梯，在电梯中可感受火山爆发的场景。乘电梯向下到达－8 米标高的展厅后，又沿着与内院并行的台阶拾级而上，回到公共大厅。最后从峭壁上的楼梯到达二层，这也是参观的尾声和高潮——4D 动感电影厅。参观的路线恰如游客在地质公园的山水丛林中前进、盘桓的过程。此外，南侧的培训办公部分东侧每层因退台形成的露天平台，为学员和工作人员提供了休憩和远眺观景的空间。

在建筑材料的选择上，我们以材料呼应建筑的主题与周围的环境，以石

房山世界地质公园博物馆

头建筑包容全部功能空间，并刻意以石头作为设计的立意：石的生成、裂变，其形态、质感以及浓厚的本土特色，都成为建筑师创意的出发点。于是，一座用房山地区特有的绿色岩板覆盖的建筑最终呈现出来。它有着巨石般从地表隆起的体量，表面全部由自然切面的石板连缀，丝毫不带人工雕琢的痕迹。在我们最想表现冲突的部位上，石板翻起垂直于建筑表面，显露出了表皮后朴素的水泥墙面。这些尝试不仅强化了视觉冲击力，同时也表达了建筑师在设计中的诙谐与放松。古老的材料，原始自然的状态，用来塑造群山脚下的新建筑，焕发出的不只是材料自身的魅力，还弘扬了建筑与场所的整体精神，并表现出建筑师对自然的崇敬。

创作过程中，我在学习地质学、人类学等多学科知识的同时，用建筑演绎着自然与文化：以形态的变化解释多次抬升的造山运动，以虚实相生的建筑空间表现溪流峡谷，用本地材料表现地域文脉……这一切造就了坡地之上崛起的房山世界地质公园博物馆。它不只完成了科普展示的使命，也充当了自然地貌的修复者、环境的梳理者。通过建筑师之笔，以一个万余平方米的建筑主导、梳理了周边数十顷土地，令人们看到了一个完整延伸的世界地质公园。数十年后，当建筑蒙上岁月的烟尘，当青葱的绿树与周边的果园、农田连成一体时，“人工”已变为了自然，似乎“生于斯，长于斯”，完美的融合将成为现实。

这个设计的完成过程也是我的心灵与自然融合的过程，我从中感到，自己的思想有了更坚实的依托。而另一个设计则成为纽带，让我与中国古文明产生了对话。

北京城市副中心通州的西北部，空旷的土地之下埋藏着一座汉代古城。这是目前所知通州地区最早的古代城址，在文化、交通和经济上具有传承作用和纽带地位，是通州区历史文脉延续的“活化石”，对研究副中心历史发展和演变具有重要意义和价值。

要建设古城遗址公园，设计者要以高度的敏感去分析和体验影响设计的一切因素，在和自然、历史、城市的对话中找寻设计之道。通过对用地的场所体验与梳理，对该项目功能的全面分析与解读，以及对联系新城、古城的纽带的理解，对功能的体验式布局，最终形成了简洁朴拙的建筑风格。设计致敬历史遗迹，以墙为形，以城为意，形成环顾遗址与新城的最佳景观视廊。按最小干预原则，将最小的建筑体量置于地上，其余功能置于覆土之下。建筑以参观主廊道植入用地，并沿东西向展开，向上生成 130 米长的建筑主体；建筑主体北侧以弧形的玻璃墙呼应遗址，南侧以简洁有力的横向实墙呼应城市。公共廊道串连南北两翼功能空间，功能体块置于覆土之下。遗址公园中绿荫环抱，建筑半隐于缓坡树林，融于环境，并与遗址交相辉映。

我们终于为盘桓于此数千年的文化魂灵找到了栖息的家园。

观众从建筑的下沉式入口进入，经公共大厅进入展厅参观。空间氛围厚重神秘，与展品完美契合。之后抵达文物修复医院，了解文物知识并在庭院体验区参与考古活动的体验。接着沿楼梯至夹层，东赏镜河风光，北观古城遗址，南望新城。之后离开博物馆，漫步遗址公园。

一个一个的作品在实现，让我渐行渐远；而内心愈发满足，愈发沉着安定。一个建筑师的从业历程，就是不断求索心灵家园的历程。此时不禁想起徐志摩的一句话：“我将于茫茫人海中访我唯一灵魂之伴侣。得之，我幸；不得，我命。如此而已。”不过，我与他的灵魂依托不同，如此而已。

家和遗产

——疫情期间的读书笔记

徐苏斌：1962年生，天津大学建筑学院教授，中国文化遗产保护国际研究中心副主任。中国建筑学会工业建筑遗产学术委员会副主任委员等。著有《近代中国建筑学的诞生》、《日本对中国城市与建筑的研究》、《中国城市近现代工业遗产保护体系研究》（五卷本）等。

家和遗产有着千丝万缕的联系。"遗产"（heritage）源于拉丁语，指"父亲留下来的财产"。20世纪下半叶，"遗产"一词从内涵到外延都发生了巨大变化，它的内涵由原来的"父亲留下的财产"发展成为"祖先留给全人类的共同的文化财产"。当遗产走进公共领域后便和私有领域的家越来越疏离了。今天遗产保护已经变为一种职业，我自己也是遗产保护者之一。当我们专注于遗产保护事业的时候，往往忽视了家的存在。2020年的疫情阻止了我们频繁的出行，把我们堵在家里。网络时代虽然不能阻止我们工作，但是家里的日常却频繁地刺激我们反思家的意义。家给我们基本庇护，为我们遮风挡雨，让我们养精蓄锐，躲避疫情，维持生活。同时，家也是珍贵的遗产。如果有祖辈留下的老屋，那已经是一种奢侈，更多的是相册、首饰，还有故事、记忆。回顾遗产保护发展史，很多国家的遗产保护运动都是起始于家庭主妇，起始于对自己家园的依恋，这说明了家和遗产的密切关系。遗产本来是私域的概念，重新回到原点考察，这份遗产的核心就是家。

遗产的核心是无形的。澳大利亚的研究者劳拉·简·史密斯（Laura Jane Smith）撰写的《遗产利用》（*Uses of Heritage*）一书中写道，作者在聆听年长的瓦安伊妇女给年轻人讲故事时，想起小时候父母给自己讲这个故事的情形，而自己又将同样的故事讲给孩子听。这些故事关联着地方或者家族的共同记忆，有时还会以实物形式作为载体，例如传家宝、项链等。她的核心观点是，所有遗产都是无形的，世界上本没有遗产，只是因为权威话语建构了它。遗产是个社会文化传承的过程。她的理论成为国际思辨遗产研究协会（the Association of Critical Heritage Studies，ACHS）的基石。国际遗产学界过去十多年来迅速崛起的遗产思辨研究（Critical Heritage Studies）更多地将遗产作为一种涉及多个社会群体的文化实践；不仅关注遗产是什么，更关注遗产在社会生活中发挥了什么作用；不仅关注遗产如何保护，更关注遗产对于民众意味着什么；不仅关注遗产的本体，更关注人与遗产的互动，以重新理解遗产的本质。2018 年，该学会在中国杭州举办了以“他山之石——跨界视角下的文化遗产”为题的第四届双年会，对中国产生了较大的影响。遗产思辨研究也启发了对于家的思考，我们日常记忆中最深刻的莫过于对于家的记忆，对于家的记忆就是值得珍惜的遗产。

无形遗产离不开载体，记忆也需要载体去承载。20 世纪 70 年代法国思想家亨利·列斐伏尔（Henri Lefebvre）出版了名著《空间的生产》（*La Production de l'espace*），也提到空间是物质的、精神的、社会的空间，特别强调了空间的社会性。人文地理学家段义孚的恋地情结研究更是深刻阐释了人和场所的依恋关系，改变了过去地理学仅仅重视物质层面的内容的状况，还原了人作为主角的地位。在人文主义地理学视角下，场所是凝聚了意义的中心。场所意义是对一个地方的本质的理解，即对“这是一个怎样的场所”这一问题的回答。人们通过意义建构过程来阐释自己的世界，而意义是在人类与物质世界及社会成员的互动中创生的。段义孚的研究重视人的感知，也涉及了记忆。

场所承载了感情、记忆。从历史学角度对记忆和场所进行深入研究的当推法国历史学家皮埃尔·诺拉（Pierre Nora）。他主编了多卷本的《记忆之场》（*Les lieux de mémoire*，1997），通过记忆研究历史，构成对于历史的认知。2018年，联合国教科文组织世界遗产中心委托国际良知遗址联盟（International Coalition of Sites of Conscience）完成了《记忆之场的解释》（*Interpretation of Sites of Memory*）。该文件直接采用了皮埃尔·诺拉对“记忆之场”的定义，即记忆之场是指无论是物质的还是非物质的重要的实体，由于人类意志或时间的作用，已经成为任何社区纪念遗产的象征性元素。他强调关注被历史遗忘的当下的“历史”——记忆之场，从记忆的角度研究历史问题，从而有别于以往的史学研究。记忆之场因涉及了心理学、社会学、遗产等多方面的问题，成为多学科研究的聚焦点。他主张通过记忆场所的研究，更好地拯救残存的集体记忆，找回群体的认同感和归属感。遗产的真实性可以为找回群体的认同感和归属感奠定基础。

家是凝聚人一生记忆最丰富的场所。家无论大小，无论贵贱，都会给人深刻的记忆。记得母亲曾经说过：“破家值万贯。”回味起来，这就是指看似无价值的“破家”却因为记忆价值而值“万贯”，珍贵无比。极简主义者倡导在空间极小、时间极少的情况下丢掉目前不用的东西，表面上看十分合理，但这是一个记忆的悖论。就算我们不想承认自己有记忆，记忆也会在我们驻足的时候涌现出来。记忆是一种遗产，虽然是无形的，但是影响到千家万户。记忆可能附着在大大小小的载体上，家是收集和呈现记忆的密度最高的载体，从诞生到衰老，从父辈到后代，积累了各种记忆。

家可以放大到故乡。古人有很多关于思念家乡的诗句：“少小离家老大回，乡音无改鬓毛衰。”“君自故乡来，应知故乡事。”故乡就是集体记忆的承载。文化遗产更多地讨论集体记忆，即场所的社会价值。1992年，在澳大利亚遗产委员会的工作报告讨论稿中，克里斯·约翰斯顿（Chris

Johnston）首次对遗产的社会价值的含义进行归纳："社会价值是集体的场所依恋，它体现了对社区的重要意义。"这成为探讨社会价值的重要文献。家乡可以理解为集体依恋的场所，这个场所内含的集体记忆也可能没有被赋予名分，但是在我们每个人心目中都是一份珍贵的记忆。1972 年联合国教科文组织颁布以保护人类自然环境与人文环境为宗旨的《保护世界文化和自然遗产公约》以后，遗产发展为公域的概念。从世界遗产到地方遗产，各国都有很多不同层次的公域的遗产。公域的遗产的进化是近代化过程在遗产领域的体现，私域的遗产是遗产保护的深化。可以认为，无数关于家的个体记忆构成了关于家的集体记忆。

留住记忆是建筑师的责任。在过去房地产拉动经济的背景下，建筑师们生产了无数高层住宅。人们讲求数量、效率而忽视记忆，大规模的拆迁把记忆连根拔掉，新的规划覆盖了原来的地形地貌。当我们匆匆忙忙追赶现代化的快车时，忽视了万家灯火中珍藏着最美好的记忆，这些记忆就是最珍贵的遗产。建筑师是引领建筑的时代潮流的先驱，也是延续记忆的规划者。日本建筑师安藤忠雄的住吉长屋延续了日本传统街屋的精髓，水御堂的莲子承载着上千年的记忆；王澍的宁波博物馆旧砖拾遗留住了市民的集体记忆；崔愷设计的祝家甸村砖瓦厂改造唤起村民对村西老砖瓦厂的集体记忆，这份集体记忆将成为村子继续发展的动力。优秀的设计与其说是继承传统样式的成功，不如说是延续集体记忆的成功。建筑师们可以用他们特殊的表现方式呈现个体或者群体的记忆，而他们的作品又成为新的记忆。

遗产的公域与私域并不应该有严格的界限，保护好私域的遗产，也许就是保护好公域遗产的第一步。最近关于保护记忆的人类学研究十分活跃，收集家谱、采访居民成为遗产研究领域的新动向。我忽然想到，本书不就在于透过每个建筑师的个体记忆来记录他们的集体记忆吗？

建筑师的家园与修养

孔宇航：1962 年生，天津大学建筑学院院长、教授。《建筑细部》主编，全国高等学校建筑学专业教育评估委员会委员等。曾任大连理工大学建筑系主任、建筑与艺术学院院长。著有《建筑剖切的艺术（Ⅰ）》《建筑剖切的艺术（Ⅱ）》《非线性有机建筑》等。

将“家园”与“修养”两个词并列进行讨论似乎有些拼凑的嫌疑。在建筑师的世界中，家园是有形的、物质性的，是人类得到庇护的场所和心灵寄托的载体。而关于修养的讨论，其对象是人类自身而非物体。在某种意义上，修养尽管以某种形式呈现，但具有无形的、只可意会不可描述的特性。但如果对家园与修养的关联性进行深度剖析，则能发掘出更有价值的内涵。

关于家园

记得上大学的时候，总是谈论“建筑师之家”的设计，出题者希望学生们用自己的手和笔去构建心中的“建筑师家园”。大部分学生以空间的趣味与形式的优美为目标来构思。现在看来，这只是老师期待学生充分发挥空间想象力的作业而已，并不是一种启智式的建筑教育。在读研究生期间，应该是 1989 年春天，我选了一位来自库伯联盟的教授雷蒙·亚伯拉罕（Raimund Abraham）的设计课。他出的设计课题目是：你心中的房间与景观。没有基地图，没有具体面积要求。我们一组学生在该题目下整整进行了 16 周的设计与思考。这次的设计课给我留下了难忘的记忆，几乎是一种灵魂的考问。现在想想，它与本科生设计课最大的差异在于：一个是技巧与方法的训练；另一个则是思辨、追问与反思的教育，正是这样的过程养成了我一生中进行批判性思考的习惯。

每个人对家园的定义都是不一样的，建筑师的家园则与常人的家园不同。历史上众多优秀建筑师的作品与其说是为业主而建，不如说是建筑师自己理想的家园在业主场地上的投射，例如帕拉迪奥的圆厅别墅、柯布西耶的萨伏伊别墅、斯卡帕（Carlo Scarpa）的布里昂家族墓园、埃森曼（Peter Eisenman）的哥伦布视觉艺术中心等。在此，“家园”意味着建筑师的哲思与理想在大地上以具体的场所、空间、形式呈现，是其内心世界在大地上的物化过程。他们除了花一些精力去满足业主对物质空间的需求，更多的是将自己深信不疑的建筑理念精心地编织在具体的空间与形式之中。无论是理性的追求，还是情感的寄托，他们都会精心地架构心中的梦，将其难以忘怀的记忆以及对未来的憧憬，以非同寻常的空间想象力筑成其心中神秘的家舍。

如果说以历史上著名的建筑师及其作品为参照来进行关于家园的思考，会显现出宏伟叙事的疏离感，那么每个人的亲身经历则更能触动人心。说来奇怪，在建筑师生涯中我去过很多城市，参观过无数的建筑，如果谁问我印象最深的是哪里，我会毫不犹豫地回答：丽江古城。在我的记忆中，古城有流动的水声、尺度宜人的街道、悠扬的乐声、和煦的阳光以及时间所留下的记忆年轮。古城的场景非常符合海德格尔关于“诗意地栖居”的所有要求，天、地、神、人在这里是一个高度的综合体。有趣的是，在这里你看不到城中的轴线所呈现的对称性空间布局，看不到呈几何形的围城

古城微景

所隐含的内城空间，没有任何现代建筑语言的痕迹，亦没有南方园林中文人营建的刻意雕凿。所有的呈现是那么自然，空间是流动的，形式是完美的。建造遵循典型的中国世代相传的营建方式，从山上看，连绵的坡屋顶中嵌入生活院落。有趣的是，当地人从圆形的树干中挖出凹槽，种上花草并悬挂在窗檐下，曾经的小木车车轮亦作为入门前的摆设。建筑师们善于运用自己组织的方式构建心目中的社区，而古城的先民们则采取了自组织的方式营建家园。在这块土地上，高山的雪会不断地融化，流到山脚下。为了排水，水渠的开挖便成了必须要做的事情。我仔细观察了古城的水网，一切均是顺其自然。河道依水而建，而家宅则依据中国传承几千年的间架体系进行营造，呈现出的形式高度统一。如果说有什么变化，则是不同的住家对空间大小的诉求不同，抑或是不同的工匠根据自身的营造经验与趣味形成差异。我对丽江古城的记忆挥之不去，在思考家园时它会自动浮现，它肯定是触及了我内心的深处。

我喜欢阅读加斯东·巴什拉写的《空间的诗学》，这本小册子我近几年旅行时总会带在身边，尽管有时候并没有时间阅读。作为科学哲学家，加斯东·巴什拉影响了福柯与德里达这样的名家。他同时亦是诗人，恐怕很难再有人像他那样将家宅（家园）分析得如此细微并充满诗意。他用一种奇特的方式让读者心中关于家宅、童年的记忆与作者的思想进行互动，让读者不断地回忆、想象、思考，重新认识地窖、阁楼、小路与塔楼，垂直性与中心性，家宅与宇宙。加斯东·巴什拉写道："博斯科笔下的家宅从大地走向了

丽江古城街巷与天际线

天空。它的塔楼在垂直性上从最深的地面和水面升起，直达一个信仰天空的灵魂居所。”他认为，如果塔楼没有过去，则什么也不是。真正的家宅植根于大地，有自身的记忆与希冀，在其灵魂深处有文明的基石作为强大的依托。他像一位充满智慧的诗人，以极其易懂的语言与读者交流，在他编织的文字中，你会不自觉地随着他提供的线索去追问、思索与关联。在阅读过程中，你一生中无数个关于家宅的碎片会在脑海中呈现，并形成某种朦胧的场景。

在讨论建筑师的家园时，不能仅仅停留在抽象与理性的层面，而应该去寻求家园的现象学意义。人们在面临各种思潮冲击时往往会迷失方向，忘记其本真的追求。建筑师们有时亦喜欢弄潮，而忘却了建筑师是人类历史上一个最古老的职业，其职责是帮助人们构建家园，使人们获得庇护、幸福与安全感，而非仅仅是自我表现。

不幸的是，随着工业文明的兴起，古老的中华营建文明被慢慢地侵蚀，智慧被渐渐地遗忘，取而代之的是西方现代建筑学体系，更具体地说是美国布扎体系与德国包豪斯体系在中国建筑教育体系中的广泛应用。本土营建方法与体系只作为一种历史知识在传播，没有得到应有的传承与重构，传统工匠精神渐失，家园呈现为“无根之塔”。故寻找曾经的家园似乎成为当代人的某种精神指向。

关于修养

建筑师的修养直接决定其设计成就。建筑学是一门综合性很强的学科，涉及艺术、科学、人文、地理等。作为一门艺术，其内在的形式与绘画、雕塑、音乐、诗歌等息息相关；作为一门科学，与数学、物理、环境学密切相连；作为建造的学问，则与技术、材料有着不可分割的联系。同时，由于需要实体建造与服务业主，建筑师会与社会上的各种群体交往，故举止、言谈、交流的学问也很重要。事实上，当今的建筑教育不仅仅是知识的传授、技能的训练，更重要的是促进学生修养的提升。建筑师在大学期间所学的知识与技能固然重要，而修养的提升才是其成功的根基。

事实上，建筑师作品质量的优劣取决于其修养，而建筑师的家园则体现在内在修养的外在呈现。建筑学的学习过程不仅是技能的获取与知识的吸纳，亦是一个不断提升修养的过程。

修养关涉个人成长过程中各种影响对其思维模式与行为方式潜移默化的渗透与塑造。而建筑师的修养则是个人经历、专业学习与工作体验三者的总和。去除以商业为目的的设计项目，建筑师真正发挥自己潜能设计与建造的作品均可以“家园”来定义，这样的家园会以独特的方式呈现于世。任何经典建筑之所以成为经典，关键在于形式背后的谋略与想象力，以及为实现目标所采用的精致的建造技能。修养无处不在，并以其深厚的内力支撑着作品的内涵与光辉。

修行是一个不断升华的过程。但凡历史上建筑有成就者，他们不仅是工匠、建造者，同时亦是集大成者。他们认真倾听不同的声音，追求真、善、美，具有天赋与做人的内在准则，修为极深，从而成为智者和时代的发声者，其作品具有精神的价值，给人诗意的体验。

后记："家园"的书写充满责任

这些年编书，总愿写个后记，因为有责任向读者表达编纂的初衷。《建筑师的家园》是本人自《建筑师的童年》（2014 年）、《建筑师的自白》（2016 年）、《建筑师的大学》（2017 年）之后策划主编的又一部建筑师个人史。建筑师从"童年"到"大学"，再走向职业生涯，"自白"其中的甘苦，也同时营造一个个人类栖息的"家园"，这是一个多么圆满的过程！

新中国成立 70 多年来，建筑师与出版界前辈中有一批倾力与行业"遗忘症"作斗争的人。他们努力著述，为的是用书写"医治"建筑界历史感的"匮乏症"。仅以近 20 年看，已故中国建筑工业出版社编审杨永生（1931—2012）先后推出几十部有关建筑师和建筑史的作品，有《建筑百家回忆录》（2000 年）、《建筑百家回忆录（续篇）》（2003 年）、《建筑五宗师》（2005 年）等。他在生前的最后一个月，还推出了对业界影响深远的《缅述》（2012 年）、《建筑圈的人和事》（2012 年）两书。中国建筑学会原副理事长、原建设部设计局局长张钦楠著述颇丰，其中很多部著作着力于对中外建筑师的推介，其中的《特色取胜——建筑理论的探讨》（2005 年）、《现代建筑：一部批判的历史》（译著,2012 年）均是代表。中国工程院院士马国馨的"建筑学人自选系列丛书"引人注目，他还以学者的情怀为每位仙逝的建筑大家写下了回忆文章。如他为位于南礼士路 62 号的"新中国北京建筑史的地标"——北京市建筑设计研究院编著的《礼士路札记》与《南礼士路 62 号》

两书，记录了一众建筑界的前辈和大师，为后人留下了弥足珍贵的记忆。

何以要用“家园”一词为建筑师著史呢？在2019年12月18日的约稿函中，我做了陈述。家是照见自己的地方，是人生的出发之地，更有孩童成长的记录，是真相和真诚、真性情的交织。从此出发，可找到与建筑师的“童年”“大学”“自白”不同的侧面，领略建筑名家不同的风采，同时也为建筑师赋予“家园”情怀。

狭义的家园乃一个人的出生地，是家屋，是故乡。那些老街和老树，那些老店铺和老影院，乃至吆喝叫卖的声调，都成为故园里无法磨灭的印象。家园又是一个人心灵的安居之所，凡是能让人感到安全、放松、安心的，就是他的家园。校园、工作之所、一座城市，甚至是一本书、一把琴，等等，它只要能让人安心，便是家园。家园还与责任相连，建设、保护家园的创作取向，定会让建筑人在广阔之中不失坚实根基，在飘逸之中不失沉稳。建筑师的“家园”写作，会在彰显责任中，让时光在纸上流淌，也展现保护和创造人类家园的情怀。

在《冯骥才自述》一书中，我尤其感怀于该书最后的文章《拒绝句号》。冯先生坦诚地说：“句号往往将人的自足、人的错误、人的惰性连在一起……人随时可能舒舒服服给自己画个句号，休止了自己。”但他笔锋一转，强调人们要跨过句号，要展开最积极与充实的人生，努力将句号变成逗号。对于中国建筑界蓬勃发展的形势及建筑文化传播的使命，我们怎能画上句号呢？

《建筑师的家园》一书与前述三本的不同之处，在于还收录了数位非建筑师的文字。因为大家都认为，重读前人的作品，往往会沉浸其间，获得新的领悟，或灵感涌现，所以，将为新中国做出贡献的建筑人写出来，是对建筑历史和建筑文化的重要补充，定会为本书增添亮色，如殷力欣先生笔下的中国营造学社成员陈明达、建筑学家刘叙杰，崔勇笔下的杨鸿勋研究员，作家刘元举所写的陈世民大师等。无论是谁在写建筑师，都是在厘定建筑师个人史乃至家国情怀，都是向社会传播建筑文化。

2020年开始的疫情，定会在建筑设计界留下深远的影响。如何更好地

2016 年 5 月 27 日在三联书店举行的《建筑师的自白》首发式部分与会专家合影

面对不测的未来，为人类创造安康、美好的家园，成为每一个建筑学人们需要愈加重视的课题。也希望《建筑师的家园》于这一特殊时期，能在中华建筑的沃土上生根、发芽、开花，结出奉献给建筑界的累累硕果。

感谢为《建筑师的家园》撰文的每位作者，感谢中国建筑学会修龙理事长为本书作序，并不吝对本书给以充分的肯定。也感谢《建筑评论》编辑部全体人员历时一年多为图书出版所做的大量基础性工作，在此一并致以诚挚的敬意。

金　磊

中国建筑学会建筑评论学术委员会副理事长

中国文物学会 20 世纪建筑遗产委员会副会长、秘书长

《中国建筑文化遗产》《建筑评论》两刊总编辑

2021 年 9 月